教育部高职高专材料工程技术专业教材编写委员会

名誉主任　　周功亚
主任委员　　张战营
副主任委员　张志华　李坚利　肖争鸣　王继达　昝和平
　　　　　　周惠群　顾申良　刘晓勇
委　　员　　王新锁　赵幼琨　陈　鸣　冯正良
　　　　　　农　荣　隋良志　郭汉祥　黄为秀
　　　　　　辛　颖　彭宝利　芮君渭　葛新亚
　　　　　　蔡红军　毕　强

教育部高职高专规划教材

陶瓷工艺技术

张云洪　主编

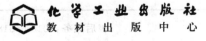

化学工业出版社
教材出版中心
·北京·

本书按普通陶瓷生产工艺，从原料、坯釉料配方及其计算、坯料的制备、成型、坯体的干燥、釉及釉料制备、烧成七个大部分介绍普通陶瓷生产工艺技术，并在第 9 章中介绍了陶瓷装饰方面的知识，在第 10 章介绍了特种陶瓷的生产工艺技术。本书在每章前编写了学习要点，每章后附有小结和复习思考题。在本书的绪论部分，除介绍陶瓷一般概念与分类之外，还简要地叙述了普通陶瓷生产工艺流程和国内陶瓷工业的发展现状。

本书可作为高职高专材料工程技术专业教材，也可供材料工程技术及其相关专业的工程技术人员，尤其是建筑卫生陶瓷和日用陶瓷工作者参考。

图书在版编目（CIP）数据

陶瓷工艺技术/张云洪主编．—北京：化学工业出版社，2006.4（2023.11重印）
教育部高职高专规划教材
ISBN 978-7-5025-8483-2

Ⅰ．陶⋯ Ⅱ．张⋯ Ⅲ．陶瓷-生产工艺-高等学校；技术学院-教材 Ⅳ．TQ174.6

中国版本图书馆 CIP 数据核字（2006）第 029339 号

责任编辑：程树珍　王文峡　　　　　　　　　　　文字编辑：丁建华
责任校对：于志岩　　　　　　　　　　　　　　　封面设计：潘　峰

出版发行：化学工业出版社（北京市东城区青年湖南街 13 号　邮政编码 100011）
印　　装：北京天宇星印刷厂
787mm×1092mm　1/16　印张 17¾　字数 452 千字　2023 年 11 月北京第 1 版第 14 次印刷

购书咨询：010-64518888　　　　　　　　　　　售后服务：010-64518899
网　　址：http://www.cip.com.cn
凡购买本书，如有缺损质量问题，本社销售中心负责调换。

定　　价：49.00 元　　　　　　　　　　　　　　　　　　　　　版权所有　违者必究

序

全国建材职业教育教学指导委员会为建材行业的高职、高专教育发展做了一件大好事，他们组织行业内职业技术院校数百位骨干教师，在对有关企业的生产经营、技术水平、管理模式及人才结构等情况进行深入调研的基础上，经过几年的努力，规划开发了材料工程技术和建筑装饰技术两个专业的系列教材。这些教材的编写含有课程开发和教材改革的双重任务，在规划之初，该委员会就明确提出课程综合化和教材内容必须贴近岗位工作需要的目标要求，使这两个专业的课程结构和教材内容结构都具有较多的改进和新意。

在当前和今后的一段时期，我国高职教育的课程和教材建设要为我国走新型工业化道路、调整经济结构和转变增长方式服务，更好地适应于生产、管理、服务第一线高素质的技术、管理、操作人才的培养。然而我国高职教育的课程和教材建设当前面临着新的产业情况、就业情况和生源情况等多因素的挑战，从产业方面分析，要十分关注如下三大变革对高职课程和教材所提出的新要求：

1. 产业结构和产业链的变革。它涉及专业和课程结构的拓展和调整。

2. 产业技术升级和生产方式的变革。它涉及课程种类和课程内容的更新，涉及学生知识能力结构和学习方式的改变。

3. 劳动组织方式和职业活动方式的变革——"扁平化劳动组织方式的出现"；"学习型组织和终身学习体系逐步形成"；"多学科知识和能力的复合运用"；"操作人员对生产全过程和企业全局的责任观念"；"职业活动过程中合作方式的普遍开展"。它们同样涉及课程内容结构的更新与调整，还涉及非专业能力的培养途径、培养方法、学业的考核与认定等许多新领域的改革和创新。

建筑材料行业的变化层出不穷，传统的硅酸盐材料工业生产广泛采用了新工艺，普遍引入计算机集散控制技术，装备水平发生根本性变化；行业之间的相互渗透急剧增加，新技术创新过程中学科之间的融通加快，又催生出多种多样的新型材料，使材料功能获得不断扩展，被广泛应用于建筑业、汽车制造业、航天航空业、石油化工业和信息产业，尤其是建筑装饰业，是融合工学、美学、材料科学及环境科学于一体的新兴服务业，有着十分广阔的市场前景，它带动材料工业的加速发展，而每当一种新的装饰材料问世，又会带来装饰施工工艺的更新；随着材料市场化程度的提高，在产品的检测、物流等领域形成新的职业岗位，使材料行业的产业链相应延长，并对从业人员的知识能力结构提出了新的要求。

然而传统的材料类专业课程模式和教材内容，显然滞后于上述各种变化。以学科为本位的教学模式应用于高职教育教学过程时，明显地出现了如下两个"脱节"，一是以学科为本的知识结构与职业活动过程所应用的知识结构脱节；二是以学科为本的理论体系与职业活动的能力体系脱节。为了改变这种脱节和滞后的被动局面，全国建材职业教育教学指导委员会组织开展了这一次的课程和教材开发工作，编写出版了这一系列教材。其间，曾得到西门子分析仪器技术服务中心的技术指导，使这批教材更适应于职业教育与培训的需要，更具有现代技术特色。

随着它们被相关院校日益广泛地使用，可望我国高职高专系统的材料工程技术和建筑装饰技术两个专业的教学工作将出现新的局面，其教学水平和教学质量将上一个新的台阶。

中国职业技术教育学会副会长、学术委员会主任
高职高专教育教学指导委员会主任
杨金土
2006 年 1 月

前　言

本书是根据全国建材职业教育教学指导委员会审定的，教育部高职高专规划教材，材料工程技术专业《陶瓷工艺技术》编写大纲编写而成。

本书在参照多种版本的《陶瓷工艺学》教材的基础上，吸收、补充了陶瓷工业生产中的新工艺和新方法。根据高职高专学生注重实践的教学特点，本书注重理论与实践的结合，同时强调对学生解决实际问题能力的培养。

本书以普通陶瓷（建筑卫生陶瓷和日用陶瓷）生产工艺技术为主，根据陶瓷工业科技发展的状况，编入了"特种陶瓷"一章，目的是使学生对陶瓷工业有更完整的概念和知识。在陶瓷工业中，各种不同种类的陶瓷制品生产工艺都有其独特之处，由于篇幅有限，本书只介绍这些陶瓷制品共有的基本生产工艺技术和基本原理。

本书由天津城市建设学院张云洪主编。湖北教育学院刘云才、广西建材工业学校刘汝为副主编。本书第1章、第3章、第7章由天津城市建设学院张云洪编写；第2章由广西建材工业学校刘汝编写；第4章、第5章由湖北教育学院刘云才编写；第6章、第8章由天津城市建设学院马玉书编写；第9章由四川江油职业培训学院赵宏编写；第10章由四川绵阳职业技术学院况金华编写。全书由天津城市建设学院刘云兆教授主审。刘云兆教授对本书进行了细致、认真的审阅，并提出了宝贵的修改意见，在此表示衷心的感谢。

由于编者经验和水平有限，书中错误及不当之处在所难免，敬请读者批评、指正。

编　者
2005年9月

目 录

1 绪论 ··· 1
　【本章学习要点】 ··· 1
　1.1 陶瓷的概念与分类 ·· 1
　　1.1.1 陶瓷的概念 ·· 1
　　1.1.2 陶瓷的分类 ·· 1
　1.2 陶瓷工艺技术的内容及陶瓷生产工艺 ··· 2
　1.3 陶瓷工业发展及其在国民经济中的地位 ·· 6
　　1.3.1 陶瓷工业的发展 ·· 6
　　1.3.2 陶瓷工业在国民经济中的地位 ·· 8
　本章小结 ··· 8
　复习思考题 ·· 8

2 原料 ··· 9
　【本章学习要点】 ··· 9
　2.1 黏土类原料 ·· 9
　　2.1.1 黏土的成因及分类 ·· 10
　　2.1.2 黏土的组成 ·· 11
　　2.1.3 黏土的工艺性质 ··· 18
　　2.1.4 黏土的加热变化 ··· 24
　　2.1.5 黏土在陶瓷生产中的作用 ··· 27
　　2.1.6 国内的黏土原料 ··· 27
　2.2 石英类原料 ·· 28
　　2.2.1 石英类原料的种类和性质 ··· 28
　　2.2.2 石英的晶型转化 ··· 29
　　2.2.3 石英在陶瓷生产中的作用 ··· 30
　2.3 长石类原料 ·· 30
　　2.3.1 长石的种类和性质 ·· 30
　　2.3.2 长石的熔融特性 ··· 32
　　2.3.3 长石在陶瓷生产中的作用 ··· 33
　　2.3.4 长石的代用原料 ··· 33
　2.4 钙镁质原料 ·· 34
　　2.4.1 碳酸盐类原料 ·· 34
　　2.4.2 滑石、蛇纹石 ·· 35
　　2.4.3 硅灰石、透辉石、透闪石 ··· 35
　　2.4.4 骨灰和磷灰石 ·· 36
　2.5 其他类原料 ·· 37
　　2.5.1 其他天然矿物原料 ·· 37

  2.5.2 工业废渣原料 ·········· 38
 2.6 原料的质量评价及其引起的常见缺陷 ·········· 38
  2.6.1 陶瓷原料的质量评价 ·········· 38
  2.6.2 原料引起的常见缺陷 ·········· 39
 本章小结 ·········· 39
 复习思考题 ·········· 40

3 坯釉料配方及其计算 ·········· 41
 【本章学习要点】 ·········· 41
 3.1 坯、釉料配方 ·········· 41
  3.1.1 坯、釉料配方的表示方法 ·········· 41
  3.1.2 坯、釉料配方组成 ·········· 44
  3.1.3 确定坯、釉料配方的依据 ·········· 51
 3.2 配方基础计算 ·········· 51
  3.2.1 吸附水计算 ·········· 51
  3.2.2 不含灼烧减量的化学组成计算 ·········· 52
  3.2.3 坯釉料配方坯式和釉式的计算 ·········· 52
  3.2.4 黏土原料与坯料示性矿物组成的计算 ·········· 54
  3.2.5 坯釉料酸性系数的计算 ·········· 56
 3.3 坯料配方的制定原则、方法及其计算 ·········· 56
  3.3.1 制定坯料配方的原则、方法与步骤 ·········· 56
  3.3.2 坯料配方的计算 ·········· 58
 3.4 釉料配制原则、方法及其计算 ·········· 64
  3.4.1 釉料配方的制定原则 ·········· 64
  3.4.2 确定釉料配方的方法与步骤 ·········· 65
  3.4.3 釉的配方计算 ·········· 67
 3.5 原料替换时配方的计算 ·········· 70
 3.6 陶瓷生产实验配方设计方法 ·········· 74
  3.6.1 单一组分调节法 ·········· 74
  3.6.2 二组分调节法 ·········· 75
  3.6.3 三组分调节法（三角配料法） ·········· 77
 本章小结 ·········· 78
 复习思考题 ·········· 78

4 坯料的制备 ·········· 80
 【本章学习要点】 ·········· 80
 4.1 原料的预处理 ·········· 80
  4.1.1 原料的热处理 ·········· 80
  4.1.2 原料的精选 ·········· 80
  4.1.3 原料的破碎 ·········· 81
 4.2 配料与细粉磨 ·········· 82
  4.2.1 配料 ·········· 82

  4.2.2 细粉磨 ·· 84
  4.2.3 除铁、过筛、搅拌 ·· 88
 4.3 泥浆脱水 ·· 90
  4.3.1 泥浆压滤脱水法（榨泥） ·· 90
  4.3.2 泥浆喷雾干燥脱水法 ··· 91
 4.4 练泥和陈腐 ·· 94
  4.4.1 真空练泥 ·· 94
  4.4.2 陈腐 ·· 95
 4.5 可塑法成型坯料的制备 ·· 95
  4.5.1 可塑泥料制备 ·· 95
  4.5.2 可塑性泥料工艺性能要求 ··· 97
 4.6 注浆法成型坯料的制备 ·· 98
  4.6.1 注浆泥浆的制备 ·· 98
  4.6.2 注浆泥浆的工艺性能要求 ··· 99
 4.7 压制法成型坯料制备 ··· 100
  4.7.1 压制粉料的制备 ·· 100
  4.7.2 压制粉料工艺性能要求 ··· 101
 本章小结 ·· 102
 复习思考题 ·· 102

5 成型 ··· 103
 【本章学习要点】 ·· 103
 5.1 成型方法的分类及选择 ··· 103
  5.1.1 成型方法的分类 ·· 103
  5.1.2 成型方法的选择 ·· 103
 5.2 可塑成型 ··· 104
  5.2.1 可塑成型的工艺原理 ··· 104
  5.2.2 可塑成型的方法及常见的缺陷 ··· 107
 5.3 注浆成型 ··· 114
  5.3.1 注浆成型的工艺原理 ··· 114
  5.3.2 注浆成型方法 ·· 123
  5.3.3 注浆成型常见的缺陷 ··· 128
 5.4 修坯与粘接 ··· 128
  5.4.1 修坯 ·· 128
  5.4.2 粘接 ·· 128
 5.5 压制成型 ··· 129
  5.5.1 压制成型的工艺原理 ··· 129
  5.5.2 加压制度对坯体质量的影响 ··· 132
  5.5.3 添加剂的选用 ·· 133
 5.6 成型模具 ··· 133
  5.6.1 石膏及石膏模型 ·· 133
  5.6.2 金属模具 ·· 138

  5.6.3　模具的放尺 ··· 139
 本章小结 ··· 139
 复习思考题 ··· 140

6　坯体的干燥 ·· 141
 【本章学习要点】 ·· 141
 6.1　干燥原理 ·· 141
  6.1.1　湿坯中水分类型及结构形式 ·· 141
  6.1.2　干燥过程与坯体的变化 ·· 142
  6.1.3　影响干燥速度的因素 ··· 143
 6.2　干燥方法及设备 ·· 143
  6.2.1　热风干燥 ··· 143
  6.2.2　辐射干燥 ··· 146
  6.2.3　高频电干燥 ·· 147
  6.2.4　微波干燥 ··· 147
 6.3　干燥制度的制定 ·· 148
  6.3.1　干燥速度 ··· 148
  6.3.2　干燥介质的温度、湿度 ·· 148
  6.3.3　干燥介质的流速及流量 ·· 148
 6.4　干燥缺陷的产生及防止方法 ·· 149
  6.4.1　变形 ··· 149
  6.4.2　开裂 ··· 149
 本章小结 ··· 149
 复习思考题 ··· 149

7　釉及釉料制备 ·· 151
 【本章学习要点】 ·· 151
 7.1　釉的作用、特点与分类 ·· 151
  7.1.1　釉的作用与特点 ··· 151
  7.1.2　釉的分类 ··· 151
 7.2　釉的性质 ·· 152
  7.2.1　釉的化学稳定性 ··· 152
  7.2.2　釉的熔融性能 ·· 152
  7.2.3　釉的膨胀系数、抗拉强度和弹性模数 ···································· 162
  7.2.4　各氧化物对釉性能的影响 ·· 164
 7.3　坯釉适应性 ·· 165
  7.3.1　膨胀系数对坯釉适应性的影响 ·· 165
  7.3.2　中间层对坯釉适应性的影响 ··· 168
  7.3.3　釉的弹性和抗张强度对坯釉适应性的影响 ······························ 168
  7.3.4　釉层厚度对坯釉适应性的影响 ·· 169
  7.3.5　使坯釉相适应的几种方法 ·· 169
 7.4　釉浆制备及施釉工艺 ··· 170

  7.4.1 釉浆的制备 ··· 170
  7.4.2 釉浆的工艺性能要求 ··· 172
  7.4.3 施釉工艺 ··· 173
 7.5 釉浆制备及施釉引起的常见缺陷及防止方法 ······················· 177
  7.5.1 釉浆制备引起的常见缺陷及防止方法 ······························ 177
  7.5.2 施釉引起的常见缺陷及防止方法 ···································· 177
本章小结 ·· 178
复习思考题 ·· 178

8 烧成 ··· 179
【本章学习要点】 ·· 179
 8.1 坯釉在烧成过程中的物理、化学变化 ·································· 179
  8.1.1 坯体在烧成过程中的物理、化学变化 ······························ 179
  8.1.2 坯体的显微结构在烧成中的变化 ···································· 183
  8.1.3 釉层的形成 ·· 187
 8.2 烧成制度 ··· 189
  8.2.1 烧成制度的制定与工艺控制 ··· 189
  8.2.2 一次烧成与二次烧成 ··· 192
  8.2.3 低温烧成与快速烧成 ··· 193
 8.3 窑具与装窑 ··· 195
  8.3.1 窑具 ·· 195
  8.3.2 装窑 ·· 198
 8.4 烧成缺陷分析 ·· 199
  8.4.1 变形 ·· 199
  8.4.2 开裂 ·· 199
  8.4.3 起泡 ·· 199
  8.4.4 烟熏、阴黄与火刺 ··· 200
  8.4.5 针孔、橘釉、缺釉 ··· 200
  8.4.6 落脏与釉面污光 ··· 201
  8.4.7 生烧与过烧 ·· 201
  8.4.8 色差 ·· 201
本章小结 ·· 201
复习思考题 ·· 201

9 陶瓷装饰 ··· 203
【本章学习要点】 ·· 203
 9.1 陶瓷色料 ··· 203
  9.1.1 陶瓷色料的分类 ··· 203
  9.1.2 陶瓷色料的呈色 ··· 205
  9.1.3 陶瓷色料的制备 ··· 207
 9.2 色釉及艺术釉 ·· 209
  9.2.1 色釉 ·· 209

9.2.2　艺术釉 …… 211
　　9.2.3　干式釉 …… 215
9.3　色坯和色粒 …… 217
　　9.3.1　坯用色料 …… 217
　　9.3.2　色粒坯料的制备 …… 218
　　9.3.3　色粒坯料成型布料工艺 …… 219
9.4　渗花和抛光 …… 220
　　9.4.1　渗花 …… 220
　　9.4.2　抛光 …… 222
9.5　贴花 …… 222
　　9.5.1　贴花纸的种类和特点 …… 222
　　9.5.2　贴花纸的使用方法 …… 223
9.6　丝网印刷 …… 223
　　9.6.1　丝网印刷常用色料和调料剂 …… 223
　　9.6.2　丝网印刷彩料制备 …… 224
9.7　其他装饰方法 …… 225
　　9.7.1　彩饰 …… 225
　　9.7.2　贵金属装饰 …… 225
本章小结 …… 226
复习思考题 …… 227

10　特种陶瓷 …… 228
【本章学习要点】 …… 228
10.1　常用原料 …… 228
　　10.1.1　氧化物类原料 …… 229
　　10.1.2　碳化物类原料 …… 231
　　10.1.3　氮化物类原料 …… 232
10.2　原料粉末的制备 …… 233
　　10.2.1　机械粉碎法 …… 233
　　10.2.2　合成法 …… 233
　　10.2.3　粉料性能的检测 …… 234
10.3　配料 …… 235
　　10.3.1　配料的重要性 …… 235
　　10.3.2　配料组成的表示方法及计算 …… 235
10.4　坯料的制备 …… 238
　　10.4.1　坯料制备的主要工序 …… 239
　　10.4.2　注浆料的制备 …… 242
　　10.4.3　热压注料浆的制备 …… 242
　　10.4.4　含有机塑化剂的塑性料的制备 …… 243
　　10.4.5　等静压成型粉料的制备 …… 243
10.5　成型 …… 244
　　10.5.1　注浆成型 …… 244

10.5.2	等静压成型	244
10.5.3	热压注成型	245
10.5.4	挤制成型	245
10.5.5	轧膜成型和流延成型	245

10.6 烧结 …………………………………………………………… 246
   10.6.1 特种陶瓷的组织结构 ………………………………… 246
   10.6.2 特种陶瓷的烧结特点及过程 …………………………… 247
   10.6.3 特种陶瓷的烧结方法 …………………………………… 248

10.7 特种陶瓷制品的加工 ………………………………………… 251
   10.7.1 金属化 …………………………………………………… 251
   10.7.2 机械加工 ………………………………………………… 252

本章小结 …………………………………………………………… 252
复习思考题 ………………………………………………………… 252

附录1 常用陶瓷原料常数 ………………………………………… 253
附录2 国际标准组织推荐的筛网系列（ISO/R 565—1972） …… 265
附录3 各种筛网对照 ……………………………………………… 266
附录4 测温锥的软化温度与锥号对照 …………………………… 267
参考文献 …………………………………………………………… 268

1 绪 论

【本章学习要点】 在本章的学习中重点掌握陶瓷的概念和分类方法；了解陶瓷工艺技术的内容和陶瓷生产基本工艺流程。了解陶瓷工业的发展和陶瓷在国民经济中的作用。

1.1 陶瓷的概念与分类

1.1.1 陶瓷的概念

陶瓷是人类生活和生产中不可缺少的材料之一。陶瓷制品的应用遍及从人们的日常生活到电子、航空航天等高科技领域。陶瓷的生产发展，经历了由简单到复杂、由粗糙到精细、由低温到高温的过程。随着科学技术水平的提高和陶瓷材料的发展，使陶瓷的概念涵义所囊括的范围也发生了变化。

从产品的种类上来说，陶瓷是陶器和瓷器两大类产品的总称。陶器通常有一定的吸水率，断面粗糙无光，不透明，敲之声音粗哑，有的无釉，有的施釉。瓷器则坯体致密，基本上不吸水，有一定的半透明性，通常都施有釉层（有些特种陶瓷并不施釉）。介于陶器和瓷器之间的还有一类产品，坯体较致密，吸水率也小，但缺乏半透明性。这类产品通称炻器，也称为半瓷，国内文献中也常称为原始瓷器或称为石胎瓷。

在传统概念中，"陶瓷"是以黏土、长石、石英等天然原料为主要原料，通过配料、粉磨、成型、干燥和烧成等工序制成的陶器、炻器和瓷器制品的通称，这些制品亦统称为"普通陶瓷"，如日用陶瓷、建筑卫生陶瓷、电瓷等。由于传统陶瓷的主要原料是硅酸盐矿物，所以陶瓷可归属于硅酸盐材料和制品。陶瓷工业与玻璃、水泥、耐火材料等工业同属"硅酸盐工业"的范畴。

随着科学技术的发展，出现了含有少量黏土等天然原料，甚至不含天然原料，而由化工原料和合成矿物，甚至是非硅酸盐、非氧化物原料，经过与传统陶瓷类似的配料、粉磨（混合）、成型和烧成等工序制成的制品，这些制品称为特种陶瓷，如氧化物陶瓷、氮化物陶瓷、压电陶瓷、金属陶瓷等。因此，现代"陶瓷"的概念是指用陶瓷的生产方法制造生产的无机非金属固体材料和制品的通称。

从结构上看，一般陶瓷制品是由结晶物质、玻璃态物质和气泡所构成的复杂系统。这些物质在数量上的变化，对陶瓷的性质起着一定程度的影响。

1.1.2 陶瓷的分类

陶瓷制品种类繁多，目前国内外尚无统一的分类方法。从不同的角度出发，有不同的分类。较普遍的分类方法有两种，一是根据陶瓷的概念和用途分类；二是根据陶瓷的基本物理性能（如吸水率、透明性、色泽等）分类。此外，也有根据陶瓷所用原料或产品的组成分类的。

（1）按陶瓷的概念和用途分类 按这种分类方法可将陶瓷制品分为两大类，即普通陶瓷和特种陶瓷。

普通陶瓷即传统陶瓷，根据传统陶瓷使用领域不同，又可分为日用陶瓷、艺术陶瓷、建筑卫生陶瓷和工业陶瓷等。日用陶瓷，如餐具、茶具、缸、坛、盆、罐等。艺术陶瓷，如花瓶、雕塑品、陈设品等；建筑卫生陶瓷，如卫生洁具、墙地砖、排水管等；工业陶瓷，如化工用陶瓷、化学瓷、电瓷等。特种陶瓷分为高温结构陶瓷、功能陶瓷、生物陶瓷和原子能陶瓷。高温结构陶瓷，如氧化铝陶瓷、氧化锆陶瓷、氮化硅陶瓷、碳化硅陶瓷等；功能陶瓷，如敏感陶瓷、导电陶瓷、超导陶瓷、铁电陶瓷等。

（2）按陶瓷的基本物理性能分类　按这种分类方法可将陶瓷制品分为陶器、炻器和瓷器；陶器分为粗陶器、普通陶器和精陶器；炻器分为粗炻器和细炻器；瓷器分为普通瓷器和特种瓷器。表1-1列出了陶器、炻器和瓷器的基本特征和性质。

表1-1　陶器、炻器和瓷器的基本特征和性质

类别	种类	性质、特征			用途举例
		吸水率/%	相对密度	颜色	
陶器	粗陶器	11～20	1.5～2.0	黄、红、青、黑	砖、瓦、盆、罐等
	普通陶器	6～14	2.0～2.4	黄、红、灰	日用器皿
	精陶器	4～12	2.1～2.4	白色或浅色	日用器皿、内墙砖、陈设品等
炻器	粗炻器	0～3	1.3～2.4	乳黄、浅褐、紫色	日用器皿、建筑外墙砖、陈设品等
	细炻器			白色或浅色	
瓷器	普通瓷器	0～1	2.4～2.6	白色或浅色	日用器皿、卫生洁具、地砖、电瓷、化学瓷等
	特种瓷器		>2.6		高频和超高频绝缘材料、磁性材料、耐高温和高强度材料、其他功能材料等

此外，在日用陶瓷和特种陶瓷中也较为普遍地根据陶瓷所用原料或产品的组成，将日用陶瓷分为长石质瓷、绢云母质瓷、滑石质瓷、骨灰质瓷等；高温结构陶瓷分为氧化铝陶瓷、氧化锆陶瓷、氮化硅陶瓷、碳化硅陶瓷等。

1.2　陶瓷工艺技术的内容及陶瓷生产工艺

陶瓷工艺技术的内容，包括由陶瓷原材料到制成陶瓷制品的整个工艺过程中的技术及其基本原理。随着陶瓷生产技术的进步，陶瓷工艺技术作为一门应用科学，也广泛汇集了生产经验和科学技术理论，而逐步得到发展。在陶瓷工业中，各种陶瓷制品，如日用陶瓷、建筑卫生陶瓷、化工陶瓷、生物陶瓷等生产工艺都有其独特之处，本书只介绍这些陶瓷制品共有的基本生产过程和基本原理，专门的工艺知识还需参考专门的工艺技术资料。

陶瓷制品的基本生产工艺过程有：原料选定（进厂）、配料、坯釉料制备、成型、干燥、施釉、烧成等工序。

陶瓷工业是硅酸盐工业的主要分支之一，属于无机化学工业范围，但现代科学高度综合，互相渗透，从整个陶瓷工业制造工艺技术的内容来分析，它的错综复杂与牵涉之广，显然不是仅用无机化学的理论所能概括的。因此，学习陶瓷工艺技术首先应学好基础科学和专业基础课程，广泛吸收新的理论知识、新的科学技术和先进经验。同时更重要的是要重视在生产一线的实习、实践环节。在学习陶瓷工艺技术前，要通过参观认识实习，对陶瓷生产工艺有一个基本认识。图1-1～图1-4分别示出了日用陶瓷、卫生陶瓷、施釉墙地砖和无釉墙地砖的基本生产工艺流程。由于各厂或各地区使用的原料特性和设备有差异，所以，这些陶瓷制品的生产工艺也会略有不同。只有在掌握了生产工艺技术和基本原理，并在实际工作中勤于实践后，自身的工艺技术水平才能不断提高，才能真正掌握本厂或本地区陶瓷原材料的特性和陶瓷生产工艺技术，解决陶瓷生产过程中出现的由各种因素引起的实际工艺问题。

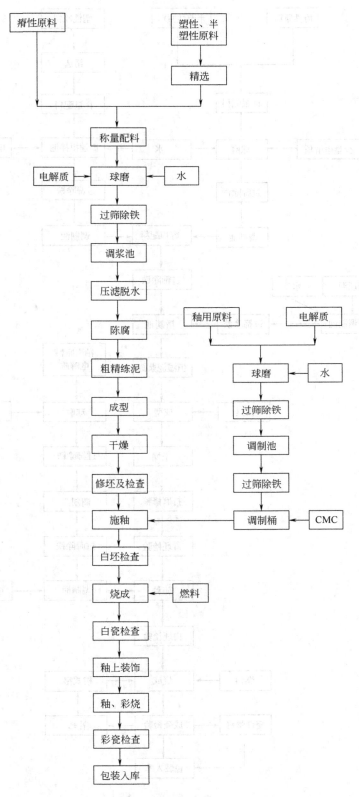

图 1-1 日用陶瓷生产工艺流程

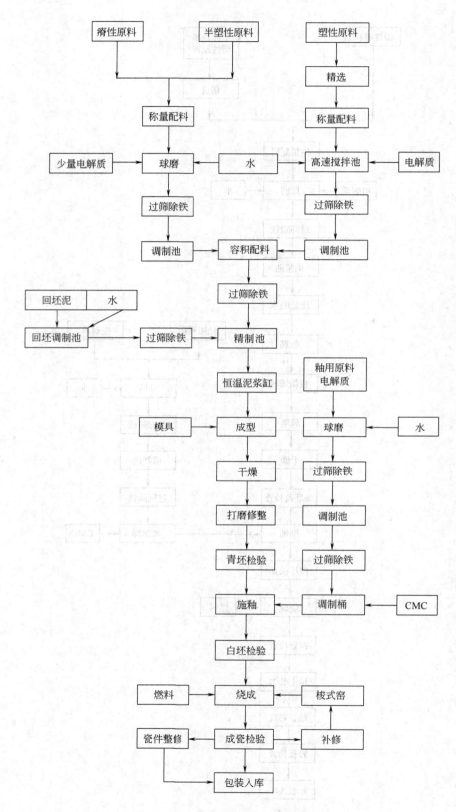

图 1-2 卫生陶瓷生产工艺流程

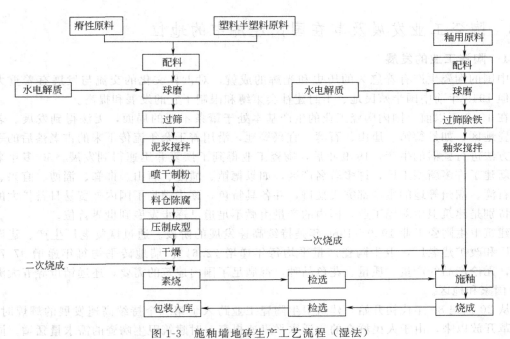

图 1-3 施釉墙地砖生产工艺流程（湿法）
对尺寸小于 100mm 的施釉马赛克，检选后，要经过粘贴工序后，包装入库

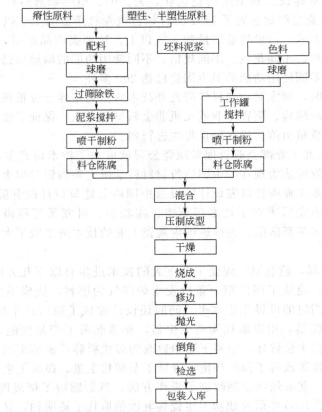

图 1-4 无釉墙地砖生产工艺流程（湿法）
无釉墙地砖有的为了防止污染表面施一层薄透明釉；无釉墙地砖烧成后有的经过
抛光工序，有的不经过抛光工序，而是经过修边，倒角后检选，包装入库

5

1.3 陶瓷工业发展及其在国民经济中的地位

1.3.1 陶瓷工业的发展

中国的陶瓷生产有着悠久的历史和光辉的成就，对世界文化的交流与发展有着重大影响，但1949年前中国半殖民地、半封建社会束缚和限制了它的发展和提高。

在1949年以前，国内陶瓷工业的生产基本处于萧条不振的局面，无法得到发展。著名的产瓷地区，如景德镇、唐山、石湾、宜兴等地，沿用着千余年流传下来的古老落后的手工操作方法进行瓷器的生产。1949年后，陶瓷工业得到了恢复并迅速得到发展。50多年来扩建和新建了许多新型工厂，许多著名产区，如景德镇、醴陵、唐山、邯郸、淄博、宜兴、温州、石湾、潮州等地的生产都突飞猛进，并各具特色，逐步满足了国内外贸易日益扩大的需要。特别是建筑卫生陶瓷工业，国内的产量由微不足道已逐步发展到世界首位。

建筑卫生陶瓷工业1950～1960年是持续高速发展的阶段。通过恢复老厂生产、建设一批大厂和改扩建老厂，卫生陶瓷产量平均每年递增72.6%。墙地砖平均每年递增97.7%。并且，无论产品的产量、质量、花色品种，都满足了国内建筑的需要，还远销世界五大洲的41个国家和地区。

从20世纪80年代初开始，建筑卫生陶瓷工业跨入了第二个持续高速发展的辉煌时期。自改革开放以来，由于人民群众的生活水平迅速提高，对建筑卫生陶瓷的需求量猛增。同时由于建筑卫生陶瓷的百元产值利税率高达35%，甚至高达40%以上，吸引了国营、集体、私人以及外商争相投资建设建筑卫生陶瓷企业，大、中、小厂如雨后春笋般兴起，遍布全国。1996年，卫生陶瓷总产量达到了5492万件，占世界总产量的1/5以上；墙地砖总产量达到了13570.7万平方米，占世界总产量的1/3以上。这两类产品产量，从1993年以来均为世界首位。不同品种、不同花色、不同规格、不同使用功能的墙地砖已发展到上千种。不同造型、不同规格、不同使用功能的卫生陶瓷已达200多种。

在生产发展的同时，国家对陶瓷科学研究和技术队伍的培养十分重视，国内许多高等院校和中专学校设置了硅酸盐、陶瓷专业或无机非金属材料专业，保证了技术力量的成长，使陶瓷生产技术和产品质量由落后进入到世界先进行列。

早在1948年，东北工业部企业管理局陶瓷公司就成立了技术研究室，其中包括科研部和设计部，后来逐渐发展成为现在的中国建筑材料科学研究院陶瓷与耐火材料研究所、咸阳陶瓷研究设计院、山东工业陶瓷研究设计院以及中国西北建筑设计院分院。此外，在各大、中型建筑卫生陶瓷厂也先后成立了技术革新组、实验室、研究所等科研机构。50多年来，以上科研、设计和技术革新队伍，为推进国内陶瓷工业的技术进步做了大量的工作，取得了巨大成就。

1950～1960年期间，建筑卫生陶瓷工业重大的技术进步有以下几方面。①东北技术研究室自己设计和施工，建成了国内第一条以发生炉煤气为燃料，烧成卫生陶瓷的大型隧道窑。该窑的设计具有当时的世界先进水平。同时还设计建成了隧道式干燥器。②1954年研究成功半瓷质卫生陶瓷器，用以取代陶质卫生器，显著改善了产品性能，提高了烧成成品率。③用湿法修坯取代干法修坯；原料干法粉碎改为湿法粉碎；成型车间采用蒸汽管网取代地坑采暖。其结果是显著改善了操作环境、降低了车间粉尘量、提高了生产效率。④南方采用煤代松柴烧窑成功，北方煤烧窑则改进了操作方法，显著缩短了烧成周期、降低了燃耗，且提高了产品质量。⑤1956年研究成功卫生瓷锡乳浊釉取代了透明釉，显著提高了产品釉面白度。研制成功了一系列高温色料，并于1960年研究成功各种彩釉卫生陶瓷，投入大量生产。

1961～1978年期间，由于自然灾害等原因，严重影响了科研工作，但仍然取得了许多重大技术进步，主要有以下几方面。①卫生陶瓷成型采用高位槽注浆取代人工抱桶注浆，随后又改进为管道压力注浆和真空回浆，减轻了工人的劳动强度，提高了生产效率和坯体质量。②1974年改进卫生瓷石膏模结构。坐便器模型由8块简化为4块，蹲便器改为一次成型，显著提高了劳动生产效率，降低了生产成本。③1964年，在国家支持下，研究院和设计院与唐山陶瓷厂合作，开展了"卫生陶瓷样板生产线"的科研项目。内容包括坯釉料的改进、原料制备工艺线的改进、洗面器注浆成型联动线、吊篮输送——隧道式干燥器干燥工艺线、静电喷釉、釉烧隔焰隧道窑等整套生产工艺与设备的研究、设计、制造、安装、调试及投产。上述项目除联动注浆线和静电喷釉两项外，其他各项都取得圆满成功，大大推进了全国卫生陶瓷生产技术的进步。从实现注浆机械化、自动化来说，注浆联动线是成功的，但它是完全模仿手工操作来实现机械化和自动化的，没有改革工艺，因此存在设备占地面积大、生产效率不高的缺点。此后进行立式浇注成型的研究，取得成功，并在全国推广。静电喷釉的研究也取得了阶段性成果，但其研究工作未能继续。④20世纪60年代末开展了喷雾干燥工艺及设备的研究、试验、定型化和系列化生产，并开始研究内墙砖高遮盖力乳浊釉。到70年代后期，硼锆熔块乳浊釉基本上取代了铅熔块透明釉，使内墙砖白度由78度提高到86度以上，因此扩大了坯用原料的范围。⑤在消化吸收国外设备的基础上，国内研制的自动施釉线投入生产，丝网印花技术也得到了应用，大大提高了釉面内墙砖的质量，扩大了花色品种。⑥20世纪70年代初，研制成功了半隔焰式隧道窑，砖坯裸装烧成，燃耗降低了25%～30%。从1973年开始，大小不等的各式辊道窑相继研制成功，并逐步推广应用。自20世纪70年代中期开始，先后开展了墙地砖和卫生陶瓷的低温快烧以及釉面内墙砖一次烧成的研究，研究成了硅灰石、透辉石、叶蜡石、磷渣、煤矸石等为主体的釉面砖。

20世纪80年代初以来，国内建筑卫生陶瓷生产技术装备突飞猛进，进入了世界先进行列。大量引进了国外最先进的技术装备。从1975年个别企业少量引进单机后，1983年开始引进整条墙地砖生产线，到目前，大约有400多家企业引进了墙地砖生产线或关键设备，各类压机有2000多台，辊道窑400余座。卫生陶瓷技术装备的引进始于20世纪80年代中，90年代达到高潮。共计有50多个卫生陶瓷企业引进了生产线或关键设备。单从技术装备来讲，这些企业已实现了现代化。自20世纪80年代中期以来，国内开展了前所未有的建筑卫生陶瓷技术装备的研制开发工作，短短几年时间，除大型压机外的现代墙地砖技术装备已能全套生产，显著推进了墙地砖工业的技术进步。卫生陶瓷的组合浇注机组、40万件节能隧道窑和示教式喷釉机械手等先进装备已研制成功和推广应用。

先进技术装备的广泛应用，推进了生产技术的全面革新。其要点是：墙地砖的低温、快烧或低温快烧二次或一次烧成新工艺；墙地砖坯料大型球磨机（约20t）和连续式球磨工艺；喷雾干燥制粉工艺；干法制粉工艺；卫生陶瓷的原料单独粉磨和浆料容积配料工艺；墙地砖的大吨位全自动液压机成型、挤塑成型、可塑辊压成型、注浆成型、坯-釉一次干压成型等新工艺；卫生陶瓷的组合式浇注、低压快排水浇注、中压注浆、高压注浆等新工艺；墙地砖的热风立式、卧式（吊篮）、辊道式快速干燥工艺；卫生陶瓷的恒温恒湿干燥系统、电脑自控干燥曲线的室式干燥系统、红外-热风快速干燥系统、微波-热风快速干燥系统等新工艺；墙地砖的多功能自动施釉线、干法施釉线；卫生陶瓷的示教式机械手喷釉系统、静电喷釉系统等新工艺；墙地砖的宽断面辊道窑快烧工艺、低温素烧高温釉烧工艺；釉面内墙砖的一次烧成工艺；卫生陶瓷的宽断面隧道窑裸装快烧和梭式窑重烧工艺。

随着国家经济建设和发展的需要，陶瓷材料作为无机材料的一个主要组成部分，无论在发扬中国陶瓷生产的优良传统上，还是在探索新型材料和研究基础理论方面，都将取得更大的进步。

1.3.2 陶瓷工业在国民经济中的地位

陶瓷工业在国民经济中占据着极其重要的地位。陶瓷材料和金属材料、有机高分子材料并列为当代三大材料。首先，陶瓷是人们日常生活中不可缺少的日用品。几千年来，一直是人类生活中使用的主要餐具、茶具和容器。此外，陶瓷又是制造美术陈设器皿最耐久、最富于装饰性的材料。陶瓷的坚致洁白，明润似玉，便于塑造，适于多种装饰手段，变化万千和丰富多彩是其他材料无法替代的。陶瓷又是一个原料来源丰富，传统技艺悠久，具有坚硬、耐用等一系列优良性质的材料。日用陶瓷、建筑卫生陶瓷在人们日常生活和建筑工业中大量使用。电力、电子工业中的陶瓷绝缘材料；化学工业中的耐腐蚀陶瓷材料；冶金工业中需要的大量耐火材料以及其他工业中，都需要使用大量的陶瓷材料。这些工业用陶瓷材料，在陶瓷工业中的比重，随着国家经济的发展日益增大。陶瓷工业的产品已遍及到民用和工业领域的各个方面，在各个领域中发挥其应有的作用。陶瓷器是中国的伟大发明之一，在国际上享有很高的声誉，在对外交往中，瓷器常作为中国的传统礼品与各国交流。陶瓷制品，包括美术陈设瓷、日用陶瓷和建筑卫生陶瓷作为传统产品，在对外贸易中占有一定的地位。陶瓷工业是国民经济中不可忽视的产业，在国民经济中的地位不容低估。

随着现代科学技术的飞跃发展，对材料的要求更高更严。近代出现的许多技术，如电子技术、空间技术、激光技术、计算机技术、红外技术等，这些技术的应用与推广，都是在新型材料的发现、生产及应用的基础上才能得到保证。具有优良性能的特种陶瓷材料，作为高温结构和功能材料已得到了广泛应用。为了提高电压等级和增大输配电容量，要有高机械强度和介电强度的电瓷，以供线路和电器、电站使用。耐腐蚀、耐磨损、热稳定性高的化工陶瓷是化学工业不可缺少的一种结构材料。电子技术从晶体管，到厚、薄膜电路、大规模集成电路，这些技术的进步和压电、铁电陶瓷、磁性材料等是分不开的。核能发电等新能源所需的结构材料也往往要用陶瓷材料来承担。许多现代国防工业和尖端科学技术，如航空、航天、半导体、高频技术以及高温材料和各种特种用途的新材料、新元件无不需要陶瓷材料。航天技术中的运载火箭、飞船等所使用的高温结构材料、烧蚀材料和涂层许多都属于陶瓷范畴。作为具有悠久历史的陶瓷，随着世界新的科学技术的日新月异，新型的陶瓷材料必然会层出不穷。古老的陶瓷工业在新的形势下，将再次产生飞跃，在现代工业和国民经济的发展中起到更为重要的作用。

本 章 小 结

本章介绍了传统陶瓷的概念和现代陶瓷的概念，并主要从陶瓷的用途和陶瓷制品的物理性能两方面对陶瓷进行了分类；介绍了陶瓷工艺技术的内容和日用陶瓷、卫生陶瓷和陶瓷墙地砖生产的基本工艺流程。此外，还介绍了建筑卫生陶瓷的发展和陶瓷工业在国民经济中的作用。

复习思考题

1. 传统陶瓷的概念与现代陶瓷的概念有何不同？
2. 陶瓷如何分类？在按陶瓷的基本物理性能分类法中，陶器、炻器和瓷器的吸水率和相对密度有何区别？
3. 陶瓷工艺技术的内容是什么？陶瓷生产基本工艺过程包括哪些工序？
4. 举例简述陶瓷在国民经济各领域的作用。

2 原　　料

【本章学习要点】 本章介绍陶瓷生产中使用的各种原料。学习要点内容有：黏土类原料、石英类原料、长石类原料和钙镁质原料。通过本章学习，了解陶瓷生产使用的各种原料；掌握黏土的组成、工艺性质及加热变化、石英的晶型转化和长石的熔融特性以及黏土、石英和长石在陶瓷生产中的作用；了解其他矿物原料和工业废料的性质及在陶瓷生产中的应用；了解陶瓷原料的质量评价及由原料引起的常见缺陷。

陶瓷工业的制品是属于多相的无机非金属材料所构成的制品，普通陶瓷所用的原料大部分是天然的矿物（或岩石）原料，主要是具有可塑性的黏土类原料；以长石为代表的熔剂类原料和以石英为代表的瘠性类原料。此外，还有一些化工原料作为坯料的辅助原料和釉料、色料的原料。

2.1 黏土类原料

黏土是一种疏松的或呈胶状的紧密含水铝硅酸盐矿物。在自然界中分布广泛，种类繁多，藏量丰富，是一种宝贵的天然资源。黏土是多种微细矿物的混合体，其矿物的粒径多数小于 $2\mu m$。黏土矿物晶体结构是由［SiO_4］硅氧四面体组成的 $(Si_2O_5)_n$ 层和由铝氧八面体组成的 $AlO_2(OH)_4$ 层相互以顶角连接起来的层状结构，如图 2-1 所示。这种结构在很大程

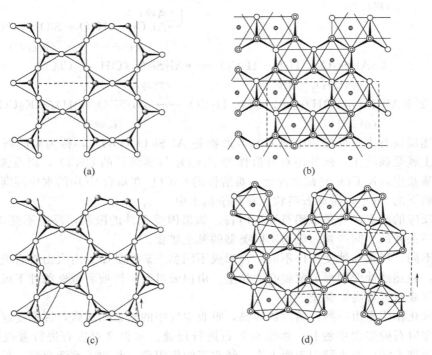

图 2-1　Si_2O_5 和 $AlO_2(OH)_4$ 层的原子排列
●硅；○氧；⊘铝；◎羟基
(a) 和 (b) 是理想的情况；(c) 和 (d) 是在高岭土和地开石中发现的畸变了的排列

度上决定了黏土矿物的各种性能。

黏土类原料为陶瓷制品成型提供必需的可塑性和悬浮性，并在烧成中起重要作用。在坯料配料中它的含量常达 40％以上。

2.1.1 黏土的成因及分类

2.1.1.1 黏土的成因

黏土是自然界产出的多种矿物混合体。从外观上看，有的呈土状，有的呈致密块状，其颜色有白、灰、黄、黑、红等各种颜色，有的黏土含砂较多，有的含砂很少或不含砂，因此各种黏土情况千差万别，但在一定程度上它们或多或少都有可塑性。

黏土是由富含长石等铝硅酸盐矿物的岩石，如长石、伟晶花岗岩、斑岩、片麻岩等，经过漫长地质年代的风化作用或热液蚀变作用而形成的。这类经风化或蚀变作用而生成黏土的岩石统称为黏土的母岩。母岩经风化作用而形成的黏土产于地表或不太深的风化壳以下，母岩经热液饰变作用而形成的黏土常产于地壳较深处。

风化作用有机械（物理）风化、化学风化和生物风化作用等类型。

机械风化作用是由于温度变化、冰冻、水力和风力的破坏而使岩石崩裂和移动。这些自然力同时或互相轮换作用的结果，将庞大而坚硬的岩石粉碎成细块和微粒，并给化学风化作用创造了大的侵袭面积。

化学风化作用能使组成岩石的矿物发生质的变化。在大气中的 CO_2、日光和雨水长时间的共同作用下，有时还加上矿泉、火山喷出的气体，含有腐殖酸的地下水的侵蚀，长石类矿石会发生一系列水化和去硅作用，最后形成黏土矿物。

长石及绢云母转化为高岭石的反应大致如下：

$$2[KAlSi_3O_8] + H_2O + H_2CO_3 \longrightarrow Al_2Si_2O_5(OH)_4 + 4SiO_2 + K_2CO_3$$
（钾长石）　　　　　　　　　　　　　　　（高岭石）

$$\longrightarrow Al_2O_3 \cdot nH_2O + SiO_2 \cdot nH_2O$$
（水铝石）　　　（蛋白石）

$$CaAl_2Si_2O_8 + H_2O + H_2CO_3 \longrightarrow Al_2Si_2O_5(OH)_4 + CaCO_3$$
（钙长石）　　　　　　　　　　　（高岭石）

$$2[KAl_3Si_3O_{10}(OH)_2] + 3H_2O + H_2CO_3 \longrightarrow 3Al_2Si_2O_5(OH)_4 + K_2CO_3$$
（绢云母）　　　　　　　　　　　　　　（高岭石）

从上述反应看出，反应后生成的基本产物是 $Al_2Si_2O_5(OH)_4$，称为高岭石，主要由它组成的黏土就是高岭土。此外还有可溶性的 K_2CO_3 与难溶性的 $CaCO_3$，以及游离的 SiO_2。可溶性碳酸盐中，K_2CO_3 易被水冲走，难溶性的 $CaCO_3$ 在富含 CO_2 的水中逐渐溶解后也被水冲走，剩下的 SiO_2 以游离石英状态存在于黏土中。

上述反应的端点矿物是水铝石和蛋白石。如果因受条件的限制，反应不能进行到底时，就会生成一系列的中间产物，成为不同类型的黏土矿物。

母岩不同，风化与蚀变条件不同，常形成不同黏土矿物类型。由火山熔岩或凝灰岩在碱性环境中，经热液蚀变则形成蒙脱石类黏土。由白云母经中性或弱碱性条件下风化，可形成伊利石类（或水云母类）黏土。

生物风化作用是由一些原始生物残骸，吸收空气中的碳素和氮素，逐渐变成腐殖土，使植物可以在岩石的隙缝中滋长，继续对岩石进行侵蚀。树根又对岩石进行着机械的风化作用，有时动物将深层的土翻到表面上来，经空气的作用使一些物质逐渐变细，且在质量上发生变化。

以上几种风化作用并不是单独进行，而是常常交错重叠地进行的。

2.1.1.2 黏土的分类

黏土的分类通常有按黏土的成因、可塑性、耐火度和所含主要矿物分类四种方法。

(1) 按黏土的成因分类

按黏土的成因分类可将黏土分为原生黏土和次生黏土。

原生黏土,又称一次黏土、残留黏土,是由母岩风化后残留在原地形成的黏土。此种黏土因由风化而产生的可溶性盐类溶于水中,被雨水冲走,只剩下黏土矿物和石英砂等,故质地较纯,耐火度较高,但往往含有母岩杂质(石英、云母、石膏、方解石、黄铁矿等),颗粒较粗,因而可塑性较差。高岭土常为原生黏土。

次生黏土,又称二次黏土、沉积黏土,是由风化形成的黏土,经雨水河流的漂流(有时也有风力作用),迁移至盆地或湖泊水流缓慢的地方沉积下来,而形成的黏土层。由于漂流迁移而沉积下来的黏土颗粒很细,而且在漂流和沉积过程中夹带了有机物质和其他杂质,因而可塑性较好,耐火度较差,并因常混入呈色杂质而显色。

(2) 按黏土的可塑性分类

按黏土的可塑性分类可将黏土分为高可塑性黏土、中等可塑性黏土、低可塑性黏土和非可塑性黏土。

高可塑性黏土,又称软质黏土或结合黏土,其在水中分散度大,多呈疏松状或板状、页状。如黏性土、膨润土、木节土、球土等,其可塑性指数大于15。

中等可塑性黏土可塑性指数在7～15之间。如瓷土、红矸等。

低可塑性黏土,又称硬质黏土,其在水中分散度小,多呈致密块状、石状。如焦宝石、碱石、瓷石等,其可塑性指数在1～7。

非可塑性黏土可塑性指数小于1,如叶蜡石等。

(3) 按黏土的耐火度分类

按黏土的耐火度分类可将黏土分为耐火黏土、难熔黏土和易熔黏土。

耐火黏土的耐火度在1580℃以上,是比较纯的黏土,含杂质较少。天然耐火黏土的颜色较为复杂,但灼烧后多呈白色、灰色或淡黄色,为瓷器、耐火制品的主要原料。

难熔黏土的耐火度介于1350～1580℃之间,含易熔杂质在10%～15%左右,可作炻器、陶器、耐酸制品、装饰砖及瓷砖的原料。

易熔黏土的耐火度在1350℃以下,含有大量的各种杂质,其中危害最大的是黄铁矿,在一般烧成温度下它能使制品产生气泡、熔洞等缺陷,多用于建筑砖瓦和粗陶等制品。

(4) 按构成黏土的主要矿物分类

按构成黏土的主要矿物分类可将黏土分为高岭石类黏土,如苏州土、紫木节土;蒙脱石类黏土,如辽宁黑山和福建连成膨润土;水云母类黏土,如河北章村土;叶蜡石类黏土,如浙江青田叶蜡石;水铝英石类黏土,如唐山A、B、C级矾土。

2.1.2 黏土的组成

黏土的组成包括矿物组成、化学组成和颗粒组成。

2.1.2.1 矿物组成

黏土中的矿物根据其性质和数量可分成两大类,即黏土矿物和杂质矿物。黏土矿物是组成黏土的主体,是决定黏土性质的主要成分。黏土矿物的种类和数量是决定黏土类别的主要根据。对于一种黏土来说,并不是只含有一种黏土矿物,往往同时含有两种或两种以上的黏土矿物,只是其中一种是主要的。

(1) 黏土矿物

目前已经肯定的黏土矿物主要有以下五种类型,即高岭石类、伊利石类、蒙脱石类、水铝英石类和叶蜡石类。高岭石类、蒙脱石类和伊利石类是黏土中主要的三大类黏土矿物,水铝英石类比较少见。

a. 高岭石类（$Al_2O_3 \cdot 2SiO_2 \cdot 2H_2O$） 高岭石族矿物包括高岭石（Kaolinite）、地开石（dickite）、珍珠陶土（nacrite）、多水高岭石（halloysite）等。它们的晶体结构基本上相同,只是结构单元层的排列稍有不同,由此导致它们的热学性质、光学性质,以及它们的晶系和其他物理性质均略有差异。

高岭石在一切有工业价值的黏土与高岭土中占很大比重,由高岭石作为主要成分的纯净黏土称为高岭土。高岭石属于三斜晶系,呈极细的六角形鳞片状结晶,也有呈管状结晶型的,其晶体结构如图2-2所示。它是由一层［SiO_4］四面体层和一层［$AlO_2(OH)_4$］八面体层组成,硅氧四面体的顶端均指向［$AlO_2(OH)_4$］八面体,并和八面体共同占有氧原子,构成结构单位层。这种结构单位层沿 c 轴方向相互重叠,而在 a 轴和 b 轴方向无限伸展构成高岭石晶体。

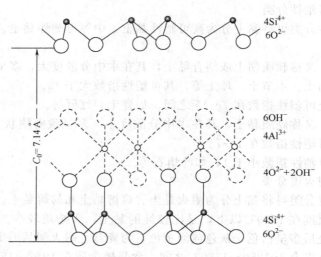

图 2-2 高岭石晶体结构（1Å = 10^{-10} m）

结构单位层与层之间有氢键联结着。虽然氢键结合力较弱,但与蒙脱石层间靠氧晶面邻接相比,结合力要强些,因此高岭石不及蒙脱石易解理、粉碎,其可塑性也较差。

高岭石晶格内部离子是很少置换的。在晶格破裂时,最外层边缘上有断键,电荷出现不平衡,才吸附其他阳离子重新建立平衡。高岭石结构外表面的 OH^- 中的 H^+ 可以被 K^+、Na^+、Ca^{2+}、Mg^{2+} 等取代,影响黏土的交换能力。

高岭石的理论化学组成为 SiO_2 46.54%,Al_2O_3 39.50%,H_2O 13.96%,颗粒平均大小为 0.3~3μm,原矿产出呈致密或疏松的块状,无光泽,硬度接近于1,相对密度 2.41~2.63,具有滑腻感,一般为白色或淡黄色,是黏土原料中质地最纯的一种。可塑性较差,吸附能力小,遇水不会膨胀,加热至 400~600℃ 会排出结晶水（见图2-3黏土矿物差热曲线）。耐火度可达 1730~1770℃,烧结温度在 1400℃ 左右,烧后颜色洁白,白度可达 60%~90%,苏州高岭土最高达 91.5%。

高岭土的化学组成越接近高岭石的理论组成,即杂质越少,其耐火度越高,烧后越洁白。但其分散度较小,可塑性较差。反之,杂质越多,耐火度越低,烧后不洁白,但可能其分散度较大,可塑性较好。

多水高岭石是一种结晶度低的高岭石。结构与高岭石相似,只是在结构单元层之间含有一定量的层间水，它的数量不固定，位置也不是严格固定的。多水高岭石的理想化学式是 $Al_2O_3 \cdot 2SiO_2 \cdot nH_2O$ ($n=4\sim6$)，但实际上它的水分子数往往略小于理想数值，这是由它的水化程度所决定的。多水高岭石由于结构单元层之间充填有额外的水分子，并且是按一定取向排列的，因而使它沿 c 轴方向的厚度增大。同时结构单元层的排列常不如高岭石规则。层间水能抵消大部分氢键结合力，使晶层有一定的自由活动能力，且易吸附水化离子与有机物，改善可塑性。多水高岭石的可塑性和结合性比高岭石强些，干燥收缩较大，特别在较低温度下（110～200℃间）会大量脱水（见图2-3），易引起开裂。多水高岭石不单独使用，只与高岭土共用。

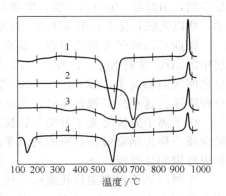

图 2-3 黏土矿物差热曲线
1—高岭石；2—地开石；3—珍珠陶土；4—多水高岭石

地开石与珍珠陶土和高岭石的结构很接近，主要差别在于单位晶胞内单斜角度及 c 边和 b 边的大小不同。高岭石和地开石各层结构相对偏移 $\frac{2}{3}a$，高岭石二层型结构中各八面体层的离子填充情况是一样的，而地开石则每隔一层有一些变化。珍珠陶土的相对偏移是 $\frac{1}{3}b$，同时旋转 180°，c 轴较高岭石和地开石大两倍，因此珍珠陶土较之高岭石和地开石更能保证增强水在层间渗透的可能性，也加大了吸附作用与膨润性。

国内江苏阳西的苏州土、湖南的界牌土、山西的大同土和江西的星子土都是以高岭石为主要矿物的高岭土，是优质的陶瓷原料。苏州土是由片状和杆状两种结构高岭石混合组成。界牌土属于杆状结构的高岭石和石英的混合矿物，高岭石约占 60%～65%。大同土为硬质黏土岩，高岭石含量在 90% 以上，还有少量长石和石英等。星子土的高岭石含量约在 67%，还有 11% 左右的石英和 17% 的水云母。

b. 蒙脱石（$Al_2O_3 \cdot 4SiO_2 \cdot nH_2O$，$n>2$） 蒙脱石有时也称微晶高岭石。以蒙脱石为主要矿物的黏土称为膨润土。如果不考虑晶格中的 Al^{3+} 和 Si^{4+} 被其他离子置换，蒙脱石的理论实验式为：$Al_2O_3 \cdot 4SiO_2 \cdot nH_2O$（通常 $n>2$）。

蒙脱石是由两层 $[SiO_4]$ 四面体和夹在它们中间的一层 $[AlO_2(OH)_4]$ 八面体所组成，构成"三层结构层"，如图 2-4 所示。每一个四面体顶端的氧都指向结构层的中央，并与八面体共有。此种结构的特征是沿 c 轴方向上结构层之间的距离具有可变性，晶层之间氧层与氧层的联系力很小。所以水或其他极性分子容易进入晶

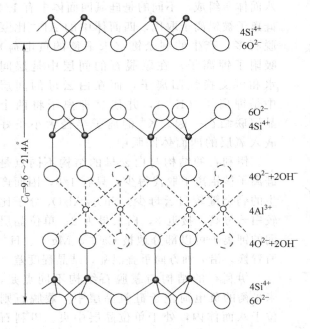

图 2-4 蒙脱石晶体结构（1Å=10^{-10} m）

层中间，引起沿 c 轴方向膨胀，即单位晶胞 c 轴长度取决于层间水含量，能在一定范围内波动，所以蒙脱石易于膨胀与压缩。这使蒙脱石有很强的吸水性，吸水后体积膨胀。

蒙脱石的离子交换力很强。晶格中四面体层的 Si^{4+} 小部分被 Al^{3+}、P^{5+} 置换，八面体层中的 Al^{3+} 常被 Mg^{2+}、Fe^{3+}、Zn^{2+}、Li^+ 等置换。这样使得晶格中电价不平衡，促使晶层之间吸附阳离子，如 Ca^{2+}、Na^+ 等。由于吸附离子，晶层之间的距离增加，更易吸收水分而膨胀。这些离子被置换时，又增强蒙脱石的阳离子交换能力。

由于离子置换时离子种类与置换量的不同，蒙脱石族的黏土矿物种类很多。吸附钠离子的蒙脱石称为钠蒙脱石。吸附钙离子的蒙脱石称为钙蒙脱石。钠蒙脱石分散性强，在水中能形成稳定的悬浮液。

蒙脱石呈不规则细粒状或鳞片状，结晶程度差，晶体轮廓不清。颜色为白色或淡黄色，相对密度为 $2.0\sim2.5$。由于层间吸附了许多水化了的阳离子团，使层间结合力极弱，易碎裂，颗粒较细，一般在 $0.5\mu m$ 以下，分散度高，可塑性极强，干燥后强度高，但干燥收缩也大。陶瓷工业常用来提高制品成型时的塑性和增加生坯强度。但用量过多会引起坯体干燥收缩大。同时蒙脱石中的 Al_2O_3 的含量低，又吸附了其他阳离子，常含有较多杂质，因此烧成温度较低，用量多会影响到烧后制品色泽。坯料中膨润土的用量一般在 5% 以下。

c. 伊利石（$[K_2O \cdot 3Al_2O_3 \cdot 6SiO_2 \cdot 2H_2O] \cdot nH_2O$） 伊利石是常见的一种水云母类矿物。它是云母水解成高岭石的中间产物，如果继续水解最终成为高岭土（即水取代其中的钾、钠离子）。所以，它们的成分及结构介于云母与高岭石或云母与蒙脱石之间，成分复杂。应当注意云母本身并不是黏土矿物，而是生成过程的副矿物，但水化之后的水化云母，具有黏土性质，因此而划入黏土类型。

从结构上说，伊利石的结构介于蒙脱石与白云母之间，如图 2-5 所示。

白云母的结构与蒙脱石相似，也是由两层 $[SiO_4]$ 四面体，中间隔一层 $[AlO_2(OH)_4]$ 八面体所组成。不同的是硅氧四面体中有 1/4 硅离子被铝离子取代，四面体中的 Al^{3+} 比蒙脱石多，产生的剩余键（未平衡的负电荷）吸附了钾离子。在蒙脱石的间层中是层间水和可交换性阳离子，而在白云母的间层中是钾离子（K^+），并依靠钾离子将两个晶层联结在一起。K^+ 的离子半径大小正好嵌入氧层的四面体网眼中。

伊利石的结构与白云母的结构不同点是硅离子被铝离子取代得少，只有 1/6，因而产生的剩余键较白云母少。SiO_2/Al_2O_3 分子比较白云母高，接近 3，白云母为 2。单位晶层间的钾离子可以部分地被 Ca^{2+}、Mg^{2+}、H^+ 所置换，沿 c 轴方向重叠混乱，结晶程度差。

伊利石的结构与蒙脱石结构不同点是，未平衡的负电荷位于硅氧晶层中。蒙脱石则位于八面体内，处于单位晶层中央。伊利石单位晶层的离子主要是或完全是 K^+，而蒙脱

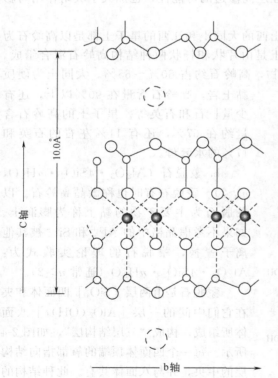

图 2-5 伊利石晶体结构（$1\text{Å}=10^{-10}\text{m}$）
○ — Si^{4+}; ○ — O^{2-}; ● — Al^{3+}; ⦵ — K^+

石则多样化。所以伊利石晶层结合比较牢固，晶层不致发生膨胀。伊利石的层间键比水云母弱，比蒙脱石强。

从组成上说，伊利石的组成也介于高岭石和白云母之间。和高岭石比较，伊利石含碱离子较多，而含水较少；和白云母比较，伊利石含碱离子较少，而含水较多。典型的伊利石含6.3%的K_2O和7.5%的H_2O，而白云母含10%～11.5% K_2O和4.2%的H_2O。

伊利石类黏土一般可塑性低，干燥后强度小，干燥收缩小，烧结温度低，开始烧结温度一般在800℃左右，完全烧结温度在1000～1150℃。

绢云母是受热液作用而形成的细小鳞片状白云母，晶体结构及成分与白云母相似，但外观呈土状，表面绢丝光泽，具有黏土性质，可用以生产绢云母瓷。

瓷石是以伊利石为主要矿物的良好的制瓷原料，可以两组分甚至单组分成瓷。瓷石一般是由绢云母、水云母质黏土与石英、长石、高岭土、碳酸盐以及黄铁矿等杂质胶结而成的。江西的南港瓷石、安徽的祁门瓷石都含有大量的石英和绢云母。

d. 叶蜡石类　叶蜡石并不属于黏土矿物，因其某些性质近于黏土，而划归黏土之列。从结构上来说叶蜡石与蒙脱石相似，也具有由两层硅氧[SiO_4]四面体和一层[$AlO_2(OH)_4$]八面体所组成的三层结构。各晶层之间由范得华力连接，结合很弱，容易滑动解理，所以硬度低、易裂成薄片和有滑腻感。但叶蜡石晶格四面体中的Si^{4+}和八面体中的Al^{3+}并未被置换，它不易吸收水分和吸附阳离子。

叶蜡石的化学通式为$Al_2O_3 \cdot 4SiO_2 \cdot H_2O$，其理论化学组成为：$Al_2O_3$ 28.30%、SiO_2 66.70%、H_2O 5.00%。蜡石原料含较少的结晶水，而且加热至500～800℃之间脱水缓慢，总收缩不大，所以宜用于配制快速烧成的陶瓷坯料。

浙江青田蜡石是一种较纯的叶蜡石质原料。此外，福建寿山、浙江上虞、昌化等地均产蜡石。

e. 水铝英石类　这一类是不常见的黏土矿物，往往少量包含在其他黏土中，呈无定形状态存在。它是一种表生矿物，由长石、霞石、白榴石分解而成，常与高岭石共生，见于风化壳和土壤中。水铝英石是一种非晶质的含水硅酸铝，它的结构很可能是由硅氧四面体和金属离子配位八面体任意排列而成，没有任何对称性。它与其他黏土的区别是它能在盐酸中溶解，而其他结晶质的黏土矿物不溶解于盐酸，但溶解于硫酸。它的矿物实验式为$Al_2O_3 \cdot nSiO_2 \cdot nH_2O$（$n=1$或$n>1$），铝、硅和水的含量不定，$SiO_2/Al_2O_3$在0.4～8之间变化，尚有一定量的$K_2O$、$Na_2O$、$CaO$、$MgO$、$Fe_2O_3$和少量$CuO$、$ZnO$等。水铝英石在水中能形成胶凝层，包围在其他黏土颗粒上，从而提高黏土的可塑性。

(2) 黏土中的杂质矿物

黏土中除黏土矿物外，经常伴生一些非黏土矿物，即杂质矿物。它们通常以细小晶粒及其集合体分散于黏土中。这些杂质矿物有石英和未风化的母岩残渣，如长石、云母等，及运迁过程中混入的其他物质，如铁质及钛质矿物、碳酸盐、硫酸盐以及有机物质等。一般对黏土的性能、制品的质量产生不利的影响，可通过淘洗、磁选等方法除去。很多黏土中含有不同数量的有机物质、褐煤、蜡、腐殖酸衍生物等，这些有机物其质量的多少和种类的不同，可使黏土呈灰至黑等各种颜色。但它们在煅烧时能被烧掉，因此只要不含别的着色物质，黏土烧后呈白色。有的有机物质（腐殖质）有着显著的胶体性质，可以增加黏土的可塑性和泥浆的流动性。但有机物质过多时也有可能造成瓷器表面起泡与产生针孔，需在烧成中加强氧化来解决这个矛盾。

2.1.2.2　化学组成

由于黏土中的主要黏土矿物都是含水的铝硅酸盐，因此其主要化学成分为SiO_2、

Al_2O_3，还有少量的碱金属氧化物（K_2O、Na_2O），碱土金属氧化物（CaO、MgO），着色氧化物（Fe_2O_3 和 TiO_2）和灼烧减量（机械结合水、化合水、有机物、碳酸盐、硫酸盐等）。表 2-1 所列为国内常用黏土原料的化学组成。

表 2-1　国内常用的黏土原料的化学组成

名称	产地	化学组成/%									主要矿物
		SiO_2	Al_2O_3	Fe_2O_3	TiO_2	CaO	MgO	K_2O	Na_2O	灼烧减量	
苏州土	江苏苏州	47.69	37.60	0.31	—	0.19	0.06		0.03	14.06	杆状、片状高岭石
界牌泥	湖南衡阳	70.34	22.00	0.30		0.27	0.10	0.03	0.03	7.92	杆状高岭石
上店土	陕西铜州	45.64	37.54	0.83	1.66	0.46	0.56	0.11	0.02	13.81	结晶较差的高岭石
星子高岭土	江西星子	50.14	34.07	1.04		0.20	0.33	1.73	0.10	118.5	高岭石、白云母、石英
紫木节土	河北唐山	46.15	32.58	1.32		1.27	0.43	0.74	0.74	16.61	高岭石
大同土	山西大同	44.64	38.82	0.17	0.46	0.48	0.20	0.44	0.20	15.83	高岭石
青草岭土	广东清远	51.68	33.15	1.05		0.20	0.21	1.80	0.10	11.76	高岭石、水云母、石英
叙永土	四川叙永	44.56	38.80	0.30		0.82	0.20	0.11	0.13	15.49	叙永石（多水高岭石）
黑山膨润土	辽宁黑山	67.50	14.05	1.90		4.36	4.21	0.43	0.57	7.23	蒙脱石、石英
祖堂上黏土	江苏南京	54.86	27.00	2.00		1.60	1.70	4.04	0.10	8.82	蒙脱石、水云母
易县膨润土	河北易县	70.0.	14.54	0.16		2.36	3.75		0.23	7.76	蒙脱石、石英
青田蜡石	浙江青田	65.63	29.01	0.21		0.03	0.07		0.11	5.13	叶蜡石
长太蜡石	福建长太	64.67	28.82	0.14	0.26			0.17	0.20	5.27	叶蜡石
南港瓷石	江西浮梁	71.87	18.26	0.46	—	1.39	0.35	3.26	0.49	3.89	石英、绢云母、高岭石
三宝莲瓷石	江西浮梁	76.54	15.57	0.47		0.63	0.38	2.05	4.48	1.66	石英、长石、绢云母
柳家湾瓷石	江西	78.83	15.96	0.56		0.96	0.65	2.59	0.58	5.04	石英、水云母、高岭石
章村石	河北邢台	53.30	27.00	0.29	0.71	2.08	0.67	4.50	3.82	2.66	伊利石、钙钠长石
飞天燕原矿	广东潮安	76.03	14.82	0.80		0.10	1.02	2.82	0.37	3.19	石英、高岭石、长石、水云母
浸潭洗泥	广东清远	47.96	35.27	0.52		1.05	0.42	5.48	0.51	9.06	高岭石、石英

根据化学组成可以初步判断黏土的一些性能，从而确定这种黏土能不能使用，并为配料计算以及如何配料提供必要的依据。主要有以下几个方面。

① 化学组成可以作为鉴定黏土的矿物组成的参考。当黏土中的杂质含量不多，主要是由一种黏土矿物组成时，常可根据黏土的化学组成来初步估计其主要黏土矿物的种类。如苏州土的化学组成为：SiO_2 46.42%，Al_2O_3 38.96%，Fe_2O_3 0.22%，CaO 0.38%，MgO 痕量，K_2O、Na_2O 痕量，灼烧减量 14.40%。其化学组成与纯高岭石的化学组成（SiO_2 46.54%，Al_2O_3 39.50%，H_2O 13.96%）很接近，则可估计该黏土主要是高岭石矿物，属于高岭土。当黏土的化学组成中碱性杂质较多时，则主要黏土矿物可能是蒙脱石类与伊利石类。若化学组成以物质的量比（即用化学组成百分数除以各自的摩尔质量）来表示，则 SiO_2/Al_2O_3 或 SiO_2/R_2O_3 的物质的量比率在 2 左右时可能是高岭石和多水高岭石；在 3 左右时可能是富硅高岭土、伊利石；4 左右时可能是蒙脱石、叶蜡石。

② 可以估计黏土的耐火度的大小。当化学组成中含碱金属、碱土金属和铁的氧化物较多时，说明该黏土所含的杂质较多，则其耐火度就较低，烧结温度也较低。当其含杂质少，Al_2O_3 含量高，则其耐火度或烧结温度也高。根据化学组成的数据，还可用一些经验公式来计算耐火度的大小（见 2.1.3.8）。

③ 可以推断黏土煅烧后的呈色。Fe_2O_3 和 TiO_2 是引起坯体显色的杂质，随着 FeO_3 含量的不同，烧后的黏土可呈不同的颜色，如表 2-2 所示。如在还原气氛下进行煅烧，有部分 Fe_2O_3 被还原成为 FeO，则呈色一般为青、蓝灰到蓝黑色。

表 2-2　Fe_2O_3 含量对黏土煅烧后呈色的影响

Fe_2O_3 含量/%	在氧化焰中烧成时的呈色	适于制造的品种	Fe_2O_3 含量/%	在氧化焰中烧成时的呈色	适于制造的品种
<0.8	白色	细瓷、白炻瓷、细陶器	4.2	黄色	炻瓷、陶器
0.8	灰白色	一般细瓷、白炻瓷器	5.5	浅红色	炻瓷、陶器
1.3	黄白色	普通瓷、炻瓷器	8.5	紫红色	普通陶、粗陶器
2.7	浅黄色	炻瓷、陶器	10.0	暗红色	粗陶器

④ 可以估计黏土的成型性能。从化学组成中来推断黏土中主要黏土矿物的类型可以在一定程度上反映其成型性能。另外，如 SiO_2 含量很高，可说明该黏土中除黏土矿物外，还夹有游离石英，这种黏土的可塑性不会太好，但收缩较小。若在高岭石类黏土中灼烧减量高于 14%、在叶蜡石黏土中高于 5%、在多水高岭石和蒙脱石类黏土中 20% 以上、在瓷石中高于 8%，则可说明黏土中所含的有机物或碳酸盐过多，这种黏土其烧成收缩必然较大，在使用时应在配料和烧成工艺上考虑解决。

⑤ 可以推断黏土在烧结过程中产生膨胀或气泡的可能性。黏土中的 Na_2O 和 K_2O，一般存在于云母、长石和伊利石矿物中，也有可能以钠、钾的硫酸盐存在。当以云母状态存在时，它的矿物化合水是在较高温度下（1000℃ 以上）排出的。这是引起黏土膨胀的一个原因。

黏土中的 CaO、MgO 往往是以碳酸盐或硫酸盐的形式存在，如含量多，在煅烧时有大量 CO_2、SO_3 等气体排出，操作不当时容易引起针孔和气泡。

使黏土产生膨胀的主要原因之一是 Fe_2O_3 的存在，在氧化气氛下，在 1230~1270℃ 以前，Fe_2O_3 是稳定的，如果温度继续升高则 Fe_2O_3 将按以下反应式分解而放出气体，引起膨胀。

$$6Fe_2O_3 \rightleftharpoons 4Fe_3O_4 + O_2 \uparrow$$
$$2Fe_2O_3 \rightleftharpoons 4FeO + O_2 \uparrow$$

⑥ 根据化学分析的数据可以粗略地计算该黏土矿物组成的示性分析，计算方法见 3.2.4。

2.1.2.3　颗粒组成

颗粒组成是指黏土中含有不同大小颗粒的百分比含量。黏土矿物颗粒是很细的，其直径一般在 1~2μm 以下，而不同的黏土矿物其颗粒大小也不同，蒙脱石和伊利石的颗粒要比高岭石小。黏土中的非黏土矿物的颗粒一般较粗，可在 1~2μm 以上，如长石、石英等杂质。在颗粒分析时，其细颗粒部分主要是黏土矿物的颗粒，而粗颗粒部分中大部分是杂质矿物颗粒。颗粒大小的不同，在工艺性质上也表现出很大的差异。由于细颗粒的比表面积大，其表面能也大，因此黏土中的细颗粒越多，其可塑性越强、干燥收缩越大、干后强度越高，并且也易于烧结。烧后的气孔率也小，有利于成品的机械强度、白度和半透明度的提高。表 2-3 所列为黏土质点的大小对其工艺性质的影响。

表 2-3　黏土质点大小对其工艺性质的影响

质点平均直径/μm	100g 颗粒的表面积/cm^2	吸附水/%	干燥状态下的强度/(N/cm^2)	相对可塑性
8.50	13×10^4	0.0	45.1	无
2.20	392×10^4	0.0	137	无
1.10	794×10^4	0.6	461	4.40
0.55	1750×10^4	7.8	628	6.30
0.45	2710×10^4	10.0	1275	7.60
0.28	3880×10^4	23.0	2903	8.20
0.14	7100×10^4	30.5	4492	10.20

2.1.3 黏土的工艺性质

黏土的工艺性质主要取决于它的矿物组成、化学组成与颗粒组成，其矿物组成是基本因素。

2.1.3.1 黏土的可塑性

黏土与适量的水混练以后形成泥团，这种泥团在一定外力的作用下产生形变但不开裂。当外力去掉以后，仍能保持其形状不变。黏土的这种性质称为可塑性。

黏土在水中分散成细小颗粒，由于离子吸附，黏土颗粒周围形成适当厚度的水化薄膜，受力作用时水膜起润滑作用，可任意滑移变形。又因黏土颗粒间形成毛细管，水膜又成了张紧膜，使发生滑移的颗粒不致脱离分开，起保形作用，从而使黏土具有可塑性。显然，只有当泥料的水分适中时，才能在黏土颗粒周围形成一定厚度的连续水膜，黏土的可塑性才最好。此外，黏土颗粒吸附的阳离子种类、浓度与可塑性关系很大，吸附的阳离子浓度大，离子半径小、电价高（Ca^{2+}，H^+），则吸附水膜较厚，可塑性也好。

不同的黏土矿物，可塑性也不相同，蒙脱石类黏土较高岭石类、伊利石类黏土的可塑性好。同样的黏土，其颗粒越细，有机质含量越高，可塑性越好。

可塑性是黏土的主要工业技术指标，是各种陶瓷制品的成型基础。黏土的可塑性的大小用塑性指数、塑性指标、可塑度系数表示。

① 塑性指数是黏土的液性限度（由塑性状态进入流动状态的最高含水量）与塑性限度（由固体状态进入塑性状态的最低含水量）之间的差值。从塑性指数的大小可以看出黏土塑性成型时适宜含水量的范围。黏土塑性越好，其塑性指数越大。

$$可塑性指数 = 液限含水率 - 塑限含水率$$

② 塑性指标是指在工作水分下，泥料受外力作用最初出现裂纹时应力与应变的乘积。塑性指标越高，黏土的成型性能越好。它可用 П.А. 泽米亚钦斯基可塑仪测定，把需要试验的黏土加水捏练后制成直径为 4.5cm 的圆球，上面加压至泥球发现开裂即止，塑性指标 S 按下式计算：

$$S = (D - d)P \tag{2-1}$$

式中 D——试验前泥球直径，mm；
d——加压后出现裂纹时球的高度，mm；
P——负荷重量，N。

各种可塑性的黏土，用塑性指数和塑性指标衡量分类如下。

强可塑性黏土：指数＞15 或指标＞3.6；
中可塑性黏土：指数 7～15 或指标 2.5～3.6；
弱可塑性黏土：指数 1～7 或指标＜2.5；
非塑性黏土：指数＜1。

③ 可塑度系数是以压缩应变量为 10% 时的压应力与压缩应变量为 50% 时的压应力之比表示，即

$$p = 1.8 \frac{R_{10}}{R_{50}} \tag{2-2}$$

式中，p 为可塑度系数；R_{10} 为压缩应变量为 10% 时的千分表的读数，mm；R_{50} 为压缩应变量为 50% 时的千分表的读数，mm；1.8 是试样压缩 10% 和 50% 时截面积之比。

陶瓷生产中为了获得成型性能良好的坯料，要选择适宜的黏土来调节坯料的可塑性以满足生产上对可塑性的要求。

提高坯料可塑性的措施有：

① 将黏土原矿进行淘洗，除去所含夹杂的非可塑性物料或进行长期风化；
② 将湿润了的黏土或坯料长期陈腐；
③ 将泥料进行真空处理，并多次练泥；
④ 掺用少量的强可塑性黏土；
⑤ 必要时加入适当的胶体物质，如糊精、胶体 SiO_2、羧甲基纤维素（CMC）等。

降低坯料可塑性的措施有：
① 加入非可塑性原料，如石英、瘠性黏土、熟瓷粉等；
② 将部分黏土预先煅烧。

2.1.3.2 黏土的结合性

黏土的结合性是指黏土能黏结一定细度的瘠性物料，形成可塑泥团并有一定的干坯强度的能力。黏土的这一性质能保证坯体有一定的干燥强度，是坯体干燥、修理、上釉等能够进行的基础，也是配料调节泥料性质的重要因素。黏土的结合性主要表现为其能黏结其他瘠性物料的结合力的大小。黏土的这种结合力，在很大程度上是由黏土矿物的结构决定的。一般说来具有可塑性强的黏土其结合力也大。

黏土的结合性测定，是在黏土中加入标准砂后制成试条，测定试条干燥后的弯曲强度，弯曲强度越大，则黏土的结合性越大。标准砂组成为 $0.25 \sim 0.15$mm 粒径的占质量的 70%；$0.15 \sim 0.09$mm 粒径的占质量的 30%。黏土与砂的比为 100/0、80/20、60/40、40/60、20/80，或只测 50/50 一种砂比的弯曲强度。测弯曲强度的公式为：

$$R = \frac{3FL}{2bh^2} \tag{2-3}$$

式中 R——试样的弯曲强度，N/mm；
F——试样折断时的负荷，N；
L——试样两支点间的距离，mm；
b——试样折断面宽度，mm；
h——试样折断面高度，mm。

2.1.3.3 黏土的离子交换性

黏土颗粒由于其表面层的断键和晶格内部离子的被置换而带有电荷，它能吸附其他异性离子。在水溶液中，这种吸附的离子又可被其他相同电荷的离子所置换。这种性质称为黏土的离子交换性。这种离子交换反应发生在黏土粒子的表面部分，而不影响硅铝酸盐晶体的结构。各种黏土由于其晶格内部离子置换的程度不同以及黏土颗粒大小不同，其离子交换的能力也不同。

离子交换的能力可用离子交换容量来表示。它指 pH=7 时每 100g 干黏土所吸附能够交换的阳离子或阴离子的物质的量（mmol），单位为 mmol/100g。

离子交换容量的大小和黏土的种类有关，如表 2-4 所示。此外还取决于分散度的大小。黏土的分散度越大，其晶体结构缺陷越多，断键和同晶取代也越多，故离子交换容量也越大，如表 2-5 所示。

表 2-4 不同黏土的离子交换容量/(mmol/100g)

黏土种类	吸附离子种类		黏土种类	吸附离子种类	
	阳离子	阴离子		阳离子	阴离子
高岭土	3~9	—	叙永土	15~40	—
高岭土类黏土	9~20	7~20	膨润土	40~150	20~50
伊利石类黏土	10~40	—			

表 2-5 黏土分散度与离子交换容量的关系

矿物	颗粒粒径/μm							
	10~20	5~10	2~4	1.0~0.5	0.5~0.25	0.25~0.1	0.1~0.05	<0.05
高岭石	2.4	2.6	3.6	3.8	3.9	5.4	9.5	—
伊利石	—	—	—	—	13~20	—	20~30	27.5~41.7

另外,黏土中有机物含量和黏土矿物的结晶程度也影响其离子交换容量。如唐山紫木节土中有机物多,因有机物中的—OH^-、—$COOH^-$活性基团具有吸附阳离子的能力,故该黏土的阳离子交换容量达 25.2mmol/100g,远比纯高岭土的阳离子交换容量大(苏州土的为 7.0mmol/100g)。这也与紫木节土的结晶程度差,晶格内存在类质同晶置换有关。

黏土的离子交换容量不仅与黏土本身的性质有关,而且也取决于吸附的离子种类。黏土吸附阳离子的能力比阴离子要大,见表 2-4。而黏土吸附阳离子的种类不同,其交换容量也不同,黏土的阳离子交换容量大小一般情况下可按下列顺序排列:

$$H^+ > Al^{3+} > Ba^{2+} > Sr^{2+} > Ca^{2+} > Mg^{2+} > NH_4^+ > K^+ > Na^+ > Li^+$$

即左面的离子能置换右面的离子,自右至左交换容量逐渐增大。

黏土吸附阴离子的能力较小,可按下列顺序排列:

$$OH^- > CO_3^{2-} > P_2O_7^{4-} > PO_4^{3-} > CNS^- > I^- > Br^- > Cl^- > NO_3^- > F^- > SO_4^{2-}$$

即左面的阴离子能在离子浓度相同的情况下从黏土上交换出右面的阴离子。

黏土吸附的离子种类不同,对黏土泥料的其他工艺性质会有不同的影响,表 2-6 列出了黏土吸附不同离子对黏土可塑泥团及泥浆性质的影响。

表 2-6 吸附离子种类对黏土泥料性质的关系

性质	吸附离子种类和性质变化的关系	性质	吸附离子种类和性质变化的关系
结合水数量(膨润土)	$K^+ < Na^+ < H^+ < Ca^{2+}$	可塑泥团的液限(高岭土)	$Li^+ < Na^+ < Ca^{2+} < Ba^{2+} < Mg^{2+} < Al^{3+} < K^+ < Fe^{3+} < H^+$
湿润热:膨润土 高岭土	$K^+ < Na^+ < H^+ < Mg^{2+} < Ca^{2+}$ $H^+ < Na^+ < K^+ < Ca^{2+}$	泥团破坏前的扭转角	$Fe^{3+} < H^+ < Al^{3+} < Ca^{2+} < K^+ < Mg^{2+} < Ba^{2+} < Na^+ < Li^+$
ζ-电位(高岭土、膨润土)	$Ca^{2+} < Mg^{2+} < H^+ < Na^+ < K^+$	泥团干后强度	$H^+ < Ba^{2+} < Na^+$; $H^+ < Ca^{2+} < Na^+$; $Cl^- < CO_3^{2-} < OH^-$
触变性	$Al^{3+} < Ca^{2+} < Mg^{2+} < K^+ < Na^+ < H^+$	水中溶解下列电解质时泥浆的过滤速度	$NaOH < Na_2CO_3 = H_2O < KCl = NaCl = Na_2SO_4 < CaCl_2 = BaCl_2 < Al_2(SO_4)_3$
干燥速度和干后气孔率	$Na^+ < Ca^{2+} < H^+ < Al^{3+}$		

2.1.3.4 黏土的触变性

黏土泥浆或可塑泥团受到振动或搅拌时,黏度会降低而流动性增加,静置后逐渐恢复原状。此外,泥料放置一段时间后,在维持原有水分的情况下也会出现变稠和固化现象。这种性质统称为触变性。黏土的触变性在生产中对泥料的输送和成型加工有较大影响。生产中一般希望泥料有一定触变性,泥料触变性过小时,成型后生坯的强度不够,影响脱模与修坯的质量。而触变性过大的泥浆在管道输送过程中会带来不便,成型后生坯也易变形。因此控制泥料的触变性,对满足生产需要,提高生产效率和产品质量有重要意义。

触变性的大小可用厚化度来表示,泥浆的厚化度以泥浆放置 30min 和 30s 后其相对黏度之比来表示:

$$泥浆厚化度 = \frac{\tau_{30min}}{\tau_{30s}} \tag{2-4}$$

式中 τ_{30min}——100mL 泥浆放置 30min 后，由恩氏黏度计中流出的时间；

τ_{30s}——100mL 泥浆放置 30s 后，由恩氏黏度计中流出的时间。

可塑泥团的厚化度以放置一定时间后，球体或圆锥体压入泥团达到一定深度时，其剪切强度增加的百分数表示，即

$$泥团厚化度 = \frac{P_n - P_0}{P_0} \times 100\% \tag{2-5}$$

式中 P_0——泥团开始时能承受的负荷，N；

P_n——放置一定时间后，球体或锥体压入相同深度时承受的负荷，N。

黏土的触变性主要取决于黏土的矿物组成、粒度大小与形状、水分含量、使用电解质种类与用量，以及泥料（包括泥浆）的温度等。

对高岭石和伊利石颗粒加水时，水分子仅渗入颗粒间；而蒙脱石颗粒加水时，水分子除进入颗粒间，还可渗入单位晶胞之间，故其遇水后膨胀要比前者大，触变性比前者大。

黏土颗粒的大小与形状对触变性的影响，表现为颗粒愈细，形状愈不对称，愈易成触变结构。此外触变性大小与吸附阳离子的种类和数量有关。吸附阳离子的价数愈小，或价数相同而离子半径愈小者，其触变效应愈大。因为离子半径愈小，水化半径愈大，水化膜愈厚。

泥料的触变性还与含水量有关，含水量大的泥浆，不易形成触变结构，反之易形成触变结构。

温度升高，黏土质点的热运动剧烈，使黏土颗粒的作用力减弱，不易建立触变结构，从而触变性也小。

2.1.3.5 黏土的稠性（稠度）

黏土在一定量水的掺和与外力搅拌下，显示出既不是固体，也不是液体的中间型物体的硬度特点，称为稠性（或稠度）。

黏土的稠性用稠度系数来表示：

$$K = \frac{W_1 - W_2}{W} \tag{2-6}$$

式中 K——稠度系数；

W_1——黏土成型时的含水率，%；

W_2——达塑性时的含水率，%；

W——塑性指数。

K 为 0～0.25 时，黏土是可塑性的，不粘附在其他物体上；K 为 0.25～0.5 时，黏土具黏性，可以粘附在其他物体上。黏土泥料的稠度系数以 0.28 时为最佳。

将最佳稠度系数 0.28 代入式（2-6），可得黏土泥料稠度最佳，黏土成型时的最佳含水率 $W_{1最佳}$。

$$W_{1最佳} = W_2 + 0.28W \tag{2-7}$$

2.1.3.6 黏土的干燥性能和烧成收缩

黏土的干燥性能包括干燥收缩、干燥强度和干燥灵敏度。

黏土经 110℃ 干燥后，自由水及吸附水相继排出，黏土颗粒之间的距离缩短而产生收缩，称为干燥收缩。干燥后的黏土经高温煅烧，由于发生一系列的物理化学变化（如脱水作用、分解作用、莫来石的生成、易熔杂质的熔化，以及这些熔化物充满质点间空隙等），因而黏土再度收缩，称为烧成收缩。这两种收缩构成黏土泥料的总收缩。

① 黏土的干燥收缩有线收缩（制品的长度变化百分率）和体收缩（制品的体积变化百分率）两种。线收缩率 S_g 的计算公式为：

$$S_g = \frac{L_0 - L_g}{L_0} 100(\%) \tag{2-8}$$

式中 S_g——干燥线收缩率，%；
L_0——标线原长，mm；
L_g——干燥后标线长度，mm；

线收缩（S_g）与体收缩（B_g）的关系为：

$$S_g = (1 - \sqrt[3]{1-B_g}) \times 100\%$$

或 $$B_g = [1 - (1-S_g)^3] \times 100\% \tag{2-9}$$

黏土的体收缩大约是线收缩的3倍，误差仅为6%～9%，所以实际生产中用 $B_g \approx 3S_g$ 进行计算。

试样的烧成收缩率 S_s 可用式（2-8）计算，此时 L_0 是干燥后（即烧成前）标线长度，mm；L_g 是烧成后标线长度，mm。

在式（2-8）中，若用烧成后标线长度值代入 L_g，其他不变，则计算出的值为试样的总收缩率 $S_总$。

试样的总收缩率 $S_总$ 与干燥收缩率 S_g、烧成收缩率 S_s 的关系为：

$$S_s = \frac{S_总 - S_g}{1 - S_g} \times 100\% \tag{2-10}$$

黏土的收缩情况主要取决于它的组成、含水量、吸附离子及其他工艺性质等。细粒黏土及呈长形纤维状粒子的黏土收缩较大。表2-7所列为黏土矿物组成与其收缩范围的关系。

表2-7 各类黏土的收缩范围

线收缩/%	黏土			
	高岭石类	伊利石类	蒙脱石类	叙永石类
干燥收缩	3～10	4～11	12～23	7～15
烧成收缩	2～17	9～15	6～10	8～12

测定收缩是研制模型及制作生坯尺寸放尺的依据。由于黏土原料性质的不同，收缩也不相同，一般黏土总收缩波动于5%～20%之间。黏土或配成的坯料如果收缩太大，在干燥与烧成中，将产生有害的应力，容易导致坯体开裂。这时就应调整配方，加以防止。在制造大型坯件时，其水平收缩与垂直收缩也会略有差异，在制模时应予注意。

② 干燥灵敏度是指黏土干燥时，可能产生变形和开裂时间早迟、速度快慢、强度大小的综合反映。根据干燥灵敏度系数 K 值大小，可将黏土分为三种类型：

低干燥灵敏度　　　　　灵敏度系数 $K<1$；
中等干燥灵敏度　　　　灵敏度系数 $K=1\sim2$；
高干燥灵敏度　　　　　灵敏度系数 $K \geq 2$。

干燥灵敏度系数 K 的计算公式为：

$$K = \frac{V}{V_0 \left(\frac{m_0 - m_3}{V_0 - V} - 1\right)} \tag{2-11}$$

式中 K——试样干燥灵敏度系数；
V_0——湿试样的体积 $\left(V_0 = \frac{m_2 - m_1}{\rho}\right)$，cm³；
V——干试样的体积 $\left(V_0 = \frac{m_5 - m_4}{\rho}\right)$，cm³；

m_0——湿试样在空气中的质量，g；
m_1——湿试样在煤油中的质量，g；
m_2——湿试样饱吸煤油后在空气中的质量，g；
m_3——干试样在空气中的质量，g；
m_4——干试样在煤油中的质量，g；
m_5——干试样饱吸煤油后在空气中的质量，g；
ρ——煤油的密度，g/cm³。

③ 黏土干燥强度的计算公式与式（2-3）相同。

2.1.3.7 黏土的烧结温度与烧结范围及其测定

（1）黏土的烧结温度与烧结范围

黏土是多矿物组成的物质。它没有固定的熔点，而是在相当大的温度范围内逐渐软化。当黏土在煅烧过程中，温度超过900℃以上时，低熔物开始出现，低熔物液相填充在未熔颗粒之间的空隙中，并由其表面张力的作用，将未熔颗粒进一步靠近，使体积急剧收缩，气孔率下降，密度提高。这种体积开始剧烈变化的温度称为开始烧结温度（见图2-6中的t_1）。随着温度的继续升高，黏土的气孔率不断降低，收缩不断增大，当其密度达到最大状态时（一般以吸水率等于或小于5%为标志），称为完全烧结，相应于此时的温度叫烧结温度（图2-6中的t_2）。

从完全烧结开始，温度继续上升，会出现一个稳定阶段，在此阶段中，体积密度和收缩等不发生显著变化。持续一段时间后，由于黏土中的液相不

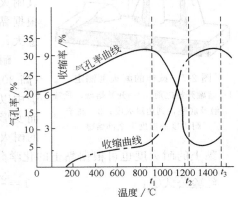

图2-6 黏土加热时的烧成收缩与气孔率曲线

断增多，以致不能维持黏土原试样的形状而变形，同时也会因发生一系列高温化学反应，使黏土试样的气孔率反而增大，出现膨胀。出现这种情况的最低温度称软化温度（图2-6中的t_3）。通常把烧结温度到软化温度之间黏土试样处于相对稳定阶段的温度范围称为烧结范围（图2-6中的$t_2 \rightarrow t_3$）。

黏土的烧结属液相烧结。影响烧结的因素很多，其中主要的是化学组成与矿物组成。

从化学组成来看，碱性成分多，游离石英砂的黏土易于烧结，烧结温度也低。从矿物组成来看，膨润土、伊利石类黏土比高岭土易于烧结，烧结后的吸水率也较低。不同黏土的烧结范围差别也很大，其主要取决于黏土中所含熔剂杂质的数量和种类以及相应液相的增加速率，纯耐火黏土烧结范围约250℃，优质高岭土约200℃，不纯的黏土约150℃，伊利石类黏土仅50～80℃，制瓷所用黏土要求烧结温度范围较宽，以100～150℃为宜。烧结范围愈宽，陶瓷制品的烧成操作愈容易掌握，也愈容易得到煅烧均匀的制品。因此，黏土的烧结范围在陶瓷生产中十分重要。它是制定烧成制度、选择烧成温度范围、决定坯料配方、选择窑炉等的参考和依据之一。

生产中常用吸水率来反映原料的烧结程度。一般要求黏土原料烧后的吸水率＜5%。

（2）黏土的烧结温度与烧结范围的测定

将黏土（或坯料）制成许多同一试样置于梯度炉（或电炉、窑中）煅烧，在每一温度间隔（如900℃、1000℃、1100℃、1200℃、1300℃、1350℃等）取出几片试样观察其外观特征（如颜色、光泽、强度等）并分别测定它们的吸水率与烧成收缩等指标，绘成如图2-6所

示的烧成收缩与气孔率曲线图，从图上取其体积收缩最大，气孔率最小的一点（t_2）作为烧结温度，从烧结温度起至体积又转向膨胀，气孔率又转向增多的转折点（t_3）之间的区间为烧结范围。温度超过烧结范围（即超过耐火度），坯体就要过烧膨胀，气孔率又要增加，同时软化变形。

2.1.3.8 黏土的耐火度

黏土在高温下加热，当温度达到黏土软化温度后，继续升温，黏土逐渐软化熔融。直至全部熔融变为玻璃态物质。表征材料在高温下，虽已发生软化而没有全部熔融，在使用中所能承受的最高温度，称为耐火度。耐火度是耐火材料的重要技术指标之一，它反映材料无荷重时抵抗高温作用的稳定性。是材料的一个工艺常数（熔点是一个物理常数）。

黏土的耐火度主要取决于其化学组成。Al_2O_3 含量高其耐火度就高，碱类氧化物能降低黏土的耐火度。通常可根据黏土原料中的 Al_2O_3/SiO_2 比值来判断耐火度，比值愈大，耐火度愈高，烧结范围也愈宽。

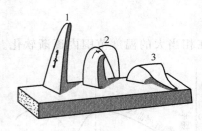

图 2-7 试样的耐火度测定
1—熔融开始之前；2—开始熔融，顶端触及底座，到达耐火度；3—高于耐火度的温度下全部熔融

耐火度的测定是将一定细度的原料制成截头三角锥（高 30mm，下底边长 8mm，上顶边长 2mm），在高温电炉中以一定的升温速度加热，当锥内复相体系因重力作用而变形以致顶端软化弯倒至锥底平面时的温度，即是试样的耐火度。见图 2-7。

黏土的耐火度也可根据黏土的化学分析用下列经验公式来计算：

经验公式①：
$$T=\frac{360+Al_2O_3-RO}{0.228} \tag{2-12}$$

式中　T——耐火度，℃；
　　　Al_2O_3——黏土中 Al_2O_3 和 SiO_2 总量换算为 100% 时，Al_2O_3 所占的质量，%；
　　　RO——黏土中 Al_2O_3 和 SiO_2 总量换算为 100% 时，相应带入的其他杂质氧化物的总量，%。

上式适用于 Al_2O_3 含量为 20%～50% 的黏土。

经验公式②：
$$T=5.5A+1534-(8.3F+2MO)\times\frac{30}{A} \tag{2-13}$$

式中　A——Al_2O_3 含量，%；
　　　F——Fe_2O_3 含量，%；
　　　MO——TiO_2、CaO、MgO 和 R_2O 等杂质含量，%。

上式适用于 Al_2O_3 含量在 15%～50% 的黏土，计算时各百分含量需换算为无灼烧减量的百分含量。

2.1.4 黏土的加热变化

黏土是陶瓷的主要原料，陶瓷在烧成过程中所发生的一系列物理和化学的变化，是在黏土加热变化的基础上进行的，因此黏土的加热变化是陶瓷制品烧成的基本理论基础。研究黏土的加热变化对确定陶瓷制品的烧成制度具有很重要的意义。不仅如此，不同矿物组成的黏土加热时发生各种变化的温度和热效应也不同，由此还可用以鉴定黏土的矿物组成。

黏土在加热时发生一系列的化学变化，与此同时也发生相应的物理变化，如体积的膨胀与收缩，气孔率的降低与增高，失去部分质量，吸热与放热等。

黏土在加热过程中的变化包括两个阶段，即脱水阶段与脱水后产物的继续转化阶段。

(1) 脱水阶段

黏土干燥后继续加热，首先出现的反应是脱水，其中最主要的是结构水的排出，黏土中的结构水大部分都在 430～600℃时放出，但在比这更低的温度下，也有少量的水被除去，在更高的温度下，残余的结构水可继续排出。

现以高岭土的加热脱水为例，其脱水的过程如下。

100～110℃：大气吸附水与自由水的排除。
110～400℃：其他矿物杂质带入水的排除（如多水高岭土中的部分水）。
400～450℃：结构水开始缓慢排出（两个 OH 变为一个 H_2O 排出，留下一个 O）。
450～550℃：结构水快速排出。
550～800℃：脱水缓慢下来，到 800℃时排水近于停滞。
800～1000℃：残余的水排除完毕。

上述的脱水过程随高岭土的结晶程度而异，结晶程度差、分散程度大的，脱水温度有某些降低。脱水温度除了与黏土本身有关外，还随加热的快慢而变化，快速加热时黏土中的各脱水温度都相应地提高。

其他黏土矿物的具体脱水温度与高岭土的不完全一样，都有其特殊性，如膨润土在 100℃左右有大量的层间水排出，至 500～800℃结构水排出。瓷石在 100～120℃之间排出吸附水，在 400～700℃绢云母失去结构水，其急剧脱水在 600～700℃之间进行。黏土脱水时失去部分质量，并产生吸热效应，故可从各种黏土的差热曲线和失重曲线上看出其脱水与温度的关系。图 2-8 示出几种黏土的典型差热曲线和失去部分质量曲线。图 2-8 中 a 表示排出吸附水或层间水的吸热效应；b 表示排出结构中作为 OH 基的水分的吸热效应；c 表示非晶态物质重结晶放出能量所出现的放热效应；d 吸热效应处于 900℃左右，产生的原因是晶格最后破坏形成非晶态均质体所致。其中要着重注意的是吸热效应 b 的位置和形状，如 b 所在位置的温度越高，表示化合物越稳定；b 的宽度越大，表示晶格的缺陷程度越大。一般认为三层结构的矿物较二层结构的稳定，所以图中高岭石的 b 点在 580℃，而蒙脱石在 700℃。

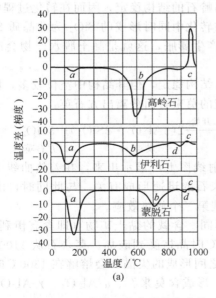 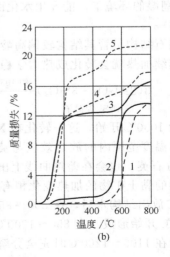

图 2-8　几种黏土的典型差热曲线（a）和失去部分质量曲线（b）

失去部分质量曲线中：1—地开石；2—高岭石；3—蒙脱石；4—绿脱石；5—伊利石

黏土脱水时,会伴随着产生体积变化,从室温开始加热时,黏土会发生膨胀,至100℃以后,当吸附水开始排出时,体积出现一个小的收缩,约在250℃左右收缩终止。其后继续膨胀至晶体开始分解,而转为再收缩。由于各种不同矿物类型的黏土其结构水排出的温度不同,其开始收缩的温度也不同,高岭石在500～600℃左右开始收缩,绢云母和叶蜡石则要到800～900℃时才收缩,这是由于具有二层结构的高岭石,其结构水排出较易,结构水刚排出时,体积急剧膨胀,但随即转入收缩过程。而绢云母等三层结构的矿物,当其结构水开始排出时,晶格结构会发生很大变化,所以有较大的膨胀,几乎要到所有的水分放出后才开始收缩,故其开始收缩温度较高。黏土结构水排出后的体积收缩,可以一直进行到结构水完全排出。

黏土中总存在一些杂质,这些杂质在黏土脱水阶段会发生一些分解与氧化等反应,如硫化物与有机物的氧化、碳酸盐的分解等,这些杂质的氧化分解反应,将对黏土的差热与失去部分质量曲线产生影响,甚至使差热曲线和失去部分质量曲线与纯净黏土的典型曲线相差很大,从而使通过差热与失去部分质量曲线来鉴定黏土矿物造成困难。

黏土脱水后均变为脱水产物,高岭石类黏土脱水后生成偏高岭石。反应式如下:

$$Al_2O_3 \cdot 2SiO_2 \cdot 2H_2O \longrightarrow \underset{(偏高岭石)}{Al_2O_3 \cdot 2SiO_2} + 2H_2O$$

偏高岭石是接近于高岭石结构的产物,但不完全是晶体,X射线衍射分析,线条不明显。

其他类型的黏土,在脱水温度下排出结构水后均变为无水硅铝酸盐化合物。

(2) 脱水后产物继续转化阶段

温度继续升高,黏土脱水后的产物可继续转化,偏高岭石由925℃开始转化为由[AlO_6]和[SiO_4]构成的尖晶石型新的结构物,其反应如下:

$$2[Al_2O_3 \cdot 2SiO_2] \longrightarrow \underset{(Al-Si 尖晶石)}{2Al_2O_3 \cdot 3SiO_2} + SiO_2$$

偏高岭石的加热转化,首先脱去SiO_2,形成的尖晶石型结构为具有立方晶系的结构,由于这一尖晶石的结构比较致密而且较偏高岭石的结构稳定,因而在转化过程中能出现收缩率增大以及在差热曲线上出现放热效应。在转化中同时形成的SiO_2为非晶质SiO_2。这种非晶质SiO_2在潮湿的环境下,能发生水化而产生膨胀,这就是黏土脱水产物会产生水化膨胀现象的原因之一。

铝硅尖晶石结构尽管其结构较偏高岭石结构稳定,但其结构中空位较多,因而它也是很不稳定的,继续加热就会转化成热力学稳定的莫来石而分离出方石英:

$$\underset{Al-Si 尖晶石}{3(2Al_2O_3 \cdot 3SiO_2)} \xrightarrow{约1050℃开始} \underset{莫来石}{2(3Al_2O_3 \cdot 2SiO_2)} + \underset{方石英}{5SiO_2}$$

转化温度约为1050℃开始,这一转化在X射线图上可显示出来,在差热曲线上所显出的在1150～1250℃温度范围内的放热效应与莫来石的迅速形成有关。与此同时,由于无定型的SiO_2转化成方石英,也会在差热曲线上出现第三个放热效应。

其他类型的黏土矿物的加热变化稍有不同。含碱的黏土矿物(即含有伊利石和绢云母)在350～600℃放出结构水后,在800～850℃时晶格受到破坏。莫来石从1100℃开始形成,玻璃质自950℃开始形成。在850～1200℃之间形成的尖晶石会熔解在1300℃时形成的玻璃体中。白云母在1100～1200℃时完全分解,形成含莫来石、$\alpha\text{-}Al_2O_3$、$\gamma\text{-}Al_2O_3$及大量玻璃的物相。

蒙脱石在600℃以下不发生实质性的变化,这一温度以上失去结构水,800～850℃发生变化，在1100℃左右形成尖晶石，并溶解于玻璃相中。在1050℃以后，会形成莫来石。蒙脱石失去层间水时，其晶体结构与叶蜡石相同。叶蜡石的结构水在500~600℃时放出，形成非晶体的无水叶蜡石。1300℃以上，则有莫来石形成。叶蜡石在形成莫来石时，会有较多的方石英生成，因此反应物的膨胀率比高岭石的高得多，又因脱水量较少，所以烧成收缩率也就小得多。

各种黏土矿物在高温下都能生成莫来石晶体，莫来石是一种针状或细柱状晶体，化学组成在（$3Al_2O_3·2SiO_2$）与（$2Al_2O_3·3SiO_2$）之间，一般写作（$3Al_2O_3·2SiO_2$），理论组成为 Al_2O_3 71.8%，SiO_2 28.2%，相对密度3.15，熔融温度1810℃，熔融后分解为刚玉和石英玻璃。莫来石本身机械强度高、热稳定性好、化学稳定性强，它能赋予陶瓷制品许多良好的性能。

伴随着加热，黏土物质发生化学变化，相应地也发生物理性质的变化，其变化为：
① 气孔率从900℃开始陆续下降，至1200℃以后下降速度最为剧烈；
② 失去部分质量现象主要发生在脱水阶段，脱水阶段后仍有残留结构水排出而失去较微小质量。
③ 相对密度在900℃以前稍有降低，而在900~1000℃的温度范围内相对密度大大增加，收缩异常显著。
④ 不同的黏土其收缩的开始温度也不同，一般在500~900℃之间。在900~1000℃以前一般收缩较缓慢，至900~1000℃以上时收缩急剧增加，到达黏土的烧结温度时（高岭石类黏土可达1350℃）收缩才终止。伊利石的收缩终点可能较早。
⑤ 温度超出烧结温度范围时，将重新出现气孔增加、坯体膨胀现象，乃至整个坯体熔融。对于一些杂质较多的易熔黏土等，其发生的物理变化相似，但反应温度会有所不同。

2.1.5 黏土在陶瓷生产中的作用

黏土之所以作为陶瓷制品的主要原料，是由于其赋予泥料可塑性和烧结性，黏土在陶瓷生产中的作用概括起来如下。

① 黏土的可塑性是陶瓷坯泥赖以成型的基础。黏土可塑性的变化对陶瓷成型的质量影响很大，因此选择各种黏土的可塑性，或调节坯泥的可塑性，已成为确定陶瓷坯料配方的主要依据之一。

② 黏土使注浆泥料与釉料具有悬浮性与稳定性，这是陶瓷注浆泥料与釉料所必备的性质，因此选择能使泥浆有良好悬浮性与稳定性的黏土，也是注浆配料和釉浆配料中的主要问题之一。

③ 黏土一般呈细分散颗粒，同时具有结合性，这可在坯料中结合其他瘠性原料并使坯料具有一定的干燥强度，有利于坯体的成型加工。另外细分散的黏土颗粒与较粗的瘠性原料相结合，可得到较大堆积密度而有利于烧结。

④ 黏土是陶瓷坯体烧结时的主体，黏土中的 Al_2O_3 含量和杂质含量是决定陶瓷坯体的烧结程度、烧结温度和软化温度的主要因素。也可以说，黏土的种类是确定生产何种陶瓷制品品种的主要根据。

⑤ 黏土是形成陶器主体结构和瓷器中莫来石晶体的主要来源。黏土的加热分解产物和莫来石晶体是决定陶瓷器主要性能的结构组成。莫来石晶体能赋予瓷器以良好的机械强度、介电性能、热稳定性和化学稳定性。

2.1.6 国内的黏土原料

国内北方的黏土多为次生黏土，含有机质较多，吸附力强，可塑性好。游离石英和铁质较少。有时含水铝石类矿物，所以，Al_2O_3、TiO_2 含量较高，耐火度较高，一般不需淘洗，制得的干坯强度大，坯体内外可同时上釉，一次烧成。由于铁质少，有机质多，大多采用氧化焰烧成。

南方的黏土多是原生黏土，有机质含量少，可塑性差，游离石英多，含钛少而含铁多，一般需淘洗处理。因生坯强度低，通常分两次施釉，即施内釉、外釉或两次烧成。采用强还原焰烧成，以提高制品的白度和色泽。

2.2 石英类原料

2.2.1 石英类原料的种类和性质

2.2.1.1 石英类原料的种类

自然界中的二氧化硅结晶矿物可以统称为石英，石英由于经历的地质产状不同，呈现出多种状态，并有不同的纯度。其中最纯的石英晶体称为水晶，水晶的产量很少，且在工业上有更重要的用途，陶瓷工业一般不予使用。在陶瓷工业中常用的石英类原料有下列几种。

a. 脉石英　脉石英属火成岩。脉石英外观色纯白，半透明，呈油脂光泽，断口呈贝壳状；其 SiO_2 含量高达 99%，是生产日用细瓷的良好原料。

b. 砂岩　砂岩是石英颗粒被胶结物胶结而成的一种碎屑沉积岩。根据胶结物质的不同，可分为：石灰质砂岩，黏土质砂岩，石膏质砂岩，云母质砂岩和硅质砂岩等。在陶瓷工业中仅硅质砂岩有使用价值。砂岩的颜色有白、黄、红等色。其 SiO_2 含量为 90%～95%。

c. 石英岩　石英岩是一种变质岩。系硅质砂岩经变质作用，石英颗粒再结晶的岩石。其含 SiO_2 量一般在 97% 以上，常呈灰白色，有鲜明光泽，断面致密，强度大，硬度高。其加热时晶型转化比较困难。石英岩是制造一般陶瓷制品的良好原料，其中质量好的可作细瓷原料。

d. 石英砂　石英砂是花岗岩、伟晶岩等风化成细粒后，由水流冲击淘汰沉积而成。利用石英砂作为陶瓷的原料，可不用破碎，简化工艺过程，降低成本，但由于其杂质较多，成分波动也大，用时须进行控制。

e. 燧石　燧石是由于含 SiO_2 溶液经化学沉积在岩石夹层或岩石中的隐晶质 SiO_2，属沉积岩。常以层状、结核状产出。呈钟乳状、葡萄状产出的为玉髓。色浅灰、深灰或白色。因其硬度高，可作研磨材料、球磨机内衬等，质量好的燧石也可代替石英作为细陶瓷坯、釉的原料。

f. 硅藻土　硅藻土是溶解在水中的一部分二氧化硅被微细的硅藻类水生物吸取沉积演变而成，本质是含水的非晶质二氧化硅。常含少量黏土，具有一定可塑性。硅藻土具有很多孔隙，是制造绝热材料、轻质砖、过滤体等多孔陶瓷的重要原料。

2.2.1.2 石英类原料的性质

石英的外观视其种类不同而异，有的呈乳白色，有的呈灰白半透明状态，断面具玻璃光泽或脂肪光泽，莫氏硬度为 7。相对密度因晶型而异，变动于 2.22～2.65 之间。各种晶型石英相对密度和比体积列于表 2-8。

表 2-8　石英的相对密度和比体积

晶　型	相对密度	比体积/(cm^3/g)	晶　型	相对密度	比体积/(cm^3/g)
α-石英	2.533	0.3939	γ-鳞石英	2.77～2.35	0.4405～0.4255
β-石英	2.65	0.3773	α-方石英	2.229	0.4486
α-鳞石英	2.228	0.4488	β-方石英	2.33～2.34	0.4292～0.4274
β-鳞石英	2.242	0.4455	石英玻璃	2.21	0.4524

石英的化学成分为 SiO_2，常含有少量杂质成分，如 Al_2O_3、Fe_2O_3、CaO、MgO、TiO_2 等。这些杂质是成矿过程中残留的其他夹杂矿物带入的。这些夹杂矿物主要有碳酸盐（白云石、方解石、菱镁矿等）、长石、金红石、板钛矿、云母、铁的氧化物等。此外，尚有一些微量的液态和气态包裹物。

石英是具有强耐酸侵蚀力的酸性氧化物，除氢氟酸外，一般酸类对它都不产生作用。当石英与碱性物质接触时，则能起反应而生成可溶性的硅酸盐。在高温中与碱金属氧化物作用生成硅酸盐与玻璃态物质。

石英材料的熔融温度范围决定于氧化硅的形态和杂质的含量。硅藻土的熔融终了点一般是 1400～1700℃，无定型氧化硅约在 1713℃ 即行熔融。脉石英、石英岩和砂岩约在 1750～1770℃ 熔融，但当杂质含量达 3%～5% 时，却在 1690～1710℃ 时即行熔融。当含有 5.5% Al_2O_3 时，其低共熔点温度会降低至 1595℃。

2.2.2 石英的晶型转化

石英是由 $[SiO_4]$ 四面体互相以顶点连接而成的三维空间架状结构。连接后在三维空间扩展，由于它们以共价键连接，又很紧密，因而空隙很小，其他离子不易侵入网穴中，致使晶体纯净，硬度与强度高，熔融温度也高。由于 $[SiO_4]$ 四面体之间的连接在不同的条件与温度下呈现出不同的连接方式，石英可呈现出各种晶型，其晶型与晶型间的转变温度见图 2-9。

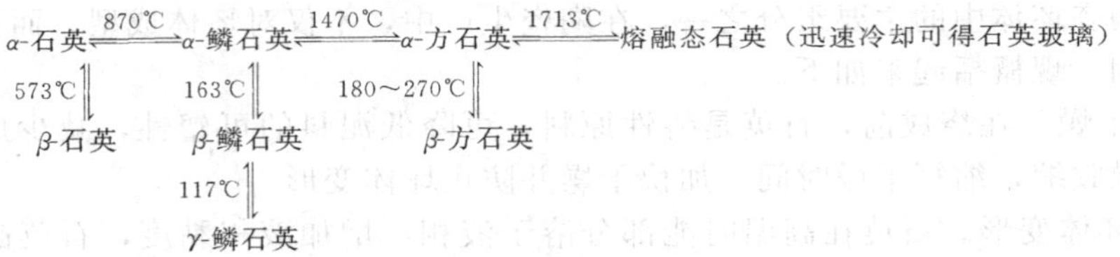

$$\alpha\text{-石英} \xrightleftharpoons{870℃} \alpha\text{-鳞石英} \xrightleftharpoons{1470℃} \alpha\text{-方石英} \xrightleftharpoons{1713℃} \text{熔融态石英（迅速冷却可得石英玻璃）}$$

$$573℃ \updownarrow \quad 163℃ \updownarrow \quad 180\sim270℃ \updownarrow$$

$$\beta\text{-石英} \quad \beta\text{-鳞石英} \quad \beta\text{-方石英}$$

$$117℃ \updownarrow$$

$$\gamma\text{-鳞石英}$$

图 2-9 石英晶型转变

石英在自然界中大部分以 β-石英的形态稳定存在，只有很少部分以鳞石英或方石英的介稳状态存在。石英晶型转化根据其转化时的情况可以分为下述两种。

① 高温型的缓慢转化（图 2-9 中的横向转化）。这种转化由表面开始逐步向内部进行，转化后发生结构变化，形成新的稳定晶型，因而需要较高的活化能。转化进程缓慢，转化时体积变化较大，并需要较高温度与较长的时间。为了加速转化，可以添加细磨的矿化剂或助熔剂。

② 低温型的快速转化（图 2-9 中的纵向转化）。这种转化进行迅速，转化是在达到转化温度之后，晶体表里瞬息间同时发生，转化后结构不发生特殊变化，因而转化较容易进行，体积变化不大，转化为可逆的。

石英晶型转化的结果引起一系列物理变化，如体积、相对密度、强度等，其中对陶瓷生产影响较大的是体积变化。石英晶型转化过程中的体积变化可参考由相对密度的变化计算出其转化时的体积效应（表 2-9）。

表 2-9 石英晶型转化时的体积效应（计算值）

缓慢转化	计算转化效应时的温度/℃	该温度下晶型转化时的体积效应/%	快速转化	计算转化效应时的温度/℃	该温度下晶型转化时的体积效应/%
α-石英→α-鳞石英	1000	+16.0	β-石英→α-石英	573	+0.82
α-石英→α-方石英	1000	+15.4	γ-鳞石英→β-鳞石英	117	+0.20
α-石英→石英玻璃	1000	+15.5	β-鳞石英→α-鳞石英	163	+0.20
石英玻璃→α-方石英	1000	−0.9	β-方石英→α-方石英	150	+2.80

由表 2-9 看出，属缓慢转化的体积效应值大，如在 α-石英向 α-鳞石英的转化中，体积膨胀达 16%，而属快速转化的体积变化则很小，如 573℃时的 β-石英向 α-石英的转化体积膨胀仅 0.82%。单纯从数值上看，缓慢转化会带来问题，但实际上由于这种转化速度非常缓慢，转化时间也很长，再加上液相的缓冲作用，抵消了固体膨胀应力所造成的破坏作用，因而对生产过程的危害反而不大。而低温下的快速转化，虽然体积膨胀很小，但因其转化迅速，又是在无液相出现的所谓干条件下进行转化，因而破坏性强，危害性大，必须注意。

实际上在有矿化剂存在的情况下，矿化剂产生的液相就会沿着裂缝侵入内部，促使半安定方石英转化为鳞石英。假如无矿化剂存在或在矿化剂很少时，就转化为方石英，而颗粒内部仍保持部分半安定方石英。普通陶瓷由于烧成温度达不到使之充分转化所必需的温度（约 1400℃），所以陶瓷烧成后得到少量的半安定方石英，大多数石英颗粒仍保持石英晶型。

掌握石英的理论转化与实际转化规律，在指导生产上有一定的实际意义，可以利用它的加热膨胀作用，预先在 1000℃左右煅烧块状石英，然后急速冷却，使组织结构破坏便于粉碎。此外，在制品烧成和冷却时，处于晶型转化的温度阶段，要适当控制升温与冷却速度，以保证制品不开裂。

2.2.3　石英在陶瓷生产中的作用

石英是陶瓷坯体中的主要组分之一，在陶瓷生产中，不仅对坯体成型，而且在烧成时都有重要的影响。现概括起来如下。

① 快速干燥。在烧成前，石英是瘠性原料，可降低泥料的可塑性，减少成型水分，降低坯体的干燥收缩，缩短干燥时间，加快干燥并防止坯体变形。

② 减小坯体变形。石英在高温时能部分溶于液相，增加液相黏度，石英晶型转变的体积膨胀可抵消坯体的部分收缩，而未溶解的石英颗粒，则构成坯体的骨架，可防止坯体发生软化变形等缺陷。

③ 增加机械强度。残余石英可以与莫来石一起构成坯体骨架，增加机械强度。同时，石英也能提高瓷坯的透光度和白度。但在冷却过程中，若在熔体固化温度以下降温过快，坯体中未反应的石英剧烈收缩，容易导致开裂，影响产品的热稳定性和机械强度。

④ 提高釉的耐磨与耐化学侵蚀性。在釉料中二氧化硅是生成玻璃的主要组分，增加釉料中石英含量能提高釉的熔融温度和黏度，降低釉的热膨胀系数，提高釉的耐磨性、硬度和耐化学侵蚀性。

2.3　长石类原料

2.3.1　长石的种类和性质

长石是陶瓷三大原料之一，是最常用的熔剂性原料。长石是地壳上分布广泛的造岩矿物，从化学组成上看，长石是碱金属或碱土金属的铝硅酸盐。自然界中长石的种类很多，根据架状硅酸盐的结构特点，归纳起来长石主要有四种基本类型：

钾长石　$K[AlSi_3O_8]$ 或 $K_2O \cdot Al_2O_3 \cdot 6SiO_2$

钠长石　$Na[AlSi_3O_8]$ 或 $Na_2O \cdot Al_2O_3 \cdot 6SiO_2$

钙长石　$Ca[Al_2Si_2O_8]$ 或 $CaO \cdot Al_2O_3 \cdot 2SiO_2$

钡长石　$Ba[Al_2Si_2O_8]$ 或 $BaO \cdot Al_2O_3 \cdot 2SiO_2$

其中，前三种居多，后一种较少。这几种基本类型长石彼此可以混合形成固溶体，它们之间的互相混溶有一定规律。钠长石与钾长石在高温时可以形成连续固溶体，但温度降低则互相混溶性减弱，固溶体会分解（900℃以下），这种长石也称微斜长石。钠长石与钙长石能以任何比例混溶，形成连续的类质同象系列，低温下也不分离，就是常见的斜长石。钾长石与钙长石在任何温度下几乎都不混溶。钾长石与钡长石则可形成不同比例的固溶体，地壳上分布不广。长石互溶情况可用图2-10说明。

由于长石的互溶特性，故地壳中单一的长石少见，多数是几种长石的互溶物，按其化学成分和结晶化学特点，其中较重要的有两个亚族。

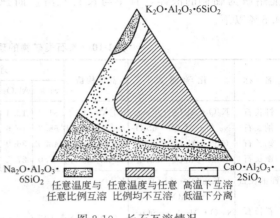

图2-10 长石互溶情况

2.3.1.1 钾钠长石亚族

由钾长石和钠长石分子组成，是日用陶瓷的重要原料。钾长石的理论组分是 K_2O 16.9%，Al_2O_3 18.3%，SiO_2 64.8%。自然界的钾长石都混有钠长石，常见的钾钠长石有以下几种。

a. 透长石　透长石成分中含钠长石可达50%，单斜晶系，生成温度在900~950℃以上，系高温型，产于喷出岩中。

b. 正长石　正长石成分中含钠长石可达30%，单斜晶系，生成温度在650~900℃，系中温型，产于侵入岩和变质岩中。

c. 微斜长石　微斜长石成分中含钠长石可达20%，三斜晶系，生成温度在650℃以下，系低温型，多产于伟晶岩和变质岩中。

由于微斜长石含钠量最低，故熔融温度范围也比其他长石为宽（钾长石，1130~1450℃左右），而且熔体黏度大，熔化缓慢，作为熔剂加入到陶瓷坯体中有利于防止坯体在高温下变形。

2.3.1.2 斜长石亚族

由钠长石和钙长石分子组成，二者可以任意比例组成连续的类质同象系列，其化学式可写成：$(100-n)Na[AlSi_3O_8] \cdot nCa[Al_2Si_2O_8]$，$n=0~100$。含钠长石在90%以上的，称钠长石；含钠长石不足10%的，称为钙长石。而在这中间不同比例的混溶物，则统称为斜长石。

斜长石中以钠长石的熔点最低（约1120℃），所以常用作陶瓷的釉用原料。

生产中一般所称谓的钾长石，实际上是含有钾为主的钾钠长石；而所称谓的钠长石，实际上是含钠为主的钾钠长石。一般含钙的斜长石在陶瓷生产中较少用。主要使用钾钠长石亚族中的正长石、微斜长石、透长石等。

钾钠长石中含钾长石较多的长石一般呈粉红色或肉红色，个别的可呈白色、灰色、浅黄色等，相对密度为2.56~2.59，硬度6~6.5，断口呈玻璃光泽，解理清楚。钠长石与钙长石一般呈白色或灰白色，相对密度为2.62，其他一般物理性质与钾钠长石近似。斜长石呈带浅灰或浅绿的白色，相对密度为2.62~2.76，硬度为6。长石类矿物的理论化学组成与物理性质见表2-10。

生产中使用的长石的成分稍复杂一些，常含有石英、霞石、云母、角闪石以及铁的化合物等。作为陶瓷原料，石英的存在关系不大，霞石的成分与长石相似，也无影响，然而云母（尤其是黑云母）、角闪石和铁的化合物，能使制品显色，影响白度，特别是黑云母在高温时能熔解为黏稠的液体,且不与长石互溶,而独自以黑斑存在。长石中 Fe_2O_3 含量应控制在 0.5% 以下。

表 2-10　长石类矿物的理论化学组成与物理性质

名称	化学通式	晶体构造	理论化学组成/%						相对密度	颜色
			SiO_2	Al_2O_3	K_2O	Na_2O	CaO	BaO		
钾长石	$K_2O \cdot Al_2O_3 \cdot 6SiO_2$	$K[AlSi_3O_8]$	64.7	18.4	16.9	—	—	—	2.5~2.59	浅红、浅黄、灰白色
钠长石	$Na_2O \cdot Al_2O_3 \cdot 6SiO_2$	$Na[AlSi_3O_8]$	68.6	19.6	—	11.8	—	—	2.6~2.65	含铁长石呈蔷薇色
钙长石	$CaO \cdot Al_2O_3 \cdot 2SiO_2$	$Ca[Al_2Si_2O_8]$	43.0	36.9	—	—	20.1	—	2.7~2.76	灰、白色带黄
钡长石	$BaO \cdot Al_2O_3 \cdot 2SiO_2$	$Ba[Al_2Si_2O_8]$	32.0	27.1	—	—	—	40.9	3.37	无色、白色或灰色
钾钠长石	$(KNaO) \cdot Al_2O_3 \cdot 6SiO_2$	K>Na							2.57	
斜长石	$Na_2O \cdot Al_2O_3 \cdot 6SiO_2 + CaO \cdot Al_2O_3 \cdot 2SiO_2$	$(100-n)Na[AlSi_3O_8] \cdot nCa[Al_2Si_2O_8], n=0\sim100$							2.62~2.76	白、灰色带绿或浅蓝色

2.3.2　长石的熔融特性

长石在陶瓷坯料中作为熔剂使用,在釉料中也是形成玻璃相的主要成分。为了使坯料便于烧结而又防止变形,一般希望长石具有较低的熔化温度,较宽的熔融范围,较高的熔融液相黏度和良好的熔解其他物质的能力。因此,长石的熔融特性对于陶瓷生产具有重要的意义。

从理论上讲,各种纯的长石的熔融温度分别为:钾长石 1150℃,钠长石 1100℃,钙长石 1550℃,钡长石 1715℃。但实际上,尽管长石是一种结晶物质,因其经常是几种长石的互溶物,加之又含有一些石英、云母、氧化铁等杂质,所以陶瓷生产中使用的长石没有一个固定的熔点,只能在一个不太严格的温度范围内逐渐软化熔融,变为玻璃态物质。煅烧实验证明,长石变为滴状玻璃体时的温度并不低,一般在 1200℃ 以上,并依其粉碎细度、升温速度、气氛性质等条件而异。其一般熔融温度范围为:

钾长石　1130~1450℃;钠长石　1120~1250℃;钙长石　1250~1550℃

由此可见,钾长石的熔融温度不是太高,且熔融温度范围宽。这与钾长石的熔融反应有关。钾长石从 1130℃ 开始软化熔融,在 1220℃ 时分解,生成白榴子石与 SiO_2 熔体,成为玻璃态黏稠物,其反应如下:

$$K_2O \cdot Al_2O_3 \cdot 6SiO_2 \longrightarrow K_2O \cdot Al_2O_3 \cdot 4SiO_2 + 2SiO_2$$
(白榴子石)

温度再升高,逐渐全部变成液相。由于钾长石的熔融物中存在白榴子石和硅氧熔体,故黏度大,气泡难以排出,熔融物呈稍带透明的乳白色,体积膨胀约 7%~8.65%。钾长石熔融后形成黏度较大的熔体,并且随着温度升高,熔体的黏度逐渐降低。这种特性有利于烧成控制和防止变形。所以在坯料中以选用正长石或微斜长石为宜。

钠长石的开始熔融温度比钾长石低,其熔化时没有新的晶相产生,液相的组成和未熔长石的组成相似,形成的液相黏度较低,故熔融范围较窄,且其黏度随温度的升高而降低的速度较快,所以一般认为在坯料中使用钠长石容易引起产品变形。但钠长石在高温时对石英、黏土、莫来石的溶解却最快,溶解度也最大,以之配合釉料是非常合适的。也有人认为钠长石的熔融温度低、黏度小,助熔作用更为良好,有利于提高瓷坯的瓷化程度和半透明性,关键在于控制好烧成制度,根据具体要求制定出适宜的升温曲线。

由于长石类矿物经常互相混溶,钾长石中总会掺入钠长石。如将长石原矿煅烧至熔融状态，可得到白色乳浊状和透明玻璃状的层状体。白色层为钾长石，而透明层为钠长石。在钾钠长石中若 K_2O 含量多，熔融温度较高，熔融后液相的黏度也大。若钠长石较多，则完全熔化成液相的温度就剧烈降低，即熔融温度范围变窄。另外，若加入氧化钙和氧化镁，则能显著地降低长石的熔化温度和黏度。图 2-11 示出了不同长石的高温黏度变化值。

钙长石的熔化温度较高，高温下的溶液不透明，黏度也小，冷却时容易析晶，化学稳定性也差。斜长石的化学组成波动范围较大，无固定熔点，熔融范围窄，熔液黏度较小，配成瓷件的半透明性强，强度较大。

日用陶瓷一般选用含钾长石较多的钾钠长石，要求 K_2O 与 Na_2O 量不小于 11%，其中 $K_2O：Na_2O$ 应大于3，CaO 与 MgO 总量不大于 1.5%，Fe_2O_3 含量在 0.5% 以下。陶瓷生产中适用的长石要求共熔融温度低于 1230℃，熔融范围应不小于 30~50℃。

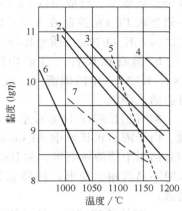

图 2-11 不同长石的高温黏度变化值
1—钾长石；2—钾长石75%+石英25%；3—钾长石60%+石英40%；4—钾长石40%+石英60%；5—钠长石；6—钾长石98%+CaO 2%；7—钾长石98%+MgO 2%

2.3.3 长石在陶瓷生产中的作用

长石在陶瓷生产中主要起以下作用。

a. 降低烧成温度　长石是坯、釉料中碱金属氧化物（K_2O、Na_2O）的主要来源，能降低陶瓷坯体组分的熔化温度，有利于成瓷和降低烧成温度。

b. 提高机械强度和化学稳定性　熔融后的长石熔体能溶解部分高岭土分解产物和石英颗粒（其溶解度见表 2-11），促进莫来石晶体的形成和长大，提高瓷体的机械强度和化学稳定性。

表 2-11　长石熔体对黏土、石英的溶解度

被溶解的物质	1300℃的溶解度/%		1500℃的溶解度/%	
	钾长石	钠长石	钾长石	钠长石
黏土分解产物	15~20	25~33	40~50	60~70
石英	5~10	8~15	15~25	18~28

c. 提高透光度　长石熔体填充于各结晶颗粒之间，有助于坯体致密和减少空隙。其液相过冷成为玻璃相，提高了陶瓷制品的透明度，并有助于瓷坯的机械强度和电气性能的提高。

d. 缩短干燥时间　长石作为瘠性原料，在生坯中还可以缩短坯体干燥时间，减少坯体的干燥收缩和变形等。

2.3.4 长石的代用原料

天然矿物中优质的长石资源并不多，工业生产中常使用一些长石的代用品，主要有伟晶花岗岩和霞石正长岩。

a. 伟晶花岗岩　是一种颗粒很粗的岩石（与细晶花岗岩相对应）。其矿物成分主要是石英和正长石、斜长石，以及少量的白云母等。石英成分波动较大，适用于陶瓷工业使用的伟晶花岗岩中，石英含量不能太多，一般石英含量为 25%~30%；长石含量为 60%~70%，

其余杂质较少。组成中以 Fe_2O_3 最有害，使用时应进行磁选。如含黑云母杂质需考虑筛选。一般要求 Fe_2O_3 控制在 0.5% 以下，K_2O、Na_2O 含量 $\geq 8\%$，CaO 含量 $\leq 2\%$，游离石英 $\leq 30\%$，K_2O/Na_2O 质量比 ≥ 2。

b. 霞石正长岩　其矿物组成主要为长石类（正长石、微斜长石、钠长石）及霞石 $(Na, K)AlSiO_4$ 的固溶体。次要矿物为辉石、角闪石等。它的外观是浅灰绿或浅红褐色，有脂肪光泽。

霞石正长岩在 1060℃ 左右开始熔化，随着碱含量的不同在 1150～1200℃ 范围内完全熔融。由于霞石正长岩中 Al_2O_3 的含量比正长石高（一般在 23% 左右），几乎不含游离石英，而且高温下能溶解石英，故其熔融后的黏度较高。用霞石正长岩代替长石使用，可使坯体烧成时不易沉塌、变形，热稳定性好，机械强度有所提高。但它的含铁量往往较多，需要精选。

c. 酸性玻璃熔岩　这类原料属火山玻璃质岩石，主要由玻璃质组成，含 SiO_2 较多，一般为 65%～75%，它们的碱金属氧化物含量较高（可高达 8%～9%），含铁钛等着色氧化物较少。这类熔岩包括珍珠岩、松脂岩、黑曜岩、浮岩（又称浮石）等。

d. 含锂矿物　是优良的熔剂。锂与钾钠同属碱金属，锂的化学活性要比钠、钾高，Li_2O 的摩尔质量要比 Na_2O、K_2O 低得多，用等质量的碱金属氧化物，则 Li_2O 的物质的量比 Na_2O、K_2O 都多，故锂的熔剂作用比钠、钾强得多。此外，锂质熔液溶解石英的能力也比钾、钠长石熔液要大。以含锂矿物作为熔剂，无论在坯或釉中，都可降低热膨胀系数，降低熔质黏度，降低烧结和成熟温度，缩短烧成和熔融时间，也可提高产品的密度和强度。

用含锂矿物作坯、釉熔剂，其最突出的特点是热膨胀系数特别小，有时甚至可表现为负值，这对制造耐热炊具及要求耐热冲击性能特别好的无膨胀陶瓷是十分重要的原料。常用的含锂矿物有锂云母，其构造式为 $KLi_{1.5}Al_{1.5}[AlSi_3O_{10}](F, OH)_2$；锂辉石，其结构式为 $LiAlSi_2O_6$。

2.4　钙镁质原料

2.4.1　碳酸盐类原料

这类原料在高温下起熔剂作用，其中最常见的是含氧化钙和氧化镁的原料。

a. 碳酸钙类　这类原料主要有方解石、石灰石、大理石、白垩等，主要成分是 $CaCO_3$。方解石含杂质较少，一般为乳白色或无色。有玻璃光泽，性脆，硬度为 3，相对密度为 2.6～2.8。方解石在坯料中，分解前起瘠化作用，分解后起熔剂作用。方解石能和坯料中的黏土及石英在较低温度下起反应，缩短烧成时间，并能增加产品的透明度，使坯釉结合牢固。

方解石在釉料中是一个重要的原料。在高温釉中能增大釉的折射率，因而提高光泽度，并能改善釉的透光性。但在釉料中配合不当，则易出现乳浊（析晶）现象。

石灰石为方解石微晶或潜晶聚集块体，无解理。含杂质较多，多呈灰白色、黄色等。质坚硬，其作用与方解石相同。

大理石是微晶的碳酸钙晶粒在高温、高压下经再结晶而形成的变质岩。

白垩是由海底含石灰石的微生物或贝壳的遗骸沉积而成，含有机物较多。

b. 菱镁矿　菱镁矿的主要成分是 $MgCO_3$，常含有铁、钙、锰等杂质，因此多呈白、灰、黄、红等色。有玻璃光泽，硬度为 3.5～4，相对密度为 2.8～2.9，分解温度为 730～1000℃。但在陶瓷坯料中，CO_2 完全脱离 $MgCO_3$ 的温度要到 1100℃ 左右，用菱镁矿代替部分长石，可降低坯料的烧结温度，并减少液相量。此外，MgO 还可减弱坯体中由于铁、钛等化合物所产生的黄色,提高瓷坯的半透明性和坯体的机械强度。在釉料中加入 MgO,可增宽熔融范围,改善釉层的弹性和热稳定性。

c. 白云石　白云石是碳酸钙和碳酸镁的固溶体。其化学式为 $CaCO_3 \cdot MgCO_3$,常含铁、锰等杂质,一般为灰白色,有玻璃光泽,硬度为 3.5~4.0,相对密度为 2.8~2.9,分解温度为 730~830℃,首先分解为游离氧化镁与碳酸钙,950℃左右碳酸钙分解。

白云石在坯体中能降低烧成温度,增加坯体透明度,促进石英的熔解及莫来石的生成。它也是瓷釉的重要原料,可代替方解石,且能提高釉的热稳定性。

2.4.2　滑石、蛇纹石

滑石和蛇纹石均属镁的含水硅酸盐矿物。是制造镁质瓷的主要原料。在普通陶瓷的坯釉中也可加入少量以改善性能。

a. 滑石　滑石是天然的含水硅酸镁矿物,其结晶构造式为 $Mg_3(Si_4O_{10})(OH)_2$,化学通式为 $3MgO \cdot 4SiO_2 \cdot H_2O$。成分中常含有铁、铝、锰、钙等杂质。纯净的滑石为白色,含杂质的一般为淡绿、浅黄、浅灰、淡褐等色。具有脂肪光泽,富有滑腻感,多呈片状或块状。莫氏硬度为 1,相对密度为 2.7~2.8。

滑石在普通日用陶瓷中一般作为熔剂使用,在细陶瓷坯体中加入少量滑石,可降低烧成温度,在较低的温度下形成液相,加速莫来石晶体的生成,同时扩大烧结温度范围,提高白度、透明度、机械强度和热稳定性。在精陶坯体中如用滑石代替长石(即镁质精陶),则精陶制品的湿膨胀倾向将大为减少,釉的后期龟裂也可相应降低。在陶瓷釉料中加入滑石可改善釉层的弹性、热稳定性,增宽熔融范围。

滑石在镁质瓷中是作为主要原料使用的。滑石在镁质瓷中不仅是瘠性原料,而且能与黏土反应在高温下生成镁质瓷的主晶相,根据滑石与黏土的使用比例不同(滑石用量可达 34%~90%)可制成堇青石($2MgO \cdot 2Al_2O_3 \cdot 5SiO_2$)质耐热瓷、用于高频绝缘材料的原顽火辉石-堇青石质瓷和块滑石瓷(原顽火辉石瓷)以及日用滑石质瓷等。

由于滑石多数是片状结构,破碎时易呈片状颗粒并较软,故不易粉碎。在成型时也极易趋于定向排列,造成收缩不一致而引起开裂,故在使用时常采用预烧的方法来破坏滑石的原有片状结构。预烧温度随各产地原料组织结构不同可在 1200~1350℃ 间选择。

b. 蛇纹石　蛇纹石与滑石同属镁的含水硅酸盐矿物,结晶构造式为 $Mg_3(Si_2O_5)(OH)_4$,化学通式为 $3MgO \cdot 2SiO_2 \cdot 2H_2O$。常含铁、钛、镍等杂质,铁含量较高。一般蛇纹石质较柔软,多呈片状或块状,外观呈绿或暗绿色,叶片状蛇纹石呈灰色、浅黄、淡棕、淡蓝等色,具有玻璃或脂肪光泽。硬度为 2.5~3,相对密度为 2.5~2.7。

蛇纹石的成分与滑石有一定相似之处,但由于其铁含量高(可达 7%~8%),一般只用作碱性耐火材料原料。也可用以制造有色的炻瓷器、地砖、耐酸陶器以及堇青石质匣钵等。蛇纹石在使用时与滑石一样也需预烧,预烧温度约 1400℃,以破坏其鳞片状和纤维状结构。它也可以在陶瓷配料中代替滑石使用。

2.4.3　硅灰石、透辉石、透闪石

a. 硅灰石　是偏硅酸钙类矿物,其化学式为 $CaO \cdot SiO_2$,天然硅灰石常与透辉石、石榴石、绿帘石、方解石、石英等共存,故其组成中含有少量 Fe_2O_3、Al_2O_3、MgO、K_2O、Na_2O 等杂质。

硅灰石单晶体呈板状或片状,集合体呈片状、纤维状、块状或柱状等。颜色常呈白色及灰白色,具有玻璃光泽。硬度为 4.5~5,相对密度为 2.8~2.9,硅灰石有晶型转变,熔点为 1540℃。

硅灰石作为碱土金属硅酸盐,在普通陶瓷坯体中可起助熔作用,降低坯体烧结温度。用

它代替方解石和石英配釉时，釉面不会因析出气体而产生釉泡和针孔。但若用量过多会影响釉面的光泽。

硅灰石在陶瓷生产中常作为低温快烧配方的主要原料使用，与黏土配成硅灰石质坯料。由于硅灰石本身不含有机物和结构水，干燥收缩和烧成收缩都很小，其膨胀系数也小，仅为 $6.7 \times 10^{-6}/℃$（由室温至 800℃），因此适宜于快速烧成。烧成后生成的针状硅灰石晶体，在坯体中交叉排列成网状，使产品的机械强度提高，同时所形成的含碱土金属氧化物较多的玻璃相，其吸湿膨胀也小，可用于制造釉面砖、日用陶瓷、低损耗无线电陶瓷等，也有用来生产卫生陶瓷、磨具、火花塞等。

b. 透辉石 是偏硅酸钙镁，其化学式为 $CaMg[Si_2O_6]$，它与硅灰石一样都属于链状结构硅酸盐矿物。透辉石常与含铁的钙铁辉石系列矿物共生，故常含有铁、锰、铬等成分。晶体呈短柱状，集合体呈粒状、柱状、放射状。常呈浅绿或淡灰色，具有玻璃光泽，硬度为 6～7，相对密度为 3.3。透辉石无晶型转变，纯透辉石熔融温度为 1391℃。

透辉石在陶瓷中的应用与硅灰石类似，既可作为助熔剂使用，也可作为主要原料。适合于低温快速烧成。由于透辉石中的 Mg^{2+} 离子可与 Fe^{2+} 离子进行离子交换，天然产出的透辉石都含有一定量的铁，所以在生产白色陶瓷制品时，必须进行挑选。

c. 透闪石 为含水的钙镁硅酸盐，其化学式为 $Ca_2Mg_5[Si_4O_{11}]_2(OH)_2$，此外还有 FeO 和少量的 Na、K、Mg 等的氧化物，FeO 的含量最高可达 3%，其中 OH^- 也可由 F^-、Cl^- 等置换。透闪石是双链状结构硅酸盐矿物，其集合体常呈柱状、放射状或纤维状。有时形成致密隐晶粒块状体，称为软玉。透闪石色白或灰，硬度为 5～6，相对密度在 3 左右。

透闪石作为钙镁硅酸盐在陶瓷中的应用与硅灰石、透辉石相似，常作为釉面砖主要原料使用，但因其晶体结构中含有少量结构水，且结构水的排出温度较高（1050℃左右），故不适于一次低温快烧工艺。

2.4.4 骨灰和磷灰石

骨灰和磷灰石属于钙的磷酸盐类，主要用于骨灰瓷的生产。

a. 骨灰 是脊椎动物的骨骼经一定温度煅烧后的产物。其中绝大部分有机物被烧掉，而剩下无机盐类，其主要成分是羟基磷灰石，其结构式为 $Ca_{10}(PO_4)_6(OH)_2$，另有少量的氟化钙、碳酸钙、磷酸镁等。另有一种看法认为骨头主要成分的结构式为 $Ca_4(PO_4)_2(HPO_4)_{0.4}(CO_3)_{0.6}$，这与羟基磷灰石中的 Ca 与 P 之摩尔比是一致的，也与天然骨中的碳酸盐含量是一致的。

生产中使用的骨灰是牛、羊、猪等骨骼先在 900～1000℃ 温度下用蒸汽蒸煮脱脂，在 900～1300℃ 下煅烧后，经球磨机细磨、水洗、除铁、陈化、烘干后备用。煅烧时一定要通风良好，避免炭化发黑。一般骨胶厂在提取骨胶后的骨渣，也可使用。

骨灰在骨灰瓷中为主要原料，用量可达整个坯料的一半左右，是骨灰瓷中主晶相 $\beta-Ca_3(PO_4)_2$ 的主要来源。骨灰在细磨后呈现微弱可塑性，为了保证骨灰瓷坯料的成型塑性，需加入一定量的增塑黏土，实践证明骨灰的加工处理（包括蒸煮、煅烧、细磨等）对坯料的可塑性却有很大关系，另外，骨灰的用量对骨灰瓷制品的色调、透明度以及烧成温度和强度等也都有较大影响。

骨灰作为原料其本身是难熔的，$Ca_3(PO_4)_2$ 的熔融温度可达 1720℃，可是在普通黏土坯料中骨灰用量较少时（2%～20%）可作为一种强助熔剂使用。

b. 磷灰石 是天然磷酸钙矿物。其化学式为 $Ca_5[PO_4]_3(F, Cl, OH)$，按成分中附加阴离子的不同，常见的有氟磷灰石 $Ca_5[PO_4]_3F$ 和氯磷灰石 $Ca_5[PO_4]_3Cl$，另外尚有羟磷灰石 $Ca_5[PO_4]_3(OH)$ 和碳酸磷灰石 $Ca_5[PO_4]_3(CO_3)$ 等。通常以氟磷灰石居多。

磷灰石呈柱状或粒状集合体，外观呈灰白或黄绿、浅蓝、紫等色。具有玻璃光泽，亦有土状光泽,性脆,硬度为 5,相对密度为 3.18～3.21。

由于磷灰石与骨灰的化学成分相似,故可部分代替骨灰作骨灰瓷,坯体的透明度很好,但形状的稳定性较差。同时,因含有一定量的氟,作为坯料使用不利,常有针孔、气泡或发阴现象,选择原料时必须注意。

将磷灰石少量引入长石釉中,能提高釉面光泽度,使釉具有柔和感,但用量不宜过多,如 P_2O_5 含量超过 2% 时,易使釉发生针孔、气泡,还会使釉难熔。

2.5 其他类原料

2.5.1 其他天然矿物原料

a. 锡石 SnO_2　锡石产于和花岗岩有关的伟晶岩和气成热液矿脉中。其硬度为 6～7,相对密度为 6.8～7.0。化学组成为:Sn—78.8%;O_2—11.2%,成分中经常含有 Nb^{5+}、Ta^{5+}、Ti^{4+}、Fe^{3+} 等混合物。钽锡石含 Ta_2O_5 达 9%。锡石通常为黄褐、黄色,粒状。含 Nb^{5+}、Ta^{5+} 高者甚至为沥青黑色。透明至半透明。条痕黑色至淡黄褐。金刚光泽,断口呈强油脂光泽。

陶瓷工业主要用锡石作为釉中的乳浊剂,以增加釉层对坯胎的覆盖能力。

b. 金红石 TiO_2　金红石分布广泛,形成在较高温度下,经常为酸性岩浆的副矿物。其硬度为 6～6.5。相对密度随成分发生变化为 4.2～5.6,熔点为 1560℃。化学组成为:Ti—60%;O_2—40%;常含有 Fe^{2+}、Fe^{3+}、Sn^{4+}、Nb^{5+}、Ta^{5+} 等。金红石晶体呈柱状至针状。常呈褐色、红褐色或暗红色;含铁多者呈黑色,半透明。条痕黄至黄褐,金刚光泽。

陶瓷工业中常以钛白粉或金红石引入珐琅或低温陶器釉中作乳浊剂。

c. 锆英石($ZrSiO_4$)　锆英石是各种岩浆岩,尤其是花岗岩、碱性岩的一种常见副矿物。因硬度大化学稳定性好,常转入砂中。其硬度为 7～8,相对密度可 4.6～4.71。对于因放射性而发生变化作用的变种,非晶质化硬度可降至 6,相对密度可降至 3.8。化学组成为:ZrO_2 67.1%;SiO_2 32.9%。锆英石晶体随成因而变化,纯净者无色。常染成黄、橙、红、褐色;金刚光泽,有时呈油脂光泽。

氧化锆对降低热膨胀效果显著,可以提高釉的热稳定性,还因它的化学惰性大,故能提高釉的化学稳定性,特别是耐酸能力。近年来锆英石微粉广泛用作建筑卫生陶瓷的乳浊剂。

d. 锂辉石 $LiAlSi_2O_6$　锂辉石为含 Li 花岗岩的特征产物。其硬度为 6.5～7。相对密度为 3.03～3.2。熔点 1423℃。化学组成为:Li_2O 8.07%;Al_2O_3 27.44%;SiO_2 64.49%;并含有 Na^+、Fe^{3+}、Cr^{3+}、Mn^{3+} 等混入物,有时含有 Cs 和稀土元素。锂辉石集合体成柱状,也有呈致密隐晶块体。常呈白色、浅黄绿色及淡紫色调。

在陶瓷工业中,锂在釉中的助熔作用极强,使用少量 Li_2O 或锂辉石可增加釉面光泽度。

e. 锂云母 $KLi_{1.5}Al_{1.5}[AlSi_3O_{10}](F,OH)_2$　锂云母主要产于含 Li 的伟晶岩中,与锂辉石、含 Li 电气石、钠长石等共生,此外在云英岩和高温热液矿脉中也有产出。其硬度为 2.5～4。相对密度为 2.8～2.9。化学组成为:K_2O 4.82%～13.85%;Li_2O 1.23%～5.90%;Al_2O_3 11.33%～28.82%;SiO_2 46.90%～60.06%;H_2O 0.65%～3.15%;F 1.36%～8.71%。在混入物中有 CsO、Rb_2O 等。锂云母通常呈片状、鳞片状集合体。呈浅紫色,有时为白色、桃红色(含 Mn)。玻璃光泽。

在陶瓷工业中,锂云母除作为提取锂的主要原料之一外,在陶瓷釉中作为助熔剂和提高釉面质量的原料之一,在陶瓷坯体中也有作为添加剂使用的报道。

f. 硼砂 $Na[B_4O_7]\cdot10H_2O$　硼砂易溶于水。硬度为 2～2.5。相对密度为 1.69～1.72。

化学组成为：Na_2O 16.2%；B_2O_3 36.6%；H_2O 47.2%。无色或白色，微带灰绿和蓝色等。玻璃光泽，断口呈油脂光泽。

陶瓷釉料中使用硼砂，可降低釉的熔点和黏度，减少析晶体倾向，提高热稳定性，减少釉裂，增强釉的光泽度和硬度。

2.5.2　工业废渣原料

变废为宝，改善环境，降低成本已受到社会各界的高度重视。近年来，工业废渣在建筑卫生陶瓷行业的应用和研究已取得显著成绩，获得了良好的经济效益和社会效益，下面介绍几种已被建筑卫生陶瓷行业广泛应用的工业废渣。

a. 煤矸石（煤夹石）　煤矸石是煤矿的副产品和废渣。煤矸石的主要矿物成分是高岭石、石英、伊利石；含较多的有机质。有害成分主要是铁的硫化物、氧化物和钛的化合物。

煤矸石主要用于内墙釉面砖、卫生陶瓷和陶管的坯体中，少数好的煤矸石也用于釉料中。表 2-12 所列为山西蒲白煤矿两种煤矸石的化学成分。

表 2-12　蒲白煤矿两种煤矸石的化学成分/%

名　称	SiO_2	Al_2O_3	Fe_2O_3	TiO_2	CaO	MgO	K_2O	Na_2O	灼烧减量
200 矸	45.33	38.70	0.11	—	0.54	—	0.17	0.20	15.23
500 矸	31.90	27.47	0.87	1.19	—	1.07	0.10	0.14	37.54

b. 粉煤灰　粉煤灰是发电厂的废渣。其主要成分是 SiO_2 和 Al_2O_3。粉煤灰在建筑卫生陶瓷工业中用于以耐火材料为主的陶瓷中，其次也有用于彩釉砖和陶管等坯料中的。表 2-13 为两种粉煤灰的化学成分。

表 2-13　粉煤灰的化学成分/%

名　称	SiO_2	Al_2O_3	Fe_2O_3	TiO_2	CaO	MgO	K_2O	Na_2O	灼烧减量
南京热电厂粉煤灰	54.18~54.39	21.59~33.21	4.84~11.50		3.60~4.77	0.43~1.73	1.14~1.32	0.22~0.37	1.58~13.38
唐山发电厂粉煤灰	51.60	36.51	2.33	1.12	2.35	1.23	1.85		2.06

c. 陶瓷工业自身废物利用　陶瓷工业自身废物利用主要有：①废瓷片用于坯釉料中；②废坯泥、生坯经过筛除去杂质后的再利用；③废窑具重新配料用于窑具及其他耐火材料中，也可用于彩釉砖、釉面内墙砖；④废石膏模经处理形成再生石膏后的再利用；⑤粉尘、废水的回收利用等。

可用于建筑卫生陶瓷工业的废渣很多，如花岗岩特别是伟晶花岗岩的尾砂、铅锌矿尾砂、水淬磷渣、铝厂赤泥等。

此外，陶瓷工业在釉料和色料中使用以工业纯为主的化工原料，主要有：ZnO、$CaCO_3$、Al_2O_3、$BaCO_3$、CoO 等。

2.6　原料的质量评价及其引起的常见缺陷

2.6.1　陶瓷原料的质量评价

陶瓷原料的质量，虽然有一定的标准规定，但由于产品种类和要求不同，往往必须对其综合考虑。主要有以下几个方面。

① 化学成分是衡量原料质量的一个重要指标，但不能绝对化。因为各项成分有多有少，这方面成分好些，那方面成分差些。有的原料成分很好，但使用性能却很差。有些原料化学

成分差些，工艺性能却很好。例如，当坯料的成型性能不好时，可加入少量的膨润土作强塑化剂，但膨润土含低熔点的成分多，收缩大，易变形。所以，评价一种原料时，要综合考虑。

② 原料的成分和性能也不是不可改变的，可以通过加工来提高质量。随着标准化进程的加快，可以通过原料的精加工来提高原料的质量，稳定其化学成分。

③ 陶瓷原料蕴藏丰富，往往各企业可以就地取材，生产不同种类的产品。如江苏宜兴的紫砂泥，其含铁量很高，而当地陶瓷厂却用它制紫砂器皿，由于制作精良，别具一格，同样为人们喜爱。就地取材生产不同的产品或将各种原料取长补短，是一个可行的方法。

④ 虽然对不同的原料有不同的要求，但有一个普遍的对各种原料都适用的要求，这就是，除颜色釉及制品外，凡白色的陶瓷制品，其原料中烧后的着色氧化物应尽量少。特别是用于釉中的原料（改善白色色调除外）。具体地说就是铁、钛、锰等着色氧化物必须少。其中以铁的危害最大。着色氧化物会影响制品的白度及透明度。

在陶瓷生产配方中，既对原料的质量有较高的要求，又可在几种原料之间取长补短，关键在于对陶瓷原料的分析研究。这是搞好坯、釉配方，生产出良好产品的前提。

2.6.2 原料引起的常见缺陷

a. 开裂 当原料中的可塑性原料的工艺性能发生变化时，会在成型、干燥及烧成过程中出现开裂现象，所以当半成品、烧成品的开裂现象增加时，应考虑黏土的可塑性是否下降，原料的风化期和泥浆的陈腐期是否过短等。

b. 变形 当制品的变形缺陷增加时，往往与原料的化学成分波动有关。原料中的 Al_2O_3、SiO_2 及其他氧化物成分变化时，会造成坯料的耐火度下降，使坯体在高温烧结时软化导致变形。

c. 斑点 较常见的有铜斑，斑点成绿色，绿点中心色泽较深，直径在 2～5mm 之间，严重影响外观质量；铁斑，斑点呈黑色或棕黑色，直径在 0.3～1.5mm 之间。这时应考虑原料中是否含有铜、铁屑等杂质，是否是料场储存时混入，应加强原料精选清洗，注意检净含铜、铁的料块，加强料场的管理及铜件、铁件设备的维修保养，完善过筛、除铁工艺。

d. 棕眼 当原料中的有机物含量过高时，会在成品釉层下的坯体上形成直径为 1.5mm 以内的无釉小孔即棕眼，此时应加强原料的检选。

e. 釉面缺陷 当釉面出现缺釉、橘釉、波釉、釉面光泽变差时，应考虑釉用原料的化学成分是否有变化。当釉料的化学成分变化造成釉料的高温黏度过高，表面张力小，流动性差时往往产生釉面缺陷。特别是对熔剂类氧化物（如 K_2O、Na_2O）更应严格控制，否则会严重影响制品的外观质量。

f. 物理性能不合格 当制品的吸水率、急冷急热和抗裂实验不合格时，除考虑生产工艺上的因素外，还应考虑坯釉用原料的化学成分是否发生了变化，导致坯釉料的膨胀系数及高温液相出现了变化。

g. 坯体机械强度过低 墙地砖生产中，坯体机械强度过低会导致坯体在生产过程中大量破损。为了减少坯体破损，要求坯体具有一定的机械强度。引起坯体机械强度过低的原因通常是黏土原料的可塑性降低、原料的均匀程度不够好等。

本 章 小 结

本章介绍了黏土类原料、石英类原料、长石类原料、钙镁质原料和其他用于陶瓷工业中的天然矿物原料和工业废物原料。并介绍了陶瓷原料的质量评价和由原料引起的陶瓷制品的常见缺陷。其中主要介绍的内容有黏土的成因、分类、组成、黏土的工艺性质和加热变化；

石英类原料种类和性质以及石英的晶型转变；长石类原料种类和性质及长石的熔融特性以及黏土、石英、长石在陶瓷生产中的作用。此外，还介绍了碳酸盐类原料、滑石、硅灰石、透辉石、骨灰和磷灰石等钙镁质原料的主要物理性质。

复习思考题

1. 黏土是如何形成的？残留黏土和沉积黏土有何区别？
2. 说明塑性指数与塑性指标的意义。
3. 怎样进行烧结温度和烧结范围的测定？进行1～2种黏土或坯料烧结温度和烧结范围的测定，并绘出它们的烧结收缩与气孔率的曲线图。
4. 简要说明高岭土在加热过程中几个主要阶段的物理化学变化。
5. 分别叙述黏土、石英、长石在陶瓷生产中的作用。
6. 简要叙述石英的性质。
7. 简要叙述长石的熔融特性。

3 坯釉料配方及其计算

【本章学习要点】 本章学习中要了解坯、釉料配方的组成及其表示方法；掌握确定坯、釉料配方的依据和配方基础计算方法，包括吸附水的计算、灼烧减量的计算、坯釉料配方坯式、釉式的计算和黏土原料与坯料示性矿物组成的计算；要掌握制定坯、釉料配方的原则、方法和步骤以及熔块的配制原则；通过例题学会如何进行坯、釉料配方的计算和原料替换时配方的计算；学会陶瓷配方实验设计方法。

生产陶瓷产品的原料选定后，确定坯料和釉料配方是生产陶瓷产品的前提和关键。坯釉料配方计算的结果可作为进行配方试验的依据。通常在试验的基础上决定陶瓷产品的配方。

3.1 坯、釉料配方

3.1.1 坯、釉料配方的表示方法

坯、釉料组成的表示方法常用的有配料比表示法、化学组成表示法、坯釉式（又称实验式或塞格尔式）表示法、矿物组成（又称示性组成）表示法和三角坐标图法。

3.1.1.1 配料比表示法

用配方中所用原料的数量分数来表示配方组成的方法，叫做配料比表示法，又称生料量配合法。这是一种最常见的表示法，它具体反映了原料的名称和数量，便于直接进行生产和试验。表 3-1 是用配料比表示的坯料配方。

表 3-1 用配料比表示的坯料配方

厂名	配 方/%							
	石英	长石	大同砂石	膨润土	滑石	紫木节	碱干	合计
甲瓷厂	32	21	38				9	100
乙瓷厂	35	22	36			7		100
丙瓷厂	27	24	27	1.5	1.5	11	8	100
丁瓷厂	34	24	30		1	8	3	100

由于这种表示方法简单，直观，易于称量配料和记忆，所以工厂中通常采用这种表示方法。但这种表示方法只适用于某产区的某一或某些工厂，对其他产区的参考意义不大。因为各地原料所含的成分和性质差异较大，因此无法互相对照比较或直接使用。

3.1.1.2 化学组成表示法

用坯、釉料中各化学组成的质量分数来表示其组成的方法，称为化学组成表示法，又称为氧化物质量分数表示法。表 3-2 列举了国内个别瓷厂的坯、釉料化学组成。

这种表示方法的优点是能比较准确地表示坯、釉料的化学组成，同时能根据其组成含量估计出配方的烧成温度的高低、收缩大小、产品色泽等其他性能的大致情况。例如，坯料配方中 TiO_2 和 Fe_2O_3 含量高，产品的白度必然要下降；若坯料配方中 K_2O 和 Na_2O 含量比较多，则说明坯体易烧结，烧成温度较低；若坯料配方中含 SiO_2 或 Al_2O_3 量较高，则说明烧成温度要提高，坯体难以烧结；坯料配方中若含灼烧减量较多，则说明坯料内含有有机质和

表 3-2 陶瓷坯、釉料的化学组成/%

坯、釉料名称	SiO₂	Al₂O₃	Fe₂O₃	TiO₂	MnO	CaO	MgO	K₂O	Na₂O	灼烧减量	合计
景德镇坯料	70.11	20.14	0.71	0.02	0.04	0.49	0.18	2.87	1.03	4.35	99.94
景德镇釉料	72.89	13.17	0.28	微量		0.01	0.58	3.58	5.83	1.90	1.68	99.92
湖南瓷坯	69.67	20.20	0.45			0.32	0.23	2.69	0.53	5.80	99.89
日本瓷坯	78.84	14.86	0.34			0.12	0.36	2.56	0.18	2.86	100

其他挥发物较多，因而收缩较大或是高温分解时容易产生气泡等。但这种表示方法无从知道坯、釉料是由哪些原料配成，因此，也有其局限性，可作为计算配料组成的一种重要依据。

3.1.1.3 坯、釉式表示法

根据坯料或釉料的化学组成计算出各氧化物的物质的量，按照碱性氧化物、中性氧化物和酸性氧化物的顺序列出它们的分子数，这种式子称为实验式（坯式或釉式）。一些原料也可用此方法列出实验式，以反映其组成。

陶瓷原料中的氧化物，按其性质可分为碱性的、中性的和酸性的三类。

碱性氧化物有：K_2O、Na_2O、Li_2O、CaO、MgO、BaO、ZnO、PbO、MnO、FeO 等。

中性氧化物有：Al_2O_3、Fe_2O_3、Sd_2O_3、Cr_2O_3 等。

酸性氧化物有：SiO_2、TiO_2、ZrO_2、SnO_2、MnO_2、B_2O_3、P_2O_5 等。

坯式通常以中性氧化物 R_2O_3 为基准，令其物质的量为 1mol，可按下列形式表述。

$$\left. \begin{array}{l} xR_2O \\ yRO \end{array} \right\} \cdot 1R_2O_3 \cdot zRO_2 \tag{3-1}$$

另外，坯式也可以 R_2O 及 RO 的物质的量和为基准，令其物质的量为 1mol，则坯式可写成：

$$1\left\{ \begin{array}{l} R_2O \\ RO \end{array} \right\} \cdot mR_2O_3 \cdot nRO_2 \tag{3-2}$$

坯式的这种表示法便于坯和釉之间进行比较，以判断两者的结合性能。

釉式常以在釉料中起熔剂作用的碱金属及碱土金属氧化物的物质的量之和为 1mol，写成釉式，如式（3-3）。

$$1\left\{ \begin{array}{l} R_2O \\ RO \end{array} \right\} \cdot uR_2O_3 \cdot vRO_2 \tag{3-3}$$

式（3-3）与式（3-2）虽然相似，但可根据式中 R_2O_3 和 RO_2 前面的系数值来区分它是坯式还是釉式。坯料中 Al_2O_3 和 SiO_2 的分子数较多，而釉中 Al_2O_3 和 SiO_2 的分子数都较少，所以，通常坯式中 R_2O_3 和 RO_2 前面的系数值较大，而釉式中 R_2O_3 和 RO_2 前面的系数值较小。

3.1.1.4 矿物组成表示法

在坯、釉料配方中，把天然原料中所含的同类矿物含量合并在一起，以纯理论的黏土质、长石及石英三种矿物来表示坯、釉料配方组成，这种方法称为矿物组成表示法，又称示性组成表示法。例如，对不同陶瓷坯料的矿物组成进行分析，可得到如表 3-3 所示的坯料配方。

示性矿物组成分析是采用适当试剂与处理方法，来获得坯料或黏土原料中的黏土质、石英、长石等矿物含量，从而计算出三种矿物的质量分数。示性分析结果是近似的，仅可作为坯料或黏土原料分析的大概估计。所以，示性分析的应用有一定局限性。

表 3-3 不同陶瓷制品坯料的矿物组成/%

制品种类	黏土质	石英	长石
高压电瓷	43.3	37.3	19.4
高压电瓷	50.6	27.7	21.7
低压电瓷	49.0	27.5	23.5
化学瓷	65.5	9.7	24.8
家庭用瓷	48.7	27.1	24.2
旅馆用瓷	51.8	24.6	23.6
厨房用瓷	60.1	17.6	22.3
美术瓷	44.4	28.2	27.4
软质瓷	36.3~47.0	23.3~34.8	24.2~34.0

矿物组成表示法的依据是同类型的矿物在坯料中所起的主要作用基本相同。但实际上，即使是同类型的矿物，它们的性质和在坯体中的作用也有差别，因此，这种方法只能粗略地反映一些情况。通常，把这种方法表示的配方称为理论配方，在生产中并不采用，而只在分析研究配方时参考。

3.1.1.5 三角坐标图法

陶瓷工业常用三角坐标图来标出三元配方坯料所在位置，以表示坯料的组成，这种表示方法称为三角坐标图法。如图 3-1 和图 3-2，都是三角坐标图。图 3-1 表示各类陶瓷坯料配方的范围；图 3-2 表示瓷器的性质与坯料组成的关系。

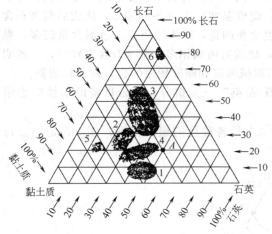 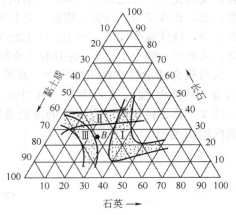

图 3-1 各类陶瓷坯料配方的范围
1—长石质精陶；2—硬质瓷器；3—软质瓷器；
4—炻器；5—化学瓷；6—瓷牙
A 点—配方：长石 20%，
黏土质 30%，石英 50%

图 3-2 瓷器的性质与坯料组成的关系
Ⅰ—机械强度高的区域；Ⅱ—半透明度好，
致密度高，电气绝缘强度好的区域；Ⅲ—热稳
定性好，化学稳定性好的区域
B 点—硬质瓷的典型配方：黏土质 50%，
石英 25%，长石 25%

三角形的每边分成 100 等份，按逆时针方向顺序数到各个顶点，既是所代表物质的 100%。三角形面积上的任何一点都代表三种物质按一定比例的混合物。但各直线边上的任何一点只代表两种物质按一定比例的混合物。例如，图 3-1 的 A 点是由长石 20%，黏土质 30%，石英 50% 所组成。底边上只有黏土质与石英，没有长石；左边上只有黏土质与长石，没有石英；右边上只有石英和长石，没有黏土质。

在图 3-1 可以看出，三种成分的组合只有一部分有使用价值。在三角形中所处地带越

高,长石含量就越高,烧成温度低(如软质瓷);组成越靠近左下边,则黏土质越多,就需要较高的烧成温度(如硬质瓷);组成的位置越靠近右下边,则含长石越少,含石英越多,这种坯料也就越不易烧结,而保持多孔性。一般精陶就是这种情况。

三角坐标图表示法只适用于由较纯的原料所组成的陶瓷坯料。对含有大量杂质的坯料(如砖瓦或烧结砖),也想在三角坐标图上去表示,就变得没有意义。

3.1.2 坯、釉料配方组成

3.1.2.1 坯料配方组成

a. 坯料配方组成　普通陶瓷坯料配方,从矿物成分上看是由石英类矿物、黏土类矿物和熔剂类矿物组成。陶瓷坯料配方就是在示性矿物组成的基础上,考虑到实际原料及生产工艺因素而确定的各种原料在坯料中的数量比例,并满足产品的性能以及工艺技术要求。由于陶瓷产品的性能要求不同,各地区原料组成和工艺性能存在差异,因而不同产品、不同地区的坯料配方组成也不相同。

尽管有的单一种原料也可能烧制成瓷,但实际上,由于陶瓷原料是多种矿物的聚集体,并混有杂质,黏土类原料中可能含有熔剂类原料和石英类原料等。因此坯料的矿物组成仍可归类为石英类矿物、黏土类矿物和熔剂类矿物。

陶瓷配方目前广泛采用多组分原料配料,以减小原料波动对生产工艺和产品质量的影响。各类原料在陶瓷生产中的作用已在第 2 章中介绍,这里不再赘述。

在日用瓷器坯料中,依其成瓷主要熔剂矿物的不同,可分为长石质瓷、绢云母质瓷、骨灰质瓷、镁质瓷等。并把黏土含量多,熔剂含量少,烧成温度在 1320~1450℃,烧成后莫来石含量多,玻璃相含量少,机械强度高,瓷和釉面硬度也高的瓷,称为硬质瓷。熔剂含量较多,黏土含量少,烧成温度较低,在 1250~1320℃左右,烧成后玻璃相多,莫来石含量较少,半透明度好,吸水率一般小于 1%,并具有半透明性;而机械强度和硬度较差的瓷,称为软质瓷。

长石质瓷的示性矿物组成归为"高岭土-长石-石英"三元组分;绢云母瓷的示性矿物组成归为"高岭土-绢云母-石英"三元组分。

图 3-3 是各种瓷不同温度下的成瓷范围;图 3-4 是各种瓷的组成范围;图 3-5 是绢云母质瓷的组成范围。

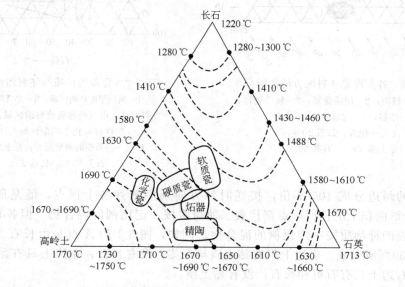

图 3-3　各种瓷不同温度下的成瓷范围

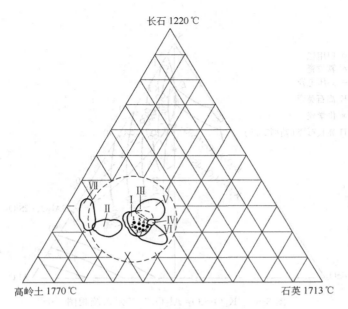

图 3-4 各种瓷的组成范围
Ⅰ—餐茶具瓷；Ⅱ—耐热瓷；Ⅲ—艺术瓷；Ⅳ—半透明高的瓷；
Ⅴ—软质瓷；Ⅵ—电瓷；Ⅶ—化学瓷

目前国内建筑卫生陶瓷，在过去以长石（20%～30%）-石英（30%～40%）-高岭土（45%～55%）三元组分配料的传统配方上，引入较大量的瓷石、叶蜡石、伊利石和瓷砂等原料。表3-4是建筑卫生陶瓷各种配方组成范围。

陶瓷坯料配方，从化学成分上看主要是由 SiO_2、Al_2O_3、Fe_2O_3、TiO_2、CaO、MgO、K_2O、Na_2O 等成分组成，这些化学成分由配方中各种原料带入。坯料中各化学成分的含量比例，在很大程度上决定了烧成温度和产品的性能。

任何硅酸盐工艺岩石制品的生产，都是在实践经验的基础上，以相应的相图为其基本依据去寻找它们的合理组成，选择温度范围，调整性能，改进配方，分析指导工艺过程。例如普通玻璃是以"Na_2O-CaO-SiO_2"，三元系统相图（三元相图）为

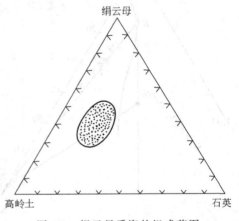

图 3-5 绢云母质瓷的组成范围

依据；水泥是以"CaO-SiO_2-Al_2O_3"三元系统相图为出发点，而一般普通陶瓷的生产则是以"K_2O-SiO_2-Al_2O_3"三元系统相图为基础，各种陶瓷组成在"K_2O-SiO_2-Al_2O_3"三元系统相图上的分布如图3-6所示。

表 3-4 建筑卫生陶瓷各种配方组成范围（质量分数）/%

配方类型	引入原料及含量	长 石	石 英	高 岭 土
传统配方		20～30	30～40	45～55
瓷石类	瓷石30～40	15～20		45～55
叶蜡石类	叶蜡石35～45	15～25	0～5	35～40
伊利石类	伊利石20～30		20～30	40～50
瓷砂	瓷砂65～70	6～8	0～5	25

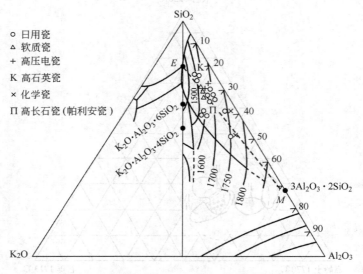

图 3-6 "K_2O-SiO_2-Al_2O_3" 三元系统相图

从图 3-6 看出，长石质瓷大体组成点在 SiO_2-$K_2O \cdot Al_2O_3 \cdot 6SiO_2$-$3Al_2O_3 \cdot 2SiO_2$ 三角形区域内，并分布在莫来石（M）与最低共熔点（E）的连线两侧。据此也可以判断，该类产品烧成后由莫来石、玻璃相和未熔石英构成。组成点靠近 M 点，瓷的烧成温度高；靠近 E 点，成瓷温度低。

各地区日用长石质瓷在三元系统相图上的位置，如图 3-7 所示。

建筑卫生陶瓷坯体，除明显属于精陶坯体外，还有半瓷质（炻器）：$0.5\% <$ 吸水率 $< 3\%$；瓷质：吸水率 $0\sim 1\%$，一般 0.5%。其化学组成范围列于表 3-5。

从表 3-5 可以看到，半瓷质（炻器）和瓷质建筑卫生陶瓷坯体的化学组成与国内日用长石质瓷坯料组成范围相仿，

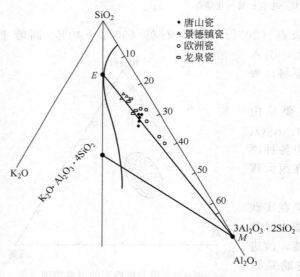

图 3-7 各地区日用长石质瓷在相图上的位置

组成点在 M-E 连线更接近 E 点的区域。坯料矿物组成处于图 3-3 中炻器（半瓷）与硬质瓷交界处，瓷质坯体则更接近于日用硬质瓷坯的矿物组成。

表 3-5 日用长石质瓷和建筑卫生陶瓷坯体的化学组成

名 称	化学组成（质量分数）/%		
	SiO_2	Al_2O_3	R_2O+RO
日用长石质瓷	65~75	19~25	4~6.5（其中 $K_2O+Na_2O \geqslant 2.5\%$）
建筑卫生陶瓷	64~73	20~28	5~8（其中 $K_2O+Na_2O \geqslant 3\%$）

国内炻器和瓷器的化学成分范围如下。

施釉细炻器：$R_2O+RO \cdot (2\sim4.5)R_2O_3 \cdot (10\sim20)RO_2$。

硬质瓷：$(0.18\sim0.3)RO \cdot R_2O_3 \cdot (3.5\sim4.8)RO_2$。

软质瓷：$(0.3\sim0.45)RO \cdot R_2O_3 \cdot (4.8\sim6.0)RO_2$。

国内精陶坯料从化学成分上基本分为两大系统，即SiO_2含量在70%以上的高硅系统和Al_2O_3含量接近30%的高铝系统，坯料主要成分是SiO_2和Al_2O_3，并有少量的CaO和MgO。熔剂的组分也较少，K_2O和Na_2O的含量一般少于3%。表3-6是部分国内精陶坯料化学成分。

表3-6　部分国内精陶坯料化学成分

坯料	化学成分/%								酸性系数	烧成温度/℃
	SiO_2	Al_2O_3	Fe_2O_3	CaO	MgO	Na_2O	K_2O	灼烧减量		
石湾精陶	71.58	18.57	0.34	0.60	0.49	1.77		6.24	2.0	1220
宜兴精陶	70.04	20.14	0.43	0.32	0.27	1.80		7.08	1.86	1200～1230
温州精陶	59.98	21.35	0.52	7.18	0.20	0.54		11.12	1.28	1200
禹县精陶	63.34	28.63	0.47	0.77	0.14	1.30	0.71	7.82	1.12	1200～1240

b. 各种氧化物在瓷坯中的作用　在制定陶瓷坯料配方时，必须要了解各种氧化物在瓷坯中的作用。各种氧化物在瓷坯中的作用如下。

SiO_2：二氧化硅系酸性氧化物，是坯料中的主要化学成分，由原料中的石英、黏土及长石引入，是成瓷的主要成分。瓷中的SiO_2是以"半安定方石英"、"残余石英颗粒"、溶解在玻璃相中的"熔融石英"以及在莫来石晶体中和玻璃态物质中的结合状态存在。SiO_2在高温时一部分与Al_2O_3反应生成针网状莫来石（$3Al_2O_3 \cdot 2SiO_2$）晶体，成为胎体的骨架，提高瓷器的机械强度和化学稳定性。另一部分与长石等原料中的碱金属和碱土金属氧化物形成玻璃态物质，增加液相的黏度，并填充于坯体骨架之间，使瓷坯致密并呈半透明性。余下的SiO_2以游离状态存在，亦起骨架作用。

Al_2O_3：坯料中的氧化铝主要由高岭土、长石引入，是成瓷的主要成分。部分Al_2O_3为莫来石晶体组成物，另一部分存在于玻璃相中。相对提高坯料中的Al_2O_3含量，可提高制品的烧成温度、白度、化学稳定性和热稳定性。Al_2O_3含量过少（低于15%），瓷的烧成温度低，但高温中易发生变形。

CaO与MgO：在瓷器中的碱土金属氧化物一般含量较少。在含量少的情况下，与碱金属氧化物共同起助熔作用。坯料中引入一定量的CaO、MgO等可以提高瓷的热稳定性和机械强度，提高白度和透光度。

K_2O与Na_2O：碱金属氧化物，主要由长石、瓷土等含有碱金属氧化物的原料引入。K_2O与Na_2O存在于瓷的玻璃相中，起助熔作用，提高瓷的透光性。钾、钠氧化物含量过高，急剧降低烧成温度与热稳定性。

Fe_2O_3与TiO_2：坯料组成中的铁、钛氧化物会使瓷呈色，影响白色瓷的外观质量，通常，铁、钛氧化物是由配料的原料带入。

c. 瓷中各氧化物成分之间的关系　瓷坯组成中各成分之间也有一定的比例关系。为了进一步表征出它们的成分特点以及这种比例关系，明确瓷组成中各成分之间的对立统一规律，采用坯式中的硅铝比坐标图来加以说明。坯式硅铝比坐标图如图3-8所示。

图3-8是以"坯式"中的"R_2O+RO"为基础（令其为1），以Al_2O_3分子数为纵坐标，

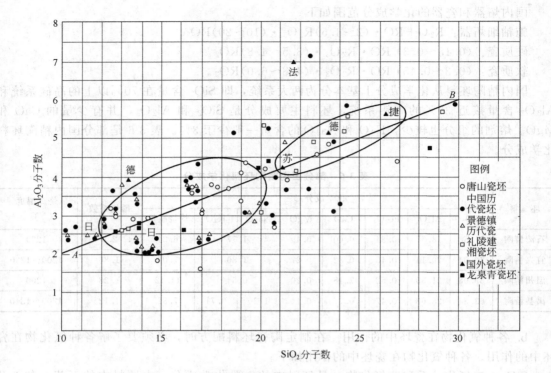

图 3-8 坯式硅铝比坐标图（当 $R_2O+RO=1$ 时）

SiO_2 分子数为横坐标，在图中标出一系列瓷坯的组成点。

从图中明显看出，这些组成点密集为两个分离着的区域，各代表着两种烧成温度范围的瓷坯组成。

区域一：是国内日用瓷的组成区，包括古瓷及著名瓷区所产瓷的组成。它们的组成范围为

$$\left.\begin{array}{l}R_2O\\RO\end{array}\right\} \cdot (1.9\sim 4.5)Al_2O_3 \cdot (12\sim 20)SiO_2$$

该区域瓷的烧成温度均在 1300℃ 左右。

区域二：是国外瓷及个别国内瓷的组成区，它们的组成范围为：

$$\left.\begin{array}{l}R_2O\\RO\end{array}\right\} \cdot (4.0\sim 6.0)Al_2O_3 \cdot (20.5\sim 27.5)SiO_2$$

该区域瓷的烧成温度在 1400℃ 左右。

这两个区域的组成及烧成温度虽然有所不同，但从瓷的成分中 Al_2O_3 分子数与 SiO_2 分子数之间的比例关系来看，有一个基本一致的规律。这个规律是：

① $Al_2O_3/SiO_2=1:5$ 左右；

② 坯料中的 Al_2O_3 分子数不应低于 2。

图 3-8 中的 "A-B" 线，即是这种比例的关系线，各种瓷的组成点均为在该线上下跳动，远离的特殊飞点极少。

图 3-1~图 3-8 以及表 3-4~表 3-6 都可作为拟定瓷坯组成或调整瓷坯料配方时的参考。

3.1.2.2 釉料配方组成

釉料配方原料和基本组成成分与坯料配方原料和组成成分大致相同，由于要求釉料在坯

料成瓷的烧成温度下形成玻璃，所以，釉料配方中熔剂类原料较多，黏土类原料较少。通常，天然的熔剂类矿物原料已不能满足釉料在较低的烧成温度下形成熔融玻璃的要求，所以通常在釉料配方中加入易熔的天然矿物或化工原料，如硼砂、硼酸、氧化铅、硝酸钾、碳酸钠等。为了改善釉料的物理化学性能以及装饰效果，也常加入其他化工原料和色剂。此外，釉料要求采用较纯的原料，以减少外来杂质的影响。

釉料中主要氧化物有 SiO_2、Al_2O_3、CaO、MgO、K_2O、Na_2O、BaO、PbO、B_2O_3、ZrO_2 等，各氧化物的主要作用如下。

SiO_2：二氧化硅是玻璃的形成物，一般含量为 60%～70% 左右，主要以石英引入，也可用长石、黏土引入一部分。SiO_2 可提高熔融温度和黏度，给釉以高的机械强度（如硬度、耐磨性）、化学稳定性，并降低膨胀系数。通过 SiO_2 与 $RO+R_2O$ 分子比 $[SiO_2/(RO+R_2O)]$ 可判断釉的熔融性能；分子比在 2.5～4.5 之间较为易熔，4.5 以上的则较难熔。

Al_2O_3：Al_2O_3 主要由黏土、长石引入，也可用工业氧化铝，其是形成玻璃的中间物。Al_2O_3 能改善釉的性能，提高化学稳定性、硬度和弹性，并降低膨胀系数。但因其会提高玻璃相的熔点及黏度，故用量不宜过高。在确定 SiO_2 的含量后，SiO_2 和 Al_2O_3 的分子比控制在 7～10 之间，可得到光泽釉；如在 3～4 之间，则可得到无光釉。

CaO：釉料中的 CaO 可由方解石、大理石、白云石中取得。采用白云石同时可得到 MgO。CaO 和 SiO_2 形成玻璃，能改善坯和釉的结合，提高釉的弹性、硬度和光泽，增加釉的高温流动性。CaO 用量过多（超过 18%）则能使玻璃结晶倾向增加，产生失透现象。

MgO：MgO 可由白云石或煅烧的滑石引入。MgO 降低膨胀系数，提高弹性，促进坯釉中间层形成，从而减少釉的碎裂倾向；能增加乳浊而提高白度（以白云石引入的 MgO 不产生乳浊作用），同时改善釉料的悬浮性，增宽熔融温度范围，对气氛不敏感。滑石的用量不宜超过 15%，否则将降低其助熔作用，而使釉面光泽变差。

Na_2O：Na_2O 可由钠长石引入，也可由碳酸钠（需要制成熔块）等化工原料引入。Na_2O 主要起助熔作用，使釉具有良好的透光性，但 Na_2O 增大玻璃的膨胀系数，降低弹性及化学稳定性和机械强度等。

K_2O：K_2O 由钾长石引入，与 Na_2O 相比，它的化学稳定性、弹性、热稳定性均较 Na_2O 为好，且熔融范围也比较宽。与 Na_2O 类似，K_2O 在釉中主要起助熔作用，使釉具有良好的透光性。

ZnO：国内常用工业氧化锌引入。ZnO 使釉易熔，对釉的机械强度、弹性、熔融性能和耐热稳定性均能起到良好作用，能增加釉的光泽、白度，并能使釉的成熟范围增大。用量过多则易析晶。

BaO：BaO 主要由碳酸钡引入，可增加釉的光泽，降低熔融黏度，增加析晶倾向。钡釉比铅釉硬度大、膨胀系数接近。

PbO：PbO 主要由 Pb_3O_4 或一氧化铅（密陀僧）引入。可强烈降低釉的熔融温度。铅釉成熟温度低，且成熟温度范围宽。PbO 能使釉光亮，硬度低，弹性大，但有毒。一般使用 PbO 配釉时，应先配成熔块。

B_2O_3：B_2O_3 是玻璃的形成物，能降低熔融物的黏度，增加釉的光泽，降低析晶能力，提高釉的弹性。B_2O_3 可用硼砂或硼酸引入，一般使用 B_2O_3 配釉时，应先配成熔块。

ZrO_2：ZrO_2 可作为釉的乳浊剂，能使釉乳浊而失透。ZrO_2 可提高釉的热稳定性、化学稳定性，提高釉的耐碱、耐磨能力。

除此之外，某些工厂在釉料中引入骨灰、碳酸锶等原料。骨灰可提高釉的光泽；碳酸锶可降低釉的熔融温度，提高光泽，扩大烧成范围。在乳浊釉中使用的其他乳浊剂还有 SnO_2、

TiO_2、锑化物、氟化物等。

就坯体的性质而言,釉料可分为瓷器釉料、炻器釉料、陶器釉料。瓷器釉料有两大类,即长石釉和石灰釉,两者都属于高温生料釉。陶器釉料可分为铅釉、铅硼釉、硼釉和无铅釉的含锂釉。

长石釉碱金属氧化物成分较多,碱土金属氧化物较少。釉式中 K_2O 和 Na_2O 的物质的量在 0.5mol 以上,釉烧温度在 1260℃(SK_7)以上。几个地方长石釉的化学组成列于表 3-7。

表 3-7　长石釉的化学组成 (质量分数)/%

料　别	SiO_2	Al_2O_3	Fe_2O_3	TiO_2	CaO	MgO	K_2O	Na_2O	ZnO	灼烧减量
湖南某厂釉	75.18	12.85	0.32		0.63	2.27	7.49			1.40
广东某厂釉	71.25	16.87	0.08		1.37	2.39	6.17	1.22		1.58
福建某厂釉	71.02	12.19	0.18	0.01	1.54	4.30	7.67	0.73		2.22
江西某厂釉	69.19	14.63	0.21		0.79	3.43	6.22	1.68	1.5	1.96

石灰釉釉式中,CaO 的物质的量在 0.5mol 以上,有的 CaO 部分被 MgO 取代,大部分或全部被取代时称镁釉。石灰釉与高铝质坯体结合良好并有利于色料呈色。表 3-8 是几例石灰釉的化学组成。

表 3-8　石灰釉的化学组成 (质量分数)/%

料　别	SiO_2	Al_2O_3	Fe_2O_3	TiO_2	CaO	MgO	K_2O	Na_2O	ZnO	BaO	灼烧减量
江西传统釉	70.93	13.94	0.69	0.06	9.02	0.30	2.76	2.27	0.02		
江西某厂釉	71.79	13.74	0.49	0.04	5.25	1.40	4.20	2.20	0.67	0.17	
浙江某厂釉	65.82	15.53	1.40		12.54		4.33	0.45			
江苏某厂釉	60.08	12.36	0.99	0.10	8.09	0.75	5.67		2		7.86

精陶釉中含低熔氧化物种类多、用量大,所以它是低温易熔釉,具有熔融温度低、反应活泼等特点。铅硼釉具有良好的光泽度和流动性,使用广泛。铅硼釉和硼釉有如下实验式:

铅硼釉

$$\left. \begin{array}{l} 0.2\sim 0.5R_2O \\ 0.1\sim 0.2CaO \\ 0.4\sim 0.6PbO \end{array} \right\} 0.1\sim 0.4Al_2O_3 \left\{ \begin{array}{l} 2\sim 4SiO_2 \\ 0\sim 0.5B_2O_3 \end{array} \right.$$

硼釉

$$\left. \begin{array}{l} 0.481K_2O \\ 0.086Na_2O \\ 0.433CaO \end{array} \right\} 0.208Al_2O_3 \left\{ \begin{array}{l} 1.90SiO_2 \\ 0.31B_2O_3 \end{array} \right.$$

国内一些地区的精陶釉料的化学组成列于表 3-9。在进行釉料配方设计时,可参照上述配方和图 7-1 进行。

表 3-9　精陶釉料的化学组成 (质量分数)

料　别	化学组成/%										灼烧减量	酸性系数	烧成温度/℃
	SiO_2	Al_2O_3	Fe_2O_3	CaO	MgO	K_2O	Na_2O	ZnO	PbO	B_2O_3			
温州精陶釉	52.66	8.22	0.20	6.30	0.03	0.08	7.05		16.63	8.39	0.57	1.81	1050~1100
宜兴精陶釉	49.75	6.39	0.10	4.57	0.05	5.07	2.14	7.37	14.64	7.89	1.63	1.76	1100
石湾精陶釉	44.57	6.03	0.22	7.39	1.82	6.06		8.54	12.60	10.28	1.93	1.49	
禹县精陶釉	48.01	7.33	0.14	4.55	0.11	3.70	4.10	7.10	15.0	8.7	0.65	1.64	1150

3.1.3 确定坯、釉料配方的依据

确定配方，包括选择原料种类和决定其用量，这些都和产品有直接的关系。在进行配方试验之前，必须对所选择原料的化学组成、矿物组成、物理性质以及工艺性质做全面的了解。只有这样，才能科学地指导配方工作顺利进行。与此同时，对产品的质量要求，如哪些性能指标必须保证，哪些指标可以兼顾，做到心中有数。这样才能有的放矢，结合生产条件获得预期的效果。

确定陶瓷坯釉料配方的主要依据有以下几个方面。

① 产品的物理化学性质和使用要求。产品的物理化学性质和使用要求是考虑坯釉料组成的重要依据。如日用陶瓷要求有一定的白度和透明度，釉面光泽好；配套餐具更要求器型规整，色泽一致；建筑陶瓷的尺寸规格要求一致，釉面光滑平整，吸水率在一定数值以下；卫生陶瓷要有良好的冲水功能，较低的吸水率，较好的防污能力等，这些是在使用上对陶瓷材料的基本要求。具体到每种产品，还有其专门的要求。生产的陶瓷产品的性能指标要符合有关国家标准或部颁标准。

② 配方要能满足生产工艺的要求。陶瓷产品是通过许多工序制成的。坯泥的可塑性、泥浆的流变性、生坯强度、干燥与烧成收缩、烧成温度、烧成范围等都要与成型方法、工艺设备、烧成条件相适应。因此生产工艺的要求也是考虑坯釉料组成的主要依据。例如用于自动生产线上的坯料，一方面要求组成和性能稳定，还要求有较高的生坯强度和较宽的烧成范围。采用快速烧成时，坯料的干燥与烧成收缩希望小一些，膨胀系数要求小，并且希望它与温度的变化呈直线关系；原料的反应活性和导热性要强，以便物理化学反应能快速进行。对施釉的产品，釉的组成应结合坯体的性质、工艺条件和要求一道考虑。例如，坯和釉的适应性、釉浆性能要求、施釉设备和方法等。

③ 原料来源与质量稳定性，价格高低。原料质量和来源稳定是生产和产品性能稳定的前提，也是适应机械化、自动化生产的重要前提条件。而原料价格高低直接影响产品竞争力和企业效益，因此原料来源与质量稳定性，价格高低也是选择原料，确定配方的依据之一。陶瓷工厂往往因原料的变更导致对配方的频繁改变，引起质量的波动。原料来源丰富，质量稳定，运输方便，价格低廉，是生产优质、低成本产品的基本条件。考虑到经济上的合理性，对原料要强调就地取材，量材使用，物尽其用（例如把废瓷利用起来）。

3.2 配方基础计算

在进行坯釉配方基础计算时，首先应考虑原料的附着水，因各种原料由于开采、加工、存放的不同，其附着水的变化很大，为做到坯釉配方准确，必须要扣除原料的附着水，也就是说应以干料计算。另外，陶瓷坯、釉料经窑烧后会失重，即存在灼烧减量，在坯釉配方上也是应同时考虑的。

3.2.1 吸附水计算

某一原料的湿重为 $G(g)$，经 105～110℃ 干燥至恒重后的质量为 $G_1(g)$，此试样的吸附水含量可以湿基或干基两种方法表示。

以湿基表示为：
$$W_w = \frac{G-G_1}{G} \times 100\% \tag{3-4}$$

以干基表示为：
$$W_d = \frac{G-G_1}{G_1} \times 100\% \tag{3-5}$$

在实际配方中，一般是根据干料的用量，通过湿基的换算，而求得所需湿原料的质量。

3.2.2 不含灼烧减量的化学组成计算

在进行坯或釉式的计算时,常将化学分析结果中的灼烧减量除去,计算为仅含氧化物的质量分数。如某瓷坯料的化学组成为:SiO_2 59.94%,Al_2O_3 21.91%,Fe_2O_3 0.48%,CaO 2.91%,MgO 0.17%,K_2O 2.70%,Na_2O 0.68%,灼烧减量(IL)11.12%,合计 99.91%。

将此质量分数组成换算成不含灼烧减量的质量分数组成为:

$$SiO_2 = \frac{59.94}{100-11.12} \times 100\% = 67.44\%$$

$$Al_2O_3 = \frac{21.91}{100-11.12} \times 100\% = 24.65\%$$

$$Fe_2O_3 = \frac{0.48}{100-11.12} \times 100\% = 0.54\%$$

$$CaO = \frac{2.91}{100-11.12} \times 100\% = 3.30\%$$

$$MgO = \frac{0.17}{100-11.12} \times 100\% = 0.19\%$$

$$K_2O = \frac{2.70}{100-11.12} \times 100\% = 3.04\%$$

$$Na_2O = \frac{0.68}{100-11.12} \times 100\% = 0.77\%$$

合计 99.93%

3.2.3 坯釉料配方坯式和釉式的计算

3.2.3.1 由坯釉料的化学组成计算坯式和釉式

由化学组成计算坯式、釉式是根据坯料、釉料化学成分数据(或配料中各种原料单独分析的结果),计算出符合坯式、釉式所规定的要求。其计算按下述步骤进行。

① 用各氧化物的相对分子质量去除相应氧化物的百分含量,得到各氧化物的分子数。

② 计算坯式时,以中性氧化物 R_2O_3 分子数之和去除各氧化物分子数;计算釉式时,以碱性氧化物(R_2O+RO)分子数之和去除氧化物分子数;得到的数字就是坯式或釉式中各氧化物前面的系数(相对分子数)。

③ 按照碱性氧化物、中性氧化物及酸性氧化物的顺序列出各氧化物的相对分子数即为坯式或釉式。

④ 若原始的组成中含有灼烧减量,则应先将原组成换算为不含灼烧减量的组成,再按上述步骤计算。

【例 3-1】 某锆质釉配方为:长石 25.6%;石英 32.2%;黏土 10.0%;白垩 18.4%;氧化锌 2%;锆英石 11.8%。各原料的化学组成列于表 3-10,试计算其釉式。

表 3-10 原料的化学组成

原料	化学组成/%										
	SiO_2	Al_2O_3	Fe_2O_3	CaO	MgO	Na_2O	K_2O	ZnO	ZrO_2	灼烧减量	总计
长石	65.04	20.4	0.24	0.8	0.18	3.74	9.38	—	—	0.11	99.89
黏土	49.82	35.74	1.06	0.65	0.6	0.82	0.96	—	—	10	99.65
石英	98.54	0.28	0.72	0.25	0.35	—	—	—	—	0.2	100.34
白垩	1.0	0.24	—	54.66	0.22	—	—	—	—	43.04	99.16
氧化锌	—	—	—	—	—	—	—	100	—	—	100
锆英石	38.81	5.34	—	0.4	0.2	—	—	—	55.1	—	99.85

解：把釉料组成百分比乘各原料的化学组成即得釉料各氧化物含量，计算结果见表3-11。

表 3-11 釉料的氧化物含量

原料	釉料配比/%	釉料化学组成/%									
		SiO_2	Al_2O_3	Fe_2O_3	CaO	MgO	Na_2O	K_2O	ZnO	ZrO_2	灼烧减量
长石	25.6	16.65	5.22	0.06	0.2	0.05	0.95	2.4	—	—	0.02
黏土	10	4.98	3.57	0.11	0.06	0.06	0.08	0.1			1.05
石英	32.2	31.76	0.09	0.23	0.08	0.11	—				0.06
白垩	18.4	0.18	0.04	—	10.06	0.04					7.99
氧化锌	2	—	—						2		
锆英石	11.8	4.58	0.63	—	0.05	0.03				6.50	—
总计	100	58.15	9.55	0.4	10.45	0.29	1.03	2.5	2	6.50	9.12
除去灼烧减量		64.00	10.51	0.44	11.50	0.32	1.13	2.75	2.2	7.15	

釉式的计算见表3-12。用各氧化物的质量分数除以相对分子质量得各氧化物的分子数；各氧化物的分子数除以R_2O和RO分子数之和，即0.287，得釉式中的分子数。

表 3-12 釉式的计算

项目	SiO_2	Al_2O_3	Fe_2O_3	CaO	MgO	Na_2O	K_2O	ZnO	ZrO_2
质量分数/%	64.00	10.51	0.44	11.5	0.32	1.13	2.76	2.2	7.15
相对分子质量	60.1	102	160	56.1	40.3	62	94.2	81.4	123.2
分子数	1.065	0.103	0.0027	0.205	0.008	0.018	0.029	0.027	0.058
$R_2O+RO=0.287$ 令其为1 釉式中的分子数	$\frac{1.065}{0.287}$ =3.711	$\frac{0.103}{0.287}$ =0.359	$\frac{0.0027}{0.287}$ =0.009	$\frac{0.205}{0.287}$ =0.714	$\frac{0.008}{0.287}$ =0.028	$\frac{0.018}{0.287}$ =0.063	$\frac{0.029}{0.287}$ =0.101	$\frac{0.027}{0.287}$ =0.094	$\frac{0.058}{0.287}$ =0.202

计算所得釉式为

$$\left.\begin{array}{l}0.063\ Na_2O\\ 0.101\ K_2O\\ 0.714\ CaO\\ 0.028\ MgO\\ 0.094\ ZnO\end{array}\right\} \left.\begin{array}{l}0.359\ Al_2O_3\\ 0.009\ Fe_2O_3\end{array}\right\} \begin{array}{l}3.711\ SiO_2\\ 0.202\ ZrO_2\end{array}$$

3.2.3.2 由坯式、釉式计算坯、釉料的化学组成

如果知道某一坯料（釉料）的坯式（釉式），欲求出原化学百分组成，则可用坯式（釉式）中各氧化物的分子数乘以该氧化物的分子量，得出该氧化物的质量。再以各氧化物的质量总和，分别去除各氧化物的质量，乘以100，即得原氧化物的百分含量。

【例3-2】 有一坯式为：

$$\left.\begin{array}{l}0.158K_2O\\ 0.121Na_2O\\ 0.073CaO\\ 0.010MgO\end{array}\right\} \left.\begin{array}{l}0.987Al_2O_3\\ 0.013Fe_2O_3\end{array}\right\} 4.794SiO_2$$

计算其氧化物的百分含量。

解：首先计算各氧化物的质量（g）：

SiO_2 $60.1 \times 4.794 = 288.12$
Al_2O_3 $102 \times 0.987 = 100.67$
Fe_2O_3 $159.7 \times 0.013 = 2.076$
CaO $56.1 \times 0.073 = 4.095$
MgO $40.2 \times 0.010 = 0.402$
K_2O $94 \times 0.158 = 14.85$
Na_2O $62 \times 0.121 = 7.502$

合计 417.715

再以各氧化物的质量总和，分别去除各氧化物的质量，乘以100：

SiO_2 $288.12 \div 417.715 \times 100 = 68.98$
Al_2O_3 $100.67 \div 417.715 \times 100 = 24.10$
Fe_2O_3 $2.076 \div 417.715 \times 100 = 0.50$
CaO $4.095 \div 417.715 \times 100 = 0.98$
MgO $0.402 \div 417.715 \times 100 = 0.10$
K_2O $14.85 \div 417.715 \times 100 = 3.56$
Na_2O $7.502 \div 417.715 \times 100 = 1.79$

则各氧化物的百分含量为：

SiO_2 68.98%　　Al_2O_3 24.10%　　Fe_2O_3 0.50%　　CaO 0.98%
MgO 0.10%　　K_2O 3.56%　　Na_2O 1.79%

3.2.4 黏土原料与坯料示性矿物组成的计算

在估计原料及坯料的基本性能时，需要知道它们的矿物组成。准确判断矿物组成的方法是进行仪器分析（如光学显微镜或电子显微镜作岩相鉴定，采用X射线衍射作相组成和结构分析，进行热分析和红外光谱分析等）。根据原料和坯料的化学组成，可粗略地计算出它们的主要矿物组成。首先根据原料的地质生成条件，化学组成中的硅铝比和灼烧减量初步判定所含的主要矿物。以黏土原料而论，其主要矿物是黏土质矿物、长石矿物和石英。按照其矿物的理论组成把原料的化学组成换算为不同矿物的大致含量。具体计算方法有许多种，主要的差别有两方面。一方面是原料中的碱性氧化物归入长石类矿物还是水云母类矿物，另一方面是水云母类矿物归属黏土类还是长石类。由于水云母类矿物组成复杂，且在坯体中的作用与长石相似，所以通常在原料中碱性氧化物计算时归为长石类矿物。

下面列出黏土原料矿物计算中的处理方法及计算步骤。

① 化学组成中的 K_2O、Na_2O、CaO 各与一定数量的 Al_2O_3 及 SiO_2 结合为钾长石、钠长石和钙长石。

② 将化学组成中 Al_2O_3 总量减去形成长石所需 Al_2O_3 的量，剩余的 Al_2O_3 可认为形成黏土矿物（以高岭石为代表进行计算）。

③ 比较剩余的 Al_2O_3 和 SiO_2 含量，如 Al_2O_3 较多，则过多的 Al_2O_3 可当作水铝石 $Al_2O_3 \cdot H_2O$ 来计算。

④ 若判断确有碳酸根存在，则 MgO 可计算为菱镁矿 $MgCO_3$，CaO 可计算为 $CaCO_3$。若不存在碳酸根，则 MgO 可认为以滑石（$3MgO \cdot 4SiO_2 \cdot H_2O$）或蛇纹石 $3MgO \cdot 4SiO_2 \cdot 2H_2O$ 形式存在。

⑤ Fe_2O_3 可作为赤铁矿（Fe_2O_3）存在。如组成中的灼烧减量（假定其主要是结晶水）

减去高岭石及滑石等矿物中的结晶水量后还有一定数量（也可能是由于有机物引起的），则可把 Fe_2O_3 当作褐铁矿 $Fe_2O_3 \cdot 3H_2O$ 来计算。

⑥ TiO_2 一般可认为是由金红石提供的。

⑦ 除去以上各种矿物中所含的 SiO_2 含量后，剩余的 SiO_2 可作为游离石英存在。

⑧ 制造细陶瓷产品所用的黏土类原料中所含 Fe_2O_3、TiO_2、MgO、CaO 都很少，可以不考虑它们所构成的矿物的数量。

⑨ 若 Na_2O 含量比 K_2O 少得多，则可把两者的含量计算为钾长石。

长石类原料（包括伟晶花岗岩）及石英类原料均可用上述处理方法计算其矿物组成。

【例 3-3】 某黏土的化学组成（%）如下：

SiO_2	Al_2O_3	Fe_2O_3	CaO	MgO	K_2O	Na_2O	灼烧减量
64.78	25.61	0.19	0.22	微量	0.32	0.23	8.65

试计算其矿物组成。

解：（1）求各氧化物的物质的量（灼烧减量当作结晶水计算），计算结果见表 3-13。

表 3-13 黏土中氧化物物质的量的计算结果

项目	SiO_2	Al_2O_3	Fe_2O_3	CaO	MgO	K_2O	Na_2O	H_2O
氧化物含量/%	64.78	25.61	0.19	0.22	微量	0.32	0.23	8.65
氧化物摩尔质量/(g/mol)	60.1	102	160	56.1		94.2	62	18
氧化物物质的量/mol	1.077	0.251	0.001	0.004	—	0.003	0.004	0.480

（2）将各氧化物的物质的量按下列顺序排列，计算其矿物组成，见表 3-14。

表 3-14 黏土矿物组成的计算

矿物物质的量	氧化物的物质的量/mol						
	SiO_2	Al_2O_3	Fe_2O_3	CaO	K_2O	Na_2O	H_2O
	1.077	0.251	0.001	0.004	0.003	0.004	0.480
0.003mol 钾长石①	0.018	0.003	—	—	0.003	—	—
剩余	1.059	0.248	0.001	0.004	0	0.004	0.480
0.004mol 钠长石	0.024	0.004	—	—	—	0.004	—
剩余	1.035	0.244	0.001	0.004	—	0	0.480
0.004mol 钙长石	0.008	0.004	—	0.004	—	—	—
剩余	1.027	0.240	0.001	0	—	—	0.480
0.24mol 高岭石	0.480	0.240	—	—	—	—	0.480
剩余	0.547	0	0.001	—	—	—	0
0.001mol 赤铁矿	—	—	0.001	—	—	—	—
剩余	0.547	—	0	—	—	—	—
0.547mol 石英	0.547	—	—	—	—	—	—
剩余	0	—	—	—	—	—	—

① 表中算例：钾长石（$K_2O \cdot Al_2O_3 \cdot 6SiO_2$）中含 1mol K_2O、1mol Al_2O_3、6mol SiO_2。原料中含 K_2O 0.003mol，故可能构成钾长石的数量为：

$$1(K_2O) : 1(钾长石) = 0.003(K_2O) : x(钾长石)$$

$$x = \frac{0.003 \times 1}{1} = 0.003 \text{mol}$$

同理，随 0.003mol 钾长石带入的 Al_2O_3 为 0.003mol，随 0.003mol 钾长石带入的 SiO_2 为 0.018mol。

（3）各矿物的质量及质量分数，见表 3-15。

表 3-15 黏土中矿物质量分数

项目	钾长石	钠长石	钙长石	高岭石	赤铁矿	石英
物质的量/mol	0.003	0.004	0.004	0.240	0.001	0.547
分子量/(g/mol)	556.8	524.6	278.3	258.1	160	60.1
矿物质量/g	1.67	2.10	1.11	61.92	0.16	32.87
矿物质量分数/%	1.67	2.10	1.11	62.00	0.16	32.93

(4) 各种长石和铁矿物均作为熔剂，一并列为长石矿物。故得到该黏土的矿物组成如下：

黏土质矿物 62.00%

长石质矿物 1.67%+2.10%+1.11%+0.16%=5.04%

石英质矿物 32.93%

同理，若由坯料的矿物组成计算其化学组成或坯式，可按【例 3-3】反向计算。

坯料的矿物示性组成计算，可按照原料矿物示性组成同样的计算方法，将组成坯料的各种原料的矿物组成计算出来，最后进行归并而得出。但长石质瓷，钾、钠应由长石引入；绢云母质瓷，钾、钠应由绢云母引入。

矿物示性组成计算的误差较大，在采用矿物示性组成计算进行配料时，必须配合其他工艺试验同时进行。

3.2.5 坯釉料酸性系数的计算

坯釉料酸性系数是指酸性氧化物的分子数与碱性氧化物、碱土金属氧化物和中性氧化物分子数的比值，以 CA 表示。

$$CA = \frac{RO_2}{R_2O + RO + 3R_2O_3} \tag{3-6}$$

式中 RO_2——SiO_2、TiO_2、B_2O_3、P_2O_5 等酸性氧化物分子数；

R_2O——碱性氧化物分子数；

RO——碱土金属氧化物分子数；

R_2O_3——Al_2O_3、Fe_2O_3 等中性氧化物分子数。

酸性系数是一个重要性能指标，可以用来评价坯、釉的高温性能和坯釉适应性。一般酸性系数大，说明坯易软化，烧成时变形倾向大，烧成温度低。但瓷的性能上，透明度提高，热稳定性降低。不同的制品，酸性系数波动范围宽，但不能超过 2。

釉料的酸性系数还可参考 7.2.2.1 的内容。

3.3 坯料配方的制定原则、方法及其计算

陶瓷坯釉料配方的设计问题，目前尚处于半经验半理论阶段。现有的一些计算方法，不是所有的影响因素都被包括进去，加之原料的工艺性能及成分多变，实验方法、基础研究以及技术研究的不足，使这些计算方法往往不能实际运用，只能用其一部分或几种方法综合使用。

3.3.1 制定坯料配方的原则、方法与步骤

3.3.1.1 制定坯料配方的原则、方法

陶瓷坯料配方的制定基本原则是所设计的坯料组成和相应的工艺性能必须满足烧成前后对坯料提出的各项技术要求。坯体烧成前后的性能与坯料配方特性的相互关系比较复杂（见图 3-9），设计配方的过程，就是调整各种原料的加入量和相应加工要求，使上述各种相互关系得以协调的过程。

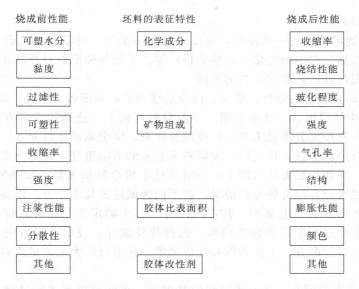

图 3-9　坯料烧成前后性能与其化学成分等表征特性间的相互关系

在首先保证设计的配方能充分满足生产需要和产品质量要求的同时，还应当根据"因地制宜、就地取材、降低成本、提高效率"的原则，尽量选用当地原料或替代原料。

目前制定坯料配方有以下几种方法。

① 利用化学分析数据或以坯式为基准，用原料逐项去满足的方法，以求得原料量。此法能够在成分上保证坯的化学组成，但往往成分上满足了而其他工艺性能和物理性能却不一定相应地满足，如能在选用原料（特别是黏土）方面充分考虑，也是可以满足这些性能要求的。

② 利用理论示性矿物组成为基准，用原料逐项去满足的方法，以计算原料量。此法困难之处是难以准确得出各种原料的示性矿物组成比例。例如，遇到一种具体黏土，用普通方法就很难测定其中的石英与长石含量。因此这一方法普遍使用有局限性。

③ "经验配方的改用与理论调整"相结合的方法。这一方法是利用一些工厂或研究单位积累的数据、经验和各种类型的陶瓷材料和产品都有的经验性组成范围，并加上试验研究，多方面综合来确定配方。这是目前比较通用的做法，其主导思想是"理论与本地本厂的实际情况相结合"，既尊重他人经验又不盲目地搬用。在运用他人的数据、经验和做法的同时，使用本地原料，结合本厂具体生产条件，定出适合于自己的生产配方及生产方法，以达到生产出符合要求的产品的目的。积累的数据和经验，无论是定性的理论，还是定量的数据，都值得参考。但由于原料性质的差异和生产条件的不同，不能机械地引用。因此，这种做法是基于一部分经验基础，综合地利用理论，通过实践寻找真理，检验真理。对于新材料或新产品的配方，可以在现有经验和相近规律的基础上通过试验来创新。

3.3.1.2　确定坯料配方的步骤

a. 掌握第一手资料　确定坯料配方首先要在分析、测定和研究的基础上掌握第一手资料，主要有以下几个方面。

① 研究了解制品的性能要求和特点，以便确定瓷坯的化学组成并决定特殊成分的引入。

② 对现有生产设备和生产条件进行分析，以便确定工艺条件、分析工艺因素、确定生产方法。

③ 考察原料矿山，了解原料的产地、储量、日开采量、质量品位、运输和价格等情况，

以便确定所使用的原料。

④ 分析和测定原料的一些性能，主要包括化学成分、可塑性、结合性、烧结性、烧后白度、收缩和加热过程中的变化（差热分析）等。了解各种原料对产品性能和坯料性能的影响，以便调整泥料性能，决定原料的选用。

⑤ 现有经验和资料的分析、研究，以便总结经验，不断改进同类产品质量。

b. 选择初步坯料配方　在掌握第一手资料的基础上，选择初步配方。首先选定化学组成，确定坯式，先按成分满足法初步计算组分比例，定出基础坯料配方。然后，在三角坐标图中，参照现有经验配方，选定以三大原料为基元的基础组分，并与上者比较调配，初步确定配方。第三，在初步配方的基础上，调整其他小份原料加入量，如熟料、瓷粉、滑石等。最后，根据上述考虑，综合各方面情况，按不同区域选定几个配方，以备试验比较。

c. 进行小型和扩大工艺试验　按以上配方，首先确定工艺条件，烧成制度，进行小型工艺试验。对瓷质进行鉴定和物性检验，选择优良试样，找出改进方向，进一步试验、比较、调整，选出最佳配方、工艺条件和烧成制度，并进行扩大工艺试验后，制定合适的生产配方方案。

d. 确定正式生产配方　在上述试验的基础上，再经过反复多次试制，以其中稳定成熟者，作为生产的坯料配方，在进行了中等规模的生产试验后，投入使用。

以上只是一些基本做法，涉及问题很多，还得依靠实践予以解决。

总之，配方拟定是一个细致而复杂的工作，它对制品质量优劣起着决定性的作用。当配料比例确定后，生产工艺过程在某种程度上也会影响坯料的性质，这点必须引起足够的重视。另外，已确定的坯料配方必须经小样试验、扩大试验、生产性试验三个过程，并根据试验中出现的问题，及时适当调整，最后确定最佳配方及相应的生产工艺条件。

3.3.2　坯料配方的计算

3.3.2.1　由化学组成计算坯料配方

当陶瓷产品的化学组成和采用原料的化学组成已知时，可采用下列两种途径进行坯料配方计算：一种是利用组成的数据直接进行计算（简称直接计算法），另一种是先将其组成换算成三个主要成分再进行计算（简称三元系统法）。

采用直接计算法时，根据原料性质和形成的要求，参照生产经验先确定一、两种原料的用量（如黏土、膨润土等），再按满足坯料化学组成的要求逐个计算每种原料的用量。计算时要明确某种氧化物主要由哪种或哪几种原料提供。具体计算方法见【例 3-4】。这种计算方法对坯料、釉料均适用。

三元系统法是先把坯料及原料的氧化物换算为 $R_2O\text{-}Al_2O_3\text{-}SiO_2$ 三元系统（普通陶瓷坯料可换算成 $K_2O\text{-}Al_2O_3\text{-}SiO_2$ 系统），然后用代数方法或图解方法计算，具体方法见【例3-5】、【例 3-6】。这种方法的依据是 Richters（里奇特尔斯）近似原则，即熔剂氧化物对黏土（主要是杂质较少的黏土）熔点的影响和氧化物的摩尔质量相对应。如 40 份（质量，下同）MgO，56 份 CaO，62 份 Na_2O，80 份 Fe_2O_3 的作用和 94 份 K_2O 的作用相同。因此，可将 CaO、MgO、Na_2O 的百分含量分别乘以相当的转换系数变为相当于 K_2O 的数量。将 Fe_2O_3 转变为相当于 Al_2O_3 的数量。由于多成分系统的情况复杂，在不同系统中或在同一系统中不同的区域内，同一摩尔质量的不同氧化物的影响不完全相同。如在 $K_2O\text{-}Al_2O_3\text{-}SiO_2$ 系统中莫来石区域内，CaO、MgO、Na_2O 对 K_2O 的转换系数分别为 1.68、2.35、1.5，Fe_2O_3 对 Al_2O_3 的转换系数为 0.9。

【例 3-4】　某厂生产无线电装置零件用的高铝陶瓷及所用原料的化学组成见表 3-16。试计算各种原料的配料用量百分比。

解：将坯体的化学组成列入表 3-16 中并进行计算。

表 3-16　高铝陶瓷及所用原料的化学组成

瓷坯及原料	SiO_2	Al_2O_3	Fe_2O_3	CaO	MgO	K_2O	Na_2O	BaO	灼烧减量	总计
坯体	14.79	78.92	0.22	1.66	0.82	0.02	0.36	3.20	—	99.99
煅烧氧化铝	0.08	99.30	0.04	—	—	—	0.58	—	—	100.00
苏州土	46.42	38.96	0.22	0.38	—	0.02	0.02	—	14.40	100.42
张家口膨润土	63.88	20.32	0.83	2.30	4.11	0.28	0.2	—	8.04	99.96
石灰石	7.16	2.11	1.05	49.22	1.89	—	—	—	38.55	99.98
碳酸钡	—	—	—	—	—	—	—	77.71	22.29	100.00
辽宁菱镁矿	0.70	—	1.19	0.30	47.02	—	—	—	50.78	99.99

确定原料用量的依据如下。

① 以碳酸钡满足坯料中的 BaO，以石灰石满足 CaO，以滑石或菱镁矿满足 MgO。

② 根据经验确定膨润土的用量。苏州土和膨润土的用量取决于坯料的可塑性要求和 SiO_2 的含量。根据经验，确定引入 25 份苏州土和 4 份张家口膨润土。

③ 坯料中的 Al_2O_3 主要由煅烧氧化铝来满足。具体计算按表 3-17 进行。

表 3-17　坯料配方的计算

配入原料	坯料氧化物含量								备注
	SiO_2	Al_2O_3	Fe_2O_3	CaO	MgO	K_2O	Na_2O	BaO	
	14.79	78.92	0.22	1.66	0.82	0.02	0.36	3.20	
4.12 份碳酸钡引入 剩余								3.20 0	$\dfrac{3.2}{77.71}\times 100=4.12$
4 份膨润土引入 剩余	2.56 12.23	0.81 78.11	0.03 0.19	0.09 1.57	0.16 0.66	0.01 0.01	0.008 0.352	—	
25 份苏州土引入 剩余	11.61 0.62	9.74 68.37	0.05 0.14	0.09 1.48	0.66	0.005 0.005	0.005 0.347		
3 份石灰石引入 剩余	0.21 0.41	0.06 68.31	0.03 0.11	1.477 0.003	0.057 0.603	— 0.005	— 0.347		$\dfrac{1.48}{49.22}\times 99.98=3$
68.79 份煅烧氧化铝引入剩余	0.055 0.355	68.31 0	0.027 0.083	— 0.003	— 0.603	— 0.005	0.040 0.307		$\dfrac{68.31}{99.30}\times 100=68.79$
1.28 份菱镁矿引入剩余	0.009 0.346		0.02 0.063	0.0038 −0.0008	0.602 0.001		— 0.307		$\dfrac{0.602}{47.02}\times 99.99=1.28$

按照表 3-17 计算出的原料总量为：4.12+4.0+25+3.0+68.79+1.28=106.2 份

换算为各原料质量百分数，结果为：

$$\text{碳酸钡} \quad \dfrac{4.12}{106.2}\times 100\%=3.88\%$$

$$\text{膨润土} \quad \dfrac{4}{106.2}\times 100\%=3.77\%$$

苏州土　　23.56%

石灰石　　2.83%

煅烧氧化铝　　64.72%

菱镁矿　　1.20%

【例 3-5】　试用表 3-18 中给定的原料，计算出满足下列组成的瓷坯的配料组成。

K_2O—— 4.5%　　Al_2O_3—— 26.2%　　SiO_2—— 69.3%

表 3-18 原料的化学组成（质量分数）/%

原料名称	SiO₂	Al₂O₃	Fe₂O₃	CaO	MgO	K₂O	Na₂O	灼烧减量
大棋山土	78.28	15.99	0.32	—	0.058	0.98	0.83	3.53
	81.15	16.58	0.33	—	0.06	1.02	0.86	—
双白土	49.80	36.53	0.24	—	0.33	0.87	0.44	11.79
	56.46	41.42	0.27	—	0.37	0.99	0.50	—
揭阳长石	63.74	22.12	0.156	0.215	0.235	9.97	1.33	2.23
	65.20	22.63	0.16	0.22	0.24	10.20	1.36	—

解：（1）根据 Richters 近似原则，将原料中相应的氧化物换算为 K_2O、Al_2O_3、SiO_2。

因为 CaO、MgO、Na_2O 转换为 K_2O 时的转换系数分别为：1.68、2.35、1.5，Fe_2O_3 转换为 Al_2O_3 的系数为 0.9，故可进行下述计算。

大棋山土　　K_2O　$1.02+(0.86×1.5)+(0.06×2.35)=2.45$　　2.44%
　　　　　　Al_2O_3　$16.58+(0.33×0.9)$　　　　　　$=16.88$　　16.80%
　　　　　　SiO_2　　　　　　　　　　　　　　　　　$=81.15$　　80.76%
　　　　　　　　　　　　　　　　　　　　　　　　　　　100.48　　100%

双白土　　K_2O　$0.99+(0.50×1.5)+(0.37×2.35)=2.61$　　2.59%
　　　　　Al_2O_3　$41.42+(0.27×0.9)$　　　　　　$=41.66$　　41.36%
　　　　　SiO_2　　　　　　　　　　　　　　　　　$=56.46$　　56.05%
　　　　　　　　　　　　　　　　　　　　　　　　　　100.73　　100%

揭阳长石　K_2O　$10.20+(1.36×1.5)+(0.24×2.35)$
　　　　　　　　　　　　　　　　$+(0.22×1.68)=13.17$　　13.02%
　　　　　Al_2O_3　$22.63+(0.16×0.9)$　　　　　　$=22.77$　　22.51%
　　　　　SiO_2　　　　　　　　　　　　　　　　　$=65.20$　　64.47%
　　　　　　　　　　　　　　　　　　　　　　　　　　101.14　　100%

（2）计算各种原料用量（无灼烧减量）

设：配料时用大棋山土 x kg，双白土 y kg，揭阳长石 z kg，则根据坯料组成可列出下列方程组：

$$\begin{cases} 0.0244x+0.0259y+0.1302z=4.5 \\ 0.1680x+0.4136y+0.2251z=26.2 \\ 0.8076x+0.5605y+0.6447z=69.3 \end{cases}$$

解方程得：

$$x=47.14\text{kg}; \quad y=33.75\text{kg}; \quad z=18.92\text{kg}$$

（3）将无灼烧减量的原料化为有灼烧减量的生料配比

大棋山土：　$\dfrac{47.14}{(1-0.0353)}=48.86$ kg　　　45.89%

双白土：　　$\dfrac{33.75}{(1-0.1179)}=38.26$ kg　　　35.94%

揭阳长石：　$\dfrac{18.92}{(1-0.0223)}=19.35$ kg　　　18.17%

　　　　　　　　　　　　　　　　　　106.47 kg　　　100%

(4) 从以上计算得出各原料配比为：

大棋山土：45.89%

双白土：35.94%

揭阳长石：18.17%

这种方法计算出的原料量如为正值，说明能满足坯料组成的要求。由于根据近似原则进行换算，换算后各氧化物的效果要通过配方试验来检验。当用三种以上原料配方时，这种方法便受到限制。

【例 3-6】 用图解法计算【例 3-5】的配方。

解：(1) 利用【例 3-5】换算的结果，将各原料按 K_2O、Al_2O_3、SiO_2 的组成汇集成表 3-19。

表 3-19 原料组成换算结果

原料名称	原料代号	K_2O	Al_2O_3	SiO_2
大棋山土	A	2.44%	16.80%	80.76%
双白土	B	2.59%	41.36%	56.05%
揭阳长石	C	13.02%	22.51%	64.47%

(2) 将坯料、原料的成分在 K_2O-Al_2O_3-SiO_2 三元系统相图中表示出来，如图 3-10 所示。D 为坯料成分点，连接 AD 并使之延长后与 BC 线交于 R 点，测得各线段的长度为：

$AD=10.8mm$　$DR=9.8mm$　$AR=20.6mm$

$CR=11.2mm$　$RB=5.0mm$　$CB=16.2mm$

(3) 根据杠杆原理可算出各种原料的配料比。

大棋山土：

$$A\% = \frac{DR}{AR} \times 100\% = \frac{9.8}{20.6} \times 100\% = 47.57\%$$

双白土：

$$B\% = \frac{CR}{CB} \times \frac{AD}{AR} \times 100\% = \frac{11.2}{16.2} \times \frac{10.8}{20.6} \times 100\% = 36.25\%$$

揭阳长石：

$$C\% = \frac{RB}{CB} \times \frac{AD}{AR} \times 100\% = \frac{5.0}{16.2} \times \frac{10.8}{20.6} \times 100\% = 16.18\%$$

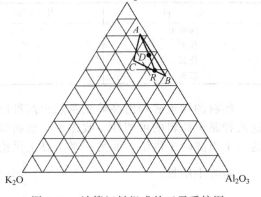

图 3-10　计算坯料组成的三元系统图

(4) 将无灼烧减量的配料换算为有灼烧减量的生料配比。

大棋山土：　　$\dfrac{47.57}{(1-0.0353)} = 49.31$　　46.10%

双白土：　　　$\dfrac{36.25}{(1-0.1179)} = 41.10$　　38.43%

揭阳长石：　　$\dfrac{16.18}{(1-0.0223)} = 16.55$　　15.47%

　　　　　　　　　　　　　　　　106.96　100%

利用图解法，可根据坯料成分点与原料成分点的相对位置作一些判断。如坯料成分点 D 在原料成分点所组成的三角形（$\triangle ABC$）之外，则可认为至少需要换用一种原料，否则无法配出符合要求的坯料。若 D 点在两原料成分点的连线上（如 AB、BC、CA），则可知仅用相应的两种原料就可配成要求的坯料。若 D 点和原料成分点相接近或重合，则说明单一原料就可配制坯料。

图解法和代数法【例 3-5】所得结果的误差主要是由于作图和度量线段长度不精确引起的。根据坯料成分点在相图中的位置,可以估计坯料的高温性能。如找到相图中和坯料成分点相近的等温线,得知其熔化温度,乘以某一温度系数,可大致估计坯料的烧成温度。

3.3.2.2 由矿物组成计算坯料配方

已知坯料的矿物组成及原料的化学组成时,需先将原料的矿物组成计算出来,然后再进行配料计算。若两者的矿物组成均已知,则可直接计算配方。

【例 3-7】 试用化学组成为表 3-20 所示的原料,配成含黏土矿物 63.08%、长石矿物 28.62%、石英矿物 8.30% 的坯料。

表 3-20 原料的化学组成/%

原料	SiO_2	Al_2O_3	Fe_2O_3	CaO	MgO	K_2O	Na_2O	灼烧减量	总计
高岭土	48.30	39.07	0.15	0.05	0.02	0.18	0.03	12.09	99.89
黏土	49.09	36.74	0.40	0.11	0.20	0.52	0.11	12.81	99.98
长石	64.93	18.04	0.12	0.38	0.21	14.45	1.54	0.33	100.00
石英	96.60	0.11	0.12	3.02	—	—	—	—	99.85

解:(1) 按照【例 3-3】的方法计算各种原料的矿物组成,其结果列入表 3-21 中。

表 3-21 原料的矿物组成/%

原料	黏土矿物	长石矿物	石英矿物
高岭土	96.78	1.96	1.26
黏土	89.72	7.66	2.62
长石	—	100.00	—
石英	—	4.4	95.60

坯料的黏土矿物由高岭土及黏土两种原料供给。计算前应将两种原料的用量确定。考虑这两种黏土原料的可塑性、收缩率、烧后颜色等各项工艺性能,初步确定坯料中的黏土矿物的一半由高岭土供给,而另一半由黏土供给。这样便可计算出:

高岭土用量: $\left(\frac{1}{2}\times 63.08\%\right)\times\frac{100}{96.78}=32.59\%$

黏土用量: $\left(\frac{1}{2}\times 63.08\%\right)\times\frac{100}{89.72}=35.15\%$

32.59% 高岭土中含长石矿物: $32.59\%\times 0.0196=0.64\%$
　　　　　　　含石英矿物: $32.59\%\times 0.0126=0.41\%$
32.15% 黏土中含长石矿物: $35.15\%\times 0.0766=2.69\%$
　　　　　　含石英矿物: $35.15\%\times 0.0262=0.92\%$

综合起来,高岭土与黏土共引入石英:$0.41\%+0.92\%=1.33\%$。除去 1.33% 外,坯料中的石英矿物 8.30% 全由石英供给,故石英用量为:$(8.30\%-1.33\%)\times\frac{100}{95.60}=7.29\%$

7.29% 石英中引入的长石矿物量为: $7.29\%\times 0.044=0.32\%$
由高岭土、黏土、石英引入的长石矿物量为: $0.64\%+2.69\%+0.32\%=3.65\%$
长石需要量为: $28.62\%-3.65\%=24.97\%$
由计算结果可得原料配合比例为:
　　　高岭土 32.59%、黏土 35.15%、长石 24.97%、石英 7.29%

3.3.2.3 由实验式计算坯料配方

【例 3-8】 今欲采用表 3-22 中的原料,配成满足下述坯式的坯料,试计算其配料组成。

$$\left.\begin{array}{l}0.144K_2O\\0.032Na_2O\\0.025CaO\\0.02MgO\end{array}\right\} 1.0Al_2O_3 \cdot 4.92SiO_2$$

表 3-22 原料的化学组成/%

原料	SiO_2	Al_2O_3	Fe_2O_3	TiO_2	CaO	MgO	K_2O	Na_2O	灼烧减量	总计
黏土	58.43	30.00	0.31	0.11	0.47	0.42	0.48	0.12	9.64	99.98
	64.67	33.20	0.34	0.12	0.52	0.46	0.53	0.13		99.97
长石	65.34	18.53	0.12	—	0.34	0.01	14.19	1.43	—	99.96
石英	99.40	0.11	0.08		—	—				99.59

解：(1) 先算出各种原料的矿物组成（表 3-23，方法见【例 3-3】）。为了简化计算过程，可将 K_2O、Na_2O、CaO、MgO、Fe_2O_3、TiO_2 均视为熔剂成分，作为长石矿物计算。

表 3-23 原料的矿物组成/%

原料	黏土矿物	长石矿物	石英矿物
黏土	72.05	8.36	19.59
长石	2.83	94.30	2.87
石英	—	—	99.40

(2) 由坯式计算长石、黏土、石英矿物的百分组成。坯式中的 K_2O、Na_2O、CaO、MgO 均粗略归并为 K_2O，则坯式可写成：$0.22R_2O \cdot 1.0Al_2O_3 \cdot 4.92SiO_2$。

满足上式所需的黏土、长石、石英矿物数量的计算见表 3-24。

表 3-24 各种矿物所需物质的量的计算

原料	坯式		
	$0.22K_2O$	$1.0Al_2O_3$	$4.92SiO_2$
长石矿物 0.22mol	0.22	0.22	1.32
剩余	0	0.78	3.60
黏土矿物 0.78mol		0.78	1.56
剩余		0	2.04
石英矿物 2.04mol			2.04
剩余			0

各类矿物需要量的质量分数（百分组成）为：

              物质的量   摩尔质量   质量份数   质量分数

长石矿物   0.22 × 556.8 = 122.49   27.44%

黏土矿物   0.78 × 258.1 = 201.31   45.10%

石英矿物   2.04 × 60.1 = 122.60   27.46%

                                           446.40   100%

(3) 根据原料组成计算坯料配料比。

设 x——坯料中需加入黏土量%；

    y——坯料中需加入长石量%；

    z——坯料中需加入石英量%；

则 $0.7205x + 0.0283y + 0z = 0.451$

$$0.0836x+0.9430y+0z=0.2743$$
$$0.1959x+0.0287y+0.994z=0.2746$$

解上列方程组可得

$$x=61.80\%;\ y=23.48\%;\ z=14.71\%$$

这种方法在计算矿物组成过程中，把 R_2O 及 RO 均作为长石计算，是会引起误差的。这类计算题也可先将坯式换算成化学组成，再进行配方计算。

3.4 釉料配制原则、方法及其计算

3.4.1 釉料配方的制定原则

合理的釉料配方对获得优质釉层是极为重要的，在制定具体釉料配方时要求掌握下面几个原则。

① 根据坯体的性能来调节釉料的熔融性能。釉的熔融性能包括釉料的熔化温度、熔体的性质和釉面特征等三方面的指标（参见 7.2.2）。首先釉料必须在坯体烧结的温度下成熟。为了使釉能在坯上很好铺展，一般要求釉的成熟温度接近于坯的烧成温度而略偏低。

为避免形成釉泡和针孔等缺陷，釉料应具有较高的始熔温度和不小于30℃的熔化温度范围。

② 选配与坯体相适应的釉膨胀系数。"正釉"能提高产品的抗张强度和热稳定性，利于坯釉结合，因而釉的膨胀系数应近于坯而略低于坯，两者相差的程度取决于坯釉的种类和性质。

③ 选配与坯体相适应的釉的酸碱度。坯釉之间发生一定的相互反应，形成一定厚度并具有要求组织结构的中间层，是保证坯釉紧密结合的必要条件，因而两者在组分上既要有差别，而差别又不能过大。一般要求酸性坯，配以碱性釉；碱性坯，配以酸性釉。酸碱程度可用酸性系数 CA 来衡量。一般硬瓷坯料的酸性系数变动不大，CA＝1～2，硬瓷釉 CA＝1.8～2.5；精陶坯 CA＝1.2～1.3，精陶釉 CA＝1.5～2.5；含硅量高的坯，配以石灰釉。

④ 重视釉的弹性和抗张强度。坯釉结合的情况与釉的弹性和抗张强度也很有关。既要求釉有较高的抗张强度，又要求它具有与坯相匹配的弹性模数（参见 7.2.3）。

⑤ 正确选择原料。釉用原料，尤其是易熔釉用原料，较坯用原料复杂得多，既有各类天然矿物原料，又有多种化工原料。各原料在高低温下的性能，如熔融温度、高温黏度、密度以及粘附性等都有很大差别，所以即使釉料配制的化学组成合理，若原料选用不当，则也既不能调制成具有良好工艺性能的釉浆，也不能烧得优质釉面。

例如：从釉的熔融性能出发，釉料中的 Al_2O_3 应优先由长石而不是由黏土来引入，以避免因熔化不良失去光泽。但由于釉料组分多，而且多数都是密度不相同的瘠性料，如果釉料中无适量黏土物质，则不仅釉浆易发生分层，而且还不能牢固附着于坯体上，烧后难于与坯体很好结合。即使附着也会因坯体各处气孔率不同，使釉层厚薄不均。此外，引入长石的数量还受釉中碱性氧化物含量所限，所以釉料配方中总会含有不等数量的黏土（其中一部分最好为膨润土）。而且为了使生釉层不因水分过多，造成干燥时开裂和烧后缩釉，黏土用量一般限制在10%以下。将部分黏土进行高温预烧或引入少量瓷粉，除能克服干燥时开裂和烧后缩釉缺点外，还能调整釉浆黏度和在坯上的附着量，并增强坯釉结合、减少釉泡等缺陷。因为熟料和瓷粉，尤其是瓷粉，一方面使釉在1100℃以前的收缩变小、气孔率变大；另一方面还能推迟釉的烧结，扩大烧结范围，给气体以充分排出的机会。

当用 MgO 来降低釉的膨胀系数和提高釉的弹性时，若采用滑石原料，则还有改善釉浆

悬浮性；增宽釉的烧成范围；提高釉的抗气氛能力，克服烟熏和发黄缺陷；强化乳浊作用从而提高釉面白度；用量较多时釉面不会产生卷缩现象等优点。但当改用菱镁矿原料时，一旦MgO达到3%，就会由于釉的表面张力过大发生明显釉缩。用白云石引入MgO不会产生乳浊，所以透明釉常用它作为原料，但此时应考虑由它引入的CaO量。

滑石具有鳞片状结构，高温分解时排除气体，因而用量多时亦会影响釉面性能，通常将其预烧（1250~1350℃）并细磨后使用。为了增加釉浆悬浮性也采用部分生滑石。同样道理，在ZnO含量较大的釉中，一部分ZnO也要经过1000~1200℃的预烧。ZnO不仅能助熔而且能提高釉的热稳定性、釉面白度和光泽，并加宽烧成范围。但若用量过大或全部ZnO都由生料引入，则施釉后容易产生脱釉，烧成后釉面易析晶和严重缩釉。对某些釉下彩也会引起不利影响，所以它的用量应加以限制。

综上所述，各氧化物对釉性能的影响是很复杂的，影响的程度与原料的种类有关。同一氧化物往往会对釉的数个性能同时发生影响，所以在确定釉料配方时必须明确主要矛盾所在。在具体操作中还必须借鉴已成功的经验，按具体的坯釉系统而定。

3.4.2 确定釉料配方的方法与步骤

a. 掌握必要的资料　确定釉料配方首先应掌握下列资料。

① 坯体的煅烧温度、烧成范围和烧成气氛、坯体的主要化学组成；

② 对釉面特征（例如光泽、乳浊、透明等）以及制品机械强度和热稳定性、釉的耐酸碱能力以及硬度等性能指标的具体要求；

③ 制釉原料的化学组成、含杂质情况以及工艺性能等。

b. 借助三元相图和有效的经验　现以石灰釉和三元相图间的关系为例进行说明。

将生产用石灰釉的组成，换算成相应的 $CaO-Al_2O_3-SiO_2$ 三组分。在三元相图中找出组成点的位置。结果发现，优质光泽釉的组成都处于 $Al_2O_3 : SiO_2 = (1:7) \sim (1:11.5)$ 线段间的阴影区域内（图 3-11），其中 a、b、c、d、e 为五种标准光泽釉的配方组成，见表 3-25。

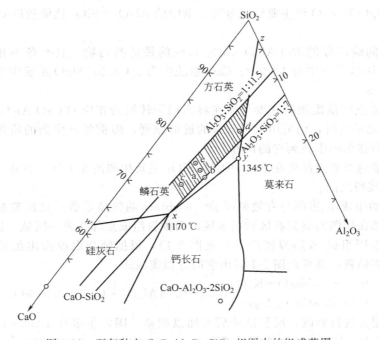

图 3-11　石灰釉在 $CaO-Al_2O_3-SiO_2$ 相图中的组成范围

表 3-25 标准光泽石灰釉的釉式

a	b	c
$\left.\begin{array}{l}0.3K_2O\\0.7CaO\end{array}\right\}0.5Al_2O_3 \cdot 4.0SiO_2$	$\left.\begin{array}{l}0.3K_2O\\0.7CaO\end{array}\right\}0.6Al_2O_3 \cdot 4.0SiO_2$	$CaO \cdot 0.4Al_2O_3 \cdot 4.0SiO_2$
d	e	
$CaO \cdot 1.2Al_2O_3 \cdot 9.0SiO_2$	$CaO \cdot 0.345Al_2O_3 \cdot 3.11SiO_2$	c 与 d 釉在 $SK_{11} \sim SK_{13}$ 烧成 a、b、e 釉在 $SK_9 \sim SK_{11}$ 烧成

总的来说，对于碱性组成为 $0.0 \sim 0.3K_2O(Na_2O)$，CaO 为 $0.7 \sim 1.0$ 的光泽釉，它的组成区应以共晶线 x-y 以及 y-z 为界线并略向鳞石英析晶区伸展。由于 $Al_2O_3 : SiO_2 = 1 : 7$ 的线段通过共晶点 x，而且和共晶线 xy 极为靠近，因此只要 Al_2O_3 略有增加，组成点就会进入钙长石析晶区。当 $Al_2O_3 : SiO_2 > 1 : 11.5$，即 SiO_2 量增多时，釉中将析出方石英，釉面失去光泽，釉的烧成温度也相应提高至 SK_8 以上。所以，光泽釉允许组成范围为：<0.5 分子数的碱（也可含少量镁）、$Al_2O_3 : SiO_2 = (1:7) \sim (1:11.5)$。实用釉配方中，硅酸约为碱性和中性氧化物总量的 $2 \sim 3$ 倍，约为 Al_2O_3 量的 $8 \sim 10$ 倍。在生料釉中的 Al_2O_3 具体用量范围大致为：

$0 \sim 0.2$ 分子数 $SK_{0.20 \sim 2}$；
$0.2 \sim 0.5$ 分子数 $SK_{2 \sim 9}$；
$0.5 \sim 1.25$ 分子数 $SK_{9 \sim 20}$。

少量 Al_2O_3 虽可增加釉的流动性，但量多时却显著地提高釉的成熟温度和黏度，过多则使釉面无光或光泽发暗。

BaO、ZnO、MgO 等氧化物对釉性能所起的影响，可初步归纳如下。

① 在高温釉的碱性中，CaO 的重要性远较其他碱成分重要。

② 添加少量 MgO 可使 CaO-Al_2O_3-SiO_2 系统易熔。与此相对应，用 ZnO 取代 CaO 时，该系统能在大范围内产生低共熔作用。

③ 在用 MgO 和 ZnO 作主要碱成分时，釉中的 $Al_2O_3 : SiO_2$ 比值较以 CaO 为主的釉大一些。

④ 具有不同碱成分的 RO-Al_2O_3-SiO_2 系统的最低共熔物，具有各不相同的 $Al_2O_3 : SiO_2$ 比值。在 BaO 系统中为 $1 : 9.2$；CaO 系统中为 $1 : 9.0$；MgO 系统中为 $1 : 5.9$；ZnO 系统中为 $1 : 4.5$。

以上各组成点仅供配釉时作参考。在将实用釉转换为相应的 CaO-Al_2O_3-SiO_2 或 K_2O-Al_2O_3-SiO_2 三元系统时，仍采用 Richters 的近似原则，即将各氧化物的质量分数分别乘以转换系数，然后在相图中找到它的位置。

实用长石釉的组成点都处在 K_2O-Al_2O_3-SiO_2 三元相图的左上区，并在 $Al_2O_3 : SiO_2 = 1 : 7$ 和 $1 : 10$ 线段之间。

c. 利用釉的组成-温度图与有效的经验   Richters 的转换系数是在研究黏土熔点时提出的，研究系统都在相图的莫来石区和刚玉区，而釉料组成点却在另一区域，这就必然要引入误差。故需要采用组成-成熟温度图（参见图 7-1），根据釉烧温度查出组成。如果需配制 $1250 \sim 1350℃$ 的釉料，则可由图 7-1 查出它的近似实验式：

$$\left.\begin{array}{l}0.2 \sim 0.3Na_2O+K_2O\\0.7 \sim 0.8CaO+MgO\end{array}\right\}(0.4 \sim 0.7)Al_2O_3 \cdot (4.5 \sim 7.5)SiO_2$$

再结合实用釉配方进行修改，反复试验后再加以调整。国内很多在 $1250 \sim 1350℃$ 烧成的实用釉（参见图 7-2），其中 Al_2O_3 分子数都在 $0.3 \sim 0.7$；SiO_2 在 $3 \sim 7$ 之间；$SiO_2/RO \approx 4 \sim 6$；

$R_2O/RO(CaO+MgO)$ 约为 3∶7。这些都是可取的参考资料。同理图 3-11 也可供作配方时参考。

d. **参考测温锥的组成进行配方** 由经验得知，用标准测温锥测定陶瓷坯体的烧成温度时，两者之间总是相差 4~5 号锥温，因此在配制釉料时就可按坯的烧成温度选择适当的测温锥的组分作为釉配方的参考。

3.4.3 釉的配方计算

用釉式或釉的化学组成计算出各原料的配合比称为釉料配方计算。

生料釉的计算方法与坯料相似，可参考 3.3。

熔块釉是先将釉料配方中的部分原料按比例配料混合后，经高温熔融、淬冷制成熔块，再与其他生料配料，混合粉磨制成的釉。应将多大比例的生料制成熔块，有不同意见。有人认为，应将绝大部分原料放入熔块，只留 5%~10% 生高岭土配釉；也有人主张应留较多的生料，其量甚至高达 50%；另有资料提出，熔块与生料间的配比会影响釉与坯间的应力和釉的熔融性能。熔块量多的釉对烧成温度的敏感性变小，不仅低温时能很好流动，而且高温时流动性增加亦不多，因而釉的烧成范围变宽，所以主张采用 <20% 的生料量为宜。所留的生料应该是不溶于水或具有良好悬浮性，并能在较低温度下熔于熔块中的原料。计算熔块釉时，首先要掌握熔块的配制原则。

制定熔块的配方一般遵循下面的原则。

① 为了使熔块料容易熔化均匀，在确定酸、碱氧化物间的配比时，必须考虑 PbO、B_2O_3 和碱金属组分在高温时的挥发量。一般要求熔块中 $(RO_2+B_2O_3)/(R_2O+RO)$ 在 (1∶1)~(3∶1) 之间。

② 凡是用来引入 Na_2O 和 K_2O 的原料均须置于熔块原料之中，长石有时可以例外。含硼化合物亦须置于熔块成分内。

③ 熔块料中的 Na_2O 和 K_2O 的分子数总和必须较其他碱性氧化物分子数总和要小，这样才能制成不溶于水的熔块。

④ 对于含硼熔块料，必须使 $SiO_2∶B_2O_3>2$（一般为 3），因为硼酸盐溶解度大，增加 SiO_2 即可降低熔块的溶解度。

⑤ 提高熔块料的熔化温度会增加挥发组分的逸失量，故应控制其中 Al_2O_3 量，使其小于 0.2 当量数。Al_2O_3 量过多还使熔体黏度变大，熔块中的物料不易均匀。

现举实例介绍具体的计算方法。

【例 3-9】 已知釉式如下，试计算该釉的熔块配料配方和该釉的釉料配方。并验证熔块配方是否符合熔块的配制原则。

$$\left.\begin{array}{l} 0.120 K_2O \\ 0.230 Na_2O \\ 0.300 CaO \\ 0.350 PbO \end{array}\right\} 0.24 Al_2O_3 \left\{\begin{array}{l} 2.55 SiO_2 \\ 0.49 B_2O_3 \end{array}\right.$$

解：按熔块配合原则，所有 B_2O_3 及可溶性原料均须放入熔块之中。B_2O_3 最好用硼砂引入，但由硼砂引入量带入的 Na_2O 须不超过所需的 Na_2O 量。不足 B_2O_3 量用硼酸补充。此例中的 K_2O 由钾长石引入。Al_2O_3 由钾长石引入，不足的由高岭土引入。由于考虑到釉浆性能，因而留有部分 PbO 以铅白原料引入并作为生料。黏土会提高熔制温度，宜少放或不放，一般放入黏土用量不应超过 10%。计算分三步。

第一步：按熔块配合原则进行熔块配料的初步分配，并计算出熔块配料的实验式，见表 3-26。

表 3-26 熔块配料的初步分配

配料	K_2O	Na_2O	CaO	PbO	Al_2O_3	B_2O_3	SiO_2
釉式	0.12	0.23	0.30	0.35	0.24	0.49	2.55
引入 0.23 硼砂		0.23				0.46	
剩余	0.12		0.30	0.35	0.24	0.03	2.55
引入 0.06 硼酸						0.03	
剩余	0.12		0.30	0.35	0.24		2.55
引入 0.12 钾长石	0.12				0.12		0.72
剩余			0.30	0.35	0.12		1.80
引入 0.30 碳酸钙			0.30				
剩余				0.35	0.12		1.83
引入 0.15 PbO				0.15			
剩余				0.20	0.12		1.83
引入 1.0 石英							1.00
剩余				0.20	0.12		0.83

由表 3-26 得知，配入熔块中的组成（分子数）为 $0.12K_2O$、$0.23Na_2O$、$0.3CaO$、$0.15PbO$ 和 $0.12Al_2O_3$、$0.49B_2O_3$、$1.72SiO_2$，熔块的实验式如下：

$$\left.\begin{array}{r}0.150K_2O\\0.288Na_2O\\0.375CaO\\0.187PbO\end{array}\right\}0.150Al_2O_3\left\{\begin{array}{l}2.150SiO_2\\0.614B_2O_3\end{array}\right.$$

由熔块的实验式计算出熔块配料配合量列于表 3-27。表 3-28 为根据各氧化物的分子数、相对分子质量以及使用原料，如长石等的分子量，计算所得的熔块配料的配合比和熔块分子量。表 3-29 为釉料中生料量的配合比。

表 3-27 按实验式计算熔块生料的分配

配料	K_2O	Na_2O	CaO	PbO	Al_2O_3	B_2O_3	SiO_2
	0.150	0.288	0.375	0.187	0.150	0.614	2.150
0.15 钾长石	0.150				0.150		0.900
釉余		0.288	0.375	0.187		0.614	1.250
引入 0.288 硼砂		0.288				0.576	
剩余			0.375	0.187		0.038	1.250
引入 0.375 碳酸钙			0.375				
剩余				0.187		0.038	1.250
引入 0.18 PbO				0.187			
剩余						0.038	1.250
引入 0.076 硼酸						0.038	
剩余							1.250
引入 1.25 石英							1.250

熔块实验式中 K_2O 为 0.15 分子数，而釉式中为 0.12 分子数，因而计算得熔块的需要量为 $0.12:0.15≈0.8$，由此计算出其余的生料量。

$$\begin{array}{ll}\text{熔块质量} & 0.8\times281.7=225.4\text{g}\\\text{铅白}[2PbCO_3\cdot Pb(OH)_2] & 0.2\times\dfrac{1}{3}\times775.66=51.7\text{g}\\\text{高岭土}(Al_2O_3\cdot 2SiO_2\cdot 2H_2O) & 0.12\times258.0=31.0\text{g}\\\text{石英} & 0.59\times60.0=35.4\text{g}\\\hline & 343.5\text{g}\end{array}$$

表 3-28 熔块配料的配合比及熔块的相对分子质量

熔块配料配合比(质量分数)					熔块的相对分子质量			
原料种类	分子数	相对分子质量	质量/g	质量分数/%	氧化物种类	分子数	相对分子质量	质量/g
钾长石	0.150	557	83.5	23.63	K_2O	0.150	94.2	14.1
硼砂	0.288	382	110.0	31.14	Na_2O	0.288	62.0	17.9
碳酸钙	0.375	100	37.5	10.61	CaO	0.375	56.1	21.0
红丹	0.187/3	685	42.6	12.06	PbO	0.187	223	41.7
石英	1.250	60	75.0	21.23	SiO_2	2.150	60	129.0
硼酸	0.076	62	4.7	1.33	B_2O_3	0.614	69.6	42.7
合计			353.3	100	Al_2O_3	0.150	102	15.3
备注	红丹分子数相当1/3 PbO分子数				熔块的相对分子质量 281.7			

表 3-29 釉料中生料量的配合比

配 料	K_2O	Na_2O	CaO	PbO	Al_2O_3	B_2O_3	SiO_2
釉式	0.12	0.23	0.30	0.35	0.24	0.49	2.55
0.8熔块	0.12	0.23	0.30	0.15	0.12	0.49	1.72
剩余				0.20	0.12		0.83
0.2铅白				0.20			
剩余					0.12		0.83
0.12高岭土					0.12		0.24
剩余							0.59
0.59石英							0.59

表 3-30 为该釉的熔块配方（质量分数）和该釉的釉料配方（质量分数）。

表 3-30 熔块配方和釉料配方（质量分数）

熔 块 配 方			釉 料 配 方		
原料名称	质量/g	质量分数/%	用料名称	质量/g	质量分数/%
钾长石	83.5	23.63	熔块	225.4	65.62
硼砂	110.0	31.14	铅白	51.7	15.05
碳酸钙	37.5	10.61	高岭土	31.0	9.02
红丹	42.6	12.06	石英	35.4	10.31
石英	75.0	21.23			
硼酸	4.7	1.33			
合计	353.3	100		343.5	100

按熔块的配制原则进行验算。

① $(SiO_2+B_2O_3)/(R_2O+RO)$ 应为 1:1~3:1，实际为：
$$[(2.55-0.83)+0.49]/0.8=2.76:1$$

② $(Na_2O+K_2O)/(CaO+PbO)$ 应小于 1，实际为：
$$(0.23+0.12)/(0.3+0.15)=1:1.3;$$

③ $SiO_2/B_2O_3 \geq 2:1$，实际为：
$$(2.55-0.83)/0.49=3.5:1$$

④ Al_2O_3 分子数应在 0.2 以内，现为 0.12。

由此可知，该熔块配方基本上符合配制原则。

3.5 原料替换时配方的计算

生产中往往由于原料组成发生变化，或者原用的原料供不应求而需采用新的原料，此时需要重新调整配方。计算新配方的出发点是要求它能保持原有配方的化学组成或示性矿物组成，以免引起生产的工艺条件和产品性能的变化。【例3-10】便是从保持原有坯料的化学组成出发进行配料计算的。实际上，化学组成与示性矿物组成又是可以互相换算的。

【例3-10】 某厂原来是用伟晶岩A、高岭土A、黏土A及石英砂配制瓷器坯料的，其组成为：

伟晶岩A——46.44%　　高岭土A——27.7%
黏土A——18.90%　　石英砂——6.96%

今欲改用伟晶岩B、高岭土B、黏土B及高岭土选矿的尾砂作原料进行配料，试求新配方中原料的配比？新旧原料的化学组成见表3-31。

表3-31 原料的化学组成

原料名称		SiO_2	$Al_2O_3+TiO_2$	Fe_2O_3	CaO	MgO	K_2O+Na_2O	灼烧减量	总计/%
伟晶岩	A	75.44	15.6	0.3	0.36	0.19	7.91	0.37	100.17
	B	64.62	19.62	0.21	0.32	0.06	14.78	0.16	99.77
高岭土	A	46.09	39.80	0.20	0.36	0.12	0.30	13.23	100.10
	B	49.01	36.36	0.48	0.21	1.35	12.77	100.36
黏土	A	51.58	33.36	0.68	0.88	0.49	2.52	10.64	100.15
	B	50.86	34.99	0.52	0.38	0.24	1.41	11.78	100.18
石英砂		98.65	0.38	0.09	0.29	0.28	—	0.13	99.82
选矿尾砂		98.2	1.62	0.10	0.16	—	—	0.16	100.24

解：（1）计算原配方坯料的化学组成。

46.44% 伟晶岩A带入的 SiO_2 量为：

$$\frac{46.44 \times 75.44}{100.17} = 34.97 \text{ 份}$$

其他成分及其他原料带入的各种氧化物的数量都可照此进行计算，其结果列表3-32。

表3-32 原配方坯料的化学组成

原料	SiO_2	Al_2O_3	Fe_2O_3	CaO	MgO	R_2O	灼烧减量	总计
伟晶岩A	34.97	7.23	0.14	0.17	0.09	3.67	0.17	46.44
高岭土A	12.76	11.01	0.06	0.10	0.03	0.08	3.66	27.70
黏土A	9.73	6.30	0.13	0.17	0.09	0.48	2.01	18.91
石英砂	6.88	0.027	0.006	0.02	0.02	—	0.009	6.96
总计份数	64.34	24.57	0.336	0.46	0.23	4.23	5.85	100.01
无灼烧减量	68.34	26.09	0.35	0.49	0.24	4.49	—	100.00

（2）根据表3-32中无灼烧减量坯料的组成及原料化学组成计算新配方。

先从伟晶岩用量开始计算，它主要供给坯料中的 R_2O。由于坯料中要求含 R_2O = 4.49%（见表3-32），所以伟晶岩B的用量为：

$$\frac{4.49}{14.78} \times 99.77 = 30.30 \text{ 份}$$

30.30份伟晶岩带入 SiO_2 量为：$\frac{30.30 \times 64.62}{99.77} = 19.62$ 份，带入其他的成分均照此计算。

黏土类原料的用量按 Al_2O_3 的需要量计算。根据实践经验，坯料中的高岭土与黏土的用量比为 2∶1。坯料中要求 Al_2O_3 量为 26.09%（表 3-31），而由伟晶岩 B 带入的 Al_2O_3 为：

$$\frac{30.30 \times 19.62}{99.77} = 5.96 \text{ 份}$$

所以由黏土类原料应带入 Al_2O_3 为 26.09－5.96＝20.13 份。按照高岭土与黏土质量比为 2∶1 计算，设黏土 B 用量为 x，高岭土 B 用量为 2x，则：

$$\frac{36.36 \times 2x}{100.36} + \frac{34.99x}{100.18} = 20.13$$

$$x = 18.74$$

$$2x = 37.48$$

由高岭土 B、黏土 B 带入的其他氧化物量按此法计算结果列于表 3-33。

表 3-33　新配方坯料的化学组成

原　料	SiO_2	Al_2O_3	Fe_2O_3	CaO	MgO	R_2O	灼烧减量	总计/%
伟晶岩 B	19.63	5.96	0.064	0.097	0.018	4.49	0.049	30.30
高岭土 B	18.30	13.58	0.18	0.098	0.067	0.50	4.77	37.48
黏土 B	9.51	6.55	0.097	0.071	0.045	0.26	2.20	18.74
选矿尾砂	20.89	0.35	0.02	0.034	—	—	0.034	21.33
总计份数	68.33	26.44	0.36	0.28	0.13	5.25	7.05	107.85
总计/%	63.36	24.52	0.33	0.26	0.12	4.87	6.54	100
无灼烧减量/%	67.79	26.24	0.35	0.28	0.13	5.21	—	100

除去伟晶岩、高岭土及黏土带入的 SiO_2 外，尚需由选矿尾砂带入的氧化物数量见表 3-33。

将新配方与原配方中各氧化物的百分含量（见表 3-32、表 3-33）加以比较时发现，新配方中 R_2O、Al_2O_3 均较多，而且 R_2O 超过的量（5.21%－4.49%＝0.72%）与由黏土类原料带入的 R_2O 量接近（0.48%＋0.26%＝0.74%），这是由于开始计算时未考虑黏土原料带入 R_2O 的缘故。为了使新配方中 R_2O 量与旧配方中的一致，可减少伟晶岩 B 的用量，其应减少的伟晶岩 B 的量为：

$$\frac{0.72}{14.78} \times 99.77 = 4.86 \text{ 份}$$

4.86 份伟晶岩 B 带入氧化物的量分别为：
SiO_2　3.15；Al_2O_3　0.96；Fe_2O_3　0.01；CaO　0.02；MgO　0.03；R_2O　0.72。

由于伟晶岩 B 用量减少，坯中的 Al_2O_3 量为 26.24－0.96＝25.28 份，此值要比原配方要求的 Al_2O_3 量少 26.09－25.28＝0.81 份，不足的 Al_2O_3 通过增加高岭土 B 用量来补充，这一补充量为：

$$\frac{0.81}{36.36} \times 100.36 = 2.24 \text{ 份}$$

2.24 份高岭土 B 带入的其他氧化物量为：
SiO_2 1.09；Fe_2O_3 0.01；CaO 0.005；MgO 0.004；R_2O 0.03

经校正后的坯料组成列于表 3-34 中。

比较表 3-32 和表 3-34 坯料组成的数据可知，两者主要差别为新配方中的 SiO_2 量比原配方中少 68.34－65.73＝2.61，而其他成分差别很小。经过补充选矿尾砂 $\frac{2.61}{98.2} \times 100.24 =$ 2.66 份后（表 3-35），可认为新配方基本符合要求，可以投料试验。

表 3-34　配方计算的校正（一）

指标	SiO$_2$	Al$_2$O$_3$	Fe$_2$O$_3$	CaO	MgO	R$_2$O
计算组成	67.79	26.24	0.35	0.28	0.13	5.21
过量的伟晶岩 B 带入的数量	3.15	0.96	0.01	0.02	0.003	0.72
除去过量伟晶岩后的数量	64.64	25.28	0.34	0.26	0.127	4.49
补充高岭土 B 带入的数量	1.09	0.81	0.01	0.005	0.004	0.03
第一次校正值	65.73	26.09	0.35	0.265	0.131	4.52

表 3-35　配方计算的校正（二）

指标	SiO$_2$	Al$_2$O$_3$	Fe$_2$O$_3$	CaO	MgO	R$_2$O	总计
第一次校正后坯料组成	65.73	26.09	0.35	0.265	0.131	4.52	
补充选矿尾砂带入量	2.61	0.04	0.003	0.004	—	—	
最后坯料组成分	68.34	26.13	0.035	0.27	0.13	4.52	99.43
最后坯料组成/%	68.73	26.28	0.035	0.27	0.13	4.55	99.995

新配方的原料配比归纳见表 3-36。

表 3-36　新配方的原料配比

原料	质量份数	质量分数/%
伟晶岩 B	30.30－4.86＝25.44	23.58
高岭土 B	37.48＋2.24＝39.72	36.82
黏土 B	18.74	17.37
选矿尾砂	21.33＋2.66＝23.99	22.44
总计	107.89	100.01

坯料的化学组成和矿物组成固然会显著影响坯体的性能，但仅靠它并不能有效地保证重配后坯体具有原来的性能。鉴于此，菲尔普斯（G.W.Phelps）提出普通陶瓷配方重配时，同时考虑其他一些影响坯体性能因素的计算方法。其理论根据是，除了化学与矿物组成外，坯料的颗粒分布、胶体状态、物质含量对普通陶瓷的坯体性能都有不可忽视的影响。他把化学组成、矿物组成、小于 $1\mu m$ 颗粒的百分含量、胶体指数（100g 坯料吸附亚甲基蓝的当量数）称为特征化指标。对不同产品来说，起主要作用的特征化指标是不同的，称为关键指标。调整、重新计算配方时，要求关键指标维持不变，才能使重配的坯料性能与重配前一致。这种重配的计算方法同时考虑了坯料的组成与工艺性能，而且根据产品性能的要求提出不同的关键指标作为必须保证的数据，深化和简化了计算过程，在国外陶瓷工厂应用中取得了实际效果。表 3-37 列出了不同陶瓷坯料的关键指标。

表 3-37　不同陶瓷坯料的关键指标

特征化指标		卫生瓷	高强度电瓷	餐具瓷	墙地砖
化学组成	SiO$_2$	√	√	√	√
	Al$_2$O$_3$	√	√	√	√
	Fe$_2$O$_3$			√	
	TiO$_2$			√	
	CaO				√
	MgO				√
	K$_2$O	√		√	
	Na$_2$O				
	灼烧减量				

续表

特征化指标		卫生瓷	高强度电瓷	餐具瓷	墙地砖
矿物组成	黏土物质	√	√	√	√
	游离石英	√	√	√	√
	云母	√			
	有机物	√			
工艺性质	颗粒大小<1μm	√	√	√	√
	胶体指数	√	√	√	√

【例 3-11】 某厂原用的卫生陶瓷配方为：

高岭土 E 28%；可塑黏土 F 22%；长石 34%；石英 16%。

今欲以可塑黏土 A、B、C、D 及高岭土 G 取代原用的黏土类原料，试求能维持原有性能的坯料配方。

解：（1）根据生产经验，重配卫生陶瓷坯料时需保证的关键指标及其波动范围为：

① $SiO_2 \pm 0.5\%$ $Al_2O_3 \pm 0.5\%$

② $K_2O + Na_2O$ 物质的量 $0.067 \sim 0.068$ mol

③ 云母 5% 左右

④ 有机物 $0.4\% \sim 0.6\%$

⑤ $<1\mu m$ 颗粒 $\pm 0.5\%$

⑥ 胶体指数（100g 坯料吸附亚甲基蓝数量）± 0.2 mmol。

（2）通过计算（或测定）列出要求坯料的关键指标值（表 3-38、表 3-39）。

表 3-38 原料的化学组成

原料	SiO_2	Al_2O_3	Fe_2O_3	TiO_2	CaO	MgO	K_2O	Na_2O	灼烧减量
可塑黏土 F	57.73	27.72	1.00	1.23	0.23	0.45	2.27	0.32	9.32
高岭土 E	46.78	38.21	0.64	0.03	0.14	0.10	1.46	0.07	12.57
长石	68.53	18.53	0.07	—	0.71	—	5.20	6.82	0.23
石英	99.38	0.1	0.08	0.02					0.13
可塑黏土 A	60.4	27.0	0.93	1.62	0.29	0.26	1.70	0.50	7.59
可塑黏土 B	54.5	30.5	0.99	1.90	0.23	0.20	0.34	0.24	11.20
可塑黏土 C	57.3	27.3	2.30	1.30	0.50	0.50	0.50	0.10	10.20
可塑黏土 D	57.5	25.9	1.20	1.30	0.50	0.70	1.60	0.40	10.80
高岭土 G	44.7	39.2	0.36	1.76	0.22	0.01			13.55

表 3-39 原料的矿物组成及其他性质

原料	蒙脱石	高岭石	云母	石英	有机物	$<1\mu m$ 颗粒	胶体指数/(mg·mol/100g)
可塑黏土 F	12.73	40	23.18	25.90	2.09	77.27	11.72
高岭土 E	3.21	81.78	13.21	0.72		25	2.60
长石	—	2.94	—	5.59		2.94	—
石英	—	—	—	99.38		—	—
可塑黏土 A	7.2	43.7	20.6	25.8	0.2	43	5.5
可塑黏土 B	5.6	68.0	5.9	16.5	1.2	70	8.0
可塑黏土 C	13.9	55.6	19.8	6.2	1.5	88	2.16
可塑黏土 D	19.4	36.0	18.4	26.2	4.0	68	1.20
高岭土 G	—	98.0	0.1	—		29	1.60

坯料的关键指标值为：

化学组成：SiO_2 65.0%；Al_2O_3 23.1%；K_2O 2.68%；Na_2O 2.41%。

矿物组成：蒙脱石3.7%；高岭石32.7%；云母8.8%；石英23.7%；有机物0.46%。
工艺性质：<1μm颗粒25%；胶体指数3.31mmol。

（3）先计算除去可塑黏土F后成分与性能的变化。由表3-40中可见，胶体指数、云母及有机物含量均明显减少。

表3-40 卫生陶瓷坯料的重配

原料	SiO_2	Al_2O_3	K_2O+Na_2O	蒙脱石	高岭石	云母	石英	有机物	<1μm	胶体指数
要求的坯料 100.0	65.0	23.1	5.09	3.7	32.7	8.8	23.7	0.46	25	3.31
除去可塑黏土 F 22.0	12.7	6.1	0.57	2.8	8.8	5.1	5.7	0.46	17	2.58
剩余 78.0	52.3	17.0	4.52	0.9	23.9	3.7	18.2	—	8	0.73
引入可塑黏土 D 10.0	5.8	2.6	0.20	1.9	3.6	1.8	2.6	0.40	7	1.20
引入可塑黏土 A 5.0	3.0	1.4	0.11	0.4	2.2	1.0	1.3	0.01	2	0.28
引入可塑黏土 B 3.0	1.6	0.9	0.02	0.2	2.0	0.2	0.5	0.04	2	0.24
引入可塑黏土 C 4.0	2.3	1.1	0.02	0.2	2.2	0.2	0.6	0.06	4	0.86
第一阶段结果 100.0	65.0	23.0	4.87	4.2	33.9	6.9	23.4	0.51	23	3.31
除去高岭土 E 28.0	13.1	10.7	0.43	0.9	22.9	3.7	0.2	—	7	0.73
剩余 72.0	51.9	12.3	4.44	3.3	11.0	3.2	23.2	0.51	16	2.58
引入高岭土 G 18.5	8.3	7.3	—	—	18.3	—	—	—	5	0.30
引入可塑黏土 A 9.5	5.7	2.6	0.21	0.7	4.2	2.0	2.5	0.02	4	0.52
第二阶段结果 100.0	65.9	22.2	4.65	4.0	33.5	5.2	25.7	0.53	25	3.40
减少石英 3.0	3.0	—	—	—	—	—	3.0	—	—	—
剩余 97.0	62.9	22.2	4.65	4.0	33.5	5.2	22.7	0.53	25	3.40
增多长石 3.0	2.1	0.6	0.36	—	—	—	0.2	—	—	—
第三阶段结果 100.0	65.0	22.8	5.01	4.0	33.5	5.2	22.9	0.53	25	3.40

① 加入10%可塑黏土D以恢复有机物含量，并增加部分云母和胶体指数；加入5%可塑黏土A以便引入云母和增加胶体指数；采用可塑黏土B及C，进一步调整有机物含量和补充不足的胶体指数。

② 再计算除去高岭土E后成分与性能指标的变化，其结果是明显减少云母量，胶体指数也大为降低。引入高岭土G可增加Al_2O_3，但颗粒粗，无云母引入，所以还需配入可塑黏土A以恢复云母含量。

③ 由于更换黏土类原料后，SiO_2含量增多，而熔剂量减少，故需降低石英用量而增加长石数量。由此算出重配的百分组成为：

可塑黏土 A　14.5%　　　高岭土 G　18.5%
可塑黏土 B　3.0%　　　　长　石　37.0%
可塑黏土 C　4.0%　　　　石　英　13.0%
可塑黏土 D　10.0%

3.6　陶瓷生产实验配方设计方法

3.6.1　单一组分调节法

假设需配制一种适用于坯体烧成温度为1000℃的生铅釉，并要求釉与坯的收缩相适应，则可从调整釉式中SiO_2的含量着手。首先，根据实践和理论知识或有关资料，拟定该生铅釉的基本釉式为：

$$\left.\begin{array}{l}0.10Na_2O\\0.30CaO\\0.60PbO\end{array}\right\} 0.20Al_2O_3 \cdot 1.60SiO_2$$

变动釉中 SiO_2 的含量，即将 SiO_2 分别加、减 0.2mol，则可得到两个釉组成。其中一个为高硅釉，其 SiO_2 含量为 1.8mol；另一个为低硅釉，SiO_2 的含量为 1.4mol。将这两个基础釉在相同的条件下加工并调至同一密度，然后按一定的体积比进行混合，即可得到一系列不同组成的釉料（表3-41）。将这些釉料施于同种试片上，并在相同条件下烧成，将烧后效果绘于图3-12，由此判断 SiO_2 的最佳加入量（该例中 SiO_2 的最佳加入量为1.65mol）。

表 3-41　单一组分调节法试验方案

基础釉			
	A 釉　0.10Na_2O 　　　0.30CaO 　　　0.60PbO	0.20Al_2O_3	1.40SiO_2
	B 釉　0.10Na_2O 　　　0.30CaO 　　　0.60PbO	0.20Al_2O_3	1.80SiO_2
A 釉的体积/mL	B 釉的体积/mL		SiO_2 含量/mol
100	0		1.40
87	13		1.45
75	25		1.50
62	38		1.55
50	50		1.60
38	62		1.65
25	75		1.70
15	85		1.75
0	100		1.80

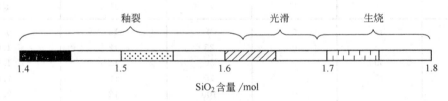

图 3-12　SiO_2 的含量对釉面质量的影响

3.6.2　二组分调节法

上述方法也可用于改变坯、釉料配方中两个组分的调试。具体操作时，首先根据经验或有关资料，确定一个基本坯（釉）式，然后再进行调整。例如，欲配制成熟温度为1390℃的瓷釉，可通过变动釉式中 Al_2O_3 及 SiO_2 二组分的含量来寻找最佳配方。首先根据经验拟定基本釉式如下

$$\left.\begin{array}{l}0.30K_2O\\0.70CaO\end{array}\right\}1.50Al_2O_3 \cdot 8.0SiO_2$$

假定 Al_2O_3 及 SiO_2 的变动范围分别为 1.0 和 4.0，则可得到高铝、低铝、高硅和低硅4个基础釉，其釉式分别如下：

A 釉 $\left.\begin{array}{l}0.30K_2O\\0.70CaO\end{array}\right\}0.50Al_2O_3 \cdot 4.0SiO_2$； B 釉 $\left.\begin{array}{l}0.30K_2O\\0.70CaO\end{array}\right\}0.50Al_2O_3 \cdot 12.0SiO_2$；

C 釉 $\left.\begin{array}{l}0.30K_2O\\0.70CaO\end{array}\right\}2.50Al_2O_3 \cdot 4.0SiO_2$； D 釉 $\left.\begin{array}{l}0.30K_2O\\0.70CaO\end{array}\right\}2.50Al_2O_3 \cdot 12.0SiO_2$

将4个基础釉在相同条件下加工并调至相同密度，再按表3-42试验方案以一定的体积比进行混合，可得到25个组成不同的釉浆（也可以4个基础釉为顶点绘成如图3-13所示的

表 3-42 二组分调节法（四角配料法）试验方案

各基础釉料体积/mL				SiO_2 含量/mol	Al_2O_3 含量/mol
A	B	C	D		
100	0	0	0	4	0.5
75	0	25	0	4	1.0
50	0	50	0	4	1.5
25	0	75	0	4	2.0
0	0	100	0	4	2.5
75	25	0	0	6	0.5
56	19	19	6	6	1.0
38	12	38	12	6	1.5
19	6	56	19	6	2.0
0	0	75	25	6	2.5
50	50	0	0	8	0.5
38	38	12	12	8	1.0
25	25	25	25	8	1.5
12	12	38	38	8	2.0
0	0	50	50	8	2.5
25	75	0	0	10	0.5
19	56	6	19	10	1.0
12	38	12	38	10	1.5
6	19	19	56	10	2.0
0	0	25	75	10	2.5
0	100	0	0	12	0.5
0	75	0	25	12	1.0
0	50	0	50	12	1.5
0	25	0	75	12	2.0
0	0	0	100	12	2.5

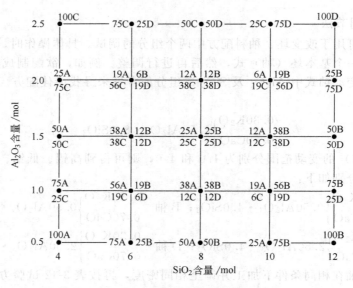

图 3-13 瓷釉试验组成方框图

方框图，所以二组分调节法又称作四角配料法），将其分别施在同种试条上煅烧，检查其烧后效果列于表 3-43。

表 3-43 烧后釉面外观效果

SiO₂ 含量/mol	Al₂O₃ 含量/mol				
	0.5	1.0	1.5	2.0	2.5
4	开裂	半无光	半无光	半无光	半无光
6	开裂	光泽好	半无光	半无光	半无光
8	开裂	光泽好	光泽好	半无光	半无光
10	开裂	光泽好	光泽好	半无光	无光
12	开裂	开裂	半无光	无光	无光

由表 3-43 所列结果可知，光泽良好的釉组成为

$$\left.\begin{array}{l}0.30K_2O\\0.70CaO\end{array}\right\} 1.0Al_2O_3 \cdot 8.0SiO_2$$

无光釉组成为

$$\left.\begin{array}{l}0.30K_2O\\0.70CaO\end{array}\right\} 2.50Al_2O_3 \cdot 12.0SiO_2$$

3.6.3 三组分调节法（三角配料法）

为了获得性能良好的坯、釉配方，有时需要调整三个组分来获取最佳配方，这种方法又称三角配料法。例如，成熟温度为 1250℃ 的基本釉式如下：

$$A 釉 \left.\begin{array}{l}0.30K_2O\\0.70CaO\end{array}\right\} 0.60Al_2O_3 \cdot 3.80SiO_2$$

为了提高釉层品质，分别以 BaO 和 MgO 取代 0.3molCaO，则又可得以下两个釉料：

$$B 釉 \left.\begin{array}{l}0.30K_2O\\0.40CaO\\0.30BaO\end{array}\right\} 0.60Al_2O_3 \cdot 3.80SiO_2$$

$$C 釉 \left.\begin{array}{l}0.30K_2O\\0.40CaO\\0.30MgO\end{array}\right\} 0.60Al_2O_3 \cdot 3.80SiO_2$$

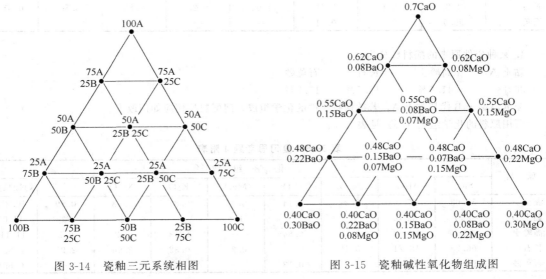

图 3-14 瓷釉三元系统相图　　图 3-15 瓷釉碱性氧化物组成图

同样，将以上 A、B、C 三种釉料在相同条件下加工并调成同一密度，然后按图 3-14 所示体积比混合成一系列组成不同的新釉料，用前述方法选出最佳配方或最佳配方范围。图 3-15 是该釉实验配方的碱性氧化物组成图。

本 章 小 结

本章介绍了坯、釉料配方的五种表示方法，即配料比表示法，化学组成表示法，坯、釉式表示法，矿物组成表示法和三角坐标图法以及坯、釉料配方的组成；介绍了确定坯釉料配方的依据和配方的基础计算，包括吸附水的计算、不含灼烧减量的化学组成计算、坯釉料配方坯式、釉式的计算、黏土原料与坯料示性矿物组成计算和坯、釉料酸性系数的计算；并分别介绍了制定坯、釉料配方的原则、方法和步骤以及坯、釉料配方的计算，包括熔块制定原则和熔块釉的计算；最后介绍了原料替换时配方的计算和陶瓷生产实验配方设计方法。

复习思考题

1. 求某长石实验式。已知某长石的化学成分如下：

K_2O 15.93%　CaO 0.19%　Al_2O_3 17.29%　SiO_2 66.61%

2. 已知某一瓷坯的坯式如下，试计算其化学组成。

$$\left.\begin{array}{l}0.158K_2O\\0.121Na_2O\\0.0734CaO\\0.0103MgO\end{array}\right\}\left.\begin{array}{l}0.99Al_2O_3\\0.01Fe_2O_3\end{array}\right\}4.79SiO_2$$

3. 设某卫生陶瓷坯料要求化学组成为：

SiO_2	Al_2O_3	K_2O	Na_2O	灼烧减量
66%	20%	2.1%	0.7%	11.2%

求配料比。所用原料的化学组成（%）见表 3-44。

表 3-44　复习思考题 3 附表

原料	化学组成/%							
	SiO_2	Al_2O_3	Fe_2O_3	CaO	MgO	K_2O	Na_2O	灼烧减量
软质黏土	61.70	25.68	1.03	0.25	0.75	3.25	0.44	6.67
高岭土	42.48	41.33	0.67	—	—	—	—	14
长石	64.25	20.15	0.41	1.05	0.22	9.85	3.56	0.61
石英	99.9	—	0.01	—	—	—	—	—

4. 某种瓷件原来的配料成分为：

黏土 A	高岭土	长石	石英砂
30%	41.6%	13.7%	15.7%

今欲以黏土 B 代替黏土 A，若欲保持瓷件的化学组成，问配料比例应如何改变。

所用原料的化学组成（%）见表 3-45。

表 3-45　复习思考题 4 附表

原料	化学组成/%								
	SiO_2	Al_2O_3	Fe_2O_3	CaO	MgO	K_2O	Na_2O		灼烧减量
黏土 A	57.03	27.2	2.21	1.14	0.36	0.87	0.68	0.19	10.87
黏土 B	50.7	32.0	1.4	—	1.4	—	微	微	14.0
高岭土	55.1	32.02	0.52	0.84	—	0.13	0.2	0.2	11.11
长石	66.78	18.71	0.16	—	0.28	0.32	2.96	2.96	0.53
石英砂	96.27	2.91	—	0.13	—	—	—	—	0.59

5. 确定坯、釉料配方主要有哪些依据？
6. 制定坯料配方的原则、方法与步骤是什么？
7. 制定釉料配方时要求掌握哪些原则？
8. 确定釉料配方的方法与步骤。
9. 制定熔块配方应遵循哪些原则？
10. 某种含碱易熔釉的配料比例为：长石 48%　石英砂 33%　苏打 10%　碳酸钾 4%　白垩 3%　氧化铁 2%，今需用霞石正长岩代替长石，问不改变釉料的化学成分时，配料比例应如何？
所用原料的化学组成列于表 3-46。

表 3-46　复习思考题 10 附表

原　料	化　学　组　成/%							
	SiO_2	Al_2O_3	Fe_2O_3	CaO	MgO	K_2O	Na_2O	灼烧减量
长石	64.7	18.4	—	—	—	16.9	—	—
霞石正长岩	56.83	22.11	3.82	1.26	—	6.40	9.02	—
石英砂	99.2	—	—	—	—	—	—	0.8
苏打	—	—	—	—	—	—	58.5	41.5
碳酸钾	—	—	—	—	—	68.1	—	31.9
白垩	—	—	—	56.07	—	—	—	43.93
氧化铁	—	—	100	—	—	—	—	—

4 坯料的制备

【本章学习要点】 本章的学习中要了解原料的预处理和配料、除铁、过筛、搅拌过程。重点掌握坯料的细粉磨中哪些因素影响球磨机粉磨、振动粉磨和气流粉碎效率；泥浆脱水中哪些因素影响压滤效率和喷雾干燥效率；了解为什么要练泥与陈腐。掌握可塑坯料、注浆坯料、压制坯料的制备过程和对各种坯料的工艺性能要求。

4.1 原料的预处理

4.1.1 原料的热处理

陶瓷工业使用的某些原料有的具有多种结晶形态或特殊结构，在生产过程中，多晶转变将伴随体积变化；黏土类原料的片状结构会影响压制成型时的致密度，使挤压成型时颗粒定向排列，导致烧成时因各方向收缩不一致，而出现坯体开裂、变形等问题。由于上述原因，必须在配料前对某些原料进行热处理（预烧），破坏其原有晶型结构，并稳定下来。此外，具有多晶转变的原料（如石英）预烧至一定温度（一般烧至900～1000℃），然后在空气或冷水中急冷，由于晶型转变引起体积变化而产生较大的内应力，使得大块岩石易于破碎，从而可降低破碎过程中的能耗。预烧还有利于选出含杂质的组分，提高原料的纯度。如石英煅烧可以使着色氧化物的呈色加深，并使夹杂物暴露出来，便于肉眼的鉴别及挑选。

预烧虽然能确保陶瓷产品的质量，但该工序会妨碍生产过程中的连续性，会降低某些原料的可塑性，增大成型模具的磨损。原料的预烧可采用普通立窑，简易平焰窑等。陶瓷工业中，常要预烧的原料主要有：石英、氧化铝、滑石、二氧化钛等。

4.1.2 原料的精选

天然原料中总含有一些杂质，使用时必须进行挑选和洗涤。如长石、石英、方解石等硬质原料，一般在粗碎后用转筒机加水冲洗，以除去表面杂质。黏土类原料中含有的母岩砂砾和云母等可经过淘洗池或水力旋流器将它们分离出去。原料的精选方法有淘洗法和水力旋流法。

4.1.2.1 淘洗法

淘洗时，一般可以在搅拌池中将黏土类原料调制成泥浆，流进沉砂池中去除粗砂，泥浆由沉砂池中溢流到淘洗沟内。通过控制水流速度、沉砂池的深度和长度，可将细砂全部沉淀下来。黏土类原料中的细颗粒随泥浆进入泥浆池备用。泥浆流经途中安置筛网，可控制泥浆的细度和提高其纯度。如图4-1系黏土原料淘洗装置示意图。

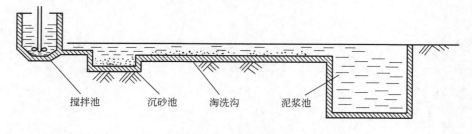

图4-1 黏土原料淘洗装置示意图

4.1.2.2 水力旋流法

水力旋流法是湿法精选原料的一种效率较高的工艺措施。由于所需设备结构简单,投资小、维护方便,分离精度高及生产量可在较大范围内进行调整等特点,而被广泛用来精选高岭土矿。

如图4-2所示为水力旋流器的结构示意图。物料浆在相当高的压力作用下通过给浆管2,沿着圆筒的切线方向进水力旋流器的短圆筒4内,在离心力的作用下,粗和重的物料被抛向水力旋流器的器壁,沿着边壁向下滑行到圆锥体底部的排砂管3排出。而含细砂的泥浆则由溢流管1排出。

衡量水力旋流器精选质量的重要指标之一是临界粒度:它是指溢流浆中最大的物料粒度,大于这个粒度的物料由排砂口排出。水力旋流器的圆筒直径的选择主要决定于对生产能力与临界粒度的要求。当要求生产能力高而临界粒度大时,宜选用直径较大的水力旋流器;生产能力高而临界粒度小时,宜选用小直径的水力旋流器并联使用。精选高岭土时通常选用圆筒直径为75～200mm的水力旋流器。水力旋流器可用陶瓷材料制成,也可以在金属旋流器内衬贴橡皮,以保证其耐磨性。

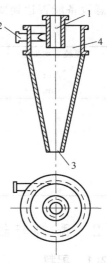

图4-2 水力旋流器结构示意图
1—溢流管;2—给浆管;
3—排砂管;4—短圆筒

水力旋流器可以分离出 $10\mu m$ 的颗粒,当精选浓度为30%的高岭土泥浆时,若需得到小于 $30\mu m$ 的临界颗粒,进浆压力应随其直径增大而加大。一般进浆压力为 $(4.8～19.6)\times10^4 Pa$,要获得细的临界粒度时,则需维持在 $(14.7～19.6)\times10^4 Pa$。

进口压力需维持恒定,用砂泵供浆时,当进口压力较低时,压力波动很大。为此,可将料浆用砂泵打到高位稳压池中,然后再由稳压池自流供浆。如图4-3为用水力旋流器精选高岭土的工作示意图。

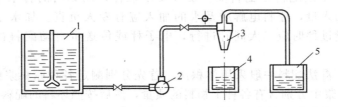

图4-3 水力旋流器工作示意图
1—搅拌池;2—砂泵;3—水力旋流器;4—沉淀池;5—溢流池

4.1.3 原料的破碎

陶瓷工业中广泛使用机械力粉碎物料。陶瓷原料粉碎后,可以提高精选效率,均匀坯料,致密坯体,促进物理、化学反应,并降低烧成温度等。

粉碎依设备对物料施力方式的不同可分为压碎、冲击、劈碎、研磨以及刨削等几种。通常粉碎机都具有以上一种或两种功能。按粉碎机处理后物料的粒度,大致可分为粗碎,处理后物料直径小于或等于40～50mm;中碎,处理后物料直径小于或等于0.5mm;细碎,处理后物料直径小于或等于0.06mm。此外,采用超细粉碎可使处理后物料直径在0.02mm以下。

陶瓷工业中的粗碎设备一般用颚式破碎机,中碎采用轮碾机,细碎则用球磨机或环辊磨机两种。另依产量、颗粒形状与细度的要求不同而采用振动磨等（破）粉碎设备。

由于陶瓷产品的性质要求，不希望原料中混入铁质，所以选择粉碎设备时应注意设备的金属部分最好不与原料直接接触（或采用多次除铁），以保证原料或坯料的纯度。此外，应注意设备能否达到要求的细度，效果如何。常用细碎设备所能达到的细度列于表4-1中。

表4-1 细碎设备及其细度范围

颗粒平均细度	粉碎	细粉碎	超细粉碎		
/cm	10^{-1}	10^{-2}	10^{-3}	10^{-4}	10^{-5}
/μm	10^3	10^2	10	1	10^{-1}
	回转球磨机				
		振动磨机（干法）			
			振动磨机（湿法）		
			气流粉碎机（无介质流能磨）		

4.2 配料与细粉磨

4.2.1 配料

坯料的配料与混合方法一般有干法配料与湿法配料两种。按陶瓷配方准确配料是保证产品质量的重要方面。干法配料是原料粉碎后按配方比例称料，一起加入球磨机中细磨（此时球磨机既起磨细作用，也起混合的作用），或者分别在雷蒙磨机中干磨成细粉后一起倒入浆池中加水搅拌混合（此时应先加黏土物质，搅拌1h，然后再加瘠性原料，继续搅拌，这样可提高泥浆的悬浮性）。湿法配料又称泥浆配料，是将各种原料分别在球磨机中磨成泥浆，然后按规定的配比将几种泥浆混合成一种料浆。配料过程中要保证各种原料、水、电解质计量的准确性，从而保证配方的准确性。

a. 干法配料　干法配料在配料前，要按要求取样，测原料的含水率，按干基加入量计算出实际原料加入量，原料电解质及水的加入应有专人负责。加水量应扣除原料的带入部分，原料称量过秤时应二人同时进行，电子秤或传送带自动配料都应定期校验其准确性。

b. 湿法配料　湿法配料一般采用体积法。首先分别测定各种原料浆的密度，并计算出每一立方米原料料浆中分别含有各种干物料的质量，然后按照坯料的配料比计算所需各种原料料浆的量，将其混合在一起进行搅拌。

① 从原料料浆密度计算，原料料浆中干料量，可按下面方法进行。

两种密度不同的物料均匀混合成一种混合物，其密度与这两种物料的含量的关系如下：

$$P = P_1 X + P_2 (1 - X) \tag{4-1}$$

式中　P——料浆的密度，kg/L；
P_1，P_2——两种不同物料的密度，kg/L；
X——两种不同物料中之一的含量，%。

例如：在石英料浆中，已知石英的密度为2.32kg/L，而水的密度为1kg/L。若此料浆中石英含量为50%，则此料浆的密度为：

$$P = 2.32 \times 0.5 + 1 \times (1 - 0.5) = 1.16 + 0.5 = 1.66 \text{kg/L}$$

反之，若测出了料浆的密度，也就可以按公式求出石英的含量。

每种原料的真密度可采用比重瓶粉末法精确地测出。而料浆的密度也可用比重计测定，这样，可以求出各种料浆中干原料的含量。

计算每一种料浆中的干原料质量（干料重），可按下式计算：
$$G = PX \tag{4-2}$$
式中　G——每升泥浆中干原料质量，kg；
　　　P——泥浆的密度，kg/L；
　　　X——泥浆中原料含量的百分率，%。

例如：上面求出石英浆的密度为 1.66kg/L，其中石英含量为 50%，则每升石英浆中石英干料质量为：
$$G = 1.66 \times 50\% = 0.83 \text{kg}$$

② 根据每升原料浆中的干料量，按照配合比即可计算出泥浆的需要量。

例如：要用长石、石英、黏土三种原料浆配合 1000kg 泥料，三者的配合比为长石 25%，石英 25% 和黏土 50%。经分别测定长石浆、石英浆和黏土浆的密度为 1.7kg/L、1.66kg/L 及 1.40kg/L。已知：

长石浆中长石含量为 50%；

石英浆中石英含量为 50%；

黏土浆中黏土含量为 35%。

则每升原料浆中原料的干重（干原料的质量）分别为：

$1.7 \times 50\% = 0.85$ kg；

$1.66 \times 50\% = 0.83$ kg；

$1.40 \times 35\% = 0.49$ kg。

按上述配合比调配 1000kg 泥料，各原料需要量分别为：

长石浆　　　　　　　　1000×0.25/0.85＝294L；
石英浆　　　　　　　　1000×0.25/0.83＝300L；
黏土浆　　　　　　　　1000×0.5/0.49＝1020L。

③ 调整泥浆的密度可用加水、去水或加同样配料的泥浆混合，举例如下。

设泥浆的密度为 1.9kg/L，如欲改为 1.8kg/L，其所需加水的量可由下法计算（得数均为体积分数）。

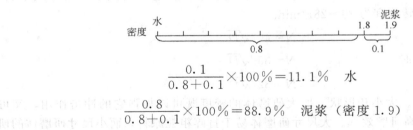

$$\frac{0.1}{0.8+0.1} \times 100\% = 11.1\% \quad 水$$

或
$$\frac{0.8}{0.8+0.1} \times 100\% = 88.9\% \quad 泥浆（密度 1.9）$$

又如：泥浆 A 的密度为 1.2kg/L，泥浆 B 的密度为 1.8kg/L，如混合二者，配成密度为 1.3kg/L 的泥浆，问 A、B 各需多少？

$$需用 A 泥浆 = \frac{0.5}{0.5+0.1} \times 100\% = 83.33\%$$

$$需用 B 泥浆 = \frac{0.1}{0.5+0.1} \times 100\% = 16.67\%$$

4.2.2 细粉磨

陶瓷原料经过粗碎、中碎处理后,还需进行细粉磨才能满足生产工艺的要求。细粉磨通常采用球磨机、环辊磨机、振动磨等设备。下面介绍细粉磨设备的粉碎效果及工艺参数的确定。

4.2.2.1 球磨粉碎

陶瓷工业中普遍采用间歇式球磨机,它既是细碎设备,又起混合作用。为了防止研磨过程中铁质的混入,球磨机内壁采用燧石、橡胶或高铝作衬里,并以瓷球、硅石或鹅卵石等为研磨体。研磨釉料的球磨机常用高铝瓷作内衬,高铝球作研磨体。

目前,大型球磨机已采用橡胶衬里,并取得了良好的研磨效果。如使磨机的有效容积增大、台时产量提高、单位电耗降低等。而且,橡胶内衬的磨损速度小,使用寿命比燧石内衬长1~2倍;此外,还可降低运转时的噪声,对塑性料和半干压料的工艺性能及产品质量均无影响。但用橡胶衬里所需要的球磨时间长、散热性能不好,以致因料浆温度升高而使橡胶失去弹性,变硬变脆,会加剧其磨损等。因此,橡胶内衬的应用也存在一定的局限性。

与其他细碎设备相比较,间歇式湿球磨的动力消耗大,粉碎效率依然很低。影响球磨机粉碎效率的主要因素如下。

a. 球磨机的转速　球磨机的转速直接影响着球石在磨机内的运动状态。由图4-4可以看出:当转速太快,超过球磨机临界转速时,研磨介质将附在球磨机内壁并随球磨机筒体旋转[如图4-4(a)所示],而失去粉碎作用。如转速太慢,低于临界转速很多时,研磨介质随磨机筒体上升不高就滑行下来,因而粉碎作用很小[如图4-4(b)所示]。当转速适当时(临界转速附近),研磨介质紧贴在筒壁上,经过一段距离,当其重力的分力等于离心力时,研磨介质就离开筒壁向下堕落[如图4-4(c)所示],这时物料就受到最大的冲击力和研磨作用,粉磨效率最高。

图4-4　球磨机转速对球磨效率的影响

球磨机的临界转速 N 是指研磨体产生最大粉碎效果时的转速,其随球磨机圆筒有效直径 D 的大小变化的。圆筒有效直径愈大,临界转速就愈小。它们的关系可用下式来表示。一般,1t左右球磨机转速宜为26~28r/min。

$D<1.25m$ 时　　　　　　　　　　$N=40/\sqrt{D}$

$D<1.25\sim 1.7m$ 时　　　　　　　$N=35/\sqrt{D}$

$D>1.7m$ 时　　　　　　　　　　$N=32/\sqrt{D}$

b. 研磨体的密度、大小和形状　增大研磨体的密度既可以加强它的冲击作用,又可减少其体积,因而能提高研磨效率。大尺寸研磨体易于打碎粗粒原料,而小尺寸研磨体的研磨效率却高些,因为它与物料的接触面积较大。球磨机内加入的研磨体越多,则在单位时间内物料被研磨的次数越多,球磨效率也越高。但如加入过多,占据球磨机内有效空间,反而导致生产能力的降低。

研磨体的大小及级配取决于球磨机的直径。可用下式来表示研磨体最大直径、物料粒度、球磨机圆筒有效直径三者之间的关系。

$$D/24>d>90d_0 \tag{4-3}$$

式中　D——球磨机圆筒有效直径,m;
　　　d_0——物料粒度,mm;

d——研磨体最大直径,mm。

同时,研磨体研磨的比表面积越大,则其与物料的接触面积越大,研磨效率也就越高。但研磨体也不能太小,应考虑它在运动下落时本身自重所产生的撞击力对物料的击碎作用。依工厂实际,如研磨体为鹅卵石形,则比例为大球(直径70~100mm)占10%,中球(直径50~70mm)占20%,小球(直径30~50mm)占70%。

圆柱状研磨体之间的接触是一根线,而圆球体之间只是点接触,故前者较后者的接触面积大,研磨作用也大,因而研磨效率高些。另外,圆球形研磨体的冲击力量较集中,而圆柱体的研磨作用却较平均,因而粉碎后物料粒度分布较均匀。总的说来,圆柱状研磨体效率较高一些。

c. 球磨的方法　球磨机粉碎物料的方法有湿法与干法两种。物料和液体介质(常用的是水)一道在球磨内进行粉磨的方式称为湿法粉磨(湿磨);湿磨时主要依靠研磨体的研磨作用来粉碎物料,颗粒较细,单位容积的产量大,灰尘少,出料时可用泵和管道输送,比较方便。球磨机中只装入粉碎的物料而不加液体介质的粉磨方式称为干法粉磨(干磨),这种干法粉磨主要依靠研磨体的冲击力来粉碎物料,得到的颗粒较粗。

由图4-5可见,湿磨的效率比干磨高得多。这是由于液体介质的劈裂作用所致。水分子沿着毛细管壁或微裂纹扩散至狭窄地区,对裂纹的四壁产生约1.0MPa的压力,使得物料碎裂开来(图4-6)。液体介质对物料的湿润能力越强则劈裂作用越大。

液体介质除可提高粉碎效率外,在特种陶瓷和陶瓷颜料的生产中,它还可促使配料各组分分布均匀,不致粘附磨机筒壁,并且可防止研磨时粉状原料氧化。不过,这时采用的液体介质已不是水,而是有机溶剂如酒精、苯和丙酮等。

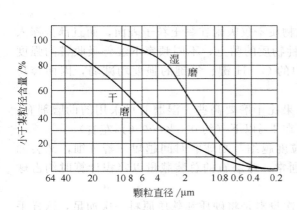

图4-5　球磨方法对Al_2O_3颗粒分布的影响

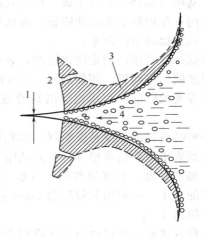

图4-6　水分子劈裂作用示意图
1—聚结的分子力;2—分离的分子力;
3—受到劈裂力作用的区域;
4—裂纹发展方向

选择液体介质时,要求它和配合的原料在湿磨过程中不发生化学反应,希望干燥时介质易挥发。基于这个原因,当粉碎含硼砂、氧化镁、氧化钙等水溶性物质的配料时,不应用水作液体介质。

d. 料、球、水的比例　采用干法球磨时,原料与研磨体的松散堆积体积比一般为1:(1.3~1.6)。密度大的磨球可取下限,密度小的磨球可取上限。采用湿法球磨时,要确定料、球、水的比例,加水量应适宜。如加水过少,则料浆太浓,研磨体易粘上一层料浆,或研磨体自身粘在一起,减弱了研磨和冲击作用;如加水过多,则料浆太稀,料球易打滑,也会降低研磨效率。此外,加水时除要填满磨球及原料之间的空隙外,还应考虑原料的吸水性,即软质原料多加水、硬质原料少加水。如黏土、二氧化钛等吸水性强,而长石、石英、方解石等不太吸水。具体来说,软质原料多,应多加水。一般情况下,用不同大小瓷球研磨普通坯料时,料、球、水的质量比例约为:1:(1.5~2.0):(0.8~1.2)。

在一定范围内增加磨球数量可以缩短研磨时间,但过多则影响产量和功率。表 4-2 是料、球、水的质量比例和磨球种类对研磨速度的影响。从表中的数据可知,采用大密度的高铝球时,研磨时间明显减少。

表 4-2 料、球、水质量比例和磨球种类对研磨速度的影响

磨球种类	料、球、水比例	球磨机中磨球填充系数/%	研磨时间(万孔筛余4%)/h		
			伟晶岩	瓷坯废料	石英
燧石质	1:1.5:1	28.8	6.1	10.0	14.6
	1:1.75:1	33.7	5.5	8.2	11.3
	1:2.0:1	38.8	4.8	6.9	8.9
高铝质	1:1.5:1	23.7	4.7	6.4	8.5
	1:1.75:1	28.7	3.9	5.3	7.0
	1:2.0:1	32.5	3.1	4.4	5.4

e. 采用助磨剂 加入适量表面活性物质可以强化粉碎过程,提高细度、缩短研磨时间。助磨剂都是表面活性物质,由亲水的极性基团(如羧基—COOH、羟基—OH 等)和憎水的非极性基团(如烃链)所组成。由于这种结构使它们定向地吸附在颗粒界面上。通过湿润和吸附作用,使颗粒的表面能降低,而助磨剂进入粒子的微裂缝中,积蓄破坏应力,产生劈裂作用,从而提高研磨效率。

根据红外光谱的测定结果说明,表面活性物质不仅吸附在黏土粒子表面,而且部分深入到晶层之间的空间里。例如加入 0.1% 表面活性物质的黏土,不同频率下红外吸收带的强度有不同程度的降低,表示相应的高岭石晶格中的 O—H 键、氢键的强度均减弱,因而容易磨碎。

湿磨时所加的水也是助磨剂。因此湿磨效果比干磨要高些。湿磨时可采用的助磨剂有:亚硫酸纸浆废液和松香皂等。它们的用量一般在 1% 以下(约 0.5%~0.6% 左右)。

f. 加料粒度、装载量和加料方法 加料粒度越细,则球磨时间越短。若过细,又会加重中碎的负担。一般加料粒度为 2mm 左右。通常,球磨石的总装载量以容积计算时约占球磨机空间的 4/5。

加料方法有一次投料与二次投料之分。一次投料是将硬质和软质原料一次加足,这样手续简便,但动力消耗较多。二次投料是先加硬质原料(水和磨球同时加足并加少量塑性黏土),在研磨一段时间(一般 3~6h)后再投入软质原料一起研磨混合。这样,因为第一次加料没有多量悬浮的黏土物质起缓冲作用,球石落下时的速度增大,而动能的增大与速度的平方成正比,因而增大了磨球对物质的冲击能力。另一方面由于黏土尚未加入,实际上等于增大了球与料的比例,使物料与球石有更多的接触机会,因而提高了研磨效率。据报道,采用分段加料法后研磨时间可从原来的 13~14h 缩短至 8~10h。二次投料的缺点是手续麻烦。

上面所说的影响球磨机产、质量的主要因素,不仅直接影响磨机的效率(包括产量和功率),而且相互之间彼此制约。因此需要优选最佳条件。国内不少陶瓷厂结合生产实际,应用优选法来确定提高球磨机效率的条件,获得良好效果。在不增加设备投资和不降低产量的

情况下，通过改变料、球比来提高球磨机效率是最现实的途径。

4.2.2.2 振动粉碎

振动粉碎是利用研磨体在振动磨机内高频振动使物料粉碎的方法。振动磨是一种新型的超细粉碎设备，工作过程中研磨体做剧烈的循环运动和自转运动，对物料进行综合的研磨作用。固体物料在结构上存在缺陷，在高频振动下会沿着物料最弱的部位产生疲劳破坏而粉碎。

a. 振动粉碎的特点　和球磨粉碎相比较，振动粉碎的特点如下。

① 振动粉碎的效率比球磨粉碎要高得多。在振动磨内物料颗粒之间以及和研磨体之间的碰撞次数比球磨内多得多，所以得到的颗粒较细，研磨时间也短。从图4-7可见，在振动磨内研磨1h后，2μm以下的Al_2O_3几乎100%，而球磨粉碎72h 2μm以下颗粒只有40%。此外，振动粉碎所得的细颗粒也较多。

② 振动粉碎时混入的杂质较少。一方面由于物料主要是因疲劳破坏而粉碎，另一方面由于振动粉碎所需时间短，研磨体污染的机会少些。

③ 振动粉碎的坯料工艺性能好。由于颗粒细，组成稳定，成型后生坯密度大而且均匀，烧成温度和烧成收缩也有所降低。

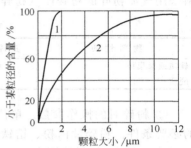

图4-7　粉碎煅烧过的Al_2O_3效果比较
1—振动粉碎1h；2—球磨粉碎72h

b. 振动粉碎的效率　影响振动粉碎效率的主要因素有以下几点。

① 振动频率和振幅。它们直接影响着研磨体与物料的撞击次数和冲击力量。一般来说，频率高、振幅大，粉磨效率也高。具体来说，较粗的物料需要较大的冲击力，因而希望振幅大些，或者说粉碎的开始阶段希望振幅大些；较细的颗粒主要通过研磨作用而粉碎，所以希望频率高些，也可以说在粉碎的末期要求高频振动。新型振动磨机就是根据这个原理设计的。在粉碎初期，频率较低（如750~1440r/min），振幅较大（5~10cm）。随着颗粒变细，频率增加到1440~3000r/min，而振幅减少到1.5~3mm，甚至进一步提高频率到10000r/min，振幅降低到0.5mm以下。

当频率和振幅一定时，振磨至一定时间，颗粒会黏结聚集，不再变细。由此可以确定振动粉磨的时间。

② 研磨体的材料、大小和数量。振动磨中常用的研磨体是由耐磨材料（如淬火钢、碳化钨、高铝瓷等）制成的磨球或磨柱（长度为直径的1~1.5倍）。瓷球密度较钢球小，所以冲击力量小些，但不会带入铁质。采用瓷球时，原料入磨颗粒最好小于0.5~1mm，采用钢球时，入磨颗粒希望小于1~2mm。

粉碎粗粒和脆性材料时，振幅大小起主要作用，这时希望采用大而重的研磨体。当粉碎细粒材料时，粉碎效率取决于振动频率和研磨体与物料的冲击次数，因而希望选用小的研磨体。生产中常将大小不同的磨球混合使用，大小球质量之比约为1:3~1:5（小球为磨球总量的75%~80%）。大小磨球直径比可在$\sqrt{2}:1$~2:1之间；若用三种大小的磨球时，各约占1/3，大球稍多些。磨球的大小应为入磨物料直径的5~8倍，甚至达15~20倍。

物料和磨球体积之比一般为1:2.5。湿法振磨时料与水的质量比约为1:0.8左右。

振动粉碎时同样可加入助磨剂，以提高粉碎效率，选用的助磨剂和球磨粉碎时相同。

4.2.2.3 气流粉碎

气流粉碎是超细粉碎物料的一种有效方法。它能将物料粉碎到5μm以下（最细的可达

1μm左右)。如果采用超音速气流来粉碎,则细度可达 0.5~1μm。

这种方法是用高速流体(压缩空气或过热蒸汽)作能源,促使物料互相碰撞和摩擦而达到粉碎的效果。利用这种原理制成的粉碎设备称为气流粉碎机(又称流能磨、无介质磨)。这种设备可以连续操作,不需采用研磨体,而且也无机械转动的部件。

影响气流粉碎效率的因素主要有以下两点。

① 粉碎物料的物理性能(硬度、脆性、原始颗粒大小等)。硬质物料粉碎后颗粒较粗。软而黏的物料也不易粉碎,且易堵塞加料喷射管和粉碎室。物料进入粉碎设备的颗粒大小直接影响出料细度和产量,它和物料的硬度有关。表 4-3 所列为物料性质与进料粒度大小。物料采用气流粉碎的粉碎比(粉碎前后物料颗粒平均大小之比)通常为 1∶40。

表 4-3 物料性质与进料粒度大小

物料性质	进料颗粒大小/μm	物料性质	进料颗粒大小/μm
软质或聚集体	800~1600	硬质,要求粉碎至 0.5μm 以下	45~75
硬质	150~180		

② 粉碎时的操作参数。单位时间内加料量要适当。以保证气体压力和流量是气流粉碎的必要条件。粉碎钛白粉、锆钛酸铅熟料的经验表明,扁平式粉碎机进粉碎室的风压最好不少于 0.6MPa;加料器压力 0.4MPa;加料速度最好大于 4kg/h;管道式粉碎机粉碎软性物料最好用风压 0.5~0.6MPa;加料量 3~4kg/h。采用过热空气范围为 160~170℃(0.6~0.8MPa)。

表 4-4 中列出气流压力和加料量对气流粉碎产品细度的影响。进气压力变动不大时,进料量增大会使粉碎后粗粒加多。

表 4-4 气流粉碎操作参数和产品细度的关系

物料	气流压力/MPa	进料量/(kg/h)	颗粒组成/%						备注
			<1μm	1~2.75μm	2.75~5.5μm	5.5~8.25μm	8.25~13.75μm	13.75~22μm	>22μm	
工业 Al₂O₃	0.57	2.13	23.5	75.6	0.09					粗颗粒 0.66kg/h
	0.56~0.57	5.3	2.7	89.2	8.1					
	0.55	6.9	3.4	88.2	3.4	0.8	2.5	1.7		
	0.55	10.15	1.8	69.6	19.6	6.3	2.7			
	0.53	10.25		93.8	4.5	0.9	0.7			
80目玛瑙	0.66	0.8	1.0	88.3	10.7					粗颗粒 0.4kg/h
	0.66	1.2		71.4	27.6	0.9				
	0.55~0.56	1.5		59.4	21.3	5.6	3.7			
	0.58~0.59	3	0.9	72.3	15.2	3.4	4.5	0.9	0.7	
	0.57~0.59	9.1		10.4	14.3	6.3	6.6	1.8	0.9	

气流粉碎有许多优点,粉碎过程中混入的杂质较其他粉碎设备少;颗粒能自动分级、粒度较均匀;高压空气进入粉碎室时压力减小,体积膨胀、温度降低,因而不会使物料受热;气流粉碎机结构简单、无旋转部件,容易安装和更换内衬。但这种设备耗电量大,需要的附属设备也多。

4.2.3 除铁、过筛、搅拌

4.2.3.1 除铁

陶瓷坯料中若混有铁质将使制品的外观质量受到影响。因此,除铁是一道极为重要的工序。

原料中的含铁杂质可以分为金属铁、氧化铁和含铁矿物。这些含铁杂质来自原矿，或来自制备过程中机器的磨损物。原矿中夹杂的铁质多半为含铁矿物，如黑云母、普通角闪石、磁铁矿、褐铁矿、赤铁矿与菱镁矿等；外来混入的铁则与设备零部件的磨损有关。

原料中的铁质矿物大部分可采用选矿法与淘洗法除去，但这只对含有铁质的粗粒原料有效，对细粉状有磁性的铁质则用磁铁分离器进行磁选。利用磁铁吸附的原理将其与非磁性物分离开来。要使磁选过程有效地进行，必须符合以下条件：①有磁场存在；②必须是不均匀的磁场；③被选的物料应有一定的磁性。

磁场对不同的含铁矿物有不同的磁效应：含铁矿物的磁化率越大，则磁场对它的作用力也越大。按磁化率大小可将含铁矿物分为以下四类。

① 强磁性的：单位磁化率大于 3×10^{-3}，如金属铁、磁铁矿（Fe_3O_4，8×10^{-2}）和磁黄铁矿（FeS，5.4×10^{-3}）等。

② 中磁性的：单位磁化率为 $(3\sim30)\times10^{-4}$，如黑钛铁矿（$FeTiO_3$，3.99×10^{-4}），赤铁矿（Fe_2O_3，2.9×10^{-4}）。

③ 弱磁性的：单位磁化率为 $(2.5\sim30)\times10^{-5}$，如褐铁矿（$2Fe_2O_3\cdot 3H_2O$，8×10^{-5}），铁矿（$FeCO_3$，4.7×10^{-5}）。

④ 非磁性的：单位磁化率小于 2.5×10^{-5}，如黄铁矿（FeS_2，7.5×10^{-6}）。

通常磁选机只能除去强磁性矿物，弱磁性及非磁性矿物不能除去。

磁选机的除铁工艺有干法和湿法两种，干法一般用于分离中碎后粉料中的铁质，而湿法用于泥浆中除铁。常用的干法除铁的设备有：电轮式磁选机、滚筒式磁选机和传动带式磁选机等。因物料与磁极间存在间隙，故干式磁选机的实际有效磁场强度很低，只对薄层料流中的强磁性矿物有效，因而它的磁选效率是很低的。

湿法除铁中，一般采用过滤式湿法磁选机，其示意结构如图4-8所示。操作时先通入直流电，使带筛格的铁芯磁化，随后由漏斗进入的泥浆在静水压作用下由下往上经过筛格板，此时含铁杂质被吸除，净化的泥浆则由溢流槽流出。当泥浆通过筛格板时，呈薄层细流状，故湿法磁选机的除铁效果较好。

磁选机除铁效率与泥浆相对密度、泥浆流量等有关，泥浆相对密度一般控制在1.7以下。为了提高除铁效率，可将湿法磁选机多级串联使用。若将振动筛（6400孔/cm²）和磁选机配合使用，则能更好地除去含铁杂质，有利于减少或消除陶瓷制品的含铁杂质。

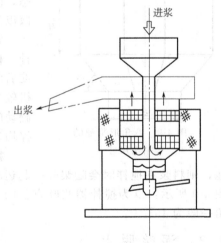

图4-8 湿法磁选机

4.2.3.2 过筛

将粉碎后的物料置于具有一定大小孔径的筛面上进行振动或摇动，使其分离成颗粒尺寸范围不同的若干部分，这种方法称为筛分。陶瓷工业中筛分的作用如下。

① 粉碎过程中及时筛去已符合细度要求的颗粒，使粗料能得到充分粉碎，以提高设备的粉碎效率。

② 使物料粒度符合下一工序的要求。如中碎后的原料须经筛分除去较大颗粒，以保证进入球磨机的物料粒度。

③ 确保颗粒的大小及其级配，并限制坯料中粗颗粒的含量，从而改善泥料的工艺性能。

筛分分为干筛和湿筛两种。干筛的筛分效率主要取决于物料湿度、物料相对于筛网的运动形式和物料层厚度。当物料湿度和黏性较高时，易粘附于筛面上，使筛孔堵塞而影响筛分效率。当料层较薄而筛面与物料之间相对运动较剧烈时，筛分效率就较高。湿筛的筛分效果则主要取决于料浆的黏度和稠度。

常用的筛分机有振动筛、摇动筛和回转筛。

振动筛的筛面除发生偏移运动外还有上下振动。从而增加了物料与筛面的接触与相对运动，防止了堵塞筛孔，因而筛析效率较高，常用于中碎后的筛分。振动筛不适于筛分水分高、黏性大的物料；因为受振动后颗粒间易黏结成团，影响筛分进行。此外，因其高频振动而对厂房建筑要求高。

摇动筛是利用曲柄连杆机构使筛面做往复直线运动。依筛网的支持形式不同，可分成悬挂式及滚轮式两种。摇动筛用于分离 12mm 以下的物料，一般作中碎后细颗粒的分离，与中碎设备构成闭路循环系统。摇动筛可用于干筛分与湿筛分。

回转筛的筛面仅做回转运动，因而筛分时物料与筛面之间的相对运动很小，使得相当大的一部分细颗粒物料分布在上层而无法分离出来，故筛分效果较差。回转筛按筛面形状可分为圆筒筛、圆锥筛和多角筛等数种，多角筛筛分效率较高，生产上使用较多。回转筛的转速不能太快，否则物料会紧贴于转筒的内壁上而失去筛分作用。

4.2.3.3 搅拌

泥浆搅拌目的是使浆池储存的泥浆保持稳定的悬浮状态，防止分层或沉淀。此外，还用于黏土或回坯泥的加水分散以及干粉料在浆池中的加水混合等。

常用的泥浆搅拌机有框式搅拌机与螺旋桨式搅拌机两种。框式搅料机结构简单，但搅拌效率较低，特别是难将沉淀后的泥浆再重新搅拌均匀，所以实际中采用螺旋桨式搅拌机较多。由于这种设备的螺旋片倾斜向下，具有将泥浆向上翻动的作用，即使泥浆已经沉淀也可将其搅拌起来，获得搅拌均匀的效果。

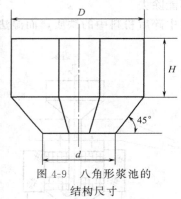

图 4-9 八角形浆池的结构尺寸

搅拌池（浆池）一般为六角形或八角形。如采用圆形浆池，则料浆在搅拌时会随桨叶一起运动，影响搅拌作用。搅拌池的尺寸依桨叶直径来定，如图 4-9 所示：D 为搅拌器桨叶直径的 4 倍，d 为桨叶直径的 1.5～2 倍，$D=1.5H$，池底倾角一般为 45°。

4.3 泥浆脱水

采用湿法制备坯料时，泥浆的水分超过塑性成型和压制成型的要求。常采用压滤法或喷雾干燥法除去多余水分。泥浆含水量为 60% 左右时，通过压滤，其水分可降至 22%～25%，甚至可得到水分含量为 20% 左右的泥饼供可塑成型使用。若用喷雾干燥，泥浆的水分可降至 8% 以下，制得适于压制成型的粉料。

4.3.1 泥浆压滤脱水法（榨泥）

泥浆压滤时多采用室式压滤机。滤板为圆形或方形，表面呈波纹状。它多数由铸铁制成，也可用硬橡皮（钢筋加强）、塑料板、轻质铝合金、不锈钢或玻璃钢。以前多用帆布作滤布，现已普遍用尼龙布代替。后者易洗涤，使用寿命长，泥饼与滤布易分离。滤布与滤布之间安置多孔的镀锌铁片或铝片，用以改善脱水条件和保护滤布。在压滤机顶部或侧面装有控制滤板开启和闭合的装置，通压缩空气将泥饼卸落。如图4-10所示，每两片滤板之间形成一个压滤室。

泥浆在受压下从进浆孔进入过滤室，水分通过滤布从沟纹中流入排水孔排出，在两滤板间形成泥饼。当水分停止滤出时即可卸榨，取出泥饼。

圆形滤板过滤室中各处受压均匀，而方形过滤室中有死角，因而圆形的泥饼组织均匀性好，故生产上使用圆形滤板较多。

影响压滤效率的因素如下。

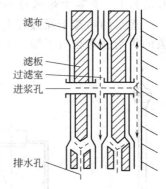

图4-10 压滤过程示意图

① 压力大小。压滤速率与所加的压力成正比。但当压力超过一定数值时，则会降低压滤率。陶瓷泥料中有可压缩的成分（如黏土）和不可压缩的成分（如长石、石英），后者的颗粒形状及大小不随外界压力变化而变化，亦即颗粒间的孔隙大小也不变化。加大压力对压滤速率的提高有利。泥料中可压缩成分受到过大压力后，颗粒将产生变形挤紧，从而减小了颗粒间的毛细管孔道，使压滤速率降低。因此，工作压力应控制在一个适宜的范围内。

随坯料配方的不同，一般压滤时的压力约为 $(7.84\sim11.76)\times10^5$ Pa。

② 加压方式。在开始压滤时，用较低的压力进行操作，以免泥层颗粒间的毛细管尺寸减小或滤布的孔眼堵塞。待至滤布上形成一层泥饼后，再提高压力至允许的最大值。通常，在压滤开始后的半小时左右保持 0.3～0.5MPa 的压力，然后再升高至 0.8～1.2MPa。

③ 泥浆温度。液体的黏度是随温度升高而降低的，因而将泥浆加热至适当温度会增加榨泥速率。工厂中常用蒸汽通入浆池来加热泥浆，同时还可增加泥浆的搅拌效果。通常，泥浆加热温度为 40～60℃。

④ 泥浆相对密度。泥浆相对密度较小时，会延长压滤时间。一般泥浆相对密度为 1.45～1.55，含水率在 60% 左右。

⑤ 电解质。泥浆中加入 0.1%～0.2% $CaCl_2$ 或醋酸等电解质可促使泥浆凝聚，从而形成较粗的毛细管，有利于提高压滤速率。

⑥ 泥料性质。颗粒越细，黏性越大的泥料压滤也越困难。一般新泥料易于榨泥，旧泥料（回坯泥）榨泥则较慢，因而生产中常将新、旧料浆混合压滤。

压滤机是间歇操作的，瓷质泥浆每压滤一次的周期约需 1～1.5h，陶质泥浆约需 2h。但是，压力高达 7.5MPa 的高压压滤机的压滤周期仅为 18～45min（包括卸饼 10min）。

由于各种成型法所需泥料的水分不同，因而压滤后应使泥料满足其水分要求。

压滤是陶瓷生产中生产效率较低，劳动强度较大的工序之一。为了减轻劳动强度，可将压滤机安装在离地面高度为 1.5～2m 的平台上，平台下面设置小车或皮带运输机。这样，卸下的泥饼便可以直接落在它们的上面，再送往真空练泥机加工或者送往泥库陈腐。

4.3.2 泥浆喷雾干燥脱水法

喷雾干燥是通过将泥浆喷洒成雾状细滴，并立即和热气接触，使雾滴中的水分能在很短时间内（几秒至十几秒）蒸发，从而得到干燥粉料的方法。陶瓷工业中喷雾干燥法的适用性比较广，既可用于干燥原料，也可用于干燥各种坯料（如面砖、地砖、电瓷、高频装置瓷、磁性瓷、氧化物陶瓷的坯料）；既可用于制备半干压成型的粉料，也可以制备热压铸成型的粉料；甚至可塑成型的坯泥也可用喷雾干燥制得的粉料与一定比例的泥浆进行调制的方法来制备。

4.3.2.1 喷雾干燥的过程

泥浆的喷雾干燥过程主要由如下几个工序组成：泥浆的制备与输送、热源的发生与热气流的供给、雾化与干燥、干粉收集与废气分离。它采用以喷雾干燥塔为主体，并附有泵、排风机与收集细粉的旋风分离器等设备构成的机组来完成整个过程（如图 4-11 所示）。

操作时，泥浆由泵压入干燥塔的雾化器中，雾化器将泥浆雾化成细滴，然后被通入干燥塔内的热空气（400～500℃）干燥脱水，获得的仍然含有一定水分的固体颗粒进到干燥塔的底部，从出口处卸出，而带有微粉及水蒸气的空气经旋风分离器收集微粉后从排风机排出。

干燥设备的热源常为油、煤气、煤炭燃烧后的热空气。因陶瓷泥浆不是热敏性材料，为提高干燥塔的热效率，热气进入塔内的温度应可达 400～500℃。由于直接燃烧的烟气温度高达 1000℃以上，所以需混合部分冷气来降低热空气的进塔温度。

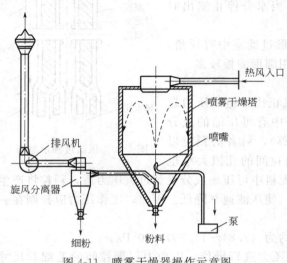

图 4-11 喷雾干燥器操作示意图

喷雾干燥法依造雾方法可以分为压力法、气流法和离心法三种；而每一种依热空气和物料流动形式又可分成逆流式与顺流式两大类。目前陶瓷工业采用较多的是压力混合流法（雾化器为喷嘴）和离心顺流法（雾化器为离心回转盘）两种，前者热能利用率高，喷嘴雾化器的结构简单，拆换容易，但喷嘴的直径小，易磨损和堵塞。然而，离心式喷雾盘的结构较复杂，加工要求严格，维修困难，但在连续操作时的可靠性高，不易磨损和堵塞。一般而言，离心式获得的粉料直径比压力式的小些；压力式的平均粒径为 300μm，而离心式的平均粒径仅 150～200μm。不过，喷嘴式得到的粉料颗粒范围比离心式的要宽些。

确定雾化方式时应从干粉质量要求、操作的灵活性、设备维护和加工的要求、成本等方面全面考虑。当压制尺寸较大、坯体较厚和采用高速压机压制时，希望粉料容易排出空气和填满模腔，要求粉料的粒径稍粗些，颗粒尺寸分布范围宽些，堆积密度大些。选用压力雾化易于满足这些要求。若对粉料的颗粒大小及分布要求不严（如用喷雾粉料和泥浆调制成可塑泥料），则可优先考虑离心喷雾工艺，因为该工艺的适应性强，即使泥浆性能和进浆量发生变化也仍能产生良好的雾化效果。

从废气中对细粉回收的效果将直接影响喷雾干燥的经济指标。陶瓷泥浆喷雾干燥后废气温度高达 45～90℃，一般采用旋风分离器作分离设备，而不用袋式过滤器。

4.3.2.2 喷雾干燥的操作条件

影响干粉性能（水分、细度）和干燥效率的主要因素如下。

a. 泥浆性能、浓度和进浆量　泥浆含水量过高，则燃料消耗量大，不经济。反之，当泥浆含水量过低时，泥浆又不易雾化。对含 50%黏土的料浆而言，其含水量一般为 35%～50%。此外，喷雾干燥工艺要求采用流动性好又无触变性的浓泥浆。为此，可采用与原料特性相适应的泥浆稀释剂来解决以上问题，常用的泥浆稀释剂有碳酸钠、单宁酸钠、腐殖酸钠、木质素磺酸盐、羧甲基纤维素等。为便于混合均匀，减少球磨时的加水量及有利于放浆，常将稀释剂在球磨时加入。当泥浆浓度在其他工艺条件不变时能得到提高，则制成的干粉颗粒较粗、细粉较少，含水量也可大些。此外，干粉的油耗降低，干燥塔的产量增大。当进浆量增多时，雾滴变粗，对干粉性质的影响也和浓度的影响类似。

b. 工作气体温度和废气温度　热气进入干燥塔的温度首先取决于泥浆的组成和性质。要求泥浆中的成分不致因干燥而发生变化，也不能因温度过高，使干燥速度太快。因为这样，物料的表面容易形成一层硬壳而内部却仍然是湿的。硬壳将阻碍雾滴收缩，使内部水分蒸发后留下的空隙无法减少，因而粉料体积密度较低。因此，热气进塔时的温度不能太高。干燥釉面砖、耐酸砖坯料泥浆的热气温度以450～480℃为宜。不过，进塔热气的温度也不宜偏低，否则达不到好的干燥效果。

排出的废气温度也是喷雾干燥的重要参数，因为它直接关系到粉料的水分。在进气温度、塔内压力、离心盘转速等操作条件基本不变的条件下，排气温度升高会导致粉料水分降低。

但进浆量减少时，排气温度便提高。实践证明，调节泥浆流量可以容易地改变排气温度。所以，若能将泥浆流量与排风温度进行自动控制，则能保证粉料水分稳定、干燥塔操作正常。

当粉料的水分维持一定时，排气的温度随着干粉产量的增加而提高的情况如表4-5所示。

表4-5　粉料水分固定（10%）时排气温度与产量的关系

干粉产量/（t/h）	1.3～1.5	1.8	2.0～2.1	2.2～2.25
排气温度/℃	46	49	50	51

c. 离心盘转速与喷雾压力　在泥浆相对密度及其他操作条件不变的情况下，当离心盘转速加大时，粉料的粗颗粒含量减少而细粉量则大幅度的增加，使得粉料体积密度下降，成型时容易分层和粘模，压缩比增大，功率消耗增加。这一情况如表4-6所示。

表4-6　离心盘转速与粉料性能的关系

离心盘转速 /(r/min)	粉料性能		颗粒组成/%		
	水分/%	体积密度/(g/cm³)	0.4～0.12mm	0.076～0.105mm	<0.076mm
3600	7.1	0.79	68.4	19.0	12.6
4000	8.7	0.78	56.0	24.2	17.8
4500	4.8	0.76	50.0	29.6	21.4
4900	8.3	0.72	48.4	28.2	23.4

对于采用压力雾化的干燥器而言，工作压力是影响喷射高度的主要因素，也关系到干燥塔的高度，因为不同孔径喷嘴的喷射高度和流量均随压力增加而增大。一般来说，喷雾压力愈高则雾滴愈细（见表4-7）。

表4-7　工作压力和喷射高度及流量的关系

喷嘴孔径/mm	喷射高度/m				流量/(m³/h)			
	18	20	22	25	18	20	22	25
	工　作　压　力/kPa							
φ1.4	53.9	58.8	59.78	60.76	1.833	2.185	2.025	2.332
φ1.8	58.8	60.76	61.74	63.7	2.801	2.852	3.038	3.401

4.3.2.3　喷雾干燥方法的特点

① 工艺过程简单，可以连续生产并能自动控制。若采用压滤式干燥，制备陶瓷坯料的

干粉一般需经过许多工序才能完成即：压滤——干燥——打粉。此操作过程为间歇的，需用设备多且生产周期长。若采用喷雾干燥工艺，则简单得多。

② 喷雾干燥所制得的粉料水分、粒度都比较稳定，易保证干粉质量。又由于所产生的粉状颗粒呈球形，因而流动性好，易于充满模型和排出空气，且成型后坯体强度高。因此，这是制备压制成型用坯料的理想方法。

③ 产量大，操作人员少，生产效率高，劳动强度低，而成本也低。

④ 一次性投资费用高，比其他干燥方式的单位热耗要大些。此外，干粉体积密度较低，成型时压缩比大。

⑤ 为降低水分而在泥浆中加入的稀释剂及原料中可溶性盐类经喷雾干燥后仍然留在粉料中，易引起粘模，妨碍成型操作。

4.4 练泥和陈腐

经过压滤后所制得的泥饼，从整体上来说水分基本达到可塑泥料的要求，但水分和固体颗粒分布并不均匀，泥饼中还含有大量空气，不能获得要求的可塑性。此外，吸附在固体颗粒表面的空气会妨碍与水的湿润，使可塑成型过程中出现弹性变形，或者引起干燥和烧成中的开裂；固体颗粒分布的不均匀性也会引起收缩的不均匀；泥料中的空气也会使坯体产生如气泡、分层、裂纹等缺陷。因此，泥饼必须进行练泥（包括多次练泥、粗练及真空练泥）和陈腐。

4.4.1 真空练泥

最有效的练泥方法是在真空练泥机中对泥料进行真空处理。经过真空练泥后，泥料中的空气体积可由7%～10%下降至0.5%～1%；组成更加均匀，可塑性和密度均得到提高；从而可增加成型后坯体的干燥强度。此外，坯体的理化性能：如介电性能、化学稳定性、透光性等都可得到改善。

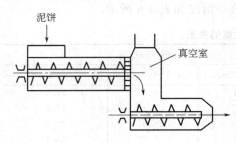

图4-12 真空练泥机构造示意图

真空练泥机的构造如图4-12所示。当泥料进入真空室时，泥料中空气泡内的压力大于真空室的气压，气泡因压力差而膨胀，并使泥料厚度减少，这时泥料膜的强度也同时降低。当空气泡内部与真空室内的压力差致使泥料膜破裂后，空气就从真空室中抽走。但如果泥块很厚，且空气泡处于较深的位置，或者气泡和真空室的压力差不足以使泥料膜膨胀破裂，空气仍会残留在泥料中。因此泥料进入真空室时，必须切成细泥条或薄片，并尽可能增大空气泡与真空室的压力差，促使泥料膜的破裂。一般真空室的真空度应保持在700～740mmHg（1mmHg=133.322Pa）范围内。

引起真空室中真空度降低的原因可能有如下几个方面：①真空室漏气；②真空室堵塞；③真空泵润滑油的稠度达不到要求或没有及时更换润滑油；④真空泵的冷却水的温度过高。

在真空练泥过程中，所练制的泥段易出现螺旋状开裂或层裂，其原因除真空度不够外，室温和泥饼温度也有一定的影响。通常室温应在20℃以上，在冬季，泥饼的温度应控制在30～40℃左右；在夏天，由于温度高，且练泥产生的热量不易散失，最好用与室温相近的泥饼进行练泥。泥饼温度过低，则水的黏度增大，会降低泥料的可塑性，易产生层裂；泥饼的温度过高，则水分蒸发太快，也会影响真空度。

真空练泥机应通过试验来确定出口的锥度、出口直径、接筒直径、螺旋浆叶直径。螺旋推送器的构造也会影响生产率与泥段的质量。螺旋桨叶磨损严重时它与筒壁之间的间隙增大，也会造成泥段层裂，影响出泥速度。

不同处理方法对坯泥质量的影响试验数据列于表4-8。

表4-8 不同处理方法对坯泥质量的影响

处 理 方 法	干燥试样抗拉强度/Pa	烧成试样强度/Pa		
		抗拉强度	抗折强度	抗压强度
用挤泥机加工	34.3×10^4	2038×10^4	5380×10^4	286.2×10^6
用挤泥机加工,泥浆加热到80~90℃	46.84×10^4	2313×10^4	5958×10^4	256.8×10^6
用挤泥机加工陈腐90天	50.57×10^4	2607×10^4	6115×10^4	366.6×10^6
真空练泥机加工	47.33×10^4	2813×10^4	5988×10^4	371.4×10^6
真空练泥机加工,泥浆加热到80~90℃	61.25×10^4	2528×10^4	6458×10^4	373.9×10^6

4.4.2 陈腐

经过粗练的泥料在一定的温度和潮湿的环境中放置一段时间，这个过程称为陈腐或闷料，其主要作用如下。

① 通过毛细管的作用使泥料中的水分分布更加均匀，使黏土颗粒充分水化和进行离子交换，一些硅酸盐矿物长期与水作用会发生水解而转变为黏土物质，从而可提高坯料的可塑性。

② 可增加腐殖酸物质的含量：通过细菌的作用，促使有机物的腐烂，并产生有机酸使泥料可塑性提高，改善成型性能。还可以发生一些氧化与还原反应使 FeS_2 分解成 H_2S，$CaSO_4$ 还原为 CaS，并与 H_2O 及 CO_2 作用形成 $CaCO_3$，放出 H_2S，使泥料松散而均匀。

经过陈腐可提高坯体的强度，减少烧成的变形。但陈腐所需时间较长，占地面积大，会中断生产的连续性，因而工厂中通常把泥料加热后进行多次真空练泥以获得陈腐的效果。

注浆成型用泥浆经过陈腐也是有利的。因为陈腐可使黏土与电解质溶液间的离子交换进行得更加充分，促使黏度降低，因而流动性和空浆性能均可改善。一般的黏土质泥浆经过3~4天陈腐后，它们的黏度可以降至最低数值。

4.5 可塑法成型坯料的制备

4.5.1 可塑泥料制备

可塑法成型是用各种不同的外力对具有可塑性的坯料（泥团）进行加工，迫使坯料在外力作用下发生可塑变形而制成生坯的成型方法。可塑成型要求坯泥的含水量低而又有良好的可塑性，各种原料及水分混合均匀且空气含量低，其常用生产流程有以下几种。

可塑法成型泥料制备常用生产基本流程如图4-13~图4-16所示。

流程①和流程②是目前国内使用最普遍的基本流程，而又以流程①使用更广泛。该流程采用湿球磨混磨，所以制得的坯泥均匀性好，可塑性相对提高，对原料的适应性也强。但因硬、软质原料同时入球磨机而导致球磨效率低，不利于自动化连续化生产，劳动强度大。且因采用干法轮碾物料，粉尘大，需配制价格昂贵的除尘设备，国内工厂一般采用简易水浴除尘和将料块洒水湿润的办法，但这两种方法均难以达到国家规定的每立方米不超过2mg粉尘的环保要求，因此为克服粉尘的污染问题而采用流程②的湿法轮碾。湿法轮碾不仅降低了粉尘污染，而且还有利于降低劳动强度和提高粉磨效率。但流程②在配料准确性方面较差，如采用单磨单配，即按一个球磨机总量来配料，湿碾后放一浆池单独装磨，这样虽配料准

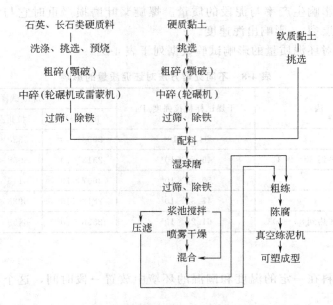

图 4-13　泥料制备常用生产基本流程①

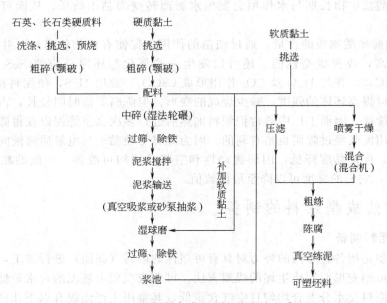

图 4-14　泥料制备常用生产基本流程②

确，但所需浆池亦较多。

流程③的特点是硬质原料独自入球磨机细碎，只加少量黏土入磨以提高效率，黏土原料调成泥浆后，按体积比与硬质物料磨成的泥浆配合，适用于多种配方及大规模生产的工厂，但原料品种不能太多。否则，浆池、浆泵的数量需要较多。

流程④经济性好，便于连续生产，精简了球磨和压滤这两道劳动强度高而效率低的工序。但坯泥的均匀性、可塑性则不太理想，此外粉料在雷蒙机的生产过程中因磨损会带进一定的铁质，由于采用的干法除铁方式的除铁效率很低，故该流程在实际生产中并不多见。

虽然有一些其他的泥料制备工艺流程，但目前国内常用的主要还是上述四种。对于一些

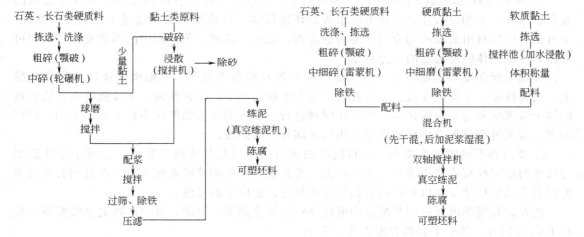

图 4-15　泥料制备常用生产基本流程③　　图 4-16　泥料制备常用生产基本流程④

原料加工专业化水平较高的陶瓷基地，工厂也可直接按技术要求购买原料成品，即已加工好的各种粉料，然后不需经过球磨而直接加入浆池中配料，这样，既有利于提高和保证原料的质量，而且还大大简化了陶瓷厂的原料的制备工序，节省了大量投资。

如前所述，压滤法制备泥料具有很大的局限性，如质量不稳定、劳动强度大、难以实现自动化、连续化的生产工艺。所以，国外最新的泥料制备均采用喷雾干燥法来制备可塑坯料。此法是将干燥的粉料与一定比例的泥浆直接混合，以制得含水量为 19%～27% 的可塑坯料。其优点是，配料准确、泥料含水量稳定，且比例可以调节，容易实现自动化生产。

4.5.2　可塑性泥料工艺性能要求

a. 要求坯料有适当的可塑性　可塑坯料的最主要性能特点是要求可塑性要好，并有良好的操作性能。可塑坯料因配方不同、原料品种多、粉碎方法不同、颗粒级配和坯料含水量也不同，因而坯料可塑性亦不同。可塑性太差，难以成型；又会引起产品变形开裂。因此，在生产中应当尽力调节坯料的可塑性，使其适合所采用的可塑成型法。限于测试方法与研究工作的不完备，目前对塑性坯料尚无一个统一的标准要求。生产中多凭经验进行实践确定，一般以不粘手、不粘模为宜。

通常以"塑性指标"数值来表征泥料的可塑性强弱，它可以反映出泥料的成型性能好坏。塑性坯料的"塑性指标"数值应在 2 以上。例如：北方某厂的一种坯泥，"塑性指标" 2.21，南方某厂的一种坯泥，"塑性指标" 2.60。坯料的可塑性取决于所用的黏土的可塑性大小，应根据要求进行适当调整。

b. 要求坯料具有较高的屈服值和较大的延伸变形量　较高的屈服值，就可保证坯体有足够的成型稳定性和可塑性。也就是说，成型坯体不会因很小的外力就产生变形。较大的变形延伸量，即坯体易塑成各类要求的形状而不开裂，保证坯料有一个好的成型性能。

c. 要求坯料有适当的含水量　坯料的含水量应适当，分布应均匀。具体含水量视为成型方法及黏土的可塑水量来定。目前各地日用瓷厂使用的塑性坯料，含水量一般为 19%～25%。

不同产品及成型方法用坯料的含水量为：

　　大型器皿，手工成型　　23%～25%；
　　一般器皿，旋压成型　　21%～23%；
　　一般器皿，滚压成型　　19%～22%。

d. 要求坯料有较高的干燥强度　坯料的干燥强度反映出结合性的好坏，对成型之后的脱模、修坯、上釉以及连续化成型流水线的坯体传输，有重要意义。通过干燥强度的变化，也可以看出坯料组成及所用原料性能的稳定性，也可以发现工艺过程中的因素变化，从而可以作为控制坯体性能稳定的参考数据。

影响干燥强度的主要因素是所用黏土的种类及结合性强弱。一般南方瓷区多为原生黏土，结合性差，干燥强度低。北方瓷区多为次生软质黏土，结合性强，干燥强度大。从各地坯体干燥强度来看，为保证生产各工序顺利进行，干坯的抗折强度应不低于98×10^4Pa 坯料为宜。可通过调节配方中可塑性黏土用量来调整干燥强度。

e. 要求坯料的收缩率要小　坯料的收缩率包括干燥与烧成两种收缩。它对于坯体造型与尺寸的稳定性有重要作用，应不宜过大。尤其在生产中调整原有配方时，涉及到石膏模型等配套用品的尺寸变动以及产品规格尺寸的稳定，更应全面考虑。

坯料的收缩率可通过调节配方中瘠性物料用量来调节。目前，各地坯料的总收缩率一般在10%～16%。其中干燥线收缩占4%～7%。

例如：界牌瓷厂坯料的收缩率

　　　　干燥线收缩　4%；　　总收缩　15.6%；　　烧成线收缩　12.8%

唐山地区瓷厂坯料的收缩率

　　　　干燥线收缩　4%；　　总收缩　13.6%；　　烧成线收缩　10.0%

f. 要求坯料有适当的细度　坯料的颗粒度要求能够通过10000孔/cm^2筛，即小于0.061mm。生产中以万孔筛余量来控制，一般要求筛余在0.5%～1.5%以下。坯料的颗粒很细，扩大了颗粒之间的接触面，使各组分充分混合，提高混合的均匀程度，并能加快成瓷过程中的固相反应速度，降低成瓷温度，提高瓷的强度，改善瓷的半透明度。

g. 要求泥料中的空气含量要小　塑性坯料中含7%～10%的空气。泥料中的空气可以降低泥料的可塑性，提高弹性，从而影响泥料的操作性能及瓷器的强度。应通过陈腐、真空练泥等工艺措施尽量排除空气。

4.6　注浆法成型坯料的制备

注浆成型是陶瓷生产中的一个基本成型工艺，即将制备好的泥浆注入多孔性模型中，由于其强烈的吸水性，泥浆在贴近模壁的一层被模子吸水而形成一厚薄均匀的泥层，该泥层随时间的延长而逐渐加厚，直至达到工艺所要求的厚度。注浆成型过程结束后，可将多余的泥浆倾出。而后该泥层继续脱水收缩进而与模型脱离，从模型中取出后即为毛坯。

注浆成型适用于多种陶瓷制品的成型。凡是形状复杂的、不规则的、壁薄的、体积较大且尺寸要求不严格的器物都可用注浆法成型。一般日用陶瓷类的花瓶、汤碗、椭圆形盘、茶壶、手柄；卫生洁具类的坐便器、洗面具等都可用该方法成型。

4.6.1　注浆泥浆的制备

a. 球磨制浆工艺　注浆料的制备在原料细碎以前的工序和可塑坯料的制备大致相同。注浆料一般经球磨工序直接制备，是较为基本和简单的制备工艺。其过程如下：

经粗碎、中碎的硬质料和软质料——→配料——→球磨（水，电解质）——→搅拌池——→过筛除铁——→浆桶——→注浆成型。

由于此工艺过程无压滤工序，球磨机起研磨、混合、制浆作用。因此，流程所需设备少、工序少、周期短、成本低、操作简单；但泥浆的稳定性不够好，只适宜于一般注浆成型产品的生产。

b. 球磨、压滤、泥段化浆工艺　该工艺在多次真空练泥前与可塑坯料的制备流程相同。这种方法的特点是用已制备好的塑性坯料来化浆以制备注浆坯料。由于泥浆经过压滤过程，滤除了由原料中混入的有害可溶性盐类（Ca^{2+}、Mg^{2+}、SO_4^{2-}等），因而泥浆的稳定性得到了改善，这种方法适合于生产质量要求较高的，形状较复杂的产品。缺点是所需设备较多，工序多、周期长、成本较高。其工艺流程如下：

精选后的各种原料──→球磨──→振动过筛──→浆池──→除铁──→过筛──→除铁──→浆池──→压滤──→粗练──→陈腐──→真空练泥──→泥段入搅拌池化浆──→过筛──→除铁──→泥浆池──→备用泥浆。

在泥段入搅拌池化浆的同时，可加入数量适当的水玻璃和Na_2CO_3或水玻璃和腐殖酸钠等电解质和增强剂，以稳定泥浆，改善泥浆性能。此工艺流程中，泥段入池化浆以后还可增加一道真空脱气工序。实践证明，用经过真空脱气的泥浆注浆成型的制品，孔隙率低，致密度高，生坯强度明显提高。但因增加了脱气设备而引起了投资增大等问题。

以上是注浆坯料目前最广泛应用的两种基本工艺流程，区别主要在于有无压滤等工序，并由此影响泥浆的稳定性和产品质量。此外，还有使用粉料化浆工艺，即既不球磨也不压滤的最简单泥料制备流程，但泥浆的理化性能不好，应较少采用。

4.6.2　注浆泥浆的工艺性能要求

注浆成型是基于能流动的泥浆和能吸水的模型来进行成型的。为了使成型顺利进行并获得高质量的坯体，必须对注浆成型所用泥浆的性能有所要求，其基本要求如下。

① 流动性要好。即黏度小。在使用时能保证泥浆在管道中的流动，并容易流到模型的各部位。良好的泥浆应该像乳酪一样，流出时成一根连绵不断的细线。

② 稳定性要好。泥浆中不会沉淀出任何组分（如石英、长石等），泥浆各部分能长期保持组成一致，使成型后坯体的各部分组成均匀。

③ 具有适当的触变性。泥浆经过一定时间后的黏度变化不宜过大，这样泥浆就便于输送和储存，同时，又要求脱模后的坯体不至于受到轻微振动而软塌。

④ 含水量要少。在保证流动性的条件下，尽可能地减少泥浆的含水量，这样可减少成型时间，增加坯体强度，降低干燥收缩。

⑤ 过滤性要好。即泥浆中水分能顺利地通过附着在模型壁上的泥层而被模型吸收。

⑥ 形成的坯体要有足够的强度。

⑦ 成型后的坯体脱模容易。

⑧ 不含气泡。

为了满足对注浆泥浆上述工艺性能的要求，一般可通过对泥浆中强可塑性黏土的用量和泥浆细度、水分、相对密度、温度以及流动度来予以控制。而这些工艺性能又根据原料性质、产品的形状、大小、厚薄、石膏模的干燥及新旧程度以及浇注方法来决定。因此，控制泥浆的工艺性能是一个繁杂的工作，要在实践中积累经验。

强可塑黏土的用量少，容易获得水分疏散快、干燥快以及脱模快的泥浆，但所形成的坯体往往发现结构不致密，强度差而且容易产生裂纹；并且使泥浆的悬浮性降低易于产生沉淀，注成的坯体厚薄不一致，各个部分的成分也有差异。特别是在实心注浆中易引起分层现象。因此，对强可塑黏土用量的控制是十分重要的。唐山日用瓷及卫生陶瓷生产中所用的泥浆是按产品的大小厚薄将强可塑黏土用量控制在15%～20%以内。

泥浆细度也因产品的大小及形状的复杂程度而不同，大型制品的细度控制在10000孔/cm^2筛的筛余量为3%～5%以内；小型产品如日用瓷、化学瓷等则筛余量控制在0.05%～0.02%以内。制造小型产品时如大颗粒部分过多则易产生坯体的厚薄不均现象。注浆泥浆中泥料的细度一般来说应较其他成型方法所用坯料的细度为高。

泥浆的含水量，如前所述，应尽量减少。这样不但可以降低坯体的收缩，使注成的坯体迅速达到所需要的强度，而且可以减少石膏模的吸水量，提高模型的干燥速度，增加周转使用的次数。水量的控制是以获得所需的流动度为准的，并通过加入适当的电解质来予以调节。一般的含水量为25%~30%之间，但作大型器物时注坯的泥浆含水量可以较此为低。在工业生产中习惯于用相对密度来控制，笼统地说相对密度大约在1.7左右。国内北方日用瓷生产中所用的泥浆的相对密度为：

　　大型制品　1.85~1.90（过小易层裂）；
　　小件制品　1.55~1.60（过大易不光滑）；
　　壶罐制品　1.65~1.80。

相对密度可以通过加入或减少水量来予以调节，其大小幅度除按产品的情况调节之外，也需根据石膏模型的情况作为准则，如新旧程度、模型温度、干湿程度等。

泥浆的流动度与含水量和加入的电解质有关，为了使泥浆具有较低的水分含量，同时又有较高的流动度，需要在泥浆中加入适量的电解质。最常用的电解质为碳酸钠与水玻璃，单用一种或两种混合使用均可。在这两种电解质中前者可以获得水分疏散快的泥浆，因而使成型迅速。但坯体疏松而强度较差，用水玻璃则可以得到比较致密而强度较大的坯体。

4.7　压制法成型坯料制备

4.7.1　压制粉料的制备

压制粉料含水量低，对可塑性要求不高；但要求粉料有较好的结合性及流动性，如粉料的流动性不好将难以充满模腔，且不易压实，获得的坯体强度不高。要使粉状物料具有较好的流动性，须将坯料进行造粒。所谓造粒，就是在已经磨得很细的粉料中添加黏结剂，并通过适当工艺制成流动性好的颗粒。这种颗粒是由多种具有一定尺寸范围的球状颗粒所组成。当粉料的颗粒级配适当时，并按最紧密堆积原理进行混合时，其堆积密度最大。为区别于粉料的原始颗粒，特把这种经加工而成球状的颗粒叫做团粒。

目前常用的造粒方法有三种：普通造粒法、加压造粒法、喷雾干燥造粒法。

（1）普通造粒法

普通造粒法是将粉料加入适量黏结剂的水溶液后混合均匀，再经过一定规格的筛。由于黏结剂的黏聚作用及振动筛的旋转作用，便得到粒度大小适当的团粒。该法适于制造少量泥料，故常用于实验造粒。

（2）加压造粒法

加压造粒法是将混合好黏结剂的粉料预压成块，然后再粉碎、过筛。常见的工艺是将经过压滤后的泥饼进行干燥并达到成型要求的水分后，经中碎设备［双筒辊碎机、轮碾机、混控机（加入油酸）］破碎后用自动平板压床预压成块，然后经轮碾机碾碎、过筛［如采用筒形旋转筛（分几层）和振动筛、旋风分离器等］。其中筒形旋转筛用于造成球形团粒，振动筛则用于除去粗粒，筛余的粗粒送平板压床重压，筛下料则经旋风分离器（离心式旋风筛）分离，满足一定尺寸要求的球状团粒为合格干压坯料，而微细粉料返回重压。加压造粒法的优点是，造出的团粒体积密度大，机械强度高，能满足各种大件和异形制品的成型要求，但该方法产量较小，劳动强度高，不能适应大批量的生产。在实际生产中为了简化工序，常将细碎后的粉料（干磨）加入适量的水分进行干轮碾后，再打碎泥团、过筛；或者湿磨后压滤、干燥、中碎打粉，再过筛使用。

（3）喷雾干燥造粒法

喷雾干燥造粒法是用喷雾干燥塔将制备好的泥浆喷入塔内进行雾化、干燥后制成的粉料，经旋风分离器吸入料斗，装袋备用。喷雾干燥造粒与泥浆喷雾干燥脱水的原理特点相同，参见 4.3.2。

用该法制备粉料产量大，能实现自动化连续生产，可以大大降低劳动强度；且得到的球状团粒流动性好、水分稳定、均匀，所制得的坯料为一种理想的压制成型料。实践证明，喷雾干燥工艺是现代化大生产的较好方法，其适应领域已从干压坯料推广到了可塑坯料，是简化坯料制备工序，缩短生产周期，实现自动化生产的理想途径。

4.7.2 压制粉料工艺性能要求

压制法成型是将压制粉料填充到模型腔中后加压成型。根据这一特点对压制粉料的工艺性能有如下几方面的要求。

① 粉料要有较好的流动性。粉料的流动性反映了加料时粉料均匀填满模型的能力。粉料流动性好，能使压制成型加料时颗粒间的内摩擦力减小，粉料能在较短的时间内均匀地填满模型的各个角落，以保证坯体的致密度和加压速度。粉料流动性的测定方法可以用直径 30mm、高 50mm 的圆筒放在玻璃板或瓷板上，将坯料装满刮平。然后提起圆筒，让粉料自然流散开来，再测量斜堆的高度 H(mm)。

粉料的流动性 $f=50-H$(mm)。H 值越小，流动性 f 越大，越易填满模型。

离心雾化的压制粉料流动性为：31～33；

压力雾化的压制粉料流动性为：32.5～35；

轮碾打粉的压制粉料流动性为：25～26。

② 粉料要有较大的堆积密度。粉料的堆积密度 d 与假颗粒的密实程度及粒度分布密切相关。假颗粒的孔洞较少，粒度级配合理，堆积密度 d 较大。粉料的拱桥效应严重，堆积密度 d 较小。制备压制坯料时，希望其堆积密度（容重）大，以减少堆积时的气孔率，降低成型的压缩比，从而使压制后的生坯密度大而均匀。通常轮碾造粒粉料的堆积密度 d 较高，约为 0.90～1.10g/cm³，喷雾干燥制备粉体的堆积密度 d 约为 0.75～0.90g/cm³。

坯料的压缩比 k 系坯体压制成型后的密度 D_b 和坯粉自然堆积密度 d_f 之比，即

$$k=\frac{D_b}{d_f} \tag{4-4}$$

在压制过程中，装料量和坯体自重是相同的，模型的横截面也是一定的，所以压缩比又是坯料填满模型的高度 H_f 和成型后坯体高度 h_b 之比，即

$$k=\frac{H_f}{h_b} \tag{4-5}$$

③ 粉料要有适当的含水率，水分要均匀。粉料的含水率直接影响成型的操作及坯体的密度，要求有一适当值。成型压力较大时，要求粉料含水率较低；成型压力较小时，粉料含水率应稍高。但不论成型压力大小均要求粉料的水分均匀。局部过干或过湿都会导致成型困难，甚至引起产品开裂变形。通常根据成型坯体的形状与厚度及成型压力来控制坯料的含水量。若坯体的形状简单，尺寸精度要求不高，成型压力不太大时，水分可高些，一般为 8%～14%；若要求产品尺寸准确，而成型压力又高时，需用低水分粉料。例如，半干压成型坯料的水分为 4%～7%，干压成型坯料的水分为 1%～4%。

④ 粉料要有适当的粒度大小和粒度分布。压制坯料的粒度大小和粒度分布直接影响坯体的致密度、收缩率、生坯强度及压缩比。用于压制成型的粉料需要有适当的粒度分布。实践证明，粉料粒度分布宽，压制成型后的坯体机械强度高。因为粒度有大有小时，才能获得较紧密的颗粒堆积。粉料粒度的大小需要根据所生产制品的大小和厚度决定，最大粉粒直径

应小于坯体厚度的七分之一（大颗粒瓷质砖的颗粒不在此限）。一般应以小于0.25mm的颗粒为主，小于0.125mm的粉料应少于10%。粉料中大量细粉存在会降低粉料的流动性，而使粉料不能在模型中均匀填充。

在制备压制粉料时，造粒后假颗粒的形状、粒度大小、粒度分布都是很重要的工艺参数，它直接影响粉料的流动性和堆积密度。堆积密度较大的、粒度分布合理的圆形颗粒能够制成优质的压制坯料。而当颗粒形状不规则，且细颗粒较多时，容易造成拱桥效应，降低粉料的容重和流动性。喷雾干燥制备的坯料，形状规则，粒度分布合理，轮碾造粒的粉体容重较大，但形状不规则，粒度分布难控制。

本章小结

本章主要介绍了陶瓷坯料制备的工艺过程，包括原料的预处理、配料与细粉磨、除铁、过筛、搅拌以及泥浆脱水、练泥和陈腐。在细粉磨中着重介绍了影响球磨机粉碎、振动粉碎和气流粉碎效率的因素；泥浆脱水中介绍了影响压滤效率和喷雾干燥效率的因素。并分别介绍了各种坯料（可塑坯料、注浆坯料、压制坯料）的制备工艺流程及陶瓷生产对各种不同坯料（可塑坯料、注浆坯料、压制坯料）的工艺性能要求。

复习思考题

1. 陶瓷原料为什么要进行预处理？
2. 陶瓷坯料为什么要进行除铁处理，怎样进行除铁，除铁机理？
3. 泥浆脱水的方法？比较各种脱水方法的性能特点。
4. 坯料为什么要经过练泥和陈腐？
5. 什么叫造粒？为什么要造粒？
6. 可塑泥料必须满足哪些工艺性能要求？
7. 注浆泥浆必须满足哪些工艺性能要求？
8. 压制粉料必须满足哪些工艺性能要求？

5 成 型

【本章学习要点】 本章学习中要了解成型方法的分类及选择；重点掌握可塑成型、注浆成型、压制成型的成型工艺原理；掌握可塑成型、注浆成型的方法；掌握石膏模型的制作过程；了解修坯与粘接、成型模具以及成型常见缺陷。

成型是陶瓷生产中一道重要工序，该工序就是将原料车间按要求制备好的坯料用各种不同的方法制成具有一定形状和尺寸的坯体（生坯）。成型后的坯体仅为半成品，其后还需进行干燥、上釉、烧成等多道工序。亦即必须满足生坯干燥强度、生坯入窑含水率、坯体致密度、器形规整度等方面的技术要求。因此，成型必须满足如下要求。

① 坯件应符合图纸及产品的要求，生坯尺寸是根据收缩率经过放尺综合计算后的尺寸。
② 坯体应具有相当的机械强度，以便于后续工序的操作。
③ 坯体结构要求均匀、致密、以避免干燥、烧成收缩不一致，使产品发生变形，开裂等。
④ 成型过程适合于多、快、好、省地组织生产。

5.1 成型方法的分类及选择

5.1.1 成型方法的分类

（1）可塑成型

可塑成型是使可塑坯料在外力作用下发生可塑变形而制成坯体的成型方法。可塑成型使用的坯料是呈可塑状态的泥团，其含水量约为泥团质量的18%～26%。可塑成型按其操作法不同可分为雕塑、印坯、拉坯、旋压、滚压等种类。日用陶瓷通常用可塑成型法成型，目前使用最广泛的是旋压与滚压两种。

（2）注浆成型

注浆成型是使用含水量高达30%以上的流动性泥浆，通过浇注在多孔模型中来进行成型的方法。卫生陶瓷和部分日用陶瓷附件通常采用注浆成型法成型。

传统注浆成型是指利用多孔模型从泥浆中吸取水分，因而在模壁上形成一定厚度的泥层而制得各类坯体。通常的方法有单面注浆、双面注浆和强化注浆。

广义地说，所有坯料具有一定流动性的成型方法，均统称为注浆成型法。如热压铸、流延法等。热压铸成型是将塑化剂（如石蜡）加入到一些非黏土类的瘠性料中，然后使其加热调制成具有一定流动性和悬浮性的浆料，用压缩空气将热浆压入金属模内而成型的方法。

（3）压制成型

压制成型是将含有一定水分或黏结剂的粒状粉料填充在某一特制的模型之中，施加压力，使之压制成具有一定形状和强度的陶瓷坯体。凡要求尺寸准确、形状规则的制品常用此方法成型。如陶瓷墙地砖等。压制成型通常又有干压法、半干压法、等静压法等方式。

5.1.2 成型方法的选择

同一产品可以用不同的方法来成型，而不同的产品也可用同一方法来成型。因此，对于某一类产品采用什么样的成型方法，就需要进行选择。在生产中可从以下几方面来进行考虑。

① 从产品的形状复杂程度、尺寸大小、厚薄等方面考虑。一般形状复杂、尺寸较大，壁较薄的产品，可以采用注浆法成型，如各种卫生洁具、壶、花瓶等；凡呈旋转体形状的产品多采用旋压、滚压成型。如盘、碗、花钵等；凡尺寸公差要求较高的扁平产品多采用干压法成型。如各类墙地砖、釉面砖等。

此外，对于中小型、尺寸要求较精确且形状较复杂的产品可采用热压铸成型；对于要求密度高而均匀，收缩小，变形小的产品可采用等静压成型法；生产长尺寸的棒状，管状制品及截面一致的制品可采用挤制法；生产厚度大于1mm的薄膜制品可用轧膜成型或流延成型法。这几种成型法可参见10.6。

② 从坯料性能考虑。可塑性较好的坯料，采用可塑成型为好。可塑性较差的坯料，一般采用注浆成型或干压成型。

③ 从经济角度考虑。因地制宜，在保证质量的前提下，设备尽可能简单。大量成批生产时应采用自动化连续作业线；采用的成型方法劳动强度要小，易于被操作者接受；技术指标高，经济效益好。

5.2 可塑成型

5.2.1 可塑成型的工艺原理

可塑成型是利用各种不同的外力对具有可塑性的坯料进行加工，迫使坯料发生可塑变形而制成生坯的成型方法。可塑成型在日用陶瓷生产中采用得比较普遍，其原因是可塑成型坯料制备较简单，成型时要求外力不大，对生产模具要求不很高，成型操作易掌握。但是，由于可塑成型坯料含水量太高（21%～26%），故生坯干燥热耗大，产品因收缩而易变形开裂，因而使该方法难以在其他硅酸盐行业中广泛应用。

5.2.1.1 可塑泥团的流变性特征

可塑泥团是由固相、液相、气相组成的塑性-黏性系统。当它受到应力作用而发生变形时，既有弹性性质，又出现塑性变形的阶段（图5-1）。当应力很小时，含水量一定的泥团受到应力 σ 的作用产生形变 ε，二者呈直线关系（泥团的弹性模量 E 不变），而且是可逆的。这种弹性变形主要是由于泥团中含有少量空气和有机塑化剂，它们具有弹性，同时由于黏土粒子表面形成水化膜所致。若应力增大超过极限值 σ_y，则出现不可逆的假塑性变形。

由弹性变形过渡到假塑性变形的极限应力 σ_y 称为流动极限（或称流限、屈服值）。此值随泥团中水分增加而降低。达到流限后，应力增加引起更大的变形速率。这时弹性模量减小。若除去泥团受到的应力，则会部分地回复原来状态（用 ε_y 表示），剩下的不可逆变形部分 ε_n 叫做假塑性变形，这是由

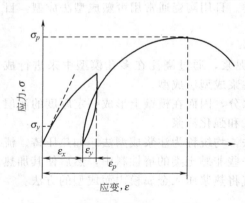

图5-1 黏土泥团的流变曲线

于泥团中矿物颗粒产生相对位移所致。若应力超过强度极限 σ_p，则泥团会开裂破坏。破坏时的变形值 ε_p 和应力 σ_p 的大小取决于所加应力的速度和应力扩散的速度。在快速加压和应力容易消除情况下，则 ε_p 和 σ_p 值会较低。

成型时，希望泥团能长期维持塑性状态。这牵涉到加压方式与变形的关系。当压力是一次和很快地加到泥团上时，比较容易出现弹性变形，而不可逆的假塑性变形值较小。所以要使泥团形成坯体要求的形状，成型的压力应该陆续、多次加到泥团上。此外，泥团受力作用

而变形后，若维持其变形量不变，应力却会逐渐消失。也就是说，储存在已经变形的泥团中的能量会转化为热能而逐渐消失。这种应力降低到一定数值时所需的时间叫做松弛期。如果成型时泥团受压的时间比其松弛期短得多，则在应力作用期间内，泥团来不及变形而又回复为原状，成为弹性体。若延长加压的时间，并且远远超过其松弛期，则泥团呈塑性变形，长期保持变形后的形状。

可塑坯料的流变性质中，有两个参数对成型过程有实际的意义。一个是泥团开始假塑性变形时须加的应力，即其屈服值；另一个是出现裂纹前的最大变形量。成型性能好的泥团应该有一个足够高的屈服值，以防偶然的外力产生变形；而且应有足够大的变形量，使得成型过程中不致出现裂纹。但这两个参数并不是孤立的。从图 5-2 可见，改变黏土泥料的含水量可以改善一个流变特性，但同时却会降低另一个特性。一般可以近似地用屈服值和最大变形量的乘积来评价泥料的成型能力。对于某种泥料来说，在合适的水分下，这个乘积可达到最大值，也就是具有最好的成型能力。

不同的可塑成型方法对泥料流变性的上述两个参数的要求是不同的。在挤压或拉坯成型时，要求泥料的屈服值大些，使坯体形状稳定。在石膏模内旋坯或滚压成型时，由于坯体在模型中停留时间较长，受应力作用的次数较多，屈服值可以低些。对泥料开裂前的最大变形量来说，手工成型的泥料可以小些，因为操作者可根据泥料的特性来适应它。机械成型时则要求变形量大些，以降低废品率。图 5-3 所示为几种不同可塑成型方法对坯料所加扭力测定的结果。由图可知，三种旋坯泥料的屈服值较小，而挤压法和拉坯法较大。

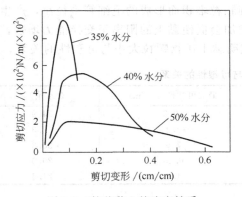

图 5-2　某种黏土的流变性质

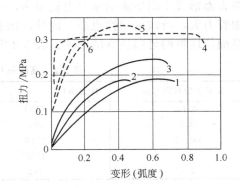

图 5-3　可塑成型方法与坯料的流变性质
1～3—旋坯用；4—挤压用；5—拉坯用；6—手塑用

5.2.1.2　影响坯料可塑性的因素

a. 黏土矿物结构的影响　含黏土的坯料其可塑性与黏土矿物种类有很大关系。高岭石的层状结构中，层与层之间有氢键的作用力，水不易进入二层之间，毛细管力也小，所以高岭土的塑性较低。而蒙脱石晶层，层与层之间是通过范德华力来连接。这种键力较弱，吸附力强，水分子能进入晶层之间，形成水膜，产生大的毛细管力，因而坯料中含膨润土比含同质量的高岭土或伊利石类黏土的可塑性好。

b. 吸附阳离子的影响　黏土胶团间的吸引力影响着黏土坯料的可塑性。而吸引力的大小决定于阳离子交换的能力及交换阳离子的大小与电荷。阳离子交换能力强的原料，一方面可使粒子表面带有水膜，同时由于粒子表面带有电荷，不致聚集。从电荷的大小来考虑，三价阳离子价数高，它和带负电荷的胶粒吸引力相当大，大部分进入胶团的吸附层中，整个胶粒净电荷低，因而使斥力减小，引力增大，使黏土可塑性增大。对可塑性的影响二价阳离子较小，一价阳离子最小。但 H⁺ 是例外的，因为它实际上只有一个原子核，外面没有电子层，所以其电荷密度最高，吸引力最大，氢黏土的可塑性也大。

对同价阳离子来说，离子半径越小，则其表面上电荷密度越大，水化能力越强，水化后的离子半径也越大，与带负电荷的胶粒吸引力减弱，进入吸附层的离子数目少，胶粒的净电荷较高，因而斥力大而引力小，所以黏土塑性低。吸附 Li^+ 的黏土塑性较低。表 5-1 所列为水化前后离子半径值。

表 5-1 水化前后离子半径值

项 目	Li^+	Na^+	K^+
水化前离子半径/Å	0.78	0.98	1.33
水化后离子半径/Å	3.7	3.3	3.1

注：$1Å = 10^{-10} m$。

黏土吸附不同阳离子时，其可塑性变化的顺序和阳离子交换的顺序是相同的。

$$H^+ > Al^{3+} > Ba^{2+} > Ca^{2+} > Mg^{2+} > NH_4^+ > K^+ > Na^+ > Li^+$$

<--------------------- 可塑性

阴离子交换能力比较小，对可塑性的影响不大。

c. 固相颗粒大小和形状的影响　坯料的可塑性和黏土颗粒大小的关系可归纳为，颗粒越粗，呈现最大塑性时所需的水分越少，最大可塑性也越低；颗粒越细，比表面越大，每个颗粒表面形成水膜所需的水分也就越多，并且由细颗粒堆积而形成的毛细管半径小，产生的毛细管力大，所以可塑性也高。此外，比表面积增加会促使黏土的阳离子交换能力增强，这也是细粒坯料的可塑性好的原因。表 5-2 定量地表明黏土矿物颗粒大小与可塑性的关系。

表 5-2 高岭石比表面积与可塑性的关系

粒子平均直径/μm	比表面积/(×10⁴cm²/100g)	最大可塑性/(N/m)	含水量/%
0.135	7100	10.2	34.9
0.28	3800	8.2	32.3
0.45	2710	7.6	28.3
0.55	1750	6.25	25.0
0.65	792	4.4	21.6

不同形状颗粒的比表面积是不同的，因此对可塑性的影响也有差异。板状、短柱状颗粒的比表面积较球状和立方体颗粒的比表面积大得多。前两种颗粒容易形成面与面的接触，形成的毛细管半径小，毛细管力较大，并且它们的对称性低，移动时阻力大，使坯料的可塑性增大。

d. 分散介质的影响　陶瓷坯料中最常用的分散介质是水。坯料中水分适当时才能呈现最大的可塑性。一般来说，包围各个粒子的水膜厚度为 0.2μm 时，坯料会呈现最大的可塑性。液体介质黏度、表面张力对坯料的可塑性有显著的影响。图 5-4 说明表面张力大的介质必定增大坯料的可塑性。同样，高黏度的液体介质（如羧甲基纤维素、聚乙烯醇和糊精的水溶液、桐油等）也会提高坯料的可塑性。这是由于这些有机物质粘附在坯料颗粒

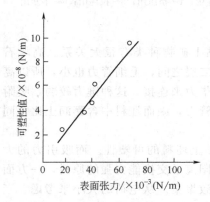

图 5-4 液体介质的表面张力对坯料可塑性的影响

表面，形成黏性薄膜，相互间的作用力增大，再加上高分子化合物为长链状，阻碍坯料颗粒相对移动，从而提高坯料的可塑性。

此外，采取一些工艺措施（如陈腐、多次练泥等）也可提高坯料的可塑性（参见 4.4）。

5.2.1.3 塑化剂的作用和选择

在传统的黏土质陶瓷坯料中，为了利于成型及后继工序的顺利进行，以适应机械化与自动化生产的需要，往往要增多塑性原料（如可塑黏土或膨润土）的用量或加入有机塑化剂。

生产中使用的塑化剂通常是由几种物质配成。

a. 黏合剂或黏结剂　一些有机物质的溶液，常温下能将坯料颗粒黏合在一起，使坯料具有成型性能，烧成时它们会氧化、分解和挥发，这类物质称为黏合剂。常用的黏合剂为糊精、聚乙烯醇、羧甲基纤维素、聚醋酸乙烯酯、聚苯乙烯、桐油等。一些无机物质除常温下能改善坯料的可塑性能外，高温下仍保留在坯体中，这类物质可称为黏结剂。常用的黏结剂为硅酸盐和磷酸盐等。

b. 增塑剂　用来溶解有机黏合剂和湿润坯料颗粒，在颗粒之间形成液态间层，提高坯料的可塑性。常用的为甘油、酞酸二丁酯、乙基草酸、己酸三甘醇等。

c. 溶剂　能溶解有机黏合剂、黏结剂及增塑剂，分子结构和它们相似或有相同的官能团。常用的溶剂为水、无水乙醇、丙酮、甲苯、醋酸乙酯等。

有机黏合剂一般在 400～450℃ 范围内会烧尽，留下少量灰分。但不同类型黏合剂氧化挥发的速率是不同的。通常希望其挥发的温度范围宽些，即挥发缓慢以防坯体开裂。图 5-5 中所示的一些黏合剂，聚乙烯醇在 200～400℃ 范围内均匀挥发是比较理想的。其他几种则比较集中在 300℃ 附近挥发。此外，在还原气氛下，黏合剂会黏结，而且燃烧时产生一些二氧化碳气体，起着还原剂的作用。所以在塑化剂（包括黏合剂及增塑剂）燃烧的温度范围内要注意保持氧化气氛，升温不能过急。

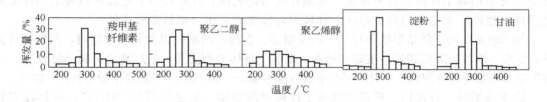

图 5-5　某些黏合剂的挥发速率（升温速度：75℃/h）

选择有机塑化剂（主要是黏合剂）时应能满足以下要求：
① 具有极性，能良好地湿润和吸附在坯料颗粒表面上；
② 希望黏合性能和表面张力大些，以便成型和保证坯体强度；
③ 和坯料颗粒不会发生化学反应；
④ 挥发温度范围宽些，灰分少些。

5.2.2　可塑成型的方法及常见的缺陷

可塑成型方法种类繁多，这里简单地介绍几种主要的方法。

5.2.2.1　旋压成型

（1）旋压成型操作

旋压成型是日用陶瓷主要的成型方法之一，它是利用旋转的石膏模与样板刀来成型的。操作时，将适量经真空捏练过的泥团放在石膏模中心（模子含水率在 4%～14%），再将石膏模置于辘轳机上，使其转动，然后徐徐放下样板刀（又称型刀）进行旋压。由于样板刀的压力作用，泥料均匀地分布在模子的内表面上，而多余泥料则粘附在样板刀上，并用手将余泥清除。这样，模壁与样板刀转动所构成的空隙就被泥料填满而旋制成坯件。样板刀口的形状与模型工作面的形状构成了坯体的内外表面。样板刀口与模型工作面的距离即为坯体的胎厚。旋坯操作时，样板刀应拿稳，用力均匀，轻重合适，以防振动跳刀和出现厚薄不均的情况；此外，起刀不能太快，否则内部会出现抬刀印。样板刀之形状由坯体所需形状而定，其刀口一般要求30°～40°角，以减少剪切阻力。此外，刀口不能成锋利尖角，而要成1～2mm的平面。

在旋制盘碟类扁平制品时，可采用阳模成型，这时石膏模面形成坯体的内形（即显见面），样板刀则形成坯体的外形。深凹制品多采用与上法相反的阴模成型。

旋压成型（阳模）示意图如图5-6所示。

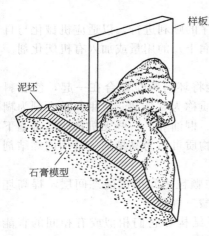

图5-6 旋压成型（阳模）示意图

(2) 旋压成型工艺特点与控制

旋压成型要求坯料含水均匀，结构一致，有较好的可塑性。由于其操作是以"刮泥"的形式排开坯泥的，因此要求坯泥的屈服值相应地低些，也就是要求坯料的含水量稍高些，以求减少排泥阻力；同时，在"刮泥"成型时，与样板刀接触的坯体表面不光滑，需要在成型赶光阶段添加水分来赶光表面；此外，"刮泥"时排泥是混乱的，这些工艺特点是旋压成型制品变形率高的主要原因之一。

旋压成型的另一特点是样板刀对坯泥的正压力小，故生坯致密度差。为提高样板刀的正压力，可采用减小样板刀口的角度、增加样板刀的宽度、在样板刀上附加木板及增加坯泥量等措施。然而，无论采用何种办法，样板刀对坯泥的正压力仍然是较小的。

模型转速取决于制品形状和尺寸。深腔制品、直径小的制品以及阴模成型时，其转速可高些；反之，则相应降低转速。主轴转速高，有利于坯体表面光滑，但过高会引起"跳刀"、"飞坯"以及不易操作等问题。一般采用的主轴转速为230～400r/min，坯泥含水量为21%～26%。

旋压成型时，石膏模、样板刀以及支撑模型的模座主轴必须对准"中心"，不但在安装设备与上班检查时要注意到这一点，而且还要保证旋压时不会因样板刀、主轴及工作台的摇晃而引起偏心，避免引起坯体产生厚薄不均匀、变形及开裂缺陷。

旋压机最初是采用手控样板刀的辘轳机，此设备由于结构简单，使用方便直到现在仍然使用。后来发展成利用凸轮控制样板刀的半自动成型机和双刀半自动旋压机。虽然双刀成型设备的效率为单刀的两倍，但劳动条件仍不理想。

椭圆形制品（如鱼盘）过去一直采用注浆成型，目前已广泛采用椭圆形旋压机成型。这种旋压机工效为注浆法的6倍，不但效率高、成本低，而且劳动条件亦得到了较大的改善。

旋压成型的优点是设备简单、适应性强，可旋制大而深的制品；缺点是旋压质量较差，劳动强度大，生产效率低，成型时所消耗泥料、石膏模数量多；而且占地面积较大，要求工人有一定的操作技术。

(3) 旋压成型常见缺陷

旋压成型中常见缺陷及其产生的原因有以下几方面。

a. 夹层开裂 坯体内夹有空隙、泥料有分层现象，其产生原因有：①旋压时上刀、下刀太快。当旋压坯刀起刀太快时，往往在坯体的某部位造成一较大的凹坑，再次下刀时泥料将此凹坑密合，即形成夹层；②旋坯时，初次装入石膏模内的泥料不足，当旋至一定程度后添泥时，前后泥料不能较好地结合而形成夹层；③泥料本身捏练不充分，泥团在装模前未拍好，内部本身已含有夹层。

b. 外表开裂 其多存在于形状比较复杂，厚度急剧改变的部位，其产生原因有：①操作时施水太多，使坯体表面凹陷处积水，干后即产生裂纹；②在旋制大型厚胎产品时，由于旋坯刀上积泥太多引起旋刀振动，使产品某些部位开裂，此外，初次装入石膏模内的泥料过多时也会出现此种缺陷。

c. 花底变形 初次装入石膏模内泥料时，用力太小易引起坯体花底；初次装入石膏模内泥料未对准模子中心，致使坯体受力不均而引起变形花底。此外，一次性给多个模子装入泥料，泥料在模中放置太久，亦会引起花底变形。

5.2.2.2 滚压成型

滚压成型是在旋压成型基础上发展起来的一种可塑成型法。由于此法对日用瓷成型具有许多优点，目前在日用瓷厂普遍应用。

(1) 滚压成型特点与操作方法

滚压成型与旋压成型的不同之处是将旋压成型中的扁平样板刀改为回转型的滚压头（滚头）。成型时，盛放泥料的模型和滚压头分别绕自身的轴线以一定速度同方向旋转。滚压头一面旋转一面逐渐靠近盛放泥料的模型，并对泥料进行"滚"和"压"的作用而成型。滚压时泥料均匀展开，受力由小到大的变化比较缓和、均匀，破坏坯料颗粒原有排列而引起颗粒间应力集中的可能性较小，坯体的组织结构均匀。其次，滚压头与泥料的接触面积较大，压力也较大，受压时间较长，因此坯体的致密度和强度均比旋压成型的有所提高。再者，滚压成型是靠滚头与坯体相滚动而使坯体表面光滑，无需再加水。因此，滚压成型的坯体强度高，不易变形，表面质量好，规整度一致，克服了旋压成型的一些根本性缺点，提高了日用瓷坯的成型质量。加之，滚压成型还具有效率高，易与上下生产工序组成联动生产线，改善了工人的劳动强度等优点，因此，滚压成型在日用陶瓷生产中得到极广泛的应用。

滚压成型与旋压成型一样，既可采用阳模滚压，亦可采用阴模滚压。阳模滚压是利用滚头来决定坯体的阳面（外表）形状大小，如图 5-7 所示。此法适合于成型扁平、宽口器皿和坯体内表面有花纹的产品。阴模滚压系采用滚头来形成坯体的内表面，如图 5-8 所示。这种成型方法适用于成型口径较小且深凹的制品。

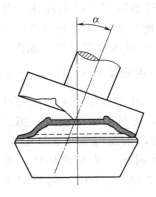

图 5-7 阳模滚压成型

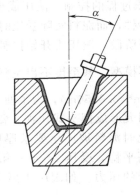

图 5-8 阴模滚压成型

阳模成型时，石膏模型旋转（即主轴转速）不能太快，否则坯泥易被甩掉。因此，要求泥料的水分低些，可塑性好些。带模干燥时，由于模型对坯体的支撑，脱模较困难，但变形较少。阴模成型时，主轴转速可高些，可塑性要求可稍低些，但带模干燥易变形，生产中常将坯模扣放在托盘上进行干燥，以减少变形。

另外，滚压成型有热滚压与冷滚压之分。为了防止滚压头粘泥，可采用热滚压，即把滚压头加热到一定温度（通常为120℃左右）。当热滚压头接触湿泥料时，滚面会形成一层蒸汽膜，可防止泥料粘滚压头。滚压头加热方法是采用一定型号的电阻丝盘绕于滚压头腔内，通电加热。采用热滚压时，对泥料水分要求不严格，适应性较广，但要严格控制滚压头温度，并增加一些附属设备，维修、操作较麻烦，故有的工厂仍采用冷滚压（即常温下）。为了防止泥料粘滚压头，除要求泥料水分较低、可塑性较好外，常采用憎水性材料做滚压头。

滚压头的中心线与模型（主轴线）之间的夹角，称为滚压头的倾角，又称成型角、主偏角及摆角。一般用 α 表示（如图5-7、图5-8所示）。

(2) 滚压成型工艺参数控制

a. 对泥料的要求　滚压成型泥料受到压延力的作用，成型压力较大，成型速度较快，要求泥料含水量要少，屈服值要高，延伸变形量要大一些。

塑性泥料的延伸变形量是随着含水量的增加而变大的，若泥料可塑性太差，由于其适于滚压成型时的水分少，其延伸变形量也小，滚压时易开裂，模型易磨损。若泥料可塑性太好，由于其适于滚压成型时的水分较高，其屈服值相应较低，滚压时易粘滚压头，坯体也易变形。因此，滚压成型要求泥料具有适当的可塑性，并严格控制泥料的含水量。工厂里一般是通过控制含水量来调节泥料的可塑性以适应滚压的需要。

滚压成型对泥料的要求还与采用阳模滚压还是阴模滚压、热滚压还是冷滚压有关。阳模滚压时因泥料在模型外面，泥料水分少些而不会甩离模型，同时，要求泥料有较大的延伸变形量。因此，适用于阳模滚压的泥料应是可塑性较好而水分较少的。而阴模滚压时，泥料水分可稍多些，可塑性可稍差些。冷滚压时，泥料水分要少些而可塑性要好些；热滚压时，泥料的水分及可塑性均要求不甚严格。

此外，滚压成型泥料的含水量还与产品的形状大小有关。大产品的泥料含水量要低一些，小产品成型泥料含水量可高些。泥料水分还与滚压头转速有关，滚压头转速小时，泥料水分可高些；滚压头转速快时，泥料水分不宜太多，否则易粘滚压头，甚至飞泥。一般滚压成型泥料含水量在19%～26%不等。

b. 滚压过程的控制　滚压成型时间很短，从滚压头开始压泥到脱离坯体，总共才几秒钟至十几秒钟，而泥料实际受压时仅有2～4s。不妨形象地将滚压过程分为三个阶段：第一阶段为下压阶段，滚压头开始接触泥料，此时动作要轻，压泥速度要适当。动作太重或下压过快会压坏模型，甚至排不出空气而引起"鼓气"缺陷。成型某些大型制品时（如 $10\frac{1}{2}$ in 平盘等，1in=0.0254m），为了便于布泥和缓冲压泥速度，可先预压布泥，也可让滚压头的倾角由小到大形成摆头式压泥。滚压头下压太慢也不利，泥料易粘滚压头；第二阶段为压延阶段：此时泥料被压至要求厚度，坯体表面开始赶光，余泥继续排出，这时滚压头的动作要重而平稳，受压2～4s；第三阶段为抬头阶段：此时滚压头抬离坯体，要求缓慢减轻泥料所受的压力。如滚压头离坯面太快，易产生"抬头缕"。不过，泥料中瘠性物料多时不明显。

整个滚压的操作过程是由滚压机的凸轮机构来控制的，所以工艺操作过程的要求是设计凸轮的主要依据。

c. 主轴（模型轴）和滚压头的转速和转速比的控制　　主轴和滚压头的转速及其转速比直接影响到产品的质量和生产效率，是滚压成型工艺中的一个重要参数。主轴转速高，则成型效率高、产量高。但在用阳模滚压时，转速太高容易飞泥。当用阴模滚压时，主轴转速可比阳模滚压的高些。主轴转速一般还应随产品直径的增大而减小。为提高产量，采用较高的主轴转速时，易出现"飞模"现象，为此要注意模型的固定问题。国内日用瓷厂根据产品的不同，主轴转速一般为 300～800r/min，有的高于 1000r/min。

主轴转速确定后，滚压头转速要与之相适应，一般是以主轴转速与滚压头转速的比例（转速比）作为一个重要的工艺参数来控制的。实践证明，转速比对滚压成型的质量有很大影响。至于转速比多大才能生产高质量的产品，有这样两种意见：一种认为滚压头与模型的线速度应该一致，这样可使泥料均匀展开，颗粒间不会引起互相牵制的应力，对于克服坯体的变形、提高坯体质量有好处，但容易出现滚压的痕迹，坯体表面不致密，不光滑，甚至粘滚头等缺陷。另一种意见认为，要成型高质量的坯体必须使滚压头与主轴的转速有所差别，使滚压头与坯体之间产生相对运动，并有一定的相对速度。实践证明，若相对速度太小，则坯体表面不致密、不光滑。若相对速度过大，则易出现卷花、垂底等缺陷。因此，要生产高质量的产品就必须选择一个合适的转速比。

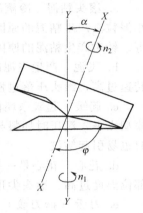

图 5-9　滚压成型运动状态分析

实际上，上述两种意见反映出了滚动与滑动对坯体形成的作用与影响问题。然而，坯体与滚压头间全部处于纯滚动的状态是不存在的。通过分析，滚压成型的运动状态如图 5-9 所示。

当滚头与模型有倾角时，坯体各点与滚头处于纯滚动状态下的转速比应为

$$\frac{n_1}{n_2}=\frac{\sin(\varphi\pm\alpha)}{\sin\varphi} \tag{5-1}$$

上式中的"＋"号用于阳模滚压，"－"号用于阴模滚压。由于坯体各部位的 φ 角不同，因此按上式要求确定一个转速比时，只能使坯体的某一局部做相对滚动，而大部分仍然在滑动。所以滚压头与坯料之间总有滑动存在。重要的是成型过程中滑动的大小对坯体质量的影响问题。考虑到滑动对坯体的表面质量有利，在确定滚头与主轴的转速比时，要使坯体的大部分部位都处于滑动状态。但滑动也不宜太大，否则也会影响坯体质量。若阳模滚压倾角 α 取为 20°，则由于常见坯体的边缘到中心部位的 φ 角为 45°～90°，按照上式计算，其转速比只有在 1∶(0.78～1.1) 之间才能有坯体的局部表面与滚头做相对滚动。在生产中常用的转速比为 1∶(0.6～0.8)，可见除了在坯体的边缘部位有可能实现滚动外，绝大部分坯体表面都有一定的滑动。

阴模滚压时，若条件与阳模滚压相同。则局部坯体表面能处于相对滚动时的转速比为 1∶(1.1～1.6) 之间。然而，实际生产中常在 1∶(0.3～0.7) 之间。由此可见，阴模滚压时的相对滑动速度要大得多。然而，滑动速度到底多大为好？这一问题不能一概而论，因为它与滚压的操作法、坯体的形状尺寸、滚头的材料、坯泥的性能、滚头的动力种类等因素有关，合适的转速比要通过实验来确定。

另外，针对滚压成型时坯体与滚压头的滚动和滑动有不同的作用，可以在滚压过程中不同的阶段改变滚压头转速，以充分利用滑动与滚动对成型的不同作用。例如，滚压开始时可使滚头转速接近使滚头与泥料产生滚动时的转速，使布泥均匀而减小产生应力的可能。当布泥完成泥料压至要求厚度后，可将滚头调整至能产生较大的相对滑动的转速，使泥料表面易

成型赶光。在滚压的最后阶段，滚头转速又要调到有较小的相对滑动，以利滚头脱离坯体。这种采取滚头变速的成型法将使滚压机的结构复杂，至于质量上能否显著提高，则有待在实践中考察。

总之，滚压成型中主轴与滚头的转速比是一个重要的工艺参数，它与成型质量的关系还需在实践中进一步研究。

(3) 滚压成型常见缺陷

滚压成型常见有以下缺陷。

a. 滚头粘泥　冷滚压时泥料往往会卷在滚头上。热滚压时滚头边缘或沟槽处常常粘上小泥粒。产生粘泥的原因可能是泥料可塑性太大、水分过多、滚头转速过大、滚头倾角过大等。针对产生粘泥的原因，只要采取相应措施便可避免粘泥现象。

b. 飞泥　产生飞泥缺陷的原因可能是泥料含水太多，投泥时与石膏模黏合不好，主轴转速过高，滚头压落过慢或主轴与滚头的转速比不合适等。

c. 起皱　起皱系坯体底部中心和底圈边缘内部出现的细小皱纹，可能是新模内有油污，模型太平，滚压时坯料与模壁接触面错动。此外，滚头接触泥料时的主轴转速未达到最大值时也易引起皱纹。

d. 花心　花心是一种坯体中心部分呈菊花心形开裂的缺陷，产生原因可能是滚头中心部位温度过高、滚头尖顶稍上翘、滚头中心超过坯体中心过多等。

e. 刀舌（抬刀纹）　产生刀舌的原因可能是滚压头有跳动或摆动，滚头中心与主轴中心线安装有偏距，石膏模固定不好；滚压头的凸轮曲线设计不合理，使滚头急速离开坯面。

在实际生产中，由于机械、安装、器形、模型、操作等各方面处理不当都能引起各种缺陷。但只要在设计、制造和安装上予以充分注意，滚压成型的质量和效率是比较高的，且无需经常维修和调整。

5.2.2.3　塑压成型

塑压成型是20世纪70年代末美国在日用陶瓷生产中开始采用的一种成型技术，其特点是设备结构简单，操作方便，适宜于成型鱼盘或其他广口异形产品。在建筑卫生陶瓷生产中，对于西式琉璃瓦和部分中式琉璃制品、饰面瓦也已采用塑压法成型，其模具一般使用钢模，并已实现了全自动化生产。

日用陶瓷生产中，塑压模的上模下模均由一个石膏模和一个金属模框组成，用金属框箍住石膏模，起加固作用，并保证上下模精确定位，在加压时对石膏模起保护和缓冲作用。在上下石膏模内均埋有用透气性较好的玻璃纤维软管，按产品形状做成的排气盘束（图5-10），上、下模之间形成一塑压成型的制品形成腔。塑压模结构示意如图5-11所示。

(1) 塑压成型操作

塑压成型是靠压缩空气通入透气的石膏模中，将坯体脱离模型，达到脱模的目的，其操作步骤如下。

① 将精练后的泥段切成所需厚度的泥饼，并将泥饼平置于底模中心。

② 塑压时上、下模对准，坯泥受压展开，充满塑压模的型腔中，压成坯体。

③ 将压缩空气从底模通入，此时坯体脱离底模而被上模吸住。

④ 将压缩空气从上模向坯体上吹，使坯体脱离上模落入操作者手中的托板上或由气吸机械手吸取。

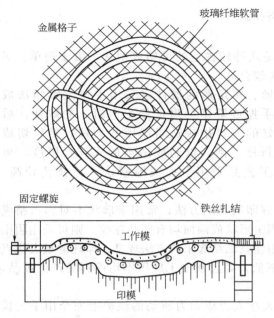
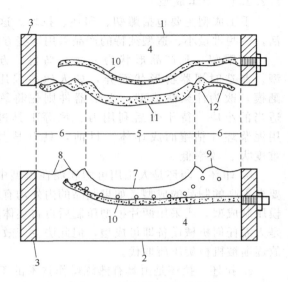

图 5-10 排气盘束的软管盘绕图

图 5-11 塑压模结构示意图
1—工作模或上模（阳模）；2—下模或阴模；
3—金属模框；4—石膏模；5—制品成型区；
6—檐沟区；7—阴模内表面；8—沟槽；
9—沟槽凸边；10—制品排气盘束；
11—塑压制品；12—余泥

⑤ 有时将以上过程反过来，即用压缩空气吹上模使坯体脱离上模，待上模升至适当高度后再把底模连同坯体一块移开。

⑥ 将坯体边缘余泥剥掉。不过，余泥薄层也可在干燥过程中自行脱落。

⑦ 剥余泥时，停送压缩空气，坯体脱模移开。进行第二次成型时，模面水分要揩干。

(2) 影响塑压成型的因素

影响塑压成型的因素有以下几个方面。

① 坯料可塑性越好投泥量越多，则塑压时脱水性能越差。充填的坯料越多则排水量越多，坯体致密度越高。投入的泥饼形状应近似于成坯形状并略大于坯体。

② 塑压速度应适当掌握。塑压速度越慢，则成型压力越大；加压停顿时间越长，则坯体脱水率和致密度越高。

③ 塑压模的致密度。石膏粉制备工艺（如石膏粉细度、杂质含量、炒制温度等）在很大程度上影响塑压模的致密度和强度，对塑压模的要求是强度要高，致密度不能太高。

④ 檐沟区设计。檐沟的作用是容纳余泥，并使坯泥的挤出受到一种阻力，檐沟区模子吻合处要留出如纸一样薄的空隙。

⑤ 塑压模的透气性。通过塑压模制作工艺及其特殊处理，使模具具有所需的透气性。

⑥ 在排除塑压模内的水分时，要通入 $7kg/cm^2$ 的压缩空气，使塑压过程中吸入模内的水分排除掉。塑压模的排水情况，对塑压坯料含水率的降低及每次塑压后模子表面的吸水能

力均有影响。

另外，对模具的形状、尺寸和定位均要严格控制。

5.2.2.4 手工成型

手工成型主要包括雕塑、印坯、拉坯。这是几种较古老的可塑成型法，由于简单、灵活，一些批量小、造型独特的产品采用这些方法较合适。

a. 雕塑　凡产品形状为人物、鸟兽、方形、多角形的器件多采用手捏或雕塑法成型。制造时视器物形状而异，如人像多采用手捏或雕塑。当批量生产时，先雕塑，后翻模，改为注浆法成型。方形器件则先将练好的泥料拍成适当厚度的大片，然后切成适当的小块，待干燥后利用刀、尺等工具进行修、削，以制成适当的式样、厚度，再用泥浆坯片粘镶而成坯体。目前，只有某些工艺品采用手捏或雕塑法，其技艺较高、难度大、效率低。

b. 印坯　印坯是人工用可塑软泥在模型中翻印制品的方法，常用于形状不对称与精度要求不高的制品的成型。如果制品的内外均有固定形状或两面均有凹凸花纹，则可采用阴阳模压制成型，或采用两片模型压制后再将坯体用泥浆黏结起来的方法成型。印坯的最大优点是无需任何机械设备即可成型，但此法生产效率低，而且常由于旋压不均而容易产生废品，故逐渐被机械旋压所取代。

c. 拉坯　拉坯是由具有熟练操作技术的工人在人力或动力驱动的辘轳上完全用手工拉制出生坯的成型法。此法要求坯泥的屈服值不能太高，而延伸变形量要大，因此拉坯时泥料的含水量一般都较高。操作时，将坯泥置于辘轳上，用浸过水的手掌捧住泥段，随盘的转动上下移动，使泥料揉练以除去内部应力，同时使泥段均匀。然后，按要求将泥段进行拉、捧、压、扩等操作，使泥料发生伸长、缩短、扩展、变成所需形状；或以竹片、木制样板等工具刮削成型。凡旋转体形产品（如花瓶、碗、壶、坛子等）均可采用此法成型，其特点是成型设备简单，对工人技术要求高，产量低，劳动强度大，尺寸不准确，易变形等。目前除在极少量产品的成型时采用外，一般已很少采用了。

5.3　注浆成型

注浆成型就是将制备好的泥浆注入多孔模型（如石膏模）内，贴近模壁的一层泥浆中的水分被模具（如石膏）吸收后便形成了一定厚度的均匀泥层；将余浆倒出后，泥坯因脱水收缩而与模型脱离开来形成毛坯。从广义来说，凡是坯料具有一定液态流动性，注入模型中凝固成型的成型方法都可称为注浆成型法。

5.3.1　注浆成型的工艺原理

传统注浆成型是基于多孔石膏模能吸收水分的物理特性，其成型过程基本上可分为三个阶段。

① 从泥浆注入石膏模后模壁吸水开始，到形成薄泥层为第一阶段。此阶段的成型力为石膏模的毛细管力，即在石膏模毛细管力的作用下吸收泥浆中的水，靠近模壁的泥浆中的水、溶于水中的溶质及小于微米级的坯料颗粒被吸入石膏模的毛细管中。由于水分被吸走，泥浆中的颗粒互相靠近，形成最初的薄泥层。

② 薄泥层形成后，泥层逐渐增厚，直到形成要求的注件为第二阶段。在此阶段中，石膏模的毛细管仍继续吸水，薄泥层继续脱水。同时，泥浆内水分向薄泥层扩散，通过泥层被吸入石膏模的毛细孔中，其扩散动力为水分的浓度差和压力差。此时泥层就像滤网，随着泥层的逐渐增厚，水分扩散的阻力也渐渐增大。当泥层增厚到所要求的注件厚度时，将余浆倒出，形成了雏坯。

③ 从雏坯形成到脱模为第三阶段。由于石膏模继续吸水和雏坯表面水分开始蒸发，雏坯开始收缩，脱离模型形成生坯，当坯体具有一定强度后即可脱模。

5.3.1.1 注浆过程的物理化学变化

采用石膏模注浆成型时，既发生物理脱水过程，也出现化学凝聚过程，而前者是主要的，后者只占次要地位。

a. 注浆时的物理脱水过程　泥浆注入模型后，在毛细管的作用下，泥浆中的水分沿着毛细管排出。可以认为毛细管力是泥浆脱水过程的推动力。这种推动力取决于毛细管的半径和水的表面张力。毛细管愈细，水的表面张力愈大，则脱水的动力就越大。当模型内表面形成一层坯体后，水分要继续排出必先通过坯体的毛细孔，然后再达到模型的毛细孔中。这时注浆过程的阻力来自石膏模和坯体两方面。注浆开始时，模型的阻力起主要作用。随着吸浆过程不断进行，坯体厚度继续增加，坯体所产生的阻力越显得重要，最后起主导作用。

坯体所产生阻力的大小决定泥浆本身的性质和坯体的结构。含塑性原料多的泥浆脱水的阻力大，形成的坯体密度大，阻力也大。石膏模产生的阻力取决于毛细管的大小和分布。这又和制造模型时水与熟石膏粉的比例有关。注浆过程的阻力与注浆速度的关系示于图 5-12 中。从图中可见，当水：石膏＝78：100 时，总阻力最小而相应的吸浆速度最大。若水分小于 78 份，则模型的气孔少，泥浆中水分的排出

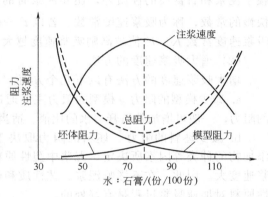

图 5-12　注浆过程的阻力与注浆速度的关系

主要由模型阻力所控制。模型的阻力随着水分增加而降低。这时总阻力也相应减小，而吸浆速度增大。若水分超过 78 份，模型的气孔较多，坯体的阻力是控制水分排出的主要因素。而且坯体的阻力随着水分的增多而增大，相应的总阻力也提高，因而吸浆速度也下降。

b. 注浆时的化学凝聚过程　泥浆与石膏模接触时，在其接触表面上溶有一定数量的 $CaSO_4$（25℃时 100g 水中 $CaSO_4$ 的溶解度为 0.208g）。它和泥浆中的 Na-黏土及水玻璃发生离子交换反应：

$$Na\text{-黏土} + CaSO_4 + Na_2SiO_3 \longrightarrow Ca\text{-黏土} + CaSiO_3 \downarrow + Na_2SO_4$$

使得靠近石膏模表面的一层 Na-黏土变为 Ca-黏土，泥浆由悬状态转为聚沉。石膏起着絮凝剂的作用，促进泥浆絮凝硬化，缩短成坯时间。通过上述反应生成溶解度很小的 $CaSiO_3$，促使反应不断向右进行；生成的 Na_2SO_4 是水溶性的，被吸进模型的毛细管中。当烘干模型时，Na_2SO_4 以白色丛毛状结晶的形态析出。由于 $CaSO_4$ 的溶解与反应，模型的毛细管增大，表面出现麻点，机械强度下降。

5.3.1.2 增大吸浆速度的方法

（1）吸浆速度的定量描述

许多研究工作证明，注浆时吸浆过程和泥浆的压滤过程相似。阿德柯克推导出吸浆速度的定量公式：

$$\frac{dl}{dt} = N \frac{p}{s^2 \eta} \times \frac{1}{l} \tag{5-2}$$

式中　l——坯体厚度；

s——坯体中固体颗粒的比表面积；
t——吸浆时间；
p——泥浆与模型间的压力差；
η——水的黏度；
N——常数，与坯体疏松程度及泥浆浓度有关；
dl/dt——吸浆速率。

将上式移项积分得：

$$\frac{l^2}{t}=2N\frac{p}{s^2\eta}=K \tag{5-3}$$

也就是说，在其他条件固定不变情况下，坯体厚度的平方 l^2 与吸浆时间成正比。K 值除依赖于泥浆和石膏模的性质外，还和注浆时的温度有关。可见 K 值为描述在一定条件下吸浆快慢的常数，称为吸浆速度常数。若以 $l^2 \sim t$ 或 $l \sim \sqrt{t}$ 作图则得到一条直线。直线的斜率即为吸浆速度常数 K。K 值越高则吸浆速度越大。

(2) 增大吸浆速度的方法

增大吸浆速度的方法有以下几个方面。

a. 减少模型的阻力　模型的阻力主要通过改变模型制造工艺来加以控制，为了减少模型的阻力，一般可增加熟石膏与水的比值、适当延长石膏浆的搅拌时间、真空处理石膏浆等。

b. 减少坯料的阻力　坯料的阻力取决于其结构，而坯料结构又由泥浆的组成、浓度、添加物的种类等因素所决定。泥浆中塑性原料含量多则吸浆速度小；瘠性原料多的泥浆则吸浆速度大。因此，在不影响泥浆工艺性质和产品质量的前提下，适当减少塑性原料，增多瘠性原料对加速吸浆过程是有好处的。

从吸浆速度的公式[式(5-2)]来看，泥浆颗粒愈细，其比表面积愈大，越易形成致密的坯体，疏水性差，吸浆速度因而降低。特别是大件产品的泥浆颗粒应增粗。

泥浆中加入稀释剂可以改善其流动性，但由于促使坯体致密化，则减慢吸浆速度。泥浆中若加入少量絮凝剂，形成的坯体结构疏松，可加快吸浆过程。实践证明，加入少量 Ca^{2+}、Mg^{2+} 的硫酸盐或氯化物都可增大吸浆速度。

在保证泥浆具有一定流动性的前提下，减少泥浆中的水分，增加其相对密度，可提高吸浆速度。但由于泥浆浓度增加必然使得其黏度加大，从而影响其流动性，这就要求选用高效能的稀释剂。

c. 提高吸浆过程的推动力　从吸浆速度公式中可知，泥浆与模型之间的压力差是吸浆过程的推动力。在一般的注浆方法中，压力差来源于毛细管力。若采用外力以提高压力差，必然有效地推动吸浆过程加速进行。生产中提高压力差的方法，在5.3.2节注浆成型方法中介绍。

d. 提高泥浆与模型的温度　因为水的黏度随温度升高而下降，泥浆黏度也因而降低，流动性增大。实验证明，若泥浆温度为35～40℃及模型温度为35℃左右时，则吸浆时间可大大缩短，脱模时间亦会相应缩短。

5.3.1.3　影响泥浆流动性的因素

在实际生产中，注浆成型的泥浆具有一定的流动性和稳定性才能满足成型的要求。影响泥浆流动性的因素有以下几方面。

a. 固相的含量、颗粒大小和形状的影响　泥浆流动时的阻力来自三个方面：
① 水分子本身的相互吸引力；
② 固相颗粒与水分子之间的吸引力；
③ 固相颗粒相对移动时的碰撞阻力。若用经验公式表示可写为：

$$\eta=\eta_0(1-c)+k_1c^n+k_2c^m \tag{5-4}$$

式中　　η——泥浆黏度；
　　　　η_0——液体介质黏度；
　　　　c——泥浆中固相浓度；
n、m、k_1、k_2——常数（对高岭土泥浆来说，$n=1$，$m=3$，$k_1=0.08$，$k_2=7.5$）。

低浓度泥浆中固相颗粒少，即上式中第三项及第二项小，而第一项 $\eta_0(1-c)$ 较大，就是说泥浆黏度由液相本身的黏度所决定。在高浓度泥浆中固相颗粒多，上式中第一项小，而第二、第三项较大，即泥浆黏度主要决定于固相颗粒移动时的碰撞阻力。固相颗粒增多必然会降低泥浆的流动性，由于增多泥浆中的水分带来许多不利（加大收缩、降低强度、减缓吸浆速度……），所以生产中并不用这种方法来改善泥浆流动性。

一定浓度的泥浆中，固相颗粒越细，颗粒间的平均距离越小，吸引力越大，位移时所需克服的阻力增大，流动性减小。此外，由于水有偶极性和胶体粒子带有电荷，每个颗粒周围都形成水化膜，固相颗粒所呈现的体积比真实体积大得多，因而阻碍泥浆的流动。

泥浆流动时，固相颗粒既有平移又有旋转运动。当颗粒形状不同时，对流动所产生的阻力必然不同。对于体积相同的固相颗粒来说，等轴颗粒产生的阻力最小。

下列反映颗粒形状与悬浮液黏度关系的经验公式，适用于由惰性介质配成的稀悬浮液。

$$\eta=\eta_0(1+KV) \tag{5-5}$$

式中　η——悬浮液黏度；
　　　η_0——液体介质黏度；
　　　V——悬浮液中固相体积分数；
　　　K——形状系数。

颗粒越不规则，形状系数越大则越会提高悬浮液的阻力，降低其流动性。表5-3列出不同颗粒的形状系数 K 值。

表 5-3　不同颗粒的形状系数 K 值

颗 粒 形 状	球　形	椭圆形(长轴/短轴=4)	层片状(长/厚=12.5)	棒状(20mm×6mm×3mm)
形状系数 K	2.5	4.8	53	80

b. 泥浆温度的影响　将泥浆加热时，分散介质（水）的黏度下降，泥浆黏度也因而降低。表5-4列出泥浆流动性与泥浆温度的关系的试验结果。

表 5-4　泥浆流动性与泥浆温度的关系

泥浆温度/℃	11.5	17.0	27	33	42	55
泥浆流动性/s	151	140	102	79	66	56

提高泥浆温度除增大流动性外，还可加速泥浆脱水，增加坯体强度。所以生产中有采用热模热浆进行注浆的方法。

c. 黏土及泥浆处理方法的影响　生产实践发现，黏土原料经过干燥后配成的泥浆，其流动性有所改变。如图5-13所示，黏土干燥温度升高时，一定量泥浆流出时间缩短，即其流动性增加。在某一温度下干燥黏土时，泥浆流动性可达最大值。而进一步升高干燥温度，泥浆的流动性却又降低。这和黏土干燥脱水后，表面吸附离子的吸附性质发生变化（这种现象称为固着现象）有关。

例如 Na-黏土在未经干燥和脱水前，Na^+ 水化膜较厚，经过干燥后，水化膜消失，Na^+

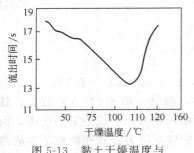

图 5-13 黏土干燥温度与泥浆流动性的关系

几乎紧贴在黏土颗粒表面上，依着二者之间的静电吸引力牢固地结合在一起。当加水调成泥浆时，由于 Na^+ 与黏土颗粒结合紧密，再水化困难，新生成的水化膜较薄（见图 5-14）。

这说明黏土经过干燥后对水的亲和力减小。干燥温度增高，平衡水分排出量增多，再水化能力更加降低，胶团中的结合水（包括牢固结合水和疏松结合水）减少。在同一含水量的条件下，胶团中结合水减少，导致自由水增多，因而颗粒易于位移，泥浆流动性增大。但若干燥温度超过一定数值后，黏土颗粒表面结构受热破坏，缓慢分解，吸附离子和黏土颗粒结合变松，再水化时黏土对水的耦合力较强，能形成较厚的水化膜，使结合水量增加，而自由水量相对减少，因而泥浆的流动性又变差。基于这种情况，有的工厂把黏土预先干燥再行配料列入工艺规程中，从而控制和保证泥浆的流动性。

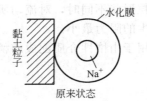
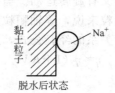
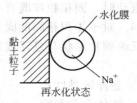

图 5-14 吸附离子和黏土颗粒的固着现象

将泥浆陈腐一定时间，对稳定注浆性能，提高流动性和增加坯体强度都有利。因为含有电解质的泥浆中，吸附离子的交换量随着时间的延长而增加，陈腐过程除促进交换反应继续进行外，还可以使有机物分解，排除气泡，从而改善泥浆性能。

对泥浆进行真空处理，也可得到同样的效果。

d. 泥浆的 pH 值的影响　一些瘠性泥浆由于不含黏土，而且采用的原料相对密度较大，容易聚沉下来，因而控制这类泥浆的稳定性和流动性更显得重要。提高瘠性泥浆流动性的方法通常有两种，一是控制泥浆的 pH 值；二是加入有机胶体或表面活性物质作稀释剂。

瘠性泥浆中的原料多为两性物质。这类物质在酸性和碱性介质中都能胶溶，但离解的过程不同，形成的胶团构造也不同。泥浆的 pH 值改变时，会改变胶粒表面作用力和影响 ζ 电位，因而使泥浆在一定范围内黏度显著下降。

e. 电解质的作用　泥浆中加入适当的电解质是改善其流动性的一个主要方法。电解质之所以能产生稀释作用在于它能改变泥浆中胶团的双电层的厚度和 ζ 电位。

下面结合稀释剂的选择对各种电解质的作用加以说明。

5.3.1.4　稀释剂的选择

根据坯料的组成和性质，选用适当的电解质作稀释剂是获得合格注浆坯料的重要因素之一。

根据胶体化学的基本理论可知，在黏土-水系统中，由于黏土颗粒的负电性，在水中首先吸引具有极性的水分子，在黏土颗粒周围形成一层层完全定向的水分子层，同时介质中的阳离子也因吸附定向水分子而被水化，水化了的阳离子靠水分子的联系移向黏土质点。靠近黏土质点表面的阳离子比较密集，水分子与质点的结合也比较牢固，这一层称为吸附层，层内的吸附水称为牢固结合水；离黏土质点稍远的阳离子由于引力减弱，越远越疏，水分子黏土质点的结合也逐渐变差，这一层称为扩散层，层内的吸附水称为疏松结合水，这样就形成了黏土胶粒的扩散双电层，其结构如图 5-15 所示。

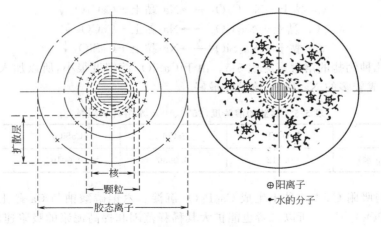

图 5-15 黏土颗粒扩散双电层结构示意图

双电层的两个同心圆形成一个球形的电容器，两层间的电位称为 ζ 电位。这两层的电荷或厚度增加，ζ 电位也增加。电位越大，粒子间的排斥力也越大，粒子容易相对滑动，不易因碰撞而黏结聚沉，这样就能提高泥料的稳定性与流动性。对于电解质中阳离子的水化能力来说，一价离子大于二价离子和三价离子，而其吸附能力则一价离子低于二价和三价离子。当电解质加入到泥浆中后，由于一价离子（除 H^+ 外）吸附能力弱，进入胶团的吸附层离子数较少，整个胶粒呈现的电荷较多；又因为一价离子的水化能力较强，使胶团的扩散层增大，水化膜加厚，促使系统 ζ 电位增加，泥浆流动性增强。此外，电解质的阴离子若能与黏土颗粒上的有害离子（如 Ca^{2+}、Mg^{2+}）作用生成难溶盐或稳定的络合物，则能促进 Na^+ 的交换作用，生成更多的 Na-黏土，也会改善泥浆流动性。

黏土-水系统中的黏土颗粒总是带有电荷的，一般带有负电，若分散介质的 pH 值发生变化，则黏土颗粒所带的电荷也能改变。即在酸性介质中也可以带正电荷。如果加入电解质把系统变成碱性的，则可防止颗粒表面因带不同电荷而互相吸引导致聚沉，相反却使颗粒都带有负电荷，或者起着中和正电荷的作用，使斥力加大，ζ 电位增加，促使泥浆稀释。

根据上面的分析可见，用作稀释剂的电解质所必须具备的条件是：

① 具有水化能力大的一价离子，如 Na^+；
② 能直接离解或水解而提供足够的 OH^-，使分散系统呈碱性；
③ 它的阴离子能与黏土中的有害离子形成难溶的盐类或稳定的络合物。

生产中常用的稀释剂可分为三类。

(1) 无机电解质

无机电解质如水玻璃、碳酸钠、磷酸钠、六偏磷酸钠（$NaPO_3$）等，这是最常用的一类稀释剂。要得到适当黏度的泥浆，所需加入无机电解质的种类和数量与泥浆中黏土的类型有密切的关系。一般来说，电解质用量为干坯料质量的 0.3%～0.5%。

水玻璃对高岭土泥浆悬浮能力效果最好，它不仅显著地降低其黏度，而且在相当宽的电解质浓度范围内黏度都是很低的，有利于生产操作（图 5-16）。当吸附 Ca 离子的黏土泥浆中加入这些电解质时，发生以下反应：

$$Ca\text{-黏土} + NaOH \longrightarrow Na\text{-黏土} + Ca(OH)_2$$

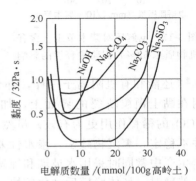

图 5-16 不同电解质对高岭土泥浆黏度的影响

$$Ca\text{-黏土} + Na_2C_2O_4 \longrightarrow Na\text{-黏土} + CaC_2O_4 \downarrow$$
$$Ca\text{-黏土} + Na_2CO_3 \longrightarrow Na\text{-黏土} + CaCO_3 \downarrow$$
$$Ca\text{-黏土} + Na_2SiO_3 \longrightarrow Na\text{-黏土} + CaSiO_3 \downarrow$$

反应后生成的几种钙盐的溶解度见表 5-5。由于 $CaSiO_3$ 溶解度很小,所以加入 Na_2SiO_3 的反应进行完全,生成较多的 Na-黏土,流动性最好。

表 5-5 钙盐的溶解度(25℃、100g 水溶解的质量)/g

钙 盐	$Ca(OH)_2$	$CaCO_3$	$CaSiO_3$	CaC_2O_4
溶解度/(g/100g 水)	0.112	0.0056	0.0010	0.00095(30℃)

焦磷酸钠与吸附 Ca^{2+} 的黏土生成 $Ca_2P_2O_7$ 沉淀。六偏磷酸钠与 Ca-黏土,生成稳定的络盐-$[CaNa_2(PO_3)_6]^{2-}$。所以二者也能扩大其稀释范围和提高泥浆的吸浆速度。

当黏土是较纯的 H-黏土时,则 Na_2SiO_3、Na_2CO_3 的稀释作用不如单宁酸钠、NaOH 等好,因为 H-黏土和这些电解质的反应为:

$$H\text{-黏土} + R\text{-}COONa \longrightarrow Na\text{-黏土} + R\text{-}COOH$$
$$H\text{-黏土} + NaOH \longrightarrow Na\text{-黏土} + H_2O$$
$$H\text{-黏土} + Na_2CO_3 \rightleftharpoons Na\text{-黏土} + H_2CO_3$$
$$H\text{-黏土} + Na_2SiO_3 \rightleftharpoons Na\text{-黏土} + H_2SiO_3$$

上例反应生成的 R-COOH,H_2O 其离解度远比 H_2CO_3、H_2SiO_3 小得多。后二者是弱酸,离解出来的 H^+ 又会使反应逆向进行,即使 Na-黏土又变成 H-黏土。而 H^+ 吸附能力最强,大部分进入吸附层中,使胶粒净带电量减少;它的水化能力最弱,扩散层较薄,因此电位低。所以加入 Na_2CO_3、Na_2SiO_3 后,会增加 H-黏土质量,泥浆流动性不如加入单宁酸钠及 NaOH 等。苏州土是纯的高岭土,阳离子交换容量小(7.0g/kmol),可认为是 H-黏土。实践证明,纯碱和水玻璃都不易使它稀释。

若黏土中含有机物质时,采用 Na_2CO_3、Na_2SiO_3 均可使它稀释(图 5-17)。但其作用不尽相同,Na_2CO_3 主要使有机物质变成胶体与离解。

$$\underset{\text{有机腐殖质}}{2R\text{-}COOH} + Na_2CO_3 \longrightarrow 2R\text{-}COONa + H_2O + CO_2 \uparrow$$
$$R\text{-}COONa \rightleftharpoons R\text{-}COO^- + Na^+$$

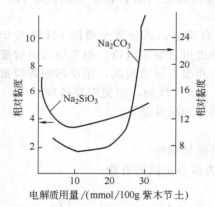

图 5-17 电解质对紫木节土(含有机物质 1.53%)泥浆稀释性的影响

钠盐离解后的 Na^+ 和 $R\text{-}COO^-$ 均能使泥浆稀释。Na_2SiO_3 除提供 Na^+ 起着阳离子交换作用外,聚合的 SiO_3^{2-} 还能和有机阴离子一样,部分与黏土吸附的 Ca^{2+}、Mg^{2+} 形成稳定的络合物,部分吸附在黏土颗粒断裂的界面上,加强胶粒的净电荷。对于含有机物质的紫木节土来说,Na_2CO_3 的稀释作用更为有效。虽然 Na_2SiO_3 能使泥浆的流动性更好,但由于它的稀释的泥浆并不稳定,聚沉物致密,渗水性差,会降低成型时的吸浆速度。

生产中常同时采用水玻璃和纯碱作稀释剂,以调整吸浆速度和坯体的软硬程度。因为单用水玻璃时,坯体脱模后硬化较快,内外水分差别小,致密发硬,容易开裂。单用纯碱时,脱模后坯体硬化较慢,内外水分差别大,坯体较软,或者外硬内软。

使用电解质时,要注意其质量。纯碱如果受潮会变成碳酸氢钠,后者会使泥浆絮凝。水玻璃是一种可溶性硅酸盐，由不同比例的碱金属氧化物（通常为 Na_2O）及二氧化硅所组成。它的组成以 SiO_2/Na_2O 的分子比（称为水玻璃的模量）来表示，当其模量＞4 时，长期放置会析出胶体 SiO_2。用作稀释剂的水玻璃模量一般为 3 左右。

(2) 能生成保护胶体的有机酸盐类

能生成保护胶体的有机酸盐类如腐殖酸钠、单宁酸钠、柠檬酸钠、松香皂等。这类有机物质具备着稀释剂的几个条件。它们的稀释效果比较好。

加入腐殖酸钠时，最初泥浆黏度降低。若超过一定数量，泥浆黏度增大，这和无机电解质的稀释规律相似。此外，含有腐殖酸钠的泥浆成型为坯体后，其生坯强度随着腐殖酸钠含量增加而增大。表 5-6 列出了腐殖酸钠的加入量与坯体强度的关系。

表 5-6 腐殖酸钠的加入量与坯体强度的关系

引入腐殖酸钠量/%	坯体干后抗折强度/MPa	引入腐殖酸钠量/%	坯体干后抗折强度/MPa
0	1.981	0.3	4.766
0.1	2.525	0.4	4.738
0.2	3.115		

在黏土-水系统中，腐殖酸钠电离出来的 Na^+ 吸附在黏土胶粒上，和无机电解质一样，增厚扩散层，加大 ζ 电位，使胶团斥力增加，能长期悬浮水中。同时，腐殖酸根 $RCOO^-$ 中的羧基向着另一方向排列（图 5-18）。后者减弱了黏土胶团由于布朗运动产生的吸引力，使泥浆黏度大为降低。此外，由于腐殖酸的钙、镁盐难溶于水，而且腐殖酸根具有络合能力，因而使泥浆中的 Ca^{2+}、Mg^{2+} 浓度减小，起着反凝聚（反絮凝）的作用，这也促进泥浆稀释。通过以上情况，说明腐殖酸钠是良好的稀释剂。但也应注意加入腐殖酸钠的数量。超过 0.25% 时由于有机物未烧净，会使釉面发暗。若其含量过多时，腐殖酸根彼此还会黏结而减弱黏土-水系统的流动性。

(3) 聚合电解质

陶瓷工业中采用这类稀释剂的历史远短于上述两类稀释剂。使用效果较好的是聚丙烯酸盐、羧甲基纤维素、木质素磺酸盐、阿拉伯树胶等。它们都是水溶性聚合物。它们对泥浆（包括坯浆和釉浆）的影响取决于聚

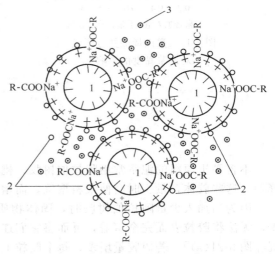

图 5-18 腐殖酸钠稀释作用示意图
1—带负电荷的黏土胶团；2—腐殖酸根 $RCOO^-$；
3—自由水

合物的特性：表面吸附、聚合度（链长和分子量）和结构。无论作稀释剂、絮凝剂还是黏合剂都要求它们能在含水的悬浮液中充分吸附在固体粒子的表面。聚合物的链长对它与矿物质点的相互作用有很大影响。含 50 个单体的聚合物显示出稀释的能力；若聚合度达到 5000 单位则起着稠化的作用；聚合度为 500000 单位则有凝聚性。因此用作稀释剂是低分子量聚合物，中等分子量的聚合物可作黏合剂使用，高分子聚合物可用作凝聚剂。图 5-19 所示为聚合物分子量对泥浆黏度的影响。还有，聚合物的结构会改变聚合电解质的性能，用作稀释剂的聚合物希望是线型的。有支链结构的聚合物可以在三度空间发展，使其变为不可溶的。

用聚丙烯酸盐作稀释剂时可以采用它的铵盐或钠盐。在注浆坯料中加入聚丙烯酸盐及 3∶1 的水玻璃与纯碱混合物时，它们的稀释效果如图 5-20 所示。由图可知，当获得黏度相同的泥浆（5Pa·s）时，用聚丙烯酸盐作稀释剂的泥浆浓度比用无机电解质时高 1%。含聚丙烯酸钠的泥浆无触变性，含聚丙烯酸铵的泥浆触变性较强。具有同样触变性的泥浆中，含聚丙烯酸盐时水分比含硅酸盐稀释剂的要低些。含聚丙烯酸盐的泥浆长期放置后比含硅酸盐电解质的泥浆要稳定些。聚丙烯酸盐作稀释剂还有两个优点。一个是得到最低黏度泥浆所需用聚丙烯酸盐的量较少。如配制某种坯料泥料达到最低黏度时需用 3∶1 水玻璃与纯碱混合物 0.45%，若用聚丙烯酸铵需 0.3%，或聚丙烯酸钠 0.23%。但加入水玻璃及纯碱的泥浆黏度是最小的。另一个优点是聚丙烯酸盐对石膏模的侵蚀很小，聚丙烯酸钙部分地溶于水中，不会在石膏模与坯体的接触面上产生沉淀。

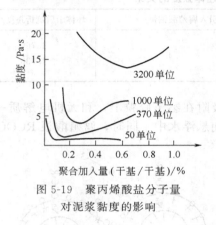

图 5-19 聚丙烯酸盐分子量对泥浆黏度的影响

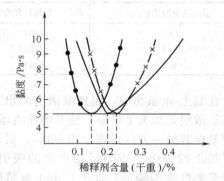

图 5-20 聚丙烯酸盐的稀释效果
——●—— 聚丙烯酸钠
——×—— 聚丙烯酸铵
———— 3∶1Na₂SiO₃ 与 Na₂CO₃
钠盐-泥浆中固体物质含量 71.6%；
铵盐-泥浆中固体物质含量 71.6%；
3∶1 无机电解质-泥浆中固体物质含量 70.6%

不含黏土原料的泥浆常用阿拉伯树胶、桃胶、明胶、羧甲基纤维素钠盐等有机胶体作稀释剂，这些胶体含量少时会使浆料聚沉，而增加其含量却会稀释浆料。

因为当加入少量阿拉伯树胶时，固体物质的胶粒附在树胶的某些链节上。由于树胶量少，无法将胶粒表面完全覆盖，反而将它们连接起来，使小颗粒变成大颗粒，因而促使其聚沉 [图 5-21(a)]。若树胶量增多，每个胶粒上粘附的树胶分子数增加，使得胶粒被树胶分子所覆盖，形成一层保护膜，阻止胶粒聚沉 [图 5-21(b)]。此外，有机胶体会提高泥浆中液相的黏度，因而增加了固体颗粒聚沉时的阻力。

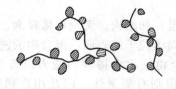   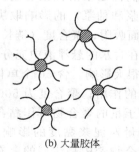

(a) 少量胶体　　　　　　　　(b) 大量胶体

图 5-21 有机胶体对 Al₂O₃ 泥浆的作用

5.3.1.5 注浆成型的特点

注浆成型适用于各种陶瓷产品。注浆成型后的坯体结构一致，但其含水量大而且不均匀，故干燥收缩和烧成收缩均较大。注浆成型方法的适应性广，只要有多孔性模型（石膏模）就可以生产，不需要专用设备（也可用机械化专用设备），不拘于生产量的大小，投产容易，上马快，故在陶瓷生产中得到普遍使用。但注浆工艺生产周期长，手工操作多，劳动强度大，占地面积大，模具损耗大，这些都是注浆成型工艺的不足之处。随着注浆成型机械化、连续化、自动化的发展及高压注浆的广泛应用，其存在的不足之处将逐步得到解决，使注浆成型更适宜于现代化生产的需要。

5.3.2 注浆成型方法

5.3.2.1 普通注浆成型

（1）单面注浆

单面注浆又叫空心注浆。这种方法是将泥浆注入模型中，待泥浆在模型中停留一段时间而形成所需的注件后，倒出多余的泥浆。随后带模干燥，待注件干燥收缩脱离模子后，就可取出注件。图 5-22 示出了单面注浆的工艺过程。由于泥浆与模型的接触只有一面（故称单面注浆），因此，此法成型的注件的外部形状就取决于模型工作面的形状，而内表面则与外表面基本相似。坯体厚度只取决于操作时泥浆在模型中停留的时间，厚度较均匀。若需加厚底部尺寸时，可采取二次注浆，即先往底部注浆，稍后再将模型全部注满，这样可加厚坯体底部的尺寸。

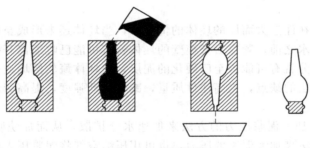

图 5-22 单面注浆

单面注浆用的泥浆的密度比双面注浆的要小，约为 $1.65\sim1.8g/cm^3$；泥浆的稳定性要求较高，流动性一般为 $10\sim15s$ 左右；稠化度不宜太高，一般为 $1.1\sim1.4$；细度一般比双面注浆的要细，万孔筛筛余为 $0.5\%\sim1\%$ 左右。

注浆时，应先将模型工作面清扫干净，不得留有干泥和灰尘。装配好的模型如有较大缝隙，则需用软泥将合缝处的缝隙填满，以免漏浆。模型的含水量应保持在 5% 左右，过干或过湿都将引起坯体出现缺陷，并降低劳动生产率。适当加热模型可加快水分的扩散而对吸浆有利，但有一定限度，否则将适得其反。进浆时，注浆速度和泥浆压力不可太大，以免注件表面产生缺陷，并应使模型中的空气随泥浆的注入而排出。脱模的合适水分应由实际情况决定，一般为 18% 左右。

单面注浆多用于浇注杯、壶、水箱等类产品的坯件。

（2）双面注浆

双面注浆又叫做实心注浆，是将泥浆注入两石膏模之间（模型与模芯）的空穴中，泥浆被模型与模芯的工作面两面吸水。由于泥浆中的水分不断被吸收而形成坯泥，注入的泥浆量就会不断减少，因此，注浆时必须陆续补充泥浆，直到空穴中的泥浆全部变成坯泥时为止。显然，坯体厚度由模型与模芯之间的空穴尺寸来决定，因此，它无多余泥浆倒出。图 5-23 示出的是双面注浆鱼盘的操作过程。

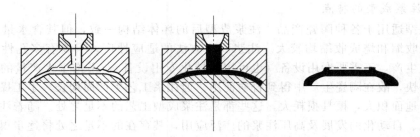

图 5-23 双面注浆鱼盘的操作过程示意图

双面注浆用的泥浆的密度一般比单面注浆用的高些，约在 $1.7g/cm^3$ 以上；稠化度也较高些，约为 1.5～2.2；细度也可粗些，万孔筛筛余约 1%～2%。

双面注浆可以缩短坯体的形成过程。制品的壁可以厚些，能成型面有花纹及尺寸大而外形比较复杂的制品。不过，双面注浆的模型比较复杂。与单面注浆一样，注件的均匀性也不理想，往往远离模面的坯体其致密度小些。

为了得到致密的坯体，操作时当泥浆注入模型后，必须振荡几下，使气泡逸出，直至泥浆注满为止。另外，必须预留放空气的通路。

双面注浆法在日用瓷厂应用不多，一般常用于鱼盘生产，但现在有的瓷厂已改用可塑法生产鱼盘。在卫生瓷厂应用较多。

(3) 强化注浆

用注浆成型方法在注造大而厚的坯体的情况下，当坯体还未形成至所需厚度时，距模壁较远处的泥浆还未脱水之前，紧靠石膏模壁的坯体就有可能已收缩离开模壁。这时，如不把泥浆倒出，泥浆中水分就有可能渗至已硬化的泥层，使坯体瘫软倒塌或变形。

为改进一般注浆法的缺点，提高注件质量，减轻劳动强度，提高劳动生产率，有必要采用如下的强化注浆工艺。

a. 压力注浆　用加大泥浆压力的方法来加速水分扩散，从而加快吸浆速度。一般用提高盛浆桶的位置的方法来加大泥浆的压力，也可用压缩空气将泥浆压入模型。实践证明，采用压力注浆可以缩短吸浆时间，降低坯体的含水量和干燥收缩，提高坯件的密度和强度。生产中泥浆压力最小不应低于 0.4×10^5～0.5×10^5 Pa，有的可以大到 29.4×10^4 Pa 压力。

b. 真空注浆　用专门真空装置在石膏模的外面抽真空，或将加固后的石膏模放在真空室中负压操作，这样均可加速坯体形成。由于真空注浆可增大石膏模内外差和泥层两面的压差，从而可缩短坯体形成的时间，提高坯体致密度和强度。当真空度为 0.4×10^5 Pa 时，坯体形成时间为常压下的 1/2 以下；真空度为 0.67×10^5 Pa 时，坯体形成的时间仅为常压下的 1/4。真空注浆时要特别注意遵守操作规程，否则易出现缺陷。

c. 离心注浆　离心注浆是使模型在旋转情况下进浆，泥浆受离心力的作用紧靠模壁面致密的坯体。泥浆中的气泡由于比较轻，在模型旋转时，多集中到中间，最后破裂排出，因此也可以提高吸浆速度与制品的质量。一般模型的转速在 500r/min 以下，当转速为 1000r/min 时，吸浆时间可缩短 75%。离心注浆时，泥浆中的小颗粒易集中于坯体的内表面，而大颗粒都集中在坯体外侧，组织不均易使坯体收缩不均。

(4) 其他注浆方法

a. 成组注浆　为提高劳动生产率，一些形状较简单的制品可采用成组浇注的方法成型，此法是将许多模型叠放起来，由一个连通的进浆通道进浆，再分别将泥浆注入各个模型中。为防止通道不致因吸收泥浆而堵塞，通道内可涂上含硬脂溶液的热矿物油，使其不吸附泥浆。目前，国内日用瓷的鱼盘、建筑卫生瓷的卫生洁具多采用成组注浆法成型。

b. **热液注浆** 热液注浆是在模型两端设置电极，泥浆注满后接上交流电，利用浆中的少量电解质的导电性，可将其加热至50℃左右。这样可降低泥浆的黏度，加快吸浆速度。当泥浆温度由15℃升至55℃时，泥浆的黏度可降低50%~60%，注浆成型速度可提高32%~42%。

c. **电泳注浆** 电泳注浆是根据泥浆中的黏土粒子（带负电荷）在电流作用下能向阳极移动，把坯料带往阳极而沉积在金属模的内表面而成型的。注浆所用模型一般用铝、镍、镀钴的铁等材料来制造。操作电压为120V，电流（直流电）密度约为$0.01A/cm^2$。金属模的内表面需涂上甘油与矿物油组成的涂料。利用反向电流促使坯体脱模。电泳注浆坯体的结构均匀，其形成速度比石膏模成型时快9倍左右。但注造大型陶瓷制品时，目前尚有困难。

从泥浆中固体颗粒的大小、分散度等特性看，泥浆属于溶胶-悬浮体混合物。这一高分散系统，其中的粒子不仅具有较大的表面积，而且还具有胶体的许多性质，如吸附反离子，生成带ζ电位的扩散双电层等。因此，在外电场作用下这些粒子可以产生电泳现象，故任何陶瓷泥浆均可电泳成型。

电泳注浆通常采用高浓度泥浆，成分的离析是微小的，离析量随施加电压的提高而提高。在高浓度时，由于颗粒之间大量干扰，使颗料间互相推撞产生"拖拉效应"，即快速运动的颗粒拖着慢速运动的颗粒一起运动。随着泥浆浓度的增加，拖拉效应更加明显，因而没有离析粒子的相对运动产生。

当沉积物析出后，泥浆浓度不断下降，这对稳定电泳注浆成型、控制制品厚薄一致不利，因此要不断补充泥浆，以保证泥浆浓度的恒定。

5.3.2.2 高压注浆成型

(1) 高压注浆的优点

为了提高吃浆速度，通常通过上述强化注浆的成型方式，即可以通过高位浆槽或泥浆罐通压缩空气等方式，对吃浆中的泥浆加压。但因石膏模强度所限，注浆压力仅约0.02MPa，故仍可称之为低压注浆。再进一步提高吸浆速度，并改善坯体性能，显然只有进一步增加注浆成型压力。

1982年德国道尔斯特公司（DORST）与瑞士劳芬公司（LAUFEN）合作，首先研究成功高压注浆技术，采用微孔树脂模具。试验用注浆压力达到2.5~4MPa，用于卫生瓷的生产，注浆压力达到1.5~2MPa。1986年，德国内奇公司（Neazsch）研究完成了中压注浆技术，用于工业生产。由于其采用高强度α-石膏，注浆压力可达到0.35~0.4MPa。国内也于20世纪90年代开始应用这两种新工艺装备投入生产，并显示出较好的综合经济效益。

高压注浆不仅可以提高吸浆速度，并改善坯体性能，还有以下优点。

① 高压注浆要求的空间比传统注浆小。一台BDW80型高压注浆机占地面积30~50m²，一条40个石膏模具的组合浇注线，占地面积约100m²。而且制作石膏模具，供应和储藏石膏原料，模具的存放以及废弃石膏模具的处理，都需要很大的空间并增加工人的劳动强度。

② 采用高压注浆可以节约能源。高压注浆浇注的坯体平均含水率比普通注浆浇注出来的坯体平均含水率低，达到同样的干燥效果，所需干燥热能少，另外，高压注浆的模具不需干燥。

③ 改善了操作环境，降低了工人的劳动强度。高压注浆成型的湿坯含水率低，强度大，对环境的要求比传统注浆要宽松得多，成型车间的温度和湿度可以相对降低。注浆操作基本实现了半自动化，只需按动电钮，进行简单的修坯，极大地降低了工人的劳动强度。先进的设备使人的因素对产品质量的影响降低到最低的限度，只需对工人进行两三天的培训即可上

岗操作机器。

目前,高压注浆设备在陶瓷工业领域已能生产出许多产品。生产具有极大的灵活性。可以用一台机器浇注不同的产品。由于多孔模具的内表面光滑,合模缝很小,浇注出来的坯体致密光滑,有利于提高产品的档次,增加产品的种类。

(2) 高低压注浆成型工艺因素和产品性能的比较

a. 坯体形成机理　高压注浆成型,坯体形成过程与板框式压滤滤饼的形成机制相同,可称为"压滤成型"。对普通注浆成型,在石膏模中不给或仅给很低的压力注浆成型,坯体主要是靠泥浆颗粒被吸附在模型表面上,因此可称为"吸附成型"。然而它们都应遵循相同的过滤机理(图 5-24),且可用相同的过滤方程来表达:

$$\frac{Q}{A}=\frac{1}{A}\times\frac{dV}{dt}=\frac{P}{\mu\left(\frac{\alpha\omega}{A}+R_m\right)} \tag{5-6}$$

式中　Q——水的过滤体积速度;
　　　A——模具与泥浆接触的面积;
　　　V——时间 t 内滤出水的体积;
　　　P——过滤推动力;
　　　μ——水的黏度;
　　　α——滤饼的单位质量干固体的过滤比阻;
　　　ω——单位体积泥浆的干滤合并质量;
　　　R_m——模具的阻力。

当模型内表面刚接触泥浆,即开始注模,表面尚未或刚刚形成坯体薄层时,式中 α 值接近为零,树脂模的 R_m 又很小,此时 P 加得过大,就会产生如图 5-24 所示的深层过滤现象,易引起模具微孔堵塞。因此,高压注浆分两个阶段进行。

① 填浆:0.25~0.4MPa、180~300s,模具排气,颗粒在低压下桥接,不易堵孔。

② 吃浆:1~1.5MPa、400~700s,坯体厚度迅速增长,含水率低。

实际上的泥浆如图 5-25 所示,总存在一些未完全解胶的絮凝粒子,这种触变结构促使粒子"搭桥"。所以,只要注模填浆阶段压力不太高,石膏模不会堵孔,树脂模也不致产生严重深层过滤现象。

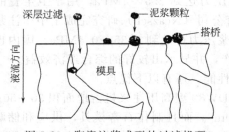

图 5-24　陶瓷注浆成型的过滤机理

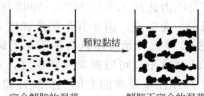

图 5-25　泥浆显微结构示意图

在实际注浆过程中,随着泥层加厚,滤阻增加,但泥浆本身性能基本不变,而且过滤水量与坯体厚度成正比。将式(5-6)过滤方程处理后,可得:

$$t=\frac{\mu\alpha\omega}{2A^2P}K^2L^2 \tag{5-7}$$

式中　t——注浆时间;
　　　L——坯体厚度;
　　　K——泥浆含水率及坯体与模型接触面积等有关的常数。

其他符号同式 (5-6) 过滤方程。

根据研究，石膏模孔径主要分布在 $1\sim6\mu m$，按毛细管吸附理论计算，其吸附力不超过 0.1MPa（实际测得不同加水量的石膏模吸力波动在 $0.026\sim0.064$MPa 范围）。显然，高压注浆成坯时间应当比石膏模内成坯时间缩短很多。

在过滤方程式 (5-6) 和导出的上述公式 [式 (5-7)] 中，泥坯层的比阻 α 实际上应随 P 变化。因为泥浆中颗粒表面的水化膜在较大压力下肯定发生破坏，等于粒子被压缩，泥层结构变化。泥层滤阻的变化，可用压差指数函数表示：

$$\alpha=\alpha' P^s \quad \text{或} \quad P/\alpha=(1/\alpha')P^{1-s} \tag{5-8}$$

式中 α——在任一压差 P 之下泥层的过滤比阻；

α'——比例系数，为单位压差下的泥层比阻；

s——泥层的压缩指数，可由实验测得，其值恒小于 1。

由此可得到，当 P 分别为 P_i 和 P_{i+1} 时（$P_i<P_{i+1}$），有：

$$\frac{P_i}{\alpha_i}=\frac{1}{\alpha'}P_i^{1-s} \quad \text{和} \quad \frac{P_{i+1}}{\alpha_{i+1}}=\frac{1}{\alpha'}P_{i+1}^{1-s} \tag{5-9}$$

式中，α_i 和 α_{i+1} 分别为压差 P_i 和 P_{i+1} 之下泥层的过滤比阻。两式相除得：

$$\frac{P_i}{\alpha_i}\div\frac{P_{i+1}}{\alpha_{i+1}}=\left(\frac{P_i}{P_{i+1}}\right)^{1-s} \tag{5-10}$$

大量实验与实践证明，同一种泥浆，压力 P 越大，形成一定厚度的坯体所需的时间越短，亦即 P/α 也越大。很显然，在压力 P 较低时，$(P_i/P_{i+1})^{1-s}<1$（这里 $P_i<P_{i+1}$），即 $P_i/\alpha_i<P_{i+1}/\alpha_{i+1}$，$P$ 的增大占优势，成坯速度随压力 P 的升高而增长较快，当 P 不断增大时，$(P_i/P_{i+1})^{1-s}\to 1$，此时 $P_i/\alpha_i\approx P_{i+1}/\alpha_{i+1}$，压力 P 对成坯速度的影响不大。这是因为在高压下，泥浆颗粒水化膜遭到严重的破坏，坯体进一步致密化，坯体的渗透率大幅度下降。实践也证明，当压力达到 4MPa 以上时，浇注速度随压力的增大而提高非常小。同时，大的压力需要大的合模力，给机械装备及模具带来很大的问题，这是极不经济的。所以目前的高压注浆机，注浆压力一般不超过 4.0MPa。用于卫生瓷高压成型工艺的注浆压力一般为 $1.5\sim2.0$MPa。

b. 泥浆性能　高低压注浆成型机理相同，操作时泥浆性能的影响也不可忽视。泥浆各项性能对低压注浆的影响，同样在高压注浆时表现出来，只是程度不同。归纳起来，两者对泥浆性能要求的差异见表 5-7。

表 5-7　高低压注浆对泥浆性能要求的差异

性　　能	低　压　注　浆	高　压　注　浆
配方	相同	相同
对泥浆性能的适应性	较差。对泥浆各项性能都要求严格，必须同时达到要求	较强。对某些性能指标不能适应低压注浆的泥浆，只要调整控制程序也可成型
对泥浆的稳定性要求	较高。每批泥浆性能波动，人工凭经验调整操作，机动性大	很高。泥浆波动，机械程序无法调整适应，因此希望使用标准化原料，严格各项操作，保证每批泥浆性能不变
泥浆温度	较低。最适宜 30℃±2℃	较高。最适宜 40℃±1℃
泥浆黏度	$70\sim120$mPa·s	只要不沉淀，黏度可比低压注浆黏度低 $10\sim20$mPa·s。甚至 <70mPa·s
泥浆厚化度	$1.1\sim1.25$	要求不严，但以触变性小为好
泥浆密度	在流动性、厚化度允许下越高越好	同低压注浆

5.3.3 注浆成型常见的缺陷

a. 开裂 开裂是由收缩不均匀所产生的内应力而引起的。其主要原因可能有：①石膏模各部位干湿程度不同；②制品各部位厚度不一，厚薄过渡太突然；③注浆时泥浆终断后再注，易形成含有空气的间层；④泥浆质量不好，陈放时间不够；⑤石膏模型过干或过湿；⑥可塑黏土用量不足或过量；⑦坯体在模内存放时间过长。

b. 坯体生成不良或生成缓慢 其原因有：①电解质不足或过量，或泥浆中有促使凝聚的杂质（如石膏、硫酸钠等）；②泥浆水分过高，或石膏模含水过高；③泥浆温度太低（注浆时泥浆温度应不低于10～12℃）；④成型车间温度太低（最好保持在22℃左右）；⑤模型内气孔分布不匀或气孔率过低。

c. 坯体脱模困难 其主要原因可能有：①在使用新石膏模时未能很好地清除附着在表面的油膜等；②泥浆含水量过高或模型太湿；③泥浆中可塑性物料含量过多或有不适当的解胶。

d. 气泡与针孔 其主要原因可能有：①模型过干、过湿、过热或过旧；②泥浆内有气泡未排除；③注浆时加浆过急；④模型内浮尘未消除；⑤模型设计不妥，妨碍气体排出。

e. 变形 其主要原因可能有：①模型水分不均匀，脱模过早；②泥浆水分太多，使用电解质不恰当；③器型设计不好，致使悬臂部分易变形。

f. 塌落 其主要原因可能有：①泥浆中颗粒过细，水分多，温度高，电解质过多；②模型过湿，或内表面不净。

g. 斑点 其主要原因可能是由于注浆时溅在石膏模壁上的泥浆结块所造成。

5.4 修坯与粘接

5.4.1 修坯

由可塑法和注浆法成型后的生坯，一般其表面不太光滑，边口都呈毛边现象，组合模型的注浆坯件还会有接缝痕迹，某些产品还需进一步加工，如挖底、打孔等。因此，还需进一步加工修平，工厂称之为修坯。修坯是成形工艺中一项必需的工序，它对于坯体的表面质量影响很大，是直接影响制品外观质量的因素之一，所以也应予以足够的重视。

修坯有湿修与干修之分。即坯体成形后，经干燥脱模，略干即可进行湿修，同时进行加工和粘接等。一般碗、壶、杯等需进行加工的制品，多采用湿修，其水分视需加工的程度来定。需可塑加工（如打孔等）和粘接的坯体，进行湿修的水分可略高，为16%～19%，有的湿修，因考虑到若水分太高易变形的特点，可把湿修水分稍降低再进行修坯。湿修的方法：可用刮刀、泡沫塑料等刮平修光。对于扁平制品，由于无须进行很多加工，只要修光修平即可，就可以在干后进行干修，即坯体水分可低于2%，此时，可用泡沫塑料、抹布、帚子等蘸水进行修坯（也称水修），也可用小刀、砂纸、筛网等进行干修。

5.4.2 粘接

粘接是制造壶、杯及有些小口花瓶、坛子等不能一体成型的坯体所必需的工序，是将各自成型好的部件用粘接泥浆粘在一起。在粘接时，必须掌握各部件的水分大体一致，并有适当的强度不易变形，否则在干燥和烧成过程中由于收缩不一致而在粘接处产生较大的应力，致使部件脱落。同时，在粘接时，还要注意位置正确，粘后表面光滑等。粘接时所用的泥浆，可用注各部件的泥浆，但水分要少一些，以增加泥浆的黏性。

修坯与粘接在日用陶瓷和卫生陶瓷成型工序中长期以来是用手工操作的，其效率较低，又要大量人工，因此，如何把修坯与粘接走向机械化已是当前亟须解决的问题。目前，在成型表面质量不断提高的情况下，修坯已日趋简单，国内外也已有不少机械修坯和粘接机，但仍然跟不上成型工艺的飞速发展。今后，随着自动修坯机和粘接机的发展，将使整个成型工艺的自动化推向新的水平。另外，采用新的成型工艺，革除修坯和粘接工序，也将是陶瓷成型工艺的一个大革新。

5.5 压制成型

压制成型是将干粉状坯料在钢模中压成致密坯体的一种成型方法。陶瓷地面砖、内外墙砖及日用瓷中的平盘等都是采用压制成型的。由于压制成型的坯料水分少，所受到的压力大，因而坯体致密、收缩较小、形状准确。压制成型的工艺简单、生产效率高、缺陷少，便于连续化、机械化和自动化生产。

5.5.1 压制成型的工艺原理

5.5.1.1 粉料的工艺性质

干压法或半干压法都是采用压力将陶瓷粉料压制成一定形状的坯体。通常将粒径小于1mm的固体颗粒组成的物料称为粉料，它属于粗分散物系，有一些特殊物理性能。

a. 粒度及粒度分布　粒度是指粉料的颗粒大小，通常以 r 表示其半径，d 表示其直径。实际上并非所有粉料颗粒都为球状，一般将非球状颗粒的大小用等效半径来表示。即将不规则的颗粒换算成和它同体积的球体，以相当的球体半径作为其粒度的量度。粒度分布是指各种不同大小颗粒所占的百分比。

从生产实践中得知：一定压力下，很细或很粗的粉料被压紧成型的能力较差，亦即在相同压力下坯体的密度和强度相差很大。此外，细粉加压成型时，颗粒间分布着的大量空气会沿着与加压方向垂直的平面逸出，产生坯体分层。而含有不同粒度的粉料成型后密度和强度均高，这可用粉料的堆积性质来说明。

b. 粉料的堆积特性　由于粉料的形状不规则，表面粗糙，使堆积起来的粉料颗粒间存在大量空隙。

若采用不同大小的球体堆积，则小球可填充在等径球体的空隙中。因此，采用一定粒度分布的粉粒可减少其孔隙，提高自由堆积的密度。例如，单一粒度的粉料堆积时的最低孔隙率为40%，若用两种粒度（平均粒径比为10:1）配合，则其堆积密度增大，如图5-26所示。AB线表示粗细颗粒混合物的真实体积。CD线表示粗细颗粒未混合前的外观体积（即真实体积与气孔体积之和）。单一颗粒（即纯粗或纯细颗粒）的总体积为1.4，即孔隙率约40%。若将粗细颗粒混合则其外观体积按照COD线变化，即粗颗粒约占70%、细颗粒约占30%的混合粉料其总体积约1.25，孔隙率最低约25%。若采用三级颗粒配合，则可得到更大的堆积密度。图5-27所示为粗颗粒50%、中颗粒10%、细颗粒40%的粉料的孔隙率仅23%。

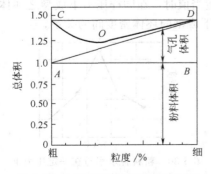

图5-26　二级颗粒粉料的堆积密度

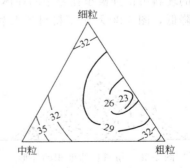

图5-27　三级颗粒粉料堆积后的孔隙率曲线

然而，压制成型粉料的粒度是经过"造粒"工序得到的，由许多小固体颗粒组成的粒团，即"假颗粒"。这些粒团比真实固体颗粒大得多。如半干压法生产墙地砖时，泥浆细度为万孔筛筛余1%～2%，即固体颗粒大部分小于60μm。实际压砖时粉料的假颗粒度通过的为0.16～0.24mm筛网。

c. 粉料的拱桥效应（或称桥接） 实际粉料颗粒不是理想的球形，加上表面粗糙，结果颗粒互相交错咬合，形成拱桥空间，增大孔隙度，使粉料自由堆积的孔隙率往往比理论计算值大得多，这种现象就称为拱桥效应。图5-28所示为粉料堆积的拱桥效应示意图。

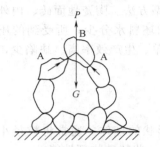

图 5-28 粉料堆积的拱桥效应

当粉料颗粒B落在A上时，若粉料B的自重为G，则在接触处产生反作用力，其合力为P，大小与G相等，但方向相反。若颗粒间附着力较小，则P不足以维持B的自重G，便不会形成拱桥，颗粒B落入空隙中。因此，粗大而光滑的颗粒堆积在一起时，孔隙率不会很大。然而，由于细颗粒的自重小，比表面大，颗粒间的附着力大，故易形成拱桥。例如，气流粉碎的Al_2O_3粉料，颗粒多为不规则的棱角形，自由堆积时的孔隙比球磨后的Al_2O_3颗粒要大些。

d. 粉料的流动性 粉料虽然由固体小颗粒组成，但因其分散度较高，具有一定的流动性。当堆积到一定高度后，粉料会向四周流动，始终保持圆锥体，其自然安息角（偏角）α保持不变。当粉料堆的斜度超过其固有的α角时，粉料向四周流泻，直到倾斜角降至α角为止。因此，可用α角来反映粉料的流动性，一般粉料的自然安息角α约为20°～40°。如粉料呈球形，表面光滑，易于向四周流动，α角值就小。

粉料的流动性决定于它的内摩擦力。设P点的颗粒自重为G（如图5-29所示），它可分解为两个力，即沿自然斜面发生的推动力$F(F=G\sinα)$和垂直斜面的正压力$N(N=G\cosα)$，且当粉料维持安息角α时，颗粒不再流动。这时必然产生与F力大小相等、方向相反的摩擦力f才能维持平衡。$F=\mu N$，μ为粉料的内摩擦系数。由此可见：$\mu=\tanα$，粉料的流动与其粒度分布、颗粒的形状、大小、表面状态等诸多因素有关。

在生产中粉料的流动性决定着它在模型中的充填速度和充填程度。流动性差的粉料难以在短时间内充满模型，影响压制的产量和质量。为此，往往向粉料中加入润滑剂来提高其流动性。

e. 粉料的含水率及水分均匀程度 在相同的压力下，粉料水分大小直接影响坯体的密度。粉料含水率很低，加压成型时，颗粒相互移动摩擦阻力就大，所以要使坯体达到很致密不太容易；将水分逐渐增加时，由于水的润滑作用，坯料容易密实。成型压力达到一定值，对于含水量合适的坯料可得到极小孔隙率的坯体；含水量高于适当值时，在同样压力下成型之坯体致密度反而降低，图5-30示出了粉料含水率与在一定压力下成型的坯体密度间的关系。

图 5-29 粉料自然堆积的外形

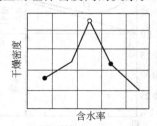

图 5-30 粉料含水率与在一定压力下成型的坯体密度的关系

采用较高压力压制时，只要稍微降低粉料的含水率便能保证在获得一定坯体强度的同时减少粘模，不易出现结构不匀和夹层的现象。

粉料水分不匀，局部过干或过湿都会使压制成型出现困难，且成型后的坯体在随后的干燥和烧成中产生开裂和变形。

f. 粉料的容重　单位容积的粉料质量称为容重，用来表示粉料的堆积密度。在制备压制成型用粉料时，都力图提高粉料的容重，以减少堆积时的气孔率，从而降低成型时的压缩比。轮碾造粒所得坯粉的容重为 0.90～1.10g/cm³，采用喷雾干燥制备的坯粉容重稍低为 0.75～0.90g/cm³。

5.5.1.2　压制过程坯体的变化

压制成型中，随着压力增加，松散的粉料中的气体被排出，固体颗粒被压缩靠拢，粉料形成坯体。此时密度和强度的增加呈现出一定规律。由于坯体中不同的部位受到的压力不同，因此各部位的密度也存在差异。

a. 坯体密度的变化　压制过程中，随着压力的增大，松散的粉料很快成坯体，其相对密度有规律地发生变化。若以成型压力为横坐标，以坯体的相对密度为纵坐标作图，可以定性地得到如图 5-31 所示的关系曲线。

图示表明，加压的第一阶段随着成型压力的增大，坯体的密度急剧增加；第二阶段的压力继续增加时，坯体密度增加缓慢，后期几乎无变化；第三阶段中压力超过某一数值（极限变形应力）后，坯体的密度又随压力增高而加大。塑性物料组成的粉料压制时，第二阶段不明显，第一、三阶段直接衔接，只有瘠性物料组成的粉料第二阶段才明显表现出来。

b. 坯体强度的变化　坯体强度与成型压力的关系如图 5-32 所示。图示曲线形状可分为三段：第一段的压力较低，虽由于粉料颗粒位移填充孔隙，坯体孔隙减小，但颗粒间接触面积仍小，所以坯体强度并不大。第二段是成型压力增加，颗粒位移填充孔隙继续进行，而且可使颗粒发生弹-塑性变形，颗粒间接触面积大大增加，出现原子间力的相互作用，因此强度直线提高。压力继续增大至第三段，坯体密度及孔隙变化不明显，强度变化亦较平坦。

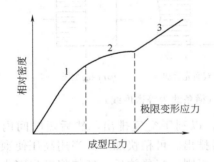
图 5-31　坯体密度与成型压力的关系

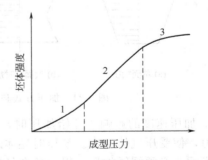
图 5-32　坯体强度与成型压力的关系

c. 坯体中压力的分布　压制成型中的主要问题是坯体中压力分布不均匀，坯体各部位受到的压力不等，因而导致坯体各部分的密度出现差别。此现象产生的原因是颗粒移动和重新排列时，颗粒之间产生内摩擦力；颗粒与模壁之间产生外摩擦力。摩擦力妨碍着压力的传递。单压成型时，坯体内部距离加压面越远则受的压力也越小（如图 5-33 所示）。摩擦力对坯体中压力及密度分布的影响随坯体厚度（或高度）与宽度的比值（H/D）不同而不同；H/D 越大，不均匀分布现象越严重。因此，高而细的产品不宜采用压

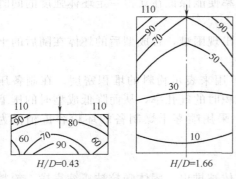

图 5-33 单面加压时坯体内部压力分布
H—坯体高度；D—坯体直径

制成型。由于坯体各部位密度不同，烧成时收缩也不同，容易引起产品变形与开裂。施加压力的中心线应与坯体和模型的中心对正，如产生错位，会导致压力分布更加不均匀。

5.5.2 加压制度对坯体质量的影响

a. 成型压力的影响　在压制成型中，作用于粉料上的压力主要消耗在以下两个方面，一是克服粉料的阻力 P_1，称为净压力。它包括颗粒相对位移时所需克服的内摩擦力及使粉料颗粒变形所需要的力。二是克服粉料颗粒对模壁摩擦所消耗力 P_2，称为消耗压力。

所以压制过程中的总压力 $P=P_1+P_2$，这也就是成型压力。它与粉料的组成和性质有关，与模型和粉料的摩擦面积有关，同时与坯体的大小及形状也有关。当坯体截面不变而高度增加或形状复杂时，则压力损耗增大。若高度不变，而横截面尺寸增加，则压力损耗减小。对某种坯体来说，为获得致密度一定的坯体所需要施加的单位面积上的压力是一定值，而压制不同尺寸坯体所需的总压力等于单位压力乘以受压面积。一般工业陶瓷的成型压力约为 40～100MPa，而塑性较好的坯料则可用较低的压力（一般为 10～60MPa）。

b. 加压方式的影响　单面加压时，坯体中的压力分布是不均匀的，不但有低压区，还有死角 [图 5-34(a) 所示]，为使坯体致密度均匀一致，宜采用双面加压。当双面同时加压时，可消除底部的低压区及死角，但坯体中部的密度较低，其压力分布情况如图 5-34(b) 所示。若两面先后加压，由于二次加压之间有时间间歇，故利于空气排出，因而整个坯体中的压力与密度分布都较均匀，如图 5-34(c) 所示。如在粉料各个方向同时施压（也就是等静压成型）则坯体密度最均匀，如图 5-34(d) 所示。

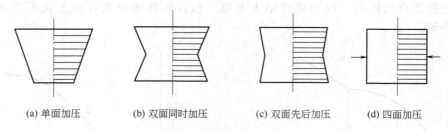

(a) 单面加压　　(b) 双面同时加压　　(c) 双面先后加压　　(d) 四面加压

图 5-34 加压方式和压力分布关系（横条线为等密度线）

c. 加压速度的影响　开始加压时，压力应小些，以利于空气排出，然后短时间内释放此压力，使受压气体逸出。初压时坯体疏松，空气易排出。可稍快加压。当用高压使颗粒紧密靠拢后，必须缓缓加压，以免残余气体无法排出。否则，当释放后，气体将发生膨胀，回弹产生层裂。当坯体较厚时，也就是 H/D 值较大时，或粉料颗粒较细、流动性较差时，则宜减慢加压速度，延长施压时间。

为提高压力的均匀性，通常可采用多次加压，如用液压机压制墙地砖时，通常加压 2～4 次。压力逐次加大，这样不致封闭空气排出的通路。最后一次提起上模时较轻、缓些，防止残留空气急速膨胀产生裂纹。这也就是"一轻、二重、慢提起"的操作方法。当坯体密度要求非常均匀时，可在某一固定压力下多次加压，或多次换向加压。如能采用振动成型，则效果会更好。

5.5.3 添加剂的选用

在压制成型的粉末中，往往要加入一定种类和数量的添加剂，促进成型过程的顺利进行，提高坯体的密度和强度，减少密度分布不均的现象。添加剂有如下几个主要作用。

① 减少粉料颗粒之间及粉料与模壁间的摩擦，因此所加入的添加剂叫润滑剂。
② 增加粉料颗粒之间的黏结作用，这类添加剂又叫黏合剂。
③ 促进粉料颗粒吸附、湿润或变形，这类添加剂属表面活性物质。

添加剂与粉料混合后，它吸附在颗粒表面及模壁上，减少颗粒表面的粗糙程度，并可使模具润滑，因而可减少颗粒的内、外摩擦，降低成型时的压力损失，从而提高坯体强度及均匀性。如果添加剂是表面活性物时，它不仅吸附在粉料颗粒表面上，而且可渗透到颗粒的微孔和微裂纹中，产生巨大的劈裂应力，促使粉料在低压下即可滑动或碎裂，使坯体的密度、强度得以提高。若加入黏性溶液，将瘠性颗粒黏结在一起，自然可提高坯体强度。

压制成型中采用的添加剂，最好是在烧成过程中尽可能地烧掉，故不会影响产品的性能；添加剂与粉料最好不发生化学反应；添加剂的分散性要好，少量使用能得到良好效果。

5.6 成型模具

陶瓷产品常用的成型模具从材质上可分为以下三种。

① 石膏模：用于可塑成型（湿压、旋坯、滚压等方法）及注浆成型。其作用除确定坯体形状外，利用其多孔性吸收坯料中的水分，使坯体具有一定强度。
② 金属模：用于可塑成型（湿压、挤压、滚压）及压制成型等方法。这种模具强度大，耐磨性高。
③ 新材质模型：包括树脂模、无机填料模等。主要用于常温等静压成型及做滚压头等。

5.6.1 石膏及石膏模型

5.6.1.1 模型用石膏

a. 石膏石　石膏石是含水硫酸钙（$CaSO_4 \cdot 2H_2O$）。石膏石单晶常呈板状，聚合物常呈纤维状、片状、粒状。一般为白色，或无色透明，常因含杂质而呈现各种颜色。解理面呈玻璃光泽或珍珠光泽，纤维状者呈绢丝光泽。硬度为2，密度为2.3～2.37g/cm³，微溶于水，导电导热性能差。国内石膏石资源丰富，矿点较多，如表5-8所示。

表5-8　国内部分石膏石产地化学成分/%

产　地	CaO	SO_3	H_2O	杂质 Mg、Al、Si、酸性不溶物	$CaSO_4 \cdot 2H_2O$ 最佳品位
湖北应城	32.57	44.98	19.23	0.319	96.70
宁夏小红山	32.04	45.70	20.55	0.04	98.00
湖南浏阳	32.83	46.15	20.28	0.92	99.00
山西汾阳	32.46	44.27	20.44		97.00
广东钦县					99.00
贵州黄平	31.81	44.87	20.40	3.22	97.77
内蒙古呼伦贝尔盟	30.34	41.07	20.00		95.50
甘肃天祝	29.25	41.75	18.80		94.20
江苏南京			21.21	1.32	96.62
云南宜良	38.77	44.07		8.36	94.60
河南安阳	26.04	33.43	16.55	21.31	79.25

b. β-半水石膏 天然石膏石为二水石膏,加热时脱水变成半水石膏。由于加热条件不同,能得到晶体大小、光学性质和其他特征不同的变化,此亦 α 和 β 两种不同晶体的变化,其转变条件如图 5-35 所示。

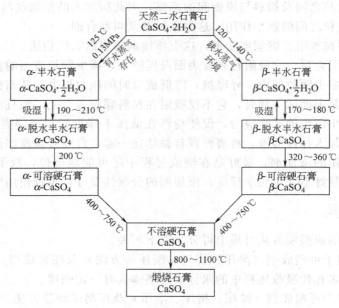

图 5-35 石膏加热转变

通常用的炒制石膏是在缺乏水蒸气的干燥环境中制得的,属于 β-半水石膏。其制备过程是将天然石膏石粉碎至细度为过 900 孔/cm^2 筛余小于 1%,也有的石膏模具厂企业标准定为 170 目筛余小于 1%。

将粉碎后的天然石膏粉置于凸底铁锅中炒制,炒制温度依天然石膏的特点而异,一般在 160~180℃之间,炒制温度过高或过低都会使 β-半水石膏(熟石膏)的胶凝性能变坏。判断石膏"炒熟"的方法很多,有的用一支玻璃棒插入石膏粉内,约 30s 后迅速取出,若玻璃棒上不粘附石膏粉说明已炒熟了。

炒制石膏时应均匀搅拌石膏粉,直到石膏粉中不再逸出气泡为止。熟石膏不可露天储存,以免吸湿转变为二水石膏从而失去胶凝性。同时也不能储存太久,刚炒好的石膏要陈化 2~8 天后才能使用。

实践证明,通过挑选可提高 $CaSO_4 \cdot 2H_2O$ 的纯度、适当提高炒制温度、降低吸水率等均能提高石膏强度及硬度。

c. α-半水石膏 天然石膏加热脱水,因加热条件不同而得到结构特征及性能不同的两种变体,即 α-$CaSO_4 \cdot \frac{1}{2}H_2O$ 和 β-$CaSO_4 \cdot \frac{1}{2}H_2O$,它们的工艺性能列于表 5-9。

表 5-9 α-半水石膏、β-半水石膏工艺性能比较

性　　能	α-半水石膏	β-半水石膏
密度/(g/cm^3)	2.72~2.73	2.67~2.68
水化速度/min	17~20	7~12
晶型	晶面整齐,晶型完整	碎屑
标准稠度下膏水比	100/(44~55)	100/(70~80)

续表

性　　能	α-半水石膏	β-半水石膏
标准稠度下吸水率/%	35～40	50～60
注浆速度	膏/水=100/70	膏/水=100/80
$\frac{吸坯厚度}{5min}$/(mm/min)	2.5	2.00
初凝时间/min	约10	约8
终凝时间/min	约16	约14
表面硬度/MPa	3.4692	2.1413
标准稠度抗拉强度/MPa	2.943	1.472

在水蒸气压条件下加热脱水即得 α-半水石膏，这种石膏呈针状晶体，结晶完整，晶体很少有裂纹和孔隙，密度较大，折射率较高，与水调和时需水量较少，在标准稠度下有较高的膏水比，因此有较高的强度。α-石膏和 β-石膏按不同比例调配来制造模具。

α-半水石膏的生产过程是：先将石膏石破碎成 3～5mm 块状，用水冲洗干净，装入带网格的小车上，推入锅内（如图 5-36 所示），密封通入蒸汽，控制蒸汽压力为 0.25～0.4MPa，蒸压处理 4～6h，此时石膏石析出部分结晶水，形成结晶的半水石膏。经 X 射线鉴定、折射率和密度检测及显微观察、热谱分析，均证明其具有 α-半水石膏的特性。

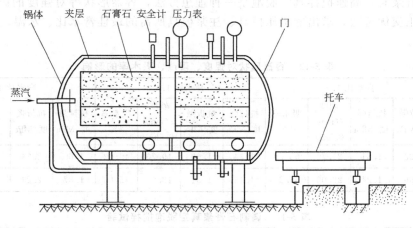

图 5-36　石膏蒸压锅示意图

影响 α-半水石膏质量的主要因素是蒸汽压力、蒸压时间、蒸压温度、干燥时间和温度。通过试验得知，0.3MPa 蒸汽压力下，蒸压 5h 较为理想。

5.6.1.2　石膏模型制造

a. 石膏浆调制　石膏浆是由半水石膏粉和水调制而成，其调和水量依模具用途不同而异；塑性成型模的膏水比为 100/(70～80)（以干熟石膏为基准）；注浆模的膏水比为 100/(80～90)；母模石膏浆的膏水比为 100/(30～40)。显然，石膏浆中调和水量比半水石膏转化成二水石膏时所需水量高得多，多余水量越高，模型吸水率越高，但机械强度却有所降低。

调制石膏浆时，应不断进行搅拌。搅拌时间长，则胶凝后的模型的密度就高。表 5-10 列出搅拌速度对强度、硬度、吸水率的影响的研究结果。

表 5-10 搅拌速度对强度、硬度、吸水率的影响

搅拌速度	水/膏(W/C)	水温/℃	搅拌时间/min	真空度/kPa	抗拉强度/kPa	抗折强度/MPa	硬度(干)/(mm/0.5kg)	吸水率/%
350r/min	1:1.5	21	1.25	96	9.60	2.41	19	56.5
550r/min	1:1.5	21	1.25	96	1.10	2.67	16	39.7
750r/min	1:1.5	21	1.25	96	1.10	2.76	15	39.5
950r/min	1:1.5	21	1.25	96	1.19	2.81	14	39.3

调制石膏浆时，进行真空脱泡搅拌对提高石膏模质量有好处。真空度对石膏模的强度、硬度、吸水率的影响如表 5-11 所示。

表 5-11 真空度对强度、硬度、吸水率的影响

真空度	水/膏(W/C)	水温/℃	搅拌速度/(r/min)	初凝/min	终凝/min	2h抗拉强度/MPa	2h抗折强度/MPa	硬度(干)/(mm/0.5kg)	吸水率/%
26.66kPa	1:1.5	23	300	5	20		2.06	14.91	42.5
53.33kPa	1:1.5	23	300	5	18	0.85	2.67	12.75	40.60
80kPa	1:1.5	23	300	5	16	0.96	2.74	12.00	40.20
96kPa	1:1.5	23	300	7.5	15	0.98	2.84	12.30	42.00

调制石膏浆时，高速搅拌真空脱泡是一种理想方法，容器形状等对强度的影响如表5-12所示。利用正交优选法，求出的机压模具、注浆模具所需的最佳膏水比、水温、搅拌时间如表 5-13 所示。

表 5-12 容器形状对强度、硬度、吸水率的影响

容器形状	膏水比1.3				膏水比1.4				膏水比1.5			
	抗拉强度/MPa	抗折强度/MPa	硬度/(mm/0.5kg)	吸水率/%	抗拉强度/MPa	抗折强度/MPa	硬度/(mm/0.5kg)	吸水率/%	抗拉强度/MPa	抗折强度/MPa	硬度/(mm/0.5kg)	吸水率/%
六角方桶	1.23	1.51	21.70	53.90	1.34	1.69	19.70	49.00	1.60	2.24	18.50	48.00
圆锥桶	0.96	1.24	28.00	66.20	1.43	1.51	18.00	45.60	1.87	2.24	16.50	42.00

表 5-13 调制石膏浆真空脱泡搅拌试验

水平		膏水比(C/W)	搅拌时间/min	水温/℃	抗拉强度(干)/MPa	抗压强度(干)/MPa	硬度(干)/(mm/0.5kg)	吸水率/%	显气孔率/%	体积密度/(g/cm³)	初凝	终凝
1	1	1.25	1.5	10	1.74	10.09	20.40	54.56	55.42	1.02	9′55″	30′09″
	2	1.25	2.0	20	1.68	9.31	25.40	57.44	56.66	0.99	7′56″	23′23″
	3	1.25	2.5	30	1.44	8.62	23.16	57.16	56.43	0.99	10′20″	28′11″
2	4	1.35	1.5	20	1.83	12.25	22.28	50.36	53.11	1.06	10′32″	27′10″
	5	1.35	2.0	30	1.77	11.07	20.84	53.05	54.71	1.03	8′04″	22′28″
	6	1.35	2.5	10	1.94	11.86	24.85	51.04	52.95	1.04	9′11″	25′08″
3	7	1.50	1.5	30	2.49	14.80	16.12	40.93	47.19	1.15	4′43″	15′17″
	8	1.50	2.0	10	2.45	15.97	14.40	41.62	47.00	1.13	5′18″	17′34″
	9	1.50	2.5	20	2.71	16.27	15.14	40.95	47.15	1.15	6′35″	16′16″

调制石膏浆时，只能将粉倒入水中，否则易结团，不好搅拌。调好的石膏浆应过30目筛，以除去杂质。

石膏浆中加入少量亚硫酸纸浆废液、$NaHCO_3$、糊精等、可增加浆的流动性。为提高母模与石膏模座的强度，可加入少量硅酸盐水泥。

b. 工作模的制造 工作模系指成型生坯用的模型，它是由主模与模套浇注而成。图5-37示出了阴模成型高统盖杯与阳模成型汤盘的主模与模套。

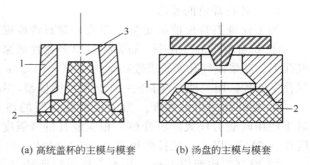

(a) 高统盖杯的主模与模套　　(b) 汤盘的主模与模套

图 5-37　主模与模套
1—模套；2—主模；3—模芯

浇注工作模前，须在涂有洋干漆的主模与模套的工作面上涂一层润滑剂（花生油或肥皂水）。使用肥皂水时，要防止肥皂水在工作面上出现气泡。将石膏浆倒入主模时，要缓缓注入。在石膏浆凝结硬化以前，要适当搅拌或振动一下，使石膏浆能流往主模与模套的各个棱角处。

c. 主模与模套的制造 主模与模套是用母模浇注的。母模工作面的形状与工作模相同。图5-38示出高统盖杯的母模及其制造主模与模套的过程。先在母模外缘围上一外框，然后倒入石膏浆。待石膏浆硬化后拆去外框，将主模进行车削修正。最后，再围上外框，再浇注模套，硬化后修正模套即成一整套主模（母模和模套）。从整套模型中，可任取出一模块再浇注出该模块来。

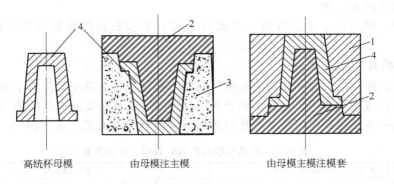

　高统杯母模　　　由母模注主模　　　由母模主模注模套

图 5-38　主模与模套制造
1—模套；2—主模；3—支撑物体；4—母模

在浇注主模或模套时，任何一模块的工作面与两模块接触面上都要涂洋干漆，而工作面部分还要在洋干漆上涂上润滑剂。

d. 母模制造 母模是用种模来浇注的，而种模则是与产品实物的形状尺寸相当的模型，是按照图样或实物测绘后精确地制作的。制母模的材料为金属（如锡）、橡胶、塑料、水泥、硫黄或石膏，制好的母模工作面上常涂上一层洋干漆（虫胶片）的酒精溶液。使用时母模表面上要涂一层隔离剂，如机油、花生油或肥皂水，以利脱模。

5.6.1.3 石膏模型的性能与改进措施

石膏模型损坏原因主要有三：一是模型本身强度不高，容易碰破或压裂；二是模型工作面被坯料中颗粒磨损而报废；三是注浆模由于模型与泥浆中电解质起反应，造成在模型的毛细管孔中与表面上产生硫酸钠析晶，而降低吸水能力。

(1) 对石膏模的要求

为了保证石膏模能满足生产需要，对石膏模提出以下要求。

① 符合要求的气孔率。石膏模是以多孔性能来吸收坯料中的水分的，必须具有足够高的气孔率。注浆模气孔率要求较高（约 40%～50%）；可塑旋压模气孔率在 30%～40%，滚压模气孔率低些。用一种石膏和同一工艺制成的模型，其气孔率的提高将导致机械强度的下降。

② 足够高的机械强度。为了提高石膏模的使用寿命，要求石膏模具有高的机械强度。对于使用时受力较大的石膏模，相应地其机械强度要求更高些，一般良好的石膏模其抗压强度在 9.3MPa 以上，抗拉强度在 3.9～4.9MPa。

③ 模型工作面应平整，并不应被油腻所沾污；否则制得的生坯表面不光，出现变形与开裂。对滚压模，其工作表面不应太光滑，以免压坯时发生飞坯与卷坯现象。

④ 石膏模各部位尺寸要符合要求，同种石膏模形状尺寸必须严格一致。

⑤ 石膏模使用时，含水率应在 4% 左右。当超过 14% 时，应干燥后使用。

(2) 改进石膏模的措施

改进石膏模的措施有以下几方面。

① 加入缓凝剂。硼砂、亚硫酸纸浆废液、焦磷酸钠、动物胶、骨胶及皮胶等，加入量为 0.1%～0.5%，可提高机械强度，其他缓凝剂如腐殖酸钠效果也良好，故称为增强剂。

② 合成树脂增强模型。把热固合成树脂的聚脲树脂（按容积计加入 10%）、环氧树脂、聚酯树脂等加入石膏浆中可以提高强度。石膏模型外表面浸渍上述合成树脂溶液以增强模型表面强度。但据多数资料报道，这种附加物将普遍使模型的耐热性与透气性降低。

③ 真空处理石膏浆，使制得的模型密度和强度均有所提高，但吸水率略有降低，这在石膏浆调制中已论述及之。

实践证明，使用 α-半水石膏或 α-半水石膏与 β-半水石膏掺和使用是改进石膏模的有效措施。

5.6.2 金属模具

一般说来，模具的尺寸和结构应根据产品的形状来设计和确定。但如果完全按产品外形设计的模型无法成型与脱模，且得不到合格的坯体时，则往往要对产品的形状和结构加以修改。下面列出一些图例，说明产品形状与结构对模型设计的关系（表 5-14）。

表 5-14 产品形状与结构对模型设计的关系

难以压制或不恰当的坯体结构		修改后的坯体结构	
图样	说明	图样	说明
（图：中孔 <1）	中孔靠边，粉料不易装匀，密度不匀烧后会翘曲	（图：中孔 >1）	加厚薄壁，减少壁厚差便于装粉压制，密度均匀，减少变形
（图：尖角）	凸缘与零件主体连接的触角为尖角时，成型过程粉末移动困难，应力集中易开裂	（图：$r>0.25$mm）	把触角改为 $r>0.25$mm 的圆角，便于粉末移动，避免应力集中，防止开裂
（图：d, a）	开孔离边缘太近，壁薄易断裂	（图：d, a）	增加壁厚可增加坯体强度。孔径较大时：$a=\dfrac{1}{2}d$；孔径较小时：$a=d$，$a>2$mm

由此可知，设计压制成型模具时应满足以下要求：结构简单、便于装配和拆卸、节约钢材、壁厚均匀、留有排气孔，根据收缩率和加工裕量来确定尺寸，注意公差配合，装料时粉料易填满模型、脱模方便、模型无不坚固的部位。

阳模和芯杆可用碳素工具钢等材料制造，模套、垫板、顶杆可用碳素钢、碳素工具钢等材料制造。选用模具材料时，应考虑坯料的物理性能，压制磨损较小的粉料（如黏土质或滑石瓷坯料）可用碳素工具钢或含铬的合金工具钢。压制硬度大的坯料（如高铝瓷）时，模具要用硬质合金来制造才耐用。

5.6.3 模具的放尺

陶瓷坯体经过干燥和烧成后，直线尺寸和体积一般都会缩小，所以确定模具尺寸应根据坯体的收缩大小来放尺。

设成型时坯体的长度（即模具的直线尺寸）为 L_0，烧成后产品的长度（如不需要机械加工，则此值即图纸上要求产品的尺寸）为 L，则产品长度的收缩率 S_0（以成型时坯体长度为基准）为：

$$S_0 = \frac{L_0 - L}{L_0} \times 100\% \tag{5-11}$$

由此式可推出

$$L_0 = \frac{L}{1 - S_0} \tag{5-12}$$

若已知产品要求的长度 L 和收缩率 S_0，则可求出模具的长度 L_0。

工厂中常用烧后产品实际长度 L 为基准来计算放尺率 S：

$$S = \frac{L_0 - L}{L} \times 100\% \tag{5-13}$$

则

$$L_0 = (S+1)L \tag{5-14}$$

因而可利用放尺率 S 和烧后产品长度 L 求得模具的长度。S_0 与 S 的关系式为：

$$S_0 = \frac{S}{1+S} \tag{5-15}$$

$$S = \frac{S_0}{1-S_0} \tag{5-16}$$

若一圆片形晶体管陶瓷底座的图纸上标注的直径为 7.5mm。今采用 95% Al_2O_3 坯料来制造，且已知坯料的收缩率为 14.75%，则模具的内径应为：

$$D = \frac{7.5}{1 - 0.1475} = 8.8 \text{mm}$$

若测得坯料的放尺率为 17.3%，则模具的内径应为：

$$D = 7.5 \times (1 + 0.173) = 8.8 \text{mm}$$

实际上坯体各个方向上的收缩，除与坯料的组成、性质有关外，还受到工艺操作方法的影响。用热压铸法和等静压法成型时，坯体各方向的收缩基本上是一致的。压制成型时，大件坯体垂直和平行于受压方向上的收缩是有差别的。挤压成型时，直径的收缩＞壁厚的收缩＞长度的收缩。这些情况在确定模具尺寸时都应加以考虑。

本章小结

本章按可塑成型、注浆成型、压制成型的顺序分别介绍了可塑成型、注浆成型、压制成型的成型工艺原理；可塑成型、注浆成型的成型方法以及成型常见缺陷；并在 5.4 中介绍了修坯与粘接；在 5.6 中介绍了成型模具的知识，其中主要介绍了石膏模型用的石膏和石膏模型的制作过程，简单介绍了成型用金属模具以及模具放尺的知识。

复习思考题

1. 可塑成型分哪几种？试比较各自特点。
2. 阐述可塑泥团的流变性特征。
3. 影响坯料可塑性有哪些因素？
4. 阐述注浆过程的物理化学变化。
5. 如何增大吸浆速度？
6. 影响泥浆流动性有哪些因素？
7. 阐述坯体在压制过程中的变化。
8. 加压制度对坯体质量有何影响？
9. 为什么要修坯和粘接？
10. 阐述石膏模的制作过程。每人翻制一个石膏模模型。
11. 设一个花瓶其烧后尺寸为：高 320mm，底径 140mm，腹部对径 210mm，瓶口对径 90mm，经测定其烧后总收缩为 12%，问制模时其各部分尺寸应为多少？

6 坯体的干燥

【本章学习要点】 本章介绍了成型后的陶瓷坯体的干燥工艺，要点内容包括：坯体的干燥机理及干燥过程；干燥坯体的几种方法；如何制定干燥制度；在干燥过程中坯体会发生哪些变化；干燥时容易产生的缺陷及防止方法。通过学习，了解陶瓷坯体的干燥过程，掌握如何根据不同的坯体制定干燥曲线，能够根据工艺要求选择干燥方法。

陶瓷坯体成型完成后都含有水分。特别是注浆成型，在刚脱模时含水率一般在19%～23%之间，因此，必须要进行干燥。干燥主要有以下几个目的。

① 提高坯体的强度。湿坯的强度较低。当坯体的含水率为20%时，抗压强度为0.2～0.3MPa；而当含水率为零时，其抗压强度约为2.3MPa。一般坯体的强度是随着其含水率的降低而升高。由于湿坯的强度低，极易在坯体的搬运、施釉等工序中，造成机械损伤，引起开裂、变形及边角磕碰，所以，将坯体的水分干燥至3%以下时，方可进行搬运、施釉等操作。

② 减少烧成开裂，节省燃料消耗。坯体经过干燥后，裂纹容易用煤油检查出来，避免将带裂坯体流入下道工序。同时，若干燥不充分，入窑的坯体水分过高，在预热带急剧排水和收缩，很容易开裂，有时甚至"崩裂"。若要避免开裂，只能降低推车速度，造成产量下降，单位产品的燃料消耗增加。所以，一般坯体入窑前水分要小于2%，快速烧成的窑炉，坯体水分一般要小于0.5%。

③ 保证釉面质量。当坯体含水率较高时，对釉浆的吸附能力会下降。潮湿的坯体，施釉时，容易流釉，难以达到要求的施釉厚度，影响釉面质量。

6.1 干燥原理

6.1.1 湿坯中水分类型及结构形式

陶瓷湿坯中的水分，按其不同的结构形式共分以下三种类型。

(1) 化学结合水

化学结合水是指参与组成矿物晶格的水分。例如高岭土中有两个分子的结构水（$Al_2O_3 \cdot 2SiO_2 \cdot 2H_2O$），不能经过干燥除去，排出时需要较高的能量。高岭土的结构水要在450～650℃之间才能除去。

(2) 吸附水

吸附水是指依靠坯料质点静电引力和质点间毛细结构形成的毛细管力，存在于物理颗粒表面或微毛细管中的水分。这种水的吸附量取决于坯料性质，特别是黏土原料的种类和用量。坯料越细，黏土在坯料中占的比例越大和黏土的分散度越大，则吸附水量越多。对于确定的坯体，其吸附水量还随周围环境的温度和相对湿度的变化而改变。介质温度越低，相对湿度越大，其吸附水量越多。

当坯体的吸附水量与外界达到平衡时，该水称为平衡水。

(3) 自由水

自由水又称机械结合水，它分布于固体颗粒之间，可以在干燥的过程中全部除去。在自由水的排出过程中坯体的颗粒相互靠拢而使坯体收缩，其收缩体积约等于所排出自由水的体积。因此，自由水又称为收缩水。

干燥过程只需排除自由水即可。赶走吸附水没有什么实际意义，因为它很快又从空气中吸收水分达到平衡。而结构水一般不在干燥过程中排除，而要在烧成过程中除去。一般确定干燥后的含水率时，不应低于平衡水分，否则坯体还会从大气中吸湿"反潮"。

6.1.2 干燥过程与坯体的变化

湿坯在干燥介质中，通过热质交换，表面水分首先蒸发扩散到周围介质中去，为外扩散；内部水分迁移到表面，力求达到新的"平衡"为内扩散。由于内、外扩散是传质过程，所以，要吸收大量的能量。

湿坯在干燥过程中的变化情况，可由干燥过程曲线来描述，如图 6-1 所示。共分四个阶段。

a. 升温阶段　升温阶段是曲线的 $R \rightarrow A$，这一阶段的特征是，随着干燥时间的增加，干燥速率 μ 逐渐上升，直至最大值（点 A）。坯体的表面温度 T 也从室温升高到某一数值，而坯体的外观体积 J 几乎不变，坯体的绝对含水率 ω 略有下降。坯体得到的热量大于汽化所需的热量，生坯的温度会上升。随着坯体温度的不断提高，导致蒸发水量不断增加，当得到的热量与汽化热相等时，坯体的温度 T 不再升高，而进入等速干燥阶段。升温阶段的长短取决于坯体的厚度。坯体越厚，时间越长。

b. 等速干燥阶段　等速干燥阶段是曲线的 $A \rightarrow B$，水分自生坯外表面的

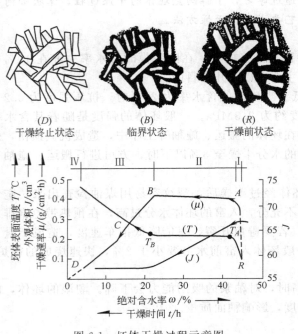

图 6-1　坯体干燥过程示意图

连续水膜蒸发，内部水分不断补充，内、外扩散速度相等，吸收的热量全部用于蒸发。使得坯体表面温度 T 不变，干燥速率 μ 不变，而坯体的绝对含水率 ω 显著下降。由于含水率的降低，颗粒在水的表面张力作用下被拉近，生坯逐渐收缩，即坯体的外观体积 J 大量收缩。收缩的体积相当于排出水的体积。这是最关键的阶段，要求坯体干燥均匀，防止因收缩过急或不均匀而导致开裂。

c. 降速干燥阶段　降速干燥阶段是曲线的 $B \rightarrow C$，$C \rightarrow D$，由 B 开始生坯失去外表面的水膜，颗粒靠拢，毛细管的直径更小，使内扩散阻力增大，外扩散因此受到制约，μ 随绝对含水率 ω 的降低而降低。此时 T 上升，而 J 略有收缩，原因一个是颗粒由靠拢到紧贴有一段过程；二是充水膨胀了的矿物减少物理水会有微量收缩。但随着 ω 的降低，体积收缩越来越小，由 $C \rightarrow D$ 上述双重作用基本结束，生坯基本不再收缩，一般不会引起变形或开裂。$B \rightarrow C$ 的蒸发主要在接近外表面的毛细管口；$C \rightarrow D$ 含水更少，颜色由深变浅。将由等速干燥阶段到转为降速阶段的 B 点含水率称为第一临界含水率，将 C 点的含水率称为第二临界含水率。

d. 平衡阶段　到达 D 之后坯体的水分与环境的交换呈平衡状态，干燥过程终止，$\mu=0$，J 不变，此时的含水率为最终含水率。最终含水率除与周围介质温度、相对湿度有关外，还与坯料组成有关。最终含水率的确定要根据对生坯强度的要求及窑炉对入窑坯体的水分要求，一般含水率<2%。若要求过低，坯体出干燥室后在大气中增湿，浪费干燥能量。以接

近坯体在车间环境处于平衡状态的平衡含水率为宜。

6.1.3 影响干燥速度的因素

干燥速度是反映干燥过程快慢的具体参数，其大小取决于坯体表面的蒸发条件——外扩散和内部水分的扩散、迁移状况——内扩散。

a. 外扩散　外扩散是坯体干燥时水分由表面蒸发到周围介质中的过程。通过外扩散，湿坯表面水分靠干燥介质连续提供的热能，持续不断地转移至周围介质中。这一过程可由以下公式描述。

$$\omega = ZCF(P_\text{表} - P_\text{周}) \tag{6-1}$$

式中　ω——蒸发的水量，kg；

Z——蒸发时间，h；

F——蒸发面积，m^2；

$P_\text{表}$——在蒸发表面为某一温度时水的饱和蒸气压，Pa；

$P_\text{周}$——坯体周围干燥介质的水蒸气分压，Pa；

C——蒸发系数，$kg/(h \cdot m^2 \cdot Pa)$。

C的取值与干燥介质在蒸发表面上的流动速度V有关：

当$V<2m/s$时，$C=0.0033 kg/(h \cdot m^2 \cdot Pa)$；

当$V=2m/s$时，$C=0.0042 kg/(h \cdot m^2 \cdot Pa)$；

当$V>2m/s$时，$C=0.0052 kg/(h \cdot m^2 \cdot Pa)$。

由此可见，影响外扩散的主要因素有气体介质及生坯表面的水蒸气分压，气体介质及生坯表面的温度，气体介质的流速及介质与坯体之间的接触面积等。

b. 内扩散　坯体表面水分不断蒸发，必然导致坯体内部水分由内层向表面迁移补充，这种水分由内部向表面迁移的过程称为内扩散。内、外扩散哪个慢，哪个就成为控制因素。影响生坯内扩散的内因有含水率、生坯的组成与结构等。瘠性原料可以减少成型水分、减少干燥收缩、加速内扩散。生坯温度是内扩散的重要外因。温度升高，水的黏度降低、毛细管中水的弯月面表面张力及其合力也降低，可提高水的内扩散速度。同时，也可加快处于降速干燥阶段的生坯内水蒸气的扩散速度。当温度梯度与湿度梯度方向一致时会显著加快内扩散速度。

向生坯的游离水直接提供能量比仅以自外向内的传导热量更有效地加速内扩散，这是电热干燥、微波干燥、远红外干燥等方法的优点。

6.2 干燥方法及设备

根据获取热能形式及热质交换情况的不同，陶瓷坯体的干燥大体有以下几种主要的干燥方法，现分别加以介绍。

6.2.1 热风干燥

以热风向生坯进行对流传热，这是应用较多的一种方法。

热空气干燥方法主要分两类，一类是干燥过程在成型车间原地的坯架上进行；二是设专门的干燥器。

干燥器按运转方式可分为连续式干燥器和间歇式干燥器。按运送制品方式的不同，连续式干燥器又有窑车式、辊道式和吊篮式。间歇式主要是室式干燥器。有时，为了提高传统的石膏模注浆的每天注浆次数，除建专门的干燥器外，还在成型车间建专门的干燥系统，在夜间用来干燥坯体和模型，夜间温度达45～50℃，可将原来每天注浆一次变成两次或三次，使成型厂房的利用率成倍提高。

6.2.1.1 成型车间干燥系统

以前成型车间只供热采暖,没有温度、湿度调控系统。现在新建厂对成型车间加装了温度、湿度控制系统,使湿坯在保证不开裂的前提下,加快干燥速度,可以不设专门的干燥室,省去了湿坯的搬运。该干燥系统,由空气调节装置(包括风扇、加热器、过滤器、空气混合和冷却设备等)、排气装置、吊扇、控制板、管道等部分组成,其平面示意图见图6-2。

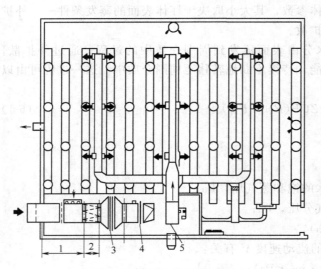

图 6-2 成型车间干燥系统
1—空气混合段;2—过滤段;3—冷却管;
4—加热管;5—风机

这一装置可提供环流供热,区域通风。影响成型车间温湿度调节的主要因素一个是控制好干燥用循环空气量;一个是调节好成型车间内、外循环空气量。供热的热源有:锅炉蒸汽、窑炉余热或热风炉产生热风。

干燥的工艺制度也有两类:一类是坯体先湿修,再干燥;一类是坯体干修。湿修坯干燥一天,干修坯干燥两天,第一天干燥至含水率5%左右,干修后再干燥一天。其干燥的工艺制度如表6-1所示。

表 6-1 成型车间干燥系统干燥工艺制度

类别	时间	温度/℃	湿度/%	坯体含水率/%
湿修坯(实例)	8:00~18:00	26~28	60~65	15~20
	18:00~24:00	28~35	65~50	
	24:00~6:00	35~50	50~30	
	6:00~8:00	50~28	30~60	1~2
干修坯	8:00~18:00	28±2	65±3	20
	18:00~20:00	28~40	65~60	
	20:00~6:00	40±2	60±3	
	6:00~8:00	28~40	60~65	5

6.2.1.2 间歇式干燥室

间歇式干燥室是坯体成型后不在成型现场干燥。而是用运坯车运到专门的干燥室干燥。分两种情况:一种是石膏模注浆,在成型室内干燥至坯体含水率12%左右,再送入干燥室干燥;一种是高压注浆或低压快排水注浆,由于十几分钟注浆一次,湿坯出模后直接运到干燥室干燥。干燥室的热源一般是窑炉余热或燃烧燃料的热风炉产生的热风。间歇式干燥室的干燥工艺制度可参见某厂的工艺参数,表6-2所示。

表 6-2 间歇式干燥室干燥工艺制度

类别	时间	温度/℃	湿度/%	含水率/%	周期/h
湿坯(实例)	第一阶段	90	90	18~12	10~12
	第二阶段	60		12~8	
	第三阶段	80	50	8~4	
	第四阶段	40	<20	4~0.5	

续表

类别	时间	温度/℃	湿度/%	含水率/%	周期/h
阴干坯	第一阶段	室温→60~70	50	12~10	10~12
	第二阶段	60~70			
	第三阶段	60~70			
	第四阶段	60~70→室温		1~0.5	

6.2.1.3 连续式干燥室

干燥室为直型或回转型隧道,隧道分中温高湿、中温中湿和高温低湿三个区段,坯体用坯车或吊篮运载,以一定的速度在隧道内运行,形成闭合回路,在一定的位置上连续不断地将干坯拿下,湿坯放上。吊篮式的一个主要优点是能把成型、施釉、装窑等工序及楼上、楼下等联系起来,避免了中间过程的坯体运输。吊篮式干燥室有单通道、双通道和三通道等不同的形式。双通道的吊篮干燥室工作系统如图 6-3 和图 6-4 所示。

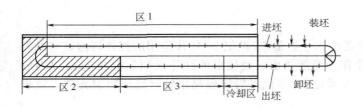

图 6-3 双通道吊篮干燥室工作系统

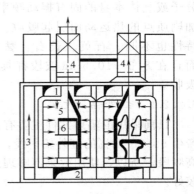

图 6-4 双通道吊篮干燥室横剖面图
1—送风道;2—再循环风道;3—排风道;
4—排风机;5—吊篮;6—坯体

吊篮快速干燥室干燥工艺制度如表 6-3 所示。干燥时间一般为 4~7h,坯体水分由 17%~19% 干燥至 1% 以下。干燥温度和湿度分三个区间来调控。如果快速干燥由手工卸坯,再增加一个冷却区,大约 30min 可冷却至 40℃ 左右。

表 6-3 吊篮快速干燥室干燥工艺制度

区间	温度/℃	湿度/%	坯体含水率/%	备注
一	室温→60	70~80	17~19→12	在第一区间的干燥时间约占整个干燥周期的 50%,要控制好温、湿度和风速
二	60~90	坯体水分降到 12% 后,可不控制湿度	12→4	在第二区间,提高干燥空气温度,减少相对湿度,增加干燥空气和风速
三	90~100		4~1 以下	在第三区间,干燥空气温度保持在 90~100℃,可加强搅拌,增加流速
冷却	90~100→40~50			

连续式干燥器常用的还有链式干燥器,采取吊篮的方式垂直方向运动,用链条牵引,用于干燥日用瓷湿坯。

6.2.2 辐射干燥

红色光辐射透射能力差，干燥效率不高。而用近红外辐射或远红外辐射干燥效果较好。水是红外敏感物质，在红外线作用下水分子的键长和键角振动，偶极矩反复改变，吸收的能量与偶极矩变化的平方成正比。干燥过程主要是由水分子大量吸收辐射能，因此效率很高。辐射与干燥几乎同时开始，无明显的预热阶段。对生坯的干燥较均匀，速度快，耗能少。

6.2.2.1 红外辐射干燥的原理

红外线是一种电磁波，在电磁波谱中位于可见光波与微波之间。其波长范围是 0.76～1000μm。红外线可划分为两个区域。把波长＜5.6μm（0.76～5.6μm），离红色光较近的，称为近红外线；而把波长＞5.6μm（5.6～1000μm），离红色光较远的，称为远红外线。

当红外线直接照射到被干燥的物体时，物体吸收红外线，实现能量的传递和转换。吸收的能量越多，干燥效果越好。物体对红外线的吸收与其分子结构有关。只有物体中分子或基体本身的固有振动频率与射入的红外线频率一致或接近时，才能通过共振作用，加剧质点的热运动而引起吸收。由于物体的种类及分子结构类型存在差异，致使其吸收特性也不同。石英、长石、黏土是陶瓷的主要原料，这些原料不仅能够吸收红外线，而且在 8.3～10.5μm 波段都具有近乎相同的强吸收，在 16.6～25μm 的波段有较强的吸收。

6.2.2.2 红外辐射元件

目前采用的辐射元件主要有两种类型：一类是 20 世纪 30 年代应用的红外灯泡，它能够产生 65%～70% 的红外辐射线，其余作为光能放出，而辐射的红外线都集中在 2μm 以内的高频段，所以，使用效果不够理想；20 世纪 70 年代以后发展起来的远红外辐射元件，效果较好。

远红外辐射元件由热源（电热丝）、保温层、基体和辐射层（涂层）四部分级成，如图 6-5 所示。热源的作用是通过基体给辐射层提供能量。一般采用电热丝，也可以考虑窑炉余热或其他热气体。保温层处于非加热部位，作用是隔热保温，以减少热损失。基体的作用是传递热能，因此要求其导热性能好，辐射率或反射率高，热能分配均匀、使被加热物体受热均匀，与辐射涂层能够很好结合、膨胀系数相近。基体材质有金属和耐火材料两类。金属多采用钢板或铝合金，耐火材料多用碳化硅材料，厚度为

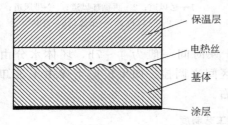

图 6-5 远红外辐射器结构示意图

5～12mm。辐射涂层的作用是将热能有效地转换为远红外辐射线来干燥物体。常用的涂层材料有氧化铁、氧化铬、氧化钛、氧化硅、氧化锰、氧化镍、碳化硅、氮化硅和氮化硼等。可以单独使用，也可以复合使用。涂层厚度一般为 0.2～0.5mm 之间。

辐射表面温度决定着全辐射的能量，它与绝对温度的 4 次方成正比。辐射体表面温度每提高 1 倍，它的全部辐射能量就增加到 $2^4=16$ 倍。全部辐射能量按波长的分布是不同的，主要集中于峰值波长，而且随着温度的升高，峰值波长向短波方向移动，并服从维恩定律，即 $\lambda_m T = 2896 \mu m \cdot ℃$。$\lambda_m$ 为峰值波长，T 是绝对温度。

根据陶瓷坯体及水对红外线的吸收特性，并结合维恩定律，辐射器表面温度宜控制在 200～250℃，这时对应的峰值波长在 6.1～5.5μm 之间，正好位于水的最大吸收波段 5～7μm 之间。若将温度提高到 300～400℃，辐射能会大量增加，波峰偏移还不远，但热耗会显著增大。红外干燥的电耗约为 1～1.5kW·h/kg 水。

辐射干燥与热气体干燥相比，有以下优点：①能保证坯体清洁；②设备简单；③符合热扩散与湿扩散一致的原则，干燥效率高；④干燥均匀。

6.2.3　高频电干燥

以高频或相应频率的电磁波辐射使生坯内产生张弛式极化，转化为干燥热能。陶瓷湿坯在高频交变电场的作用下，坯体内极性分子（主要是水分子）趋向于线状排列，即所有偶极子的正极靠近电场负极，负极靠近电场正极。当电场改变时，偶极子也随电场的变化而运动。电场变化多快，分子的运动速度就有多快。由于偶极子在旋转运动中要克服质点间的摩擦阻力，必然导致能量损耗，转化成了热能，从而达到加热的目的。由于这种干燥方法是由于坯体内部的极性分子反复运动而产生热能，所以，坯体的加热迅速、均匀，使得坯体干燥快，内外一致。如干燥含水率6.9%的152mm×152mm×5mm的面砖生坯，只需5min就可使含水率下降至0.55%。但因水蒸气短时集中排出，容易造成膨胀开裂，因此还应控制被干燥坯体的温度不能过高。高频电干燥器因其造价高，耗电多（电耗2.5~3.0kW·h/kg水），目前应用很少。

6.2.4　微波干燥

微波干燥是在微波理论和技术的基础上发展起来的。微波是介于红外线与无线电波之间的一种电磁波，波长为1~1000mm，频率为300~300000MHz。微波加热的原理基于微波与物质相互作用被吸收而产生的热效应。微波的特性是对于电的良导体，产生全反射而极少被吸收，所以电的良导体一般不能用微波直接加热，而对于不导电的介质，只在其表面发生部分反射，其余部分透入介质内部继续传播、吸收而产生热。这些吸收性介质对微波的吸收也有差异。水能强烈地吸收微波。所以含水物质一般都是吸收性介质，都可以用微波加热。

对于微波干燥，各国都有规定的专用频率，这主要是为了避免对雷达、通信、导航等微波设备的干扰，同时也有利于所用装置和器件的配套和通用互换。目前，中国和世界上许多国家在微波加热方面采用了915MHz和2450MHz两个频率。

微波管是产生微波的电子管。主要有两种：一种是磁控管，它是一种微波振荡管，结构简单，价格较低。另一种是多腔速调管，它是一种微波功率放大管，结构复杂，价格较高。一般中等功率微波加热装置大量使用的是磁控管，大功率的可以用若干磁控管并联运行。

微波干燥具有以下一些优点。

① 加热均匀，内外一致。由于微波的穿透能力强，使得被加热坯体内外同时受热，可减少由于表里受热不均，收缩不一致造成的变形、开裂倾向。另外加热迅速、干燥快。但对于大件产品，也要防止因收缩过快产生较大应力引起开裂。

② 加热具有选择性。由于热能来自于物质对微波的吸收，而吸收又与物质本身的结构密切相关。由于水能强烈地吸收微波产生热量而汽化，而坯体对微波的吸收却较弱，这样，既可保证微波主要用于蒸发水，又使坯体本身不至于过热。

③ 脱水速度快，电耗小。干燥日用瓷坯体，整个过程只需几分钟，而且耗电仅需1kW·h/kg水左右。

④ 设备体积小，便于自控。微波加热装置的体积都不大。如上海产的输出功率≤5kW驻波箱式微波加热器，外形尺寸为695mm×555mm×530mm，不仅占地面积小，而且与其他工序实现自动化流水作业。

一般干燥速度快的方法大都用于墙地砖、日用瓷等小件坯体的干燥，而卫生瓷等大件产品的干燥大都用热空气干燥，要控制干燥速度，防止因急剧收缩而引起的变形、开裂。

6.3 干燥制度的制定

干燥制度是否合理,直接影响坯体的干燥周期及干燥缺陷的多少。干燥制度主要包括干燥速度、干燥介质的温度、湿度及流速。

6.3.1 干燥速度

干燥速度是坯体的含水率与时间的关系,它关系到坯体的干燥周期。干燥速度的确定应依据坯料性能、制品大小、薄厚及形状的复杂程度。对于尺寸较小、坯体较薄的日用瓷、墙地砖湿坯,由于其内部水分容易扩散至表面,坯体绝对尺寸收缩较小,干燥速度可快些。对于卫生瓷等坯体较厚、尺寸较大的湿坯,由于其尺寸大,内部扩散较慢,坯体内外含水率相差较大,干燥收缩尺寸较大,所以干燥速度应放慢。另外,不同的干燥阶段,干燥速度也不一样。干燥初期的预热及等速干燥阶段,由于坯体的内外含水率相差较大、水分蒸发造成的体积收缩较大,容易产生集中应力导致变形、开裂,所以干燥速度应小心缓慢地进行。当坯体到达临界含水率以后,蒸发水分逐渐减少,进入减速干燥阶段,此时坯体已不再显著收缩,可以加快坯体的干燥速度。

临界含水率因坯料的组分、厚度及干燥条件不同而不同。坯体的可塑性愈好,厚度愈大,干燥空气的温度愈高,湿度愈低,则临界含水率值就越大,在临界含水率之前的干燥速度就应越慢。黏土的临界含水率一般在8%~12%左右。

干燥速度取决于干燥介质的温度、湿度与流速。

6.3.2 干燥介质的温度、湿度

干燥介质的温度和湿度是干燥制度的重要控制参数。一般来说,温度越高,脱水速度越快,干燥速度越快,干燥周期越短。但也容易引起开裂。另外,成型室的干燥还要考虑石膏模所能承受的温度(<60℃)。温度的控制要考虑坯体大小、薄厚及器型复杂程度。在控制温度的同时,还要控制干燥环境的湿度。湿度高可减缓坯体表面的水分蒸发速度,有利于坯体均匀受热,使内外扩散速度协调一致,减少坯体在干燥过程中的变形、开裂趋势。以前陶瓷厂由于干燥周期较长,对温湿度很少严格控制。现代陶瓷厂由于高压、微压注浆新技术的应用,湿坯量成倍增加,要求干燥周期短,干燥室效率高,对温湿度控制日趋严格。制定合理的干燥曲线成为工艺控制的一项重要内容。温、湿度控制大体分为以下三个阶段。

第一阶段用低温、高湿热空气预热坯体,使坯体表里一致;第二阶段升高温度,保证坯体安全完成等速干燥阶段;第三阶段当坯体含水率低于

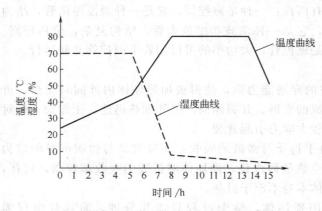

图6-6 卫生陶瓷间歇式温、湿度干燥曲线

临界含水率以后,提高空气温度,降低湿度加速干燥。某卫生陶瓷厂的间歇式温、湿度干燥曲线如图6-6所示。

6.3.3 干燥介质的流速及流量

干燥介质的流速直接影响坯体表面的蒸发速度。流速越大,热气体与坯体表面的热传质及水分扩散越充分,干燥速度就越快。同时,在干燥介质温度一定的前提下,热风的流量越

大,干燥室的环境温度越高,干燥速度也会加快。所以要对热风的流速及流量加以控制。除此之外,还要控制热气体的流向。若热气体只朝一个方向流动,容易引起坯体干燥不均匀,造成收缩不均导致变形或开裂,所以要加强干燥室内空气的搅拌,使空气发生扰动,坯体均匀干燥。

6.4 干燥缺陷的产生及防止方法

坯体干燥过程中经常出现的缺陷是变形和开裂。有的是干燥过程本身造成的,有的是由于其他因素造成,而在干燥时反映出来。

6.4.1 变形

干燥过程中产生的变形缺陷,常见的原因及防止方法。

① 坯体脱模时局部受力过大或湿坯时由于需要整形(如水箱),在干燥过程中产生变形。应避免脱模时动作过大,对整形的湿坯,应配备统一的工具。

② 坯体大多由单面吃浆、双面吃浆两种方法共同完成,有些部位是单面吃浆,有些部位是双面吃浆,造成湿坯的厚度不同,各部位的干燥速度不同,从而导致收缩不均匀产生的应力造成变形。此时应降低干燥速度,减小应力。

③ 石膏模各部位的吸水率不同造成坯体含水率不均匀,引起收缩不均匀而变形。需要由几部分粘接而成的坯体,几部分模具要放在一起干燥。

④ 坯体脱模过早,湿坯强度过低,或湿坯很软时放置的坯架不平、方法不当等,会因为坯体本身的重力作用而发生变形。

6.4.2 开裂

干燥时坯体开裂产生的原因及防止方法。

① 当坯料配方中的可塑性原料过多或不足时,容易在干燥时产生开裂,此时需调整坯体配方中的塑性料比例或调整干燥制度。

② 坯体的结构不合理或厚度不一致,干燥时产生较大的应力造成开裂。应对模型的结构重新修改完善。

③ 泥浆的性状调整不好,特别是泥浆的触变性过大(τ_{30min}/τ_{30s}过大)时,易造成排泥不清,型面和泥面的含水率相差过大,使坯体在干燥时开裂。应重新调整泥浆的性状。

④ 成型操作不当引起的干燥开裂。例如,湿坯粘接时,两部分坯体含水率相差大、粘接用的泥条软硬不当,容易在干燥时产生裂纹。日用陶瓷练泥或成型时形成的颗粒定向排列,产生收缩应力而开裂。

⑤ 坯体放置不当或坯体与托板间摩擦阻力过大,阻碍了坯体的自由收缩而产生开裂。此时应减小摩擦力。

本 章 小 结

本章主要介绍了陶瓷坯体的干燥机理,包括坯体中水的存在形式、坯体在干燥过程中的几个阶段及坯体的变化、影响干燥速度的因素;常见的几种干燥方法的原理及主要设备,包括热风干燥、辐射干燥、电干燥、微波干燥;如何制定干燥制度,包括干燥速度、温度、湿度。最后分析了在干燥过程中坯体容易产生的缺陷及防止方法。

复习思考题

1. 成型后的坯体为什么要进行干燥?
2. 陶瓷湿坯中存在哪几种形式的水?干燥时除去哪种类型的水?

3. 坯体在干燥过程中要经历哪几个阶段？坯体如何变化？
4. 影响干燥速度的因素是什么？
5. 陶瓷坯体有哪几种干燥方法及设备？简述其原理。
6. 微波干燥的原理是什么？有哪些优点？
7. 为什么陶瓷坯体适合红外辐射干燥？
8. 如何制定陶瓷坯体的干燥制度？
9. 坯体干燥过程中缺陷产生的原因是什么？如何防止？

7 釉及釉料制备

【本章学习要点】 本章的学习要点是釉的性质、坯釉适应性和釉浆制备及釉浆工艺性能；学习中要掌握釉的熔融性能、膨胀系数、抗拉强度及各氧化物对釉性能的影响；掌握膨胀系数、中间层、釉的弹性和抗张强度、釉层厚度如何影响坯釉适应性以及如何使坯釉相适应；掌握釉浆制备过程及对釉浆工艺性能有哪些要求；了解釉浆制备过程及施釉方法和釉料制备及施釉引起的常见缺陷。

7.1 釉的作用、特点与分类

7.1.1 釉的作用与特点

釉是施于陶瓷坯体表面上的一层极薄的玻璃体。陶瓷坯体表面上施釉的目的在于改善坯体表面性能和提高产品的力学性能，并起到对产品进行装饰的作用。通常疏松多孔的陶坯表面是粗糙的，但即使坯体烧结，在气孔率接近于零的情况下，由于烧结坯体的玻璃相中包含有晶体，所以坯体表面也仍然粗糙无光，易于沾污，影响产品的美观和机械、电学性能。通过施釉，产品表面就变得平滑、光亮、不吸湿、不透气，同时若在釉下装饰，釉层还能起到保护画面，使之经久耐用，防止彩料中的有毒元素溶出的作用。如果使釉着色、析晶、乳浊、消光、开片等，还能增加产品的艺术性，掩盖坯体不良的颜色，从而扩大陶瓷原料的使用范围并提高产品的等级。具有均匀压缩应力的釉层，甚至能使制品的机、电、热三方面性能同时得到明显提高。

一般认为釉是玻璃体，这是因为釉不仅具有各向同性，无固定熔点等均质玻璃所具有的一般性质，而且这些性质随温度和组成变化的规律也极近于玻璃。但制品上的釉层与玻璃相比也有区别，因为在高温下，釉中一些组分挥发、坯釉之间相互反应、釉的熔化受到坯体烧成制度的限制等因素，使釉层的微观组织结构和化学组成的均匀性都较玻璃为差，其中经常夹杂一些熔化不透的残留石英和新生的莫来石、钙长石、尖晶石、辉石等晶体，以及数量不一的气泡。釉层中的化学组成沿横断面的分布有不同程度的差异，一般在紧靠坯体的一侧和最外层釉中，硅、铝含量较中间釉层为高。为了保证釉与坯体紧密结合，尤其在难熔的生料釉中，釉中Al_2O_3的含量远多于一般的玻璃，可高达10%～18%，因此，组成对釉性能的影响规律就不能完全等同于玻璃，在用玻璃的加和性系数计算釉的性能时，也就必然会产生不同程度的偏差。

7.1.2 釉的分类

陶瓷的品种繁多，烧成工艺各不相同，因而和各种陶瓷坯体相适应的釉的种类和它的组成也极为复杂。正由于釉的种类的多样性，所以其分类方法也多。常用的分类法如下。

① 按坯体的类型分类。例如：瓷釉、陶釉以及炻器釉。瓷釉中又有硬瓷釉和软瓷釉之分。

② 按烧成温度分类。一般将1100℃以下烧成的釉称为易熔釉，1100～1250℃之间烧成的釉称为中温釉，1250℃以上烧成的釉称为高温釉。

③ 按釉面特征分类，釉可分为透明釉、乳浊釉、结晶釉、光泽釉、无光釉、色釉等各种类型。

④ 按釉料的制备方法分类，可将釉料分为生料釉、熔块釉、熔盐釉、土釉等。

⑤ 按釉中主要熔剂或碱性组分的种类进行分类。此种分类方法可显示熔剂或碱性组分对釉的熔化和性状的影响，见表 7-1。欧洲习惯上以低温铅釉为中心进行分类，而我国和日本则总是围绕石灰釉进行分类。

表 7-1 按釉中主要熔剂或碱性组分的种类分类

以低温铅釉为中心	以石灰釉为中心
Ⅰ 铅釉	Ⅰ 长石釉
Ⅰ-1 无硼铅釉	Ⅱ 石灰釉
Ⅰ-1-1 纯铅釉	Ⅱ-1 石灰釉
Ⅰ-1-2 含其他碱性组分的铅釉	Ⅱ-2 石灰碱釉
Ⅰ-2 硼铅釉	Ⅱ-3 石灰镁釉
Ⅱ 无铅釉	Ⅱ-4 石灰锌釉
Ⅱ-1 含硼无铅釉	Ⅱ-5 石灰钡釉
Ⅱ-2 无硼无铅釉	Ⅲ 镁釉
Ⅱ-2-1 高碱釉	Ⅳ 锌釉
Ⅱ-2-2 低碱釉	Ⅴ 钡釉

7.2 釉的性质

7.2.1 釉的化学稳定性

釉在坯体表面的熔融过程中发生一系列的物理化学变化，其中包括一部分制釉原料的脱水、氧化与分解的过程；釉的组分相互作用生成新的硅酸盐化合物的过程；釉的组分的熔融与溶解而形成玻璃的过程以及釉与坯相互作用的过程。

釉（玻璃）的化学稳定性，取决于硅氧四面体相互连接的程度；没有被其他离子嵌入而造成 Si—O 断裂的完整网络结构越多，即连接程度越大，则釉（玻璃）的化学稳定性越高。

硅酸盐玻璃中由于含有碱金属，或者还含有碱土金属氧化物，这些碱金属或碱土金属阳离子嵌入硅氧四面体网络结构中，使硅氧键断裂，而降低了釉耐化学侵蚀的能力。受侵蚀的釉面，将变得无光，以致出现凹坑。

钠-钙-硅质玻璃的表面损坏，在某些情况下是由于水解作用所造成的。水解作用生成苛性碱及硅凝胶（$SiO_2 \cdot nH_2O$），反应如下：

$$Na_2SiO_3 + 2H_2O \longrightarrow 2NaOH + H_2SiO_3$$

硅凝胶可以在玻璃表面均匀地或不均匀地成为一层胶体保护膜。在这种情况下，玻璃的破坏速度就取决于水解速度和水通过硅凝胶保护层的扩散速度。

氧化硼（B_2O_3）在釉组成中取代部分碱金属氧化物（不超过12%），对提高釉的化学稳定性有良好的作用。这是由于[BO_4]四面体可以与硅氧四面体直接连接，并促使碱金属离子与之紧密连接，而降低了水解作用。过量的 B_2O_3 会导致 B_2O_3-SiO_2 的键强减弱，而降低釉的化学稳定性。

含 PbO 的釉料，在国内日用瓷的生产中，除精瓷外，极少应用。但必须指出，铅釉的抗水解作用能力，比其他二价金属氧化物所组成的釉料为高，其比较顺序如下：

$$PbO > BaO > MgO > CaO > ZnO$$

其所以如此可能是由于铅离子可以在氧化硅单元之间形成桥连所致（尚未完全证实）。

提高 CaO 的含量，特别是加入氧化锆或氧化铍，能增强釉料的耐碱侵蚀能力。

总之，就一般釉料而言，碱金属氧化物的减少，可以提高釉的化学稳定性，但减少碱金属氧化物将导致釉料黏度与烧成温度的提高。

7.2.2 釉的熔融性能

釉的熔融性能包括釉料的熔融温度、釉熔体的黏度、表面张力以及釉的特征。

7.2.2.1 釉的熔融温度

釉与玻璃一样无固定熔点，只在一定温度范围内逐渐熔化，因而熔化温度有下限和上限之分。熔融温度下限系指釉的软化变形点，习惯上称为釉的始熔温度。熔融温度上限是指釉的成熟温度，即釉料充分熔化并在坯上铺展成具有要求性能的平滑优质釉面，通常称此温度为釉的熔化温度或烧成温度。

一般可用釉锥软化至顶尖触及底盘时的温度表示釉的始熔温度。也可用 3~5g 釉料作成小球，放在倾斜 60°（或 45°）的瓷板槽中，测量熔化后流动至一定长度时的温度，来对比釉的烧成温度。这种测定数值的精确度极差，现已改用高温显微镜照相法来研究釉的性能。即用釉料制成 3mm 高的小圆柱体，当其受热至棱角变圆时的温度称为釉的始熔温度，软化至与底盘平面形成半圆球形时的温度作为釉的成熟温度，即釉的熔化温度或烧成温度。

釉的成熟温度只是高于釉的始熔温度，两者并无比例关系。

釉的熔融温度与釉的化学组成、细度密切相关，也因釉浆的均匀程度和烧成时间的长短而有所改变。组成的影响主要取决于釉式中的 Al_2O_3、SiO_2 和碱组分的含量和配比以及碱组分的种类和配比。透明光泽釉的成熟温度与组成的密切关系可用图 7-1、图 7-2、图 7-3 来说明。

图 7-1 的下部表示碱组成，其分子数的总和为 1，中部为中性氧化物，以 Al_2O_3 的分子数表示，上部为酸性氧化物，以 SiO_2 分子数表示。

由图 7-1 可知，当碱组分的总分子数保持为 1 时，无论碱组分的种类如何改变，釉的成熟温度总是随着 Al_2O_3 和 SiO_2 分子数的增加而相应提高，而且在 Al_2O_3 缓慢增多的同时 SiO_2 迅速增加。

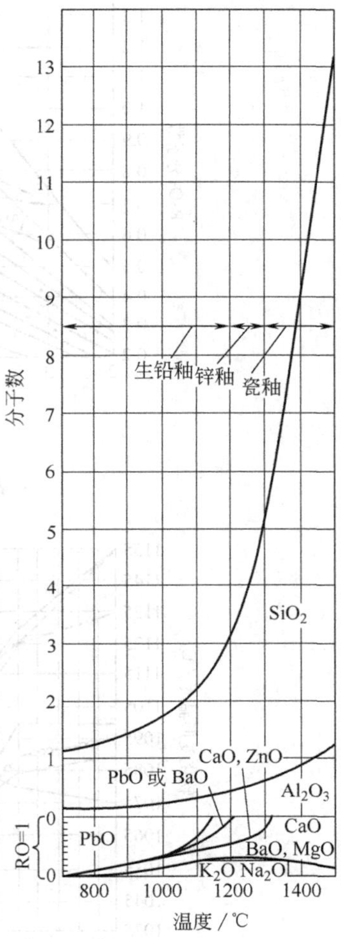

图 7-2 中，SK_4，SK_5，…，SK_{10} 为赛格锥的组成点，标有 1305℃，1350℃，1400℃的三条曲线表示下式釉料在该温度生成光泽透明釉的范围，其釉式为：

$$\left.\begin{array}{r}0.3K_2O\\0.7CaO\end{array}\right\} 0.3\sim1.4\ Al_2O_3 \cdot 3\sim13SiO_2$$

图 7-2 证实，当碱组成保持不变时，在任一 Al_2O_3/SiO_2 比值下，一旦 SiO_2 和 Al_2O_3 的分子数增加，釉的烧成温度即相应增加。换言之，当增加 Al_2O_3 和 SiO_2 含量来提高釉的烧成温度时，必须保持一定的 Al_2O_3/SiO_2 比，否则釉的性状亦将发生变化。例如 SK_4，SK_5，…，SK_{10} 各釉，随着 Al_2O_3、SiO_2 分子数的增加，烧成温度由 1210℃增加至 1350℃，但除 SK_4 外，其余釉式中 Al_2O_3/SiO_2 之比均为 1:10。

图 7-3 所示为一种易熔锌乳浊釉的软化变形温度，其釉式为：

$$\left.\begin{array}{r}0.3\sim0.4KNaO\\0.2\sim0.3CaO\\0.3\sim0.45ZnO\end{array}\right\} (0.5\sim0.6)Al_2O_3 \cdot (2.8\sim3.5)SiO_2$$

图 7-1 釉的成熟温度与组成的关系

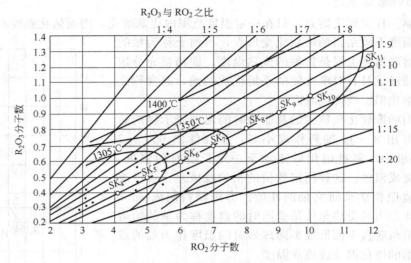

图 7-2 实用日用瓷釉的成分分布
○ 表示赛格锥的组成点；• 表示实用釉的组成点

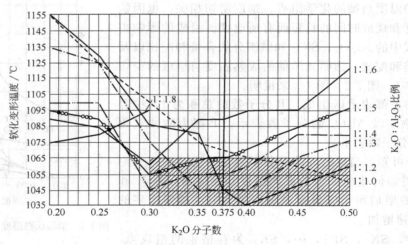

图 7-3 易熔锌乳浊釉的软化变形温度（固定 ZnO 量）
（斜线部分表示最易熔的范围）

如图 7-3 所示，当 ZnO 含量一定时，釉的软化变形温度不仅与 K_2O/Al_2O_3 比有关，而且还与 ZnO 和 K_2O 的配比有关。当 K_2O 分子数在 0.3～0.5 范围时，该釉较易熔，尤其在 0.3～0.4 分子数之间，釉的软化温度就更低。所以从对釉的熔融温度的影响来说，碱金属氧化物和碱土金属氧化物的总效应是起降低作用，而且碱金属氧化物的作用强于碱土金属氧化物。当两者同时存在时，则釉的熔融温度还与釉的其他组成以及两者间的配比密切相关。

R_2O 组成中的 Na_2O、K_2O、Li_2O 与 PbO 并用时能在低温下起助熔作用，故称之为软熔剂。RO 组成如 CaO、MgO、ZnO、BaO 在高温下起助熔作用，称之为硬熔剂。碱性助熔剂在瓷釉中的作用能力有如下关系，即 1mol 的 CaO 相当于 1/6mol K_2O；1/2mol ZnO；1/2mol Na_2O；1mol BaO。为了降低熔融温度或改变釉的物理性质，须用硼酸置换硅酸时，最大置换量一般为硅酸的 1/2（物质的量）；在无硼生料釉中，当碱组成 RO 为 0.3(KNaO) 和 0.7(CaMgO) 时，SiO_2/RO 在 2.5～4.5 之间釉易熔，比值超过 4.5 时釉难熔。

通过釉的酸性系数、熔融温度系数和耐火度都能定性地推测釉的熔融温度，有时也能获得近于实际的数值。

① 酸性系数　所谓酸性系数是指釉中酸性氧化物与碱性氧化物的当量之比。一般以 CA 表示。

$$CA = \frac{2RO_2}{2(R_2O+RO)+6R_2O_3} = \frac{RO_2}{R_2O+RO+3R_2O_3} \tag{7-1}$$

对于含硼釉，则 $CA=(SiO_2+3B_2O_3)/(R_2O+RO+3Al_2O_3)$。表 7-2 为计算釉的酸性系数时，各氧化物的分类情况。

表 7-2　釉组成中氧化物的分类表

酸性氧化物	碱　性　氧　化　物		
	R_2O	RO	R_2O_3
SiO_2	K_2O	CaO	Al_2O_3
TiO_2	Na_2O	MgO	Fe_2O_3
B_2O_3	Li_2O	PbO	Mn_2O_3
As_2O_3	Cu_2O	ZnO	Cr_2O_3
P_2O_3		BaO	
Sb_2O_3		MnO	
Sb_2O_5		FeO	
		CdO	
		NiO	

酸性系数增加，釉的烧成温度提高。例如硬瓷釉的组成范围为：$(R_2O+RO) \cdot (0.5\sim 1.4)Al_2O_3 \cdot (5\sim 12)SiO_2$，酸性系数为 1.8～2.5，烧成温度为 1300～1450℃；软瓷釉的组成是 $(R_2O+RO) \cdot (0.3\sim 0.6)Al_2O_3 \cdot (3\sim 4)SiO_2$，酸性系数为 1.4～1.6，烧成温度为 1250～1280℃。

② 釉的熔融温度系数 K 按下式求得：

$$K = \frac{a_1n_1+a_2n_2+\cdots+a_in_i}{b_1m_1+b_2m_2+\cdots+b_im_i} \tag{7-2}$$

式中　$a_1, a_2, \cdots, a_i$——易熔氧化物的熔融温度系数；
　　　$b_1, b_2, \cdots, b_i$——难熔氧化物的熔融温度系数；
　　　$n_1, n_2, \cdots, n_i$——易熔氧化物的质量分数，%；
　　　$m_1, m_2, \cdots, m_i$——难熔氧化物的质量分数，%。

计算所用的各氧化物熔融温度系数列于表 7-3 中。

表 7-3　釉组成的熔融温度系数

易熔氧化物				难熔氧化物	
氧化物种类	系数 a	氧化物种类	系数 a	氧化物种类	系数 b
NaF	1.3	CoO	0.8	SiO_2	1.0
B_2O_3	1.25	NiO	0.8	$Al_2O_3(>3\%)$	1.2
K_2O	1.0	$MnO_2 \cdot MnO$	0.8	SnO_2	1.67
Na_2O	1.0	Na_3SbO_3	0.65	P_2O_5	1.9
CaF	1.0	MgO	0.6		
ZnO	1.0	Sb_2O_5	0.6		
BaO	1.0	Cr_2O_3	0.6		
PbO	0.8	Sb_2O_3	0.5		
AlF_3	0.8	CaO	0.5		
Na_2SiF_6	0.8	$Al_2O_3(<3\%)$	0.3		
FeO	0.8				
Fe_2O_3	0.8				

根据计算所得的 K 值，由表 7-4 查出釉的相应熔化温度 T。

表 7-4 K 与 T 的对照表

K	2	1.9	1.8	1.7	1.6	1.5	1.4	1.3	1.2	1.1
T/℃	750	751	753	754	755	756	758	759	765	771
K	1.0	0.9	0.8	0.7	0.6	0.5	0.4	0.3	0.2	0.1
T/℃	778	800	829	861	905	1025	1100	1200	1300	1450

下面举例说明由釉的熔融温度系数求算熔化温度的方法。

【例 7-1】 已知某釉的化学组成如表 7-5 所示，近似计算该釉的熔化温度。

表 7-5 釉的化学组成（质量分数）/%

SiO_2	Al_2O_3	CaO	BaO	MgO	B_2O_3	K_2O	Na_2O
55.2	10.8	5.45	11.56	0.03	8.51	3.84	4.61

解：由表 7-5 中各氧化物的质量分数及其熔融温度系数（表 7-3），按式（7-2）算出釉的 K 值。

$$K = \frac{0.5 \times 5.45 + 1 \times 11.56 + 0.6 \times 0.03 + 1.25 \times 8.51 + 1 \times 3.84 + 1 \times 4.61}{1 \times 55.2 + 1.2 \times 10.8} = 0.49$$

从表 7-4 按内插法查得，相应于 $K=0.49$ 的釉的熔化温度大约为 1032℃。

③ 有些学者认为采用耐火度公式，加乘 0.85 的经验系数，计算釉的始熔温度是与实际情况相近的。

$$T_{始} = \frac{360 + R_2O_3 - RO}{0.228} \times 0.85 \tag{7-3}$$

式中　R_2O_3——釉料中 R_2O_3 与 RO_2 总量为 100% 时，R_2O_3 所占的百分含量；
　　　RO——釉料中 R_2O_3 与 RO_2 总量为 100% 时，相应带入其他熔剂氧化物的总量，RO 为 (R_2O+RO)。

【例 7-2】 已知某釉的化学组成如表 7-6 所示，近似计算该釉的始熔温度。

表 7-6 某釉的化学组成（质量分数）/%

SiO_2	Al_2O_3	Fe_2O_3	CaO	MgO	K_2O	Na_2O	ZnO
71.6	12.85	0.103	0.965	4.65	6.84	1.14	1.88

解：计算得

$$R_2O_3 = \frac{(12.85+0.103) \times 100}{71.6+12.85+0.103} = \frac{12.95 \times 100}{84.55} = 15.32$$

$$RO = \frac{(0.965+4.65+6.84+1.14+1.88) \times 100}{71.6+12.85+0.103} = \frac{15.475 \times 100}{84.55} = 18.30$$

将 R_2O_3，RO 代入式（7-3）：

$$T_{始} = \frac{360+15.32-18.3}{0.228} \times 0.85 = 1331℃$$

可见，虽然釉的烧成温度与始熔温度之间没有比例关系，但两者都与组成直接有关。釉料细度与熔融温度也有关，粗的釉料难熔，烧成温度和始熔温度都相应提高。

7.2.2.2　釉熔体的黏度和表面张力

化学组成对于釉在熔融状态下的黏度、润湿性和表面张力有决定性的影响。而这些性质对于熔化的釉料能否在坯体表面铺展成平滑的优质釉面，有较大的影响。

a. 釉的黏度 黏度为流体流动时所表现出来的内摩擦性质。高温下釉为熔融的流体，熔融釉的黏度可作为判断釉熔体流动性的尺度。由于釉的基本作用是在坯体表面扩展，形成一个均匀的覆盖层，因此，影响流动性能的各种因素，都必须在釉料配制和烧成方面的诸因素中予以考虑。在成熟温度下，釉的黏度过小，则流动性过大，容易造成流釉、堆釉及干釉缺陷；釉的黏度过大，则流动性差，容易引起橘釉、针眼、釉面不光滑、光泽不好等缺陷。流动性适当的釉料，不仅能填补坯体表面的一些凹坑，而且还有利于坯釉之间的相互作用，生成良好的中间层。

釉熔体的黏度随温度增高而降低，并且其与釉组成关系密切。构成釉料的硅氧四面体网络结构的完整或断裂程度，是决定黏度的最基本因素。石英玻璃中 O/Si 比值为 2，是硅氧系统玻璃中具有最大黏度的玻璃。而一般釉组成的 O/Si 比值都在 4 以下，属于低碱硅酸盐玻璃范畴，因而釉熔体的黏度主要受 [SiO_4] 四面体之间的键力强弱的影响。加入碱金属氧化物之后，由于部分 Si—O 键被断开，破坏了 [SiO_4] 网络结构，O/Si 比值将随加入量的增加而增加，而黏度则随之而降低。碱金属氧化物降低釉熔体的黏度的程度以分子量小的 Li_2O 最显著，因为质量相等时，它引入的阳离子数多，使断裂的 [SiO_4] 结构网络增加。Na_2O 降低程度大于 K_2O。但在碱金属氧化物含量达到 30% 并超过时，则对黏度的影响与含量低时正好相反，见图 7-4。

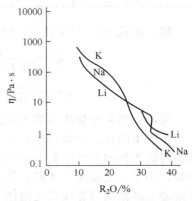

图 7-4 玻璃系统 R_2O-SiO_2 在 1400℃时黏度变化

碱土金属氧化物对黏度的影响，则决定于离子半径和离子间的极化能力大小。通常认为离子半径大者，降低釉黏度的能力也大，碱土金属氧化物降低黏度的能力应按下列顺序排列：

$$Ca^{2+} > Zn^{2+} > Mg^{2+}$$
$$1.06\text{Å} \quad 0.83\text{Å} \quad 0.78\text{Å}$$

但离子间的极化能力对降低釉黏度起重要作用，例如 Zn^{2+} 因具有 18 电子层，极化能力强，使氧离子变形，共价键的成分增加，从而削弱了 Si—O 键力，大幅度地降低黏度。因而碱土金属氧化物降低釉黏度的能力应按下列顺序增强：

$$Zn^{2+} > Ca^{2+} > Mg^{2+}$$

不同温度下，离子半径和极化能力对黏度的影响是不同的。一般认为 CaO、MgO、BaO 在高温中减少釉的黏度，而在低温中却增大其黏度，并在冷却过程中加快黏度增长的速度。其他二价金属氧化物如 ZnO、BeO、PbO 对黏度的影响则与 CaO、MgO、BaO 基本相同。但冷却时对黏度增加的速度较慢。三价氧化物和高价氧化物如 Al_2O_3、SiO_2、ZrO_2 等，都可提高釉的黏度。

B_2O_3 对釉黏度的影响比较特殊。B_2O_3 含量低于 15% 时，氧化硼处于 [BO_4] 状态，黏度随 B_2O_3 含量增加而增加。B_2O_3 含量超过 15%，则黏度降低，但黏度的变化比较缓慢。Fe_2O_3 含量增高，釉黏度降低。

b. 釉的高温黏度的计算 莱曼等人提出了陶瓷釉高温黏度 η（Pa·s）的近似计算公式：

$$\eta = \frac{920}{k_Z - 0.32} \tag{7-4}$$

$$k_Z = \frac{100}{SiO_2 + Al_2O_3} - 1 \tag{7-5}$$

式中 　　　η——高温黏度，P（$1P=10^{-1}Pa \cdot s$）；
　　　　　k_Z——黏度指数；
$SiO_2+Al_2O_3$——釉组成中，该两组分的百分组成。

式（7-4）只适用于低温釉，否则要进行修正。

【例 7-3】 某釉的化学组成如表 7-7 所示，该釉料的烧成温度为 1160℃，试计算釉料在该温度下的高温黏度。

表 7-7　某釉的化学组成

氧化物组分	SiO_2	Al_2O_3	PbO	B_2O_3	ZnO	MgO	K_2O	Na_2O	合计
质量分数/%	47.8	10.1	22.2	8.7	1.1	0.5	5.8	3.8	100.00

解： 由式（7-5）和式（7-4）分别得

$$k_Z=\frac{100}{SiO_2+Al_2O_3}-1=\frac{100}{47.8+10.1}-1=0.727$$

$$\eta=\frac{920}{k_Z-0.32}=\frac{920}{0.727-0.32}=2260.44P=226Pa \cdot s$$

所以，该釉在烧成温度下的高温黏度为 226Pa·s。

在卫生陶瓷、釉面砖坯体上分别施以铅釉和无铅釉后釉的高温黏度，如表 7-8 所示。布雷蒙得认为釉的黏度对数 $lg\eta=4$ 时（η 的单位为 Pa·s）不能与坯结合；等于 3 则与搪瓷釉相似，小于 3 始能完全成熟；等于 1.6 则高温黏度过低，釉呈过烧状态、气泡布满釉面。釉的熔融温度范围与黏度变化范围有关。一般陶瓷釉在成熟温度下的高温黏度值为 200Pa·s 左右。黏度略高于 200Pa·s 时才易形成平滑如镜的釉面。

表 7-8　陶瓷釉的高温黏度 $lg\eta$

釉	1000℃	1100℃	1200℃	1300℃
无铅釉①	4.25	3.3	2.65	2.35
无铅釉②	3.45	2.75	2.3	2.05
无铅釉③	3.4	2.8	2.3	1.9
无铅釉④	3.5	2.85	2.3	—
铅釉	1.9	1.7	—	—

注：η 的单位为 Pa·s。

c. 釉的表面张力　表面张力是指两相分界处在恒温、恒压下增加一单位表面积时所做的功，单位是 N/m。釉的表面张力是釉的表面增大一个单位面积所需要做的功。熔融釉有较大的表面张力，比水大 3~4 倍。当两种熔融物混合时，其所得到的表面张力，不能简单地将它们的表面张力值相加，因为表面张力小的熔融物会聚集在混合物表面，使表面张力显著降低。

釉的表面张力的大小，决定于其化学组成和温度。温度每升高 10℃，表面张力大致减小 1%~2%。除铅玻璃和已熔的硼酸具有正的温度系数外，一般釉具有 $-(0.04~0.07) \times 10^{-3}N/(m \cdot ℃)$ 的温度系数。表面张力的微小变化就会对釉面平滑程度有显著影响。普通釉的表面张力大约在 $(2~5) \times 10^{-3}N/m$ 之间。

釉的表面张力与化学组成的关系是碱金属氧化物、碱土金属氧化物、氧化硼、氧化铅都可以在不同程度上降低表面张力，其中碱金属离子的作用比较强烈。氧化铅明显地降低釉的表面张力。B_2O_3 是一种平面结构物质，可减小熔体内部和表面之间的能量差，对降低表面张力有较大作用。Pb^{2+}离子则因极化能力较大，也起到类似硼离子的作用。碱金属离子中，以离子半径大的取代半径小的离子，表面张力就会发生明显降低，其降低能力顺序为：

$$Li^+ < Na^+ < K^+ < Pb^+ < Cs^+$$

二价金属离子中钙、钡、锶的作用相近。它们对釉熔体表面张力降低的作用，也随离子半径的增大而使表面张力的降低增大，但表面张力的降低程度，不如一价金属显著。其降低能力顺序为：

$$Mg^{2+} < Ca^{2+} < Sr^{2+} < Ba^{2+} < Zn^{2+} < Cd^{2+}$$

三价金属离子则使表面张力随离子半径的增大而增大。当有钠存在时，SiO_2降低硅酸盐表面张力。氧化铝则提高釉的表面张力。

釉的表面张力对釉的外观质量影响很大。表面张力过大，阻碍气体的排除和熔融液的均化，并造成高温时釉对坯体的润湿性差，容易造成"缩釉"、"滚釉"等缺陷；反之，表面张力过小，则易造成"流釉"（当釉的高温黏度也很小时，情况更严重），并使釉面小气泡破裂时所形成的针孔难以弥合。

d. 釉的表面张力计算　由于釉近似于玻璃，所以釉的表面张力可以利用玻璃的加和性法则进行估算。该法则认为玻璃的物性与各组分含量呈规律性的变化，所以计算时要引进加和性系数（或称性能因子），即每种组分1%含量对某物性参数所提供的影响系数，其计算公式（加和性方程式）为：

$$P = C_1 X_1 + C_2 X_2 + C_3 X_3 + \cdots + C_n X_n \tag{7-6}$$

式中　P——玻璃（或釉）的物理性质；

$C_1, C_2, C_3, \cdots, C_n$——各氧化物对于该性质的加和性系数；

$X_1, X_2, X_3, \cdots, X_n$——玻璃（或釉）中各组分氧化物的质量分数，%。

但迄今为止，对加和性法则仍有较多争论，一些学者对同一性能提出了各不相同的加和性系数，因而在使用此法时，必须注意它的误差和使用范围。有条件时釉的物性应由实验确定。

利用加和性公式［式（7-6）］和表7-9给出的不同温度下的表面张力性能因子，可粗略计算出釉的表面张力。

表7-9　某些氧化物在不同温度下的表面张力性能因子 $/(\times 10^{-3} N/m)$

氧化物	900℃	1200℃	1300℃	1400℃
K_2O	0.1	—	—	−0.75
Na_2O	1.5	1.27	—	1.22
Li_2O	4.6	—	4.5	—
MgO	6.6	5.7	5.2	5.49
CaO	4.8	4.92	5.1	4.92
ZnO	4.7	—	4.5	—
BaO	3.7	3.7	4.7	3.8
PbO	1.2	—	—	—
Al_2O_3	6.2	5.98	5.8	5.85
Fe_2O_3	4.5	4.5	—	4.4
B_2O_3	—	0.23	—	−0.23
SiO_2	3.4	3.25	2.9	3.24
TiO_2	3.0	—	2.5	—
ZrO_2	24.1	—	3.5	—
CaF_2	3.7	—	—	—

在不同温度下釉的表面张力值，可按每增加100℃，釉的表面张力平均降低1%～2%估算，计算的结果与实验测定值的误差约为1%，一般釉的表面张力值约为0.3N/m。

【例7-4】 某铅釉的化学组成如表7-10所示，试分别计算该釉料在900℃和1000℃时的表面张力值各为多少？

表 7-10 某铅釉的化学组成

氧化物组分	SiO_2	Al_2O_3	PbO	Fe_2O_3	CaO	MgO	K_2O	Na_2O	合计
质量分数/%	28.5	1.5	65	3.8	0.20	0.22	0.45	0.14	99.81

解： 按加和性公式[式(7-6)]和表7-9给出的表面张力性能因子计算，此时，式(7-6)中P为釉的表面张力σ，X_1，X_2，X_3，…，X_n为表7-10列出的氧化物组分质量分数，C_1，C_2，C_3，…，C_n为表7-9列出的表面张力性能因子，则由式(7-6)有：

$$\sigma_{900℃} = (3.4×28.5+6.2×1.5+1.2×65+4.5×3.8+4.8×0.2+$$
$$6.6×0.22+0.1×0.45+1.5×0.14)×10^{-3} = 0.204 \text{N/m}$$

1000℃时釉的表面张力$\sigma_{1000℃}$，可按温度每升高100℃，釉的表面张力降低1%～2%估算，

$$\sigma_{1000℃} = 0.204×(1-1.5\%) = 0.201 \text{N/m}$$

7.2.2.3 釉的特征

用长石-石灰石-高岭石-硅石四组分系统，研究石灰釉的熔融性能与釉组成间的关系。方法是测定$(0.3K_2O+0.7CaO)·XAl_2O_3·YSiO_2$各系列釉料的最低共融混合物的组成和变形温度。观察在SK_9、SK_{11}附近烧成釉的特征。研究结果绘成图7-5。

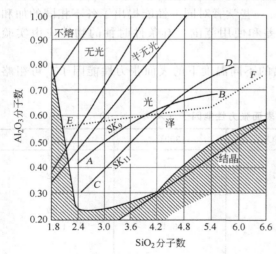

图 7-5 $(0.3K_2O+0.7CaO)·XAl_2O_3·YSiO_2$系统釉的特征图

图中虚线EF为共融釉，即在改变SiO_2和Al_2O_3配比时，系统的最低共融组成点的连接线。实线AB、CD称为光泽釉分别在SK_9、SK_{11}烧成时最佳光泽釉组成的分布线。因而可知，共融釉和光泽釉并不一致。这就表明，该系列的共融组成不一定都能成为好的光泽釉，仅在光泽釉和共融釉交点附近的组成才是优质的光泽透明釉的组成。例如图中$RO·0.6Al_2O_3·4SiO_2$就是在SK_9烧成的优质光泽透明釉的一个实例。

图7-6示出该系统釉的特征与分子组成和烧成温度间的密切关系。釉的烧成温度一定时，釉的特征取决于釉组成中的Al_2O_3/SiO_2之比。釉烧成温度不同，获相同特征的釉面所需的Al_2O_3/SiO_2比值就不同。有时在低温下极难制成光泽釉的配方，若将烧成温度提高，却成了优质光亮釉，因为此时光亮釉的Al_2O_3/SiO_2比值范围扩大了。

釉的特征与Al_2O_3-SiO_2间的关系还取决于釉的种类。例如图7-7所示，在该石灰釉中，Al_2O_3含量少时出现硅酸质无光区；Al_2O_3和SiO_2含量都少时出现碱性无光釉区；Al_2O_3量过多而SiO_2量少时出现高岭质无光釉区；紧接着为半无光釉区；只有当

Al_2O_3 和 SiO_2 含量合适时才为光泽透明釉区。而且各区域内的无光釉的特性亦有差异。硅酸质无光釉带少许乳浊；碱性无光釉的釉面略带粗糙，高岭质无光釉则兼有两种状态，当 Al_2O_3/SiO_2 较大时为粗无光釉面，Al_2O_3/SiO_2 适中时为优质光滑无光釉面。

石灰钡釉的特征和 Al_2O_3、SiO_2 间的关系与石灰釉不同，例如图 7-8 中碱性无光釉向 Al_2O_3 减少，SiO_2 增多区域移动；光泽透明釉亦移向 SiO_2 量多的地方，高岭无光釉的范围扩大。但两系统釉都有共同规律，既只要保持 Al_2O_3/SiO_2 在 (1:7)~(1:11) 之间，即使由于碱性组成的变化，釉的熔融温度和流动性能有所增减，有时甚至发生开裂，然而釉的透明性和光泽并不改变。所以，此时选用合适的添加物添加到釉中去，可以既能改善釉的性能，又不致破坏釉的特征。但添加物的数量必须适中并取决于它们的种类，对 ZnO 来说，应在 20% 以内；烧滑石在 30% 以内；$BaCO_3$ 则可＞40%，甚至 50% 以内。

镁釉与石灰釉系统所表现出的特征极不相同，如图 7-9 所示釉的特征除受组成中的 Al_2O_3/SiO_2 比和碱性组分中的数量、种类以及烧成条件三方面的共同影响外，还由于原料的种类，坯体的性质，施釉厚薄而产生一些差别。不同类型光泽透明釉所需的 Al_2O_3/SiO_2 比不相同；使其变为结晶、无光和乳浊所需添加的添加物种类和数量亦不相同。

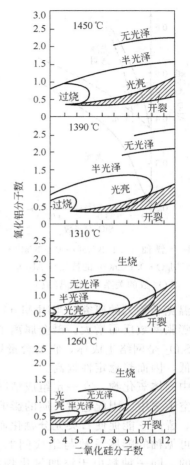

图 7-6 石灰釉 ($0.3K_2O·0.7CaO$) 的特征与 Al_2O_3、SiO_2 分子数以及烧成温度间的关系

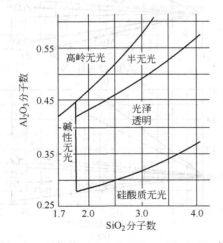

图 7-7 石灰釉 ($0.20KNaO·0.80CaO$) 的特征与 Al_2O_3、SiO_2 分子数的关系（SK_9 烧成）

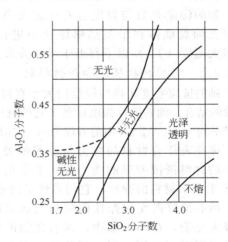

图 7-8 石灰钡釉 ($0.20KNaO·0.45CaO·0.35BaO$) 的特征与 Al_2O_3、SiO_2 数的关系（SK_9 烧成）

7.2.3 釉的膨胀系数、抗拉强度和弹性模数

陶瓷坯上的薄釉层，有时可使制件的机械强度提高 20%～40%，热性能也随之有显著改善。但有时却起相反效果，使制件发生弯曲变形，甚至出窑后釉面立即出现纹裂，或者从坯上剥脱。前者称为釉裂或早期龟裂，后者称为剥釉。

产生两种截然不同效果的主要影响因素是釉与坯的膨胀系数的适应性、釉本身的机械强度和弹性模数的大小。

7.2.3.1 釉的膨胀系数

碱金属和碱土金属离子因能削弱釉中 Si—O 键力，所以随着这类离子含量的增多，釉的膨胀系数增大，其增大程度和离子的价数有关。一般是碱金属离子强于碱土金属离子。通常认为，在等价离子中，分子量大的金属氧化物对膨胀系数的影响强于分子量小者。

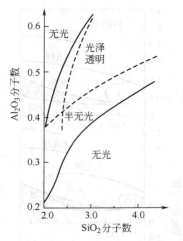

图 7-9 镁釉（0.15KNaO·0.30CaO·0.45MgO·0.10ZnO）的特征与 Al_2O_3、SiO_2 数的关系（SK_9 烧成）

但据温克曼等人的研究，当用 MgO 取代 PbO、BaO 时可降低釉的膨胀系数；改用 CaO 时，釉的膨胀系数反而增大。碱金属离子对膨胀系数的影响与它的原子量间亦无明显规律。

SiO_2 是网络生成体，它的含量增多，使釉整体结构的紧密度提高而使釉的膨胀系数随之降低，因而热稳定性提高。

中间体氧化物，在一定组成情况下可改变配位数进入网络，在另一种情况下，它又处在网络空隙之中。因此它对性质的影响极为复杂。加入一定量的 B_2O_3。或用它取代釉中部分 SiO_2，皆因它能促使石英充分融化而降低釉的膨胀系数。

可见釉的膨胀系数与组成间的关系是极为复杂的。同一釉料由于添加氧化物的种类和数量不同，釉的膨胀系数的变化不同，而同种氧化物却由于基釉不同，它对膨胀系数的影响也各有所别，如图 7-10 所示。

釉的膨胀系数与温度也有一定关系，一般用退火釉玻璃棒在示差热膨胀仪中进行测定，在退火温度（T_{g1}）以下都近于线性关系。

7.2.3.2 釉的抗拉强度和弹性模数

釉的抗拉强度和弹性模数的大小直接影响着坯釉的结合。釉的抗拉强度远低于它的抗压强度，后者平均为 1000MPa，而前者仅为 30～50MPa。

弹性表征着材料的应力与应变的关系，弹性小的材料抵抗变形的能力强。通常用弹性模数 E 来表示材料的弹性，它与弹性呈倒数关系。

釉的抗拉强度和弹性模数与组成之间的关系极为复杂，在同一釉中，因氧化物的种类和数量不同而不相同；同一氧化物，由于釉的种类不同，它对上述性质的影响亦不同。如图 7-11 和图 7-12 所示。

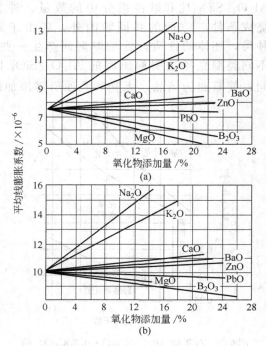

图 7-10 添加物对釉膨胀系数的影响
（a）、（b）分别为不同基釉

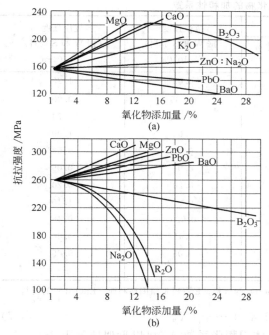

图 7-11 添加物对釉的抗拉强度的影响
(a)、(b) 分别为不同基釉

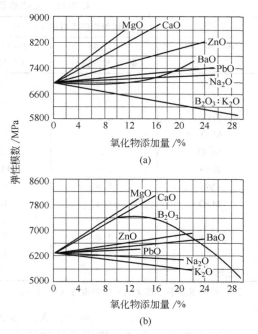

图 7-12 添加物对釉的弹性模数的影响
(a)、(b) 分别为不同基釉

影响弹性的因素很多,除了化学组成外,气泡的大小和数量、釉层的厚度及釉的不均匀性等因素都与其有很重要的关系。无论坯料或釉料,其弹性模数大的,弹性均小。

实验证明,釉的组成物对釉的弹性模数的影响是:碱土金属氧化物能提高釉的弹性模数,而其中影响最大的为 CaO;碱金属氧化物能降低釉的弹性模数。B_2O_3 的含量不超过 12% 时,能提高弹性模数,若含量再大,则弹性模数降低。

通常认为釉组成纵使有较大的变化,E 值的波动范围却极小,提出的数据是:铅釉为 570~660MPa;无铅易熔釉为 660~680MPa;瓷釉为 700~800MPa;炻瓷釉为 400~600MPa。但美国标准局却认为釉的 E 值波动范围较大,在 450~970MPa 之间,甚至有认为 $E=550~1000$MPa。

7.2.3.3 釉的膨胀系数、弹性模数和抗拉强度的计算

由于釉近似于玻璃,与釉的表面张力一样,釉的膨胀系数、弹性模数和抗拉强度等一系列物理性能有时也可利用玻璃的加和性法则进行估算。计算时要引进相应的加和性系数(或称性能因子),即每种组分 1% 含量对某物性参数所提供的影响系数。其计算公式(加和性方程式)与式(7-6)相同。

表 7-11 所列为文凯尔曼和索特以及因格利斯提出的主要玻璃态氧化物的加和性系数。

与计算釉的表面张力一样,在使用此法计算釉的膨胀系数、弹性模数和抗拉强度等物理性能时,必须注意它的误差和使用范围。有条件时釉的膨胀系数、弹性模数和抗拉强度应由实验确定。

在陶瓷行业中,利用加和性法则来估算釉的膨胀系数较为普遍。利用式(7-6)计算釉的膨胀系数时,式(7-6)中 P 为釉的膨胀系数;C_1,C_2,C_3,$\cdots$,C_n 为膨胀系数因子。在计算釉的膨胀系数时,以 α 代表线膨胀系数,以 β 代表体积膨胀系数,则

表 7-11 主要玻璃态氧化物的加和性系数

氧化物	体积膨胀系数因子/$\times 10^{-7} K^{-1}$		抗张强度（据 W 和 S 资料）/$\times 10^5$ Pa	抗压强度（据 W 和 S 资料）/$\times 10^5$ Pa
	15℃时（据 W 和 S 资料）	100℃以下时（据 E 资料）		
SiO_2	0.8	0.15	0.09	1.23
B_2O_3	0.1	1.98	0.065	0.90
P_2O_5	2.0	—	0.075	0.76
Al_2O_3	5.0	0.52	0.05	1.00
Na_2O	10.0	12.96	0.02	0.52
K_2O	8.5	11.70	0.01	0.05
CaO	5.0	4.89	0.20	0.20
MgO	0.1	1.35	0.01	1.10
PbO	3.0	3.18	0.025	0.48
ZnO	1.8	0.21	0.15	0.60
BaO	3.0	5.20	0.05	0.65
Fe_2O_3	—	—	—	—

注：W 和 S 资料是指文凯尔曼和索特（Winkelman and Schott）的资料；E 资料是指因格利斯（English）的资料。

$$\beta_{釉} = \beta_1 X_1 + \beta_2 X_2 + \beta_3 X_3 + \cdots + \beta_n X_n \tag{7-7}$$

由于陶瓷的坯和釉的膨胀系数均较小，故其体积膨胀系数 $\beta_{釉}$ 可以近似地等于 $3\alpha_{釉}$。

【例 7-5】 某瓷厂的釉料其化学组成如表 7-12 所示。试利用加和性法则来粗略估算该釉的膨胀系数。

表 7-12 某瓷厂的釉料化学组成

氧化物组分	SiO_2	Al_2O_3	CaO	K_2O	Na_2O	PbO	合计
氧化物质量分数/%	37.40	4.17	3.85	7.34	1.19	45.92	99.87

解：利用加和性公式［式（7-7）］和表 7-11 给出的体膨胀系数的加和性系数（W 和 S 资料）计算。

$$\begin{aligned}\beta_{釉} &= \beta_1 X_1 + \beta_2 X_2 + \beta_3 X_3 + \cdots + \beta_n X_n = (0.8 \times 37.40 + 5.0 \times 4.17 + \\ & \quad 5.0 \times 3.85 + 8.5 \times 7.34 + 10.0 \times 1.19 + 3.0 \times 45.92) \times 10^{-7} \\ &= 282.07 \times 10^{-7} K\end{aligned}$$

线膨胀系数：$\alpha_{釉} = 1/3 \times \beta_{釉} = 1/3 \times 282.07 \times 10^{-7} = 94.02 \times 10^{-7} K^{-1}$

7.2.4 各氧化物对釉性能的影响

釉料中各氧化物对釉性能的影响，可粗略归纳如表 7-13。表中各氧化物对釉的几种性能可以同时产生影响，在确定釉料组成和实际生产中要明确主要矛盾所在，从定性方面加以利用。

表 7-13 釉料中各氧化物对釉性能的影响

性质指标	氧化物名称											
	SiO_2	Al_2O_3	Li_2O	Na_2O	K_2O	CaO	MgO	BaO	ZnO	PbO	B_2O_3	ZrO_2
成熟温度	＋	＋	－	－	－	－	－	－	－	－－	－－	＋
黏度、表面张力	＋	＋	－－	－	－	高温－ 低温＋	－	＋	－	－	＜15%＋ ＞15%－	＋

续表

性质指标	氧化物名称											
	SiO₂	Al₂O₃	Li₂O	Na₂O	K₂O	CaO	MgO	BaO	ZnO	PbO	B₂O₃	ZrO₂
膨胀系数	−	−	−	+	+	−	−	−	−	−	<15% −	
弹性模数	−	−	−	−	−	++	+	−	+	−	<15% − >15% +	
光泽					+			+	+	++	+	+
化学稳定性	+	+	−	−	−	−	−	−	+	−	−	+
析晶性能	+	−	−	−	−	++	+	+	−	−	−	

注：表中"＋"表示提高、增加或改善该性能指标；"－"表示降低、减少该性能指标；"＋＋"表示显著提高、增加或改善该性能指标；"－－"表示显著降低、减少该性能指标。

7.3 坯釉适应性

坯釉适应性是指熔融性能良好的釉熔液，冷却后与坯体紧密结合成完美的整体，不开裂也不剥落的能力。影响坯釉适应性的因素是复杂的，主要有四个方面，即坯、釉二者膨胀系数之差；坯釉中间层；釉坯的弹性和抗张强度以及釉层厚度。

7.3.1 膨胀系数对坯釉适应性的影响

由于釉是与坯紧密联系着的，所以当釉的膨胀系数低于坯时，冷却过程中，釉比坯体收缩小。釉除受本身收缩作用自动变形外，还受到坯体收缩时所赋予它的压缩作用，使它产生压缩弹性变形，从而在凝固的釉层中保留下永久性的压缩应力。反之，当釉的膨胀系数大于坯时，则釉受到坯体的拉伸作用，产生拉伸弹性形变，釉中就保留着永久张应力。具有压缩应力的釉，一般称为压缩釉，由于常用"＋"号表示压应力，故有时又称"正釉"。同理，具有张应力的釉称为"负釉"。当坯釉膨胀系数相等时，釉层应无永久热应力。

釉的抗压强度远大于抗张强度，故负釉易裂。正釉，一方面能减轻表面裂纹源的危害，同时又能抵消一部分加在制品上的张力负载。因此相对而言，正釉不仅不裂，反而能提高产品的机械强度，起着改善表面性能和热性能的良好作用。例如某电瓷产品在施釉前后抗折强度明显不同，它的热稳定性也随着提高（表7-14、表7-15）。

表7-14 釉对产品强度的影响

试样尺寸φ20mm	膨胀系数α/(×10⁻⁶/℃)	抗折强度/MPa
无釉瓷坯	5.5（坯）	78
施白釉产品	5.02（釉）	102
施棕釉产品	4.86（釉）	102.2

表7-15 抗折强度与热稳定性

釉号	抗折强度/MPa	经受热冲击次数
1	108.3	1
2	120.9	37
3	136.7	>76
4	143.3	>76

然而，一旦釉中压应力超过釉层的耐压极限值时，也会造成剥脱性的釉裂，釉层呈片状开裂或从坯上崩落，如图7-13所示。所以，尽管坯釉的熔融性能配合良好，如果热膨胀系数不相适应，仍然无用。只有配制出膨胀系数近于坯而略小于坯的釉料，才能获得合格釉层。

据统计，釉裂制品的釉应力波动于−1.0～−50.0MPa之间；无裂制品的釉应力在−20.0～+110.0MPa之间，绝大多数无裂制品的釉应力在+50.0～

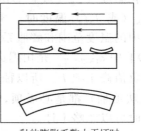

釉的膨胀系数小于坯时　　釉的膨胀系数大于坯时

图7-13 坯釉不适应的两种情况

+80.0MPa 之内，通常称为安全应力值。具有 -20.0MPa 张应力的制品，在放置或使用时，会因外界的引发而釉裂。

一般利用下列一些公式，直接由坯釉膨胀系数计算釉应力，以定量地预测产品的抗裂性，或者由安全釉应力推算出合理的釉膨胀系数，作为配制釉料的一个重要依据。

① H·舒尔兹介绍的公式：

$$S = \frac{(\alpha_B - \alpha_G)(T_g - T_0)}{\dfrac{1-\mu_G}{E_G} + \dfrac{1-\mu_B}{E_B} \times \dfrac{\alpha_G}{\alpha_B}} \approx \frac{E(\alpha_B - \alpha_G)(T_g - T_0)}{(1-\mu_G)\left(1+\dfrac{\alpha_G}{\alpha_B}\right)} \tag{7-8}$$

式中 S——釉层的应力，MPa；

T_0——室温，℃；

α_B，α_G——分别为坯、釉平均膨胀系数（室温至 T_{al} 或 T_g），1/℃；

T_g，T_{al}——分别为釉的玻璃化温度和退火温度，℃，一般 T_{al} 约低于 T_g 几十摄氏度；

E_G，E_B——釉、坯的弹性模数；

μ_G，μ_B——釉、坯的泊松比。

② W·D·金格瑞推导的公式：

$$S = E(T_{al} - T_0)(\alpha_B - \alpha_G)J \tag{7-9}$$

式中 J——坯、釉厚度比对釉应力的影响因素；

T_{al}——釉的退火温度，℃。

$J = (1-j)(1-3j+6j^2)$，$j = \dfrac{d_G}{d_B}$（釉、坯厚度比），两面施釉时 $d_B = 1/2$ 坯厚。

按上述公式计算时，常假定 $\mu_G = \mu_B$，$E_G = E_B$，其值不随温度和组成发生变化。一般取 $\mu_G = \mu_B = 0.2 \sim 0.4$；$E_G = E_B = (7 \sim 7.5) \times 10^4$ MPa。精陶釉 T_g（或 T_{al}）≈ 500～600℃；瓷釉在 600～670℃ 之间。

将安全釉应力代入式（7-8）的计算结果为：对于精陶和瓷制品，当 $\alpha_G > \alpha_B$ 时，两者数值差不能超过 0.4×10^{-6}/℃，否则釉层易裂，尤其当表面有机械损伤时更为严重。如果 $\alpha_G < \alpha_B$，则两者差值可扩大为 $(1 \sim 4) \times 10^{-6}$/℃ 之间，过大会产生剥釉。

由于上述公式在预测产品抗裂性上，经常有不符实际的事例，日本学者稻田博认为，计算值与实际情况产生差距的主要原因是对釉应力的起始温度判断不正确，所用釉的膨胀系数不切合实际。在大量试验基础上，他将 W·D·金格瑞推导的公式修改成如下公式 [式（7-10）]。

$$S = E(T_R - 20)[\alpha_{B(20 \sim T_{al})} - (\alpha_{G(20 \sim T_{al})} + M + P)]J \tag{7-10}$$

式中 M——釉应力起始温度修正项；

P——釉的组分变化修正项；

T_R——釉的膨胀系数开始显著变化时的温度。

以往总是将釉的玻璃化温度（T_g）或它的退火温度（T_{al}）作为釉应力的起始温度，也就是说，釉熔体冷却至 T_g（或 T_{al}）温度时，才开始因釉坯膨胀系数差而在釉层中产生永久热应力；所以计算公式中的温度范围和膨胀系数的取值皆以 T_g（或 T_{al}）为基准。

计算公式 [式（7-10）] 中 $\alpha_{G(20 \sim T_{al})}$ 是由退火釉试样测得的数值，较产品实际釉层数值要高，故测定值必须加上负值修正项 P。所以釉的膨胀系数最终应该为 $\alpha_{G(20 \sim T_{al})} + M + P$。

M 项对各种釉（包括珐琅釉）都是必需项，而 P 项却和坯、釉组成、烧成条件等密切有关，当性能的变化不大时可以忽略不计。

由于对 E 值随温度所发生的变化，以及 J 值的选择都未能作出确切的答案，所以还不能利用坯釉膨胀系数来定量评述坯釉的适应性。

研究发现，若在坯上施含 PbO、B_2O_3 和 Na_2O 较多的易熔釉时，除膨胀系数外，必须注意坯与釉的反应特点和釉组成的挥发。随釉烧温度提高，碱硼质薄釉中 Al_2O_3 与 SiO_2 含量增多，碱硼量却明显降低。稻田博用光学显微镜测定到，瓷器上釉层的折射率不仅低于釉试条的折射率，而且沿着釉层横断面呈现如图 7-14 所示的分布。在紧靠素坯部分折射率最低，最外层次之，釉中心最高。证明在高温煅烧时，釉表层中的碱和铅等挥发组分逸失；靠近坯的釉层由于溶解了坯组分，本身碱离子又向坯内扩散，从而使 SiO_2 和 Al_2O_3 组分量提高，碱、铅等含量降低，表现出性能上的变化。

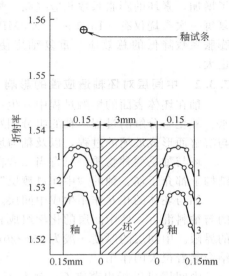

图 7-14　釉层折射率的分布

测定建筑精陶在不同釉烧温度下，坯和釉相互反应后，釉的化学组成和釉层结构以及釉应力。测定结果表明，碱釉、铅釉、碱硼釉各釉中，应力变化的情况大致相同。1000℃ 时釉层都具张应力，釉面开裂。随着温度上升至 1150℃ 和 1250℃ 时，应力又都转变为压缩性并消除了釉裂。煅烧后釉组成中 Na_2O、B_2O_3、PbO 因挥发而减少，Al_2O_3 和 SiO_2 量增多。虽然原始釉组成中的 SiO_2 量较 Al_2O_3 多 2.5 倍，但由于坯中的 Al_2O_3 可通过中间层向釉中发生迁移，所以烧后釉中 Al_2O_3 的增多量却大于 SiO_2。由于 Al_2O_3 降低釉的膨胀系数，其迁移的结果是使釉的膨胀系数降低，原来 $\alpha_G > \alpha_B$ 的情况，改变为 $\alpha_G < \alpha_B$ 的情况，釉应力也相应地由伸张性转变为压缩性，釉裂被消除。碱硼釉吸收铝氧能力要比铅釉强，压应力的提高亦大。

将软瓷素坯（1280℃）和施釉瓷件同置于釉烧（1130℃）窑中重复煅烧，然后再将素坯施釉烧成瓷件。分别测定各试样的釉应力，绘成图 7-15。

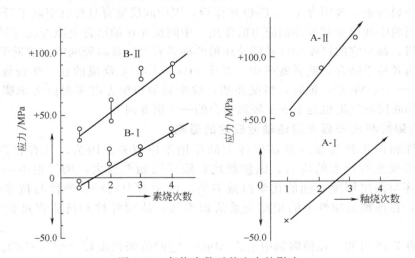

图 7-15　复烧次数对釉应力的影响
A-Ⅰ、B-Ⅰ—两种釉料编号；A-Ⅱ、B-Ⅱ—两种坯的编号；×—釉裂试样；○—无裂试样

重复素烧和重复釉烧都提高了瓷件釉层中的压应力，甚至消除了某些制件中的轻微釉裂。应力-复烧次数曲线不向零应力方向收敛，这一事实证明复烧制品能消除轻微釉裂。通过 X 射线和光学显微镜的鉴定得知，复烧后制品坯体中的总晶相量，尤其是方石英含量有

了增加，素坯的膨胀系数相应提高。每重复一次，釉烧应力增加$+20.0 \sim +40.0$MPa，而重复每一次素烧仅有$+15.0 \sim +20.0$MPa。釉层应力的增加是由于坯体膨胀系数增加、薄釉层膨胀系数降低的总效应。重复釉烧使薄釉层化学组成改变较大，所以膨胀系数降低数值也大。

7.3.2 中间层对坯釉适应性的影响

釉在坯体表面的熔融过程中发生一系列的物理化学变化，其中包括一部分制釉原料的脱水、氧化与分解的过程，釉的组分相互作用生成新的硅酸盐化合物的过程，釉的组分的熔融与溶解而形成玻璃的过程，以及釉与坯相互作用的过程。

坯与釉是两种物质。只有当二者在煅烧时产生一定的化学反应，形成在化学组成和组织结构上都介于坯、釉的"中间过渡层"时，它们才具有结成为整体的可能性。

釉与坯体的相互作用生成中间层。釉料中的某些组分渗入坯体中，坯体中的熔质也部分的与釉料混合，使中间层的化学组成和性质逐渐由坯体的组成过渡到釉料的组成，但无明显的界限。中间层的厚度一般为$15 \sim 20 \mu m$。中间层对调和釉与坯间性质上的差异，增进坯釉结合起着很大的作用。

中间层可以析出莫来石、钙长石、硅灰石类的晶体。通常认为，含有晶体的中间层，由于物理与化学的均匀性都极差，对坯釉的结合应起不利影响。但中间层中，如果生成性质与坯相近的晶体，则利于坯釉的结合，例如在瓷质坯釉的中间层中生成渗入釉层的莫来石起楔子的作用，加强了坯釉结合。国内一些学者通过对精陶坯釉适应性的研究，发现高铝质精陶，虽说中间层极薄，然而坯釉的结合并不差，釉裂概率亦较少，认为这是因中间层生成致密尖晶石所致。测试建筑精陶亦得到同样概念，纯玻璃质中间层和沿坯釉接触线析出$\beta\text{-}Al_2O_3$晶体的中间层，似乎有利于坯釉结合，而钙长石类晶体可能起有害作用。

素木洋一认为，精陶坯中的CaO和铁化合物以及石英最易为釉熔体侵蚀，所以能促进中间层的生成，有利坯釉结合。例如铅釉、硼釉和铅硼釉，当其施于无钙坯时，由于中间层不发达而有开裂现象，改用含10% CaO坯体后，因中间层发育良好就消除了开裂现象。

厚度适当的中间层能起缓冲釉应力的作用。中间层在坯釉结合上能否起有利作用，它的影响程度如何，都与它的厚度和性质以及坯釉的种类有关。高温瓷釉的组成近于坯，加上烧成温度高，两者易于结合，釉裂概率少。对于$1100 \sim 1300$℃烧成的瓷或炻瓷坯，若用无硼无铅（含4%~5% Na_2O）釉时，情况亦然，故配制釉料配方时主要应考虑膨胀系数的指标。另外，釉底层的气泡也是不利于坯釉结合的一个重要因素。

7.3.3 釉的弹性和抗张强度对坯釉适应性的影响

釉的弹性和抗张强度在坯釉适应性上的作用不应忽视。因为，具有较高弹性的釉，能适应坯釉形变差所产生的应力，纵使釉坯膨胀系数相差较大，釉层也不一定开裂。釉的弹性的好坏与釉层厚度、釉的化学组成有关。由于对中间层、弹性与抗张强度以及膨胀系数四者，在坯釉适应性上的相互关系认识不清，从而弹性和抗张强度的作用也还不能有定论。

例如从表7-16可知，在精陶釉中引入MgO，它的抗张强度较之引入CaO、BaO、ZnO等都明显降低，然而坯釉的结合并不坏，无釉裂。这是因为MgO的引入降低了釉的膨胀系数和弹性模数（E），从而弥补了本身强度低的缺点，提高了釉与坯的结合。如果引入CaO，釉的抗张强度虽然明显提高，然而釉裂反而增多，原因是由于釉的膨胀系数和弹性模数都明显提高。但在一般的生料釉中，钙质釉能与铝量高的坯很好结合。所以即使釉的膨胀系数不变，究竟是抗张强度还是弹性模数对坯釉的结合最为有利，还有待研究。

表 7-16　釉中某些氧化物的强度因子

氧化物	$\alpha/(\times 10^6/℃)$	抗张强度因子	$E/\times 10^7$ MPa
CaO	5	0.2	4.16
BaO	3	0.05	3.56
MgO	1.35	0.01	2.50
ZnO	1.8	0.15	3.46

对 E 本身的数值，通常认为釉组成纵使有较大的变化，E 值的波动范围却极小，而且接近于坯，因而在计算釉应力时，常以 $E_{釉} \approx E_{坯}$ 引入公式。

制品上的釉和坯属同一整体，因而要求以结合坯的弹性来考虑釉。无论坯或釉，弹性模数大者，弹性形变能力就小，因此当 $E_{釉} > E_{坯}$ 时，则釉的弹性形变能力低于坯，对坯釉适应性将起不利影响。抗张能力高的坯、釉，抗釉裂和坯裂能力也相应提高。

7.3.4　釉层厚度对坯釉适应性的影响

在偏光显微镜下观察釉层断面的应力分布，由此研究釉层厚度对坯釉适应性的影响。应力变化的总趋势为釉层加厚，釉的压应力降低，甚至还能转变成张应力，见图 7-16。

釉层厚度不同，煅烧过程中组成改变的情况亦不同。在一般常用釉厚（<0.3mm）范围内，釉组成的变化对釉应力的影响尤为明显。

薄釉层在煅烧时组分的改变相应变大，釉膨胀系数降低得也多，而且中间层的相对厚度增加，故有利于提高釉中压应力。但釉层过薄将发生干釉现象。当釉厚>0.5mm 时，釉应力降至最低值而且不再继续变化。釉和坯的种类不同，釉厚对应力的影响程度亦不同。

7.3.5　使坯釉相适应的几种方法

如上所述，釉与坯中间层对调和釉与坯间性质上的差异，增进坯釉结合起着很大的作用。为

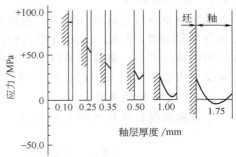

图 7-16　釉层厚度对釉应力的影响

此，必须使釉与坯的化学性质保持适当的差别。如果坯的酸性较高（用酸性系数表示，参见 3.2.5），则釉应当采取中等酸性的；如果坯体的酸性是中等，则釉应该是弱酸性的。如果坯的酸性弱，则釉应该是接近于中性或很弱的碱性。坯釉之间的化学性质相差过大，则作用强烈而会出现釉为坯所吸收的现象（干釉）。

釉与坯体之间的反应，除与化学性质有关外，其反应速度还与煅烧温度和时间有关。釉对生坯的反应比对素烧坯体的反应强。

此外，要调整坯釉膨胀系数 α 值使之相互适应，这是个复杂的技术问题。在实践中通常总是改变釉的组成，但有时也可改变坯的组成，表 7-17 所列为改变坯或釉使相适应的几种方法。

表 7-17　改变坯和釉使相适应的几个方法

缺陷	调整坯体	调整釉料
釉产生开裂（$\alpha_{釉} > \alpha_{坯}$）	① 降低可塑性组分（黏土）的含量，相应提高石英含量 ② 用塑性黏土代替一部分高岭土 ③ 降低长石含量 ④ 提高石英的研磨细度，并搅拌均匀 ⑤ 提高坯体的素烧温度，并延长保温时间	① 增加 SiO_2 含量，或降低熔剂含量，以提高釉的熔融温度范围，但以不达到三硅酸盐为限。必要时可同时加入 Al_2O_3，使酸性氧化物不致过量而产生失透现象 ② 在酸和碱间的比例保持不变的条件下，加入或提高硼酐含量，以部分地代替 SiO_2 ③ 以低分子量的碱性氧化物代替部分高分子量的碱性氧化物，这样就相应地提高了 SiO_2 含量，从而提高了熔融温度 ④ 增加釉的弹性模数，例如以锂代钠

续表

缺　　陷	调 整 坯 体	调 整 釉 料
釉产生剥落($\alpha_{釉} < \alpha_{坯}$)	① 增加可塑性组分，同时减低石英含量 ② 用高岭土代替一部分塑性黏土 ③ 提高长石含量 ④ 降低石英研磨细度 ⑤ 降低坯体的素烧温度	① 降低 SiO_2 含量，或增加熔剂含量 ② 在酸和碱间的比例保持不变的条件下降低硼酐含量，并代之以石英 ③ 以高分子量的碱性氧化物代替部分低分子量的碱性氧化物，以降低石英含量

7.4　釉浆制备及施釉工艺

尽管一般釉层的用料量远小于坯用料（日用瓷釉约为坯质量的 1/11），但釉的质量却直接影响产品的性能和等级，给人以直观的视觉感觉，良好的釉面，可以极大地提高陶瓷制品的外观质量及装饰效果，从而提高制品的档次。所以，除釉料配方要合理外，还要特别重视釉浆的制备和釉浆的工艺性能。釉浆的质量和性能，直接影响制品烧成后的釉面质量。

7.4.1　釉浆的制备

釉浆的制备就是将釉用原料按釉料配方比例称量配制后，在磨机中加水、电解质等磨制成具有一定细度、密度和流动性浆料的过程。生料釉由釉用原料直接称重配制；熔块釉包括熔块和生料两部分；釉浆制备研磨时可将所有料一起研磨，也可先将瘠性硬质原料研磨至一定细度（为防止沉淀可加入 3%～5% 的黏土）后，再加入软质原料一起研磨。

7.4.1.1　生料釉的制备

生料釉的制备流程如图 7-17 所示。

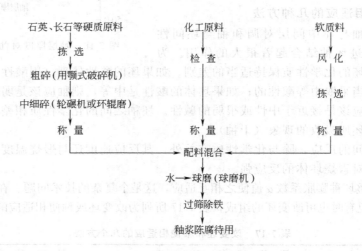

图 7-17　生料釉的制备流程

如果所用硬质原料均为合乎要求的粉状料，则流程中的粗碎工序都可以省去，直接配料入球磨机即可。

7.4.1.2　熔块釉的制备

熔块釉就是将水溶性原料、有毒原料及部分（或全部）其他原料先制成熔块，再与部分生料配比制成熔块釉，所以制备熔块釉首先必须制备熔块。

a. 熔块的制备　熔块的制备流程如图 7-18 所示。

图 7-18 熔块的制备流程

b. 熔块釉的制备　熔块釉的制备过程与生料釉基本相同,只是把熔块也当作一种"原料",其流程如图 7-19 所示。

熔块 ⎫
生料 ⎭ ⟶ 称量配料 ⟶ 加水研磨(球磨机) ⟶ 出磨 ⟶ 除铁 ⟶ 过筛 ⟶ 储存待用

图 7-19 熔块釉的制备流程

7.4.1.3 釉浆制备注意问题

釉用原料比坯用原料要求更加纯净,含杂质少。因此要注意原料的纯度,同时还要特别注意储放时避免污染,要保证现场的清洁。此外,釉浆制备过程中还必须要注意以下问题。

a. 保证配料时称量的准确度　釉用原料的种类多,而且数量和密度差别大,尤其是乳浊剂、颜料等辅助原料的用量远比主体原料少,但它对釉料性能的影响却极为敏感,因此,按釉料配方配制釉料时要保证称量的准确度,一般用电子秤配料。电子秤要定期校验。配料前要准确地测定湿原料的含水率,并计算出湿原料的实际加入量,并将水分在总加水量中扣除。

釉料的加水量、电解质加入量计算也应十分准确。加水少会延长釉料的研磨时间,加水多,会造成釉浆的密度不合格,加水量一般用带刻度的高位水箱或水表计量。

在配料时,无论是原料、水,还是电解质、色料都需要两人同时称量,以确保配料的准确,配料错误会酿成大的质量事故,并无法补救。

b. 控制球磨机球石质量及配比　釉料制备通常是将所有釉用原料一起加入球磨机中湿磨,球磨机用的研磨介质一般是鹅卵石或高铝瓷球,釉料制备大多使用高铝瓷球。

① 对球石总的质量要求是：硬度大、密度高,鹅卵石密度≥$2.6g/cm^3$；莫氏硬度>7；无裂缝、无麻孔；高铝瓷球石密度≥$3.45g/cm^3$。若球石质量不好,不但影响球磨机的研磨效率,而且,被磨掉的成分较多进入釉浆后,会使釉浆的组成发生变化,影响釉浆的工艺性能。

② 对球石的大小和配比的要求为：大球（$\phi38mm$）：中球（$\phi32mm$）：小球（$\phi25mm$）＝(20%～25%)：(30%～50%)：(30%～50%)。

球石的大小：天然燧石与鹅卵石直径,大球 $\phi80～100mm$,中球 $\phi60～80mm$,小球 $\phi40～60mm$；高铝瓷球直径,大球 $\phi60～70mm$,中球 $\phi35～45mm$,小球 $\phi30～35mm$。

③ 球磨机球石的装载量：球磨机球石的装载量应占磨机有效容积的 50%～55%。

④ 球石的磨损与补充：每磨完一磨应补充一次球石，以保证球石数量的相对稳定，从而较好地控制研磨时间和研磨细度。一般补充量为，高铝瓷球 1.5~2kg/t 干釉料；鹅卵石球 30~50kg/t 干釉料。补充时补充大球，去掉 ϕ15~16mm 以下小球。

c. 重视釉浆制备用水的质量　水中杂质一般为有机或无机悬浮物。可溶性的钙、镁、钠的碳酸氢盐、硫酸盐及氧化物等。这些杂质会直接影响釉浆的黏度和球磨效率，使釉浆容易"触变"，稳定差。而且容易在石膏模的空隙内结晶，在表面长毛，缩短模型的使用寿命。釉浆的制备用水中含 Ca^{2+}、Mg^{2+} 及 SO_4^{2-} 离子应尽量减少，它们容易造成泥浆凝聚，流动性下降。一般要求水中 Ca^{2+}、Mg^{2+} ≤10~15ppm(10^{-6})；SO_4^{2-} <10ppm(10^{-6})。水的纯度一般为地下井＞泉水＞湖水＞河水＞海水。

d. 控制及检测釉浆出球磨机时的质量　釉料经研磨后，釉浆出球磨机前要检测其技术指标并做先行试验，待技术指标和先行试验烧制的试样符合要求后，才可放磨。

釉浆出球磨机前要检测的技术指标如下。

① 细度：用 0.063mm 万孔筛的筛余或激光粒度仪来控制。一般控制 0.063mm 万孔筛筛余为 0.02%~0.05%；10μm 以下颗粒 92% 以上。

② 密度：可以用 200mL 釉浆的质量表示（g/200mL），也可以用单位体积釉浆的质量表示（g/mL）。一般釉浆密度为 1.35~2.0g/mL 或 270g/200mL；其中喷釉 1.69~2.0g/mL 或 338~400g/200mL；浸釉 1.35~1.6g/mL 或 270~320g/200mL。

③ 黏度：可以用恩勒黏度计或福特杯测定。一般用 τ_0 和 τ_{15} 表示，它与釉浆密度有关。τ_0 是即刻黏性，一般在 25~65s（福特杯流速），τ_{15} 是釉浆静止 15min 后的流速，其值比 τ_0 大 15s 左右，当 τ_{15} 很大时，釉浆不能使用，否则，施釉后釉层会出现开裂。

e. 釉浆出球磨机要过筛与除铁　釉浆的过筛与除铁对釉面质量影响很大，所以，要求比坯料泥浆严格得多，过筛一般分 2~3 次进行，出磨时过 3.3mm 筛，再过 0.125mm 和 0.075mm 筛。最终将大于 0.075mm 的粗颗粒全部除去。过筛时，要经常检查筛网有无破损，定期更换筛网。筛网材质要求是铜质或不锈钢。

釉浆中的铁会使釉料烧后产生斑点，影响美观，所以，出磨使用前要除铁。除铁可采取往复式永久除铁与电除铁器串联起来，有时将两台电除铁器串联起来，以增加除铁效果。

7.4.2　釉浆的工艺性能要求

为了获得一定厚度、均匀无缺陷的釉层，必须满足施釉的工艺要求。釉浆的工艺性能对实现施釉的工艺要求起着重要的作用。对釉浆的工艺性能要求主要有以下几个方面。

a. 具有合适的细度　釉浆的细度直接影响釉浆的黏度和悬浮性，也影响釉浆与坯体的粘附能力，影响釉浆的熔化温度、坯釉烧成后的性能和釉面质量。一般来说，釉浆的细度越细，浆体的悬浮性越好，釉的熔化温度相应降低，釉与坯体的粘附紧密且两者高温下的相互反应充分，因而改善釉层组织，提高釉层质量。但过细的釉浆也会带来许多麻烦，釉浆磨得过细，浆体黏度过大，浸釉时会形成过厚的釉层，而且坯从釉取出时很难甩净余釉，造成局部堆釉，干燥时釉层开裂，烧后釉层卷缩或脱落。当釉的高温黏度和表面张力较大时尤为严重，即使不发生缩釉和脱釉，也会由于釉层过厚而降低产品的机械强度和热稳定性甚至造成釉裂。当釉层厚度适中时，因釉料过细，高温反应过急，使坯体中的气体难于排除而产生釉面棕眼或干釉。对含铅熔块釉，会因粉磨过细而增高熔块的铅溶出量。根据研究，研磨时间从 12h 或 16h 增加至 20h，釉面质量确有明显改善，但超过 20h 后，性能的改善已极不明显，因此过长研磨是不经济的。

随着釉浆细度的增加，不仅提高熔块的铅溶出量，而且长石中的碱和熔块中的钠、硼等离子的溶解度也都有所增加，致使浆体的 pH 值明显变化。另一方面，釉料中的黏土要发生离子交换，故湿磨过程中釉浆稠度变化是复杂的。一般熔块釉的pH值随粉磨时间延长而不断提高，生料釉浆的pH值开始随粉磨时间而增高，至一定时间后反而下降。

b. 具有适中的釉浆密度　对同样组分釉料来说，釉浆密度系指浆体的浓度，其对上釉速度和釉层厚度同样起着决定性作用。浓度大的釉浆会使上釉时间缩短，反之浓度过小就需增加施釉时间，否则就因釉层稀薄烧成时产生干釉。浓度需要随坯体的性质和形状进行调整。一般规定釉浆密度波动于 $1.28\sim1.80 g/cm^3$ 之间。

一般对低温素烧坯及干燥生坯，要求釉浆密度为 $1.43\sim1.47 g/cm^3$；中温素烧坯为 $1.50\sim1.60 g/cm^3$；烧结坯为 $1.60\sim1.70 g/cm^3$。

c. 具有合适的黏度和触变性　增加水量虽可以稀释釉浆以及增大流动度，然而浆体的密度却随之降低，甚至会丧失触变性，减少釉在坯上的粘附量，并使浆体中的料粒迅速下沉。为保证不改变密度而达到调节黏度和触变性的目的，往往需引入添加剂或采取陈腐工艺来解决釉浆细度与黏度等性能之间的矛盾。

陈腐对含黏土釉浆的效果特别明显，可以改变釉浆的流动度和吸附量并使釉浆性能稳定。经过陈腐的釉浆，附着值会发生明显的变化，达到一定附着值时所需的黏土用量减少。通常附着值的变化取决于黏土的种类和釉组成。一般将釉陈腐2~3天，最好7天。

陈腐会延长生产周期、占用很多厂房，因此可在釉浆中添加少量解胶剂和絮凝剂来调节黏度和触变性，加强釉在坯上的附着强度，并缩短陈腐时间。为防止粗重离子下沉和釉层干燥开裂并提高附着量，除加一定数量膨润土外，还可加入絮凝剂如石膏、MgO、石灰、硼酸钙等物质，使釉料粒子发生某种程度的凝聚，宛如含水海绵。单宁酸及其盐类、水玻璃、三聚磷酸钠、羧甲基纤维素钠以及阿拉伯胶等为解胶剂，可增大釉浆流动性。添加剂的引入量取决于釉的细度、黏土含量和种类以及陈腐的程度等因素。例如阿拉伯胶的加入量为干釉质量的0.2%~0.3%，它在水中带负电起解胶作用，同时还起保护胶体的作用，不仅使釉具有碱性，而且可防止吸附在固体粒子表面上的盐类溶于水中。

7.4.3　施釉工艺

施釉前，生坯或素烧坯均需进行表面的清洁处理，以除去积存的尘垢或油渍，以保证釉层的良好粘附。清洁处理的方法，可以用压缩空气在通风柜内进行吹扫，或者用海绵浸水后进行湿抹，或以排笔蘸水洗刷。

7.4.3.1　施釉方法

施釉工艺视器形和要求不同而采用不同的施釉办法。目前，陶瓷生产中常用的施釉方法有以下几种。

(1) 浸釉法

浸釉法普遍用于日用陶瓷器皿的生产，以及其他便于用手工操作的中小型制品的生产。浸釉时用手持产品或用夹具夹持产品进入釉浆中，使之附着一层釉浆。附着釉层的厚度由浸釉时间的长短和釉浆密度、黏度来决定。国内日用瓷厂对盘类施釉采用的飘釉法也是浸釉法的一种。

随着陶瓷生产的机械化与自动化，有些过去采用浸釉法施釉的已改为淋釉法施釉，有些则采用机械手浸釉。

(2) 喷釉法

喷釉法是利用压缩空气将釉浆喷成雾状，使之粘附于坯体上的方法。喷釉时坯体转动或运动，以保证坯体表面得到厚薄均匀的釉层。喷釉法普遍用于日用陶瓷、建筑卫生陶瓷的生产中。喷釉法可分为手工喷釉、机械手喷釉和高压静电喷釉。

a. 手工喷釉　手工喷釉采用喷釉器或喷枪，有"静压喷釉"和"压力喷釉"两种方式。

静压喷釉是指釉浆放在离地面 1.8～2m 的高位槽内，釉浆靠高位静压流向喷枪，这时喷枪釉浆压力仅有 0.025～0.035MPa。由于釉浆的压力较低，釉浆出枪量小，釉浆颗粒的喷出速度也较小，釉层附着力较低，很难保证釉层达到足够的厚度。压力喷釉是利用压力罐或泵向釉浆施加 0.1～0.3MPa 的压力，压力高的釉浆通入喷枪，加大了釉浆出枪量和喷出速度，提高了喷釉效率和釉层厚度，也提高了产品质量。国内大部分瓷厂采用压力喷釉。

b. 机械手喷釉　机械手喷釉是用电脑控制的机械手完成人工喷釉作业的施釉技术。喷釉雾化、沉积原理与人工喷釉相同，所使用的釉浆工艺参数、喷釉厚度等也与人工喷釉一样，所不同的只是以机械手模仿人手的动作，完成喷釉工作。机械手喷釉的优点是每件产品间喷釉质量差别小，喷釉工离喷釉柜远，操作环境好。但也存在价格昂贵，变换产品品种灵活性差等缺点。

机械手主要分两类，一种是示教式机械手，一种是编程式机械手。示教式机械手在使用前由一名熟练喷釉操作人员直接操作机械手上的喷枪，实际喷完一件产品示教，电脑即自动将工人的操作编制成程序预置起来，以后即可自动重复，操作相同产品的喷釉动作。一般用 6 个自由度的示教式机械手。编程式机械手的自控程序是人工根据坯体实物形状尺寸编制计算机语言输入电脑的，喷釉的质量与该程序编制的合理性密切相关。

机械手只能完成喷枪的动作。因此，机械施釉线还要配置坯体传输联动线，联动线上的承坯台在机械手喷釉时，能按程序转动角度，配合完成喷釉全过程。机械手喷釉，每条线产量 400～700 件/(台·班)。

c. 高压静电喷釉　高压静电喷釉是一种以高压静电为核心动力的施釉工艺，带电的釉浆颗粒在高压静电场的作用下向陶瓷坯体表面吸附，喷枪向坯件施釉的速率取决于雾化的质量，没有因压力增高或降低造成的"锤打"及"褶皱"现象。在静电施釉过程中，雾化粒子在 10 万伏高压下相互作用，并使粒子反弹获得极佳的雾化效果，从而保证釉面平滑光润，不起波纹。

雾化后带正电的粒子总是会被吸引到最近的接地物体——湿润的坯体上，釉浆粒子对坯体形成"全包"效果。因此，坯体不会出现人工极易产生的丢枪釉薄缺陷，釉浆粒子受高压电场的作用，对坯表面加速运动，形成高致密吸附层。使瓷产品，如卫生陶瓷的边角挂釉这一技术难题得以解决。

高压静电施釉这种新技术具有三大优点：①产品釉面质量将会大幅度提高；②劳动强度大幅度降低而工作效率将成倍增长，整个生产过程将在 PC 机的精密控制下自动完成。③施釉过程将在一个密闭的设备内进行，整个施釉操作全部自动完成，彻底改变了施釉工的作业环境，可避免操作工人的硅沉着病（矽肺）职业病危害。此外，高压静电施釉，采取双层施釉，利用万能输送带输送方式，可以连续对坯件进行任意形式、任意角度的施釉加工。可保证高质量的釉层厚度，它避免了常规施釉方法（人工或机器人施釉）所造成的坯件边棱釉薄缺陷，使施釉工艺技术发生了根本性变化。经高压静电完成的施釉坯件釉面致密牢固，可减少釉面棕眼、釉针孔，克服釉面波面纹，增加釉层厚度，减免搬运过程的机械损伤，提高成瓷的等级率。它还能更好进行釉料回收而且更换颜色较快，大幅度地降低工人的劳动强度，工作效率成倍提高。

高压静电施釉利用万能传送带的连续运转改变了常规施釉方法时间长、占地多的间断生产方式，降低了施釉成本费用，是目前陶瓷行业，特别是卫生陶瓷施釉工序设计最先进，工艺技术水平最高的施釉方法。

高压静电施釉与传统施釉方法对比有：①产量高，其产量水平与 4 台机器人相当；一般来说，静电施釉可达到 1500 件/d，相当于 18 名工人的工作量；②质量高，可进行双层施釉，对不合格的产品进一步校正处理，同时具有较高的自动化水平，对坯件表面可实现全包效果，这一特点是人工以及机器人难以做到的，其至说是不能做到的；③灵活性较强，可以喷施各种形状的新型产品，随机性很强，不需重设程序；而对机器人则需对每一个品种设定一次程序，而对人工施釉则需有一段自适应阶段；④变产快，仅20min，静电施釉便可以从一种釉色变到另外一种釉色，而机器人或人至少需要40min才可完成；⑤工艺过程简单，高压静电施釉，可随意更改产品类型，工艺过程简单可靠；⑥施釉质量均匀一致，无色差，对机器人来讲，在1个月内尚可保证其良好的再现性，而时间一长便会出现偏差，同样，人工出现这种偏差的可能性会更大。

(3) 浇（淋）釉法

手执一勺舀取釉浆，将釉浆浇到坯体上的施釉方法叫浇釉法。对大件器皿的施釉多用此法，如缸、盆、大花瓶的施釉。在陶瓷墙地砖的生产中，施釉使用的淋釉和旋转圆盘施釉，也可归类为浇釉法，是浇釉法的发展。

陶瓷墙地砖生产中使用的施釉装置，有淋釉装置、钟罩式施釉装置和旋转圆盘施釉装置。

淋釉装置是釉浆从扁平的缝隙中流出，这一设备特别适用于均匀施釉，釉浆密度较小1.40~1.45。采用此种装置施釉，在砖的边缘部位施的釉较中部少，因釉浆与设备边缘的摩擦力影响，使其流速较中部慢。

钟罩式施釉装置的作用与淋釉装置相同，由于易于管理，比淋釉装置使用更为广泛。该装置可以使用高密度釉料，因而可用于一、二次烧成内墙砖的施釉。

旋转圆盘施釉装置由几个直径为120~180mm，每个厚度为2mm的圆盘组合而成，其厚度为50~100mm，进行旋转离心施釉。该设备对高密度及低密度釉料都可以使用，施釉量可从几克变化到上百克，还可以使用不同的釉料，进行多次施釉，并获得相当均匀的表面，该方法施釉使砖坯边缘不带任何釉料，无需进行刮边的清理工作。

(4) 刷釉法

刷釉法不用于大批量的生产，而多用于在同一坯体上施几种不同釉料。在艺术陶瓷生产上采用刷釉法以增加一些特殊的艺术效果。刷釉时常用雕空的样板进行涂刷，样板可以用塑料或橡皮雕制，以便适应制品的不同表面。曲面复杂而要求特殊的制品，需用毛笔蘸釉涂于制品上，特别是同一制品上要施不同颜色釉时，涂釉法是比较方便的，因为涂釉法可以满足制品上不同厚度的釉层的要求。

(5) 荡釉法

适用于中空器物如壶、罐、瓶等内腔施釉。方法是将釉浆注入器物内，左右上下摇动，然后将余浆倒出。倒出多余釉浆时很有讲究，因为釉浆从一边倒出，则釉层厚薄不匀，釉浆贴着内壁出口的一边釉层特厚，这样会引起缺陷。有经验的操作者倒余釉时动作快，釉浆会沿圆周均匀流出，釉层均匀。

由荡釉法发展而来的有旋釉法或称轮釉法，日用瓷的盘、碟、碗类放在辘轳车上施釉的应属于旋釉法，如国内南方一些陶瓷厂制成的生坯强度较差，不能用浸釉法施釉，施釉时将盘碟放在旋转的辘轳车上，往盘的中央浇上适量的釉浆，釉浆立即因旋转离心力的作用，往盘的外缘散开，从而使制品的坯体上施上一层厚薄均匀的釉，甩出多余的釉浆，可以在盘下收集循环使用。

7.4.3.2 施釉控制

施釉时，要适当选择釉的浓度，釉浆浓度过小，釉层过薄，坯体表面上的粗糙痕迹盖不住，且烧后釉面光泽度不好。釉浆浓度过大，施釉操作不易掌握，坯体内外棱角处往往施不到釉，且干燥过程中釉面易开裂，烧后制品表面可能产生堆釉现象。釉料细度过细，则釉浆黏度大，含水率高，在干燥坯上施釉，釉面易龟裂，甚至釉层与坯体脱离，烧后缩釉。釉层越厚，这种缺陷越显著。釉料细度达不到要求，则釉浆粘附力小，釉层与坯体附着不牢，也会引起坯釉脱离。

施釉操作不当也会造成施釉缺陷。浸釉时两手拿着坯体通过釉浆，整体上釉，易造成手指印迹缺陷，并易使制品中心釉层过厚，使釉下彩发朦不清。浇釉时易产生釉缕。盘、碟、碗类先旋内釉后浸外釉时，易造成外釉包裹内釉的卷边痕迹。喷釉不当会堆砌不平，涂釉不当会凹凸不平等。

为保证施釉质量并快速了解釉浆性能，有人提出用釉料的吸收值 P、附着量 C 和坯体的收容量 R 之间的关系作为工厂质量控制的项目。釉料的吸收值 P 为单位面积坯体所吸收的釉料量（g/cm^2）；附着量 C 是用一定尺寸的光滑试样（一般为玻璃片），以固定角度、固定速度通过釉浆时，单位面积玻璃片上附着的釉浆量（g/cm^2）；坯体的收容量 R 为单位面积坯体的吸水量（g/cm^2）。三者之间存在着一定的关系。

P、C、R 三者之间有一定的关系。如图 7-20 所示，当 C 一定时，R 与 P 应为线性关系，但并不全为直线，C 为某一数值时就出现转折，转折点对应的收容量称为临界收容量，表明不同性质的坯（R 不同）欲获一定厚度的釉层（P 值一定），则必须配制一定稠度（C 一定）的釉浆。如果使用倾斜直线，即临界 R 以上部分的釉浆，则釉层就会产生极多缺陷。图 7-21 亦说明，当 R 和 C 为定值时，釉层厚度只能在一定范围内波动才能得到优质釉面。玻片吸附水量为 0.001（g/cm^2）。

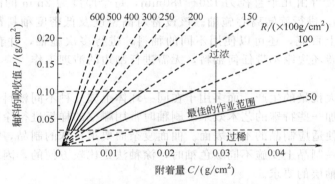

图 7-20　釉料的吸收值 P 与附着量 C 变动时等 R 线图（锌釉）

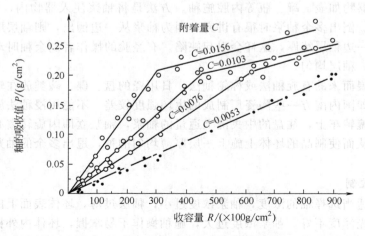

图 7-21　C 值一定时收容量 R 值和釉料的吸收值 P 的关系（锌釉）

当施釉时间不变时，随时可由釉层厚度（P 值）与 R 线相交点得知所对应的附着量 C，检测釉浆稠度以便即时进行调整。

7.5 釉浆制备及施釉引起的常见缺陷及防止方法

7.5.1 釉浆制备引起的常见缺陷及防止方法

a. 釉面铁点　当电除铁器发生故障时，除铁效果不好，釉浆中的铁会造成釉面铁点，严重影响产品的外观质量，所以，对除铁器必须及时清洗和检查，以保证除铁效果。

b. 釉层过薄或过厚　当釉浆的密度控制不好时，釉层出现过薄或过厚，使制品的光泽、色泽不稳定，色差加大，无法保持产品的一致性，特别是机械手喷釉，由于喷釉的程序已设定，釉浆参数的控制更应严格。

c. 开裂及流釉　当釉浆的干燥速度、黏性控制不好时，施釉后会出现釉面开裂，烧成后出现滚釉或缩釉。干燥速度过大或黏性过低，喷釉时会出现流釉。釉浆性能不好，施釉后会出现釉面不平，烧成后会出现波釉。

d. 研磨过度或研磨不充分　釉料研磨过度，由于釉料的收缩增大，对具有较高表面张力的釉料，如锆乳白釉，将产生不利的影响，易产生缩釉、裂纹等缺陷；此外，釉料研磨过度会使施于坯体上的釉浆较难干燥。

釉料研磨不充分，将使陶瓷产品表面粗糙，有时还同时出现针孔等缺陷，由于研磨不充分的釉浆易于沉淀，常使施釉出现困难，以致无法进行。

避免上述问题的唯一办法是严格控制每磨釉浆的筛余率（即粒度大小），合格后方可投入使用。

e. 釉料缺乏"塑性"　这里所提到的釉料"塑性"是指釉料粘附于坯体上的能力。这种缺陷常出现在制品的边缘部位和凸起的部位，制品经过烧成后，会呈现釉层厚度不均匀的缺陷。为防止这种缺陷的产生，应在釉浆中加入 CMC、高岭土和膨润土等来改善釉料塑性，高岭土用量应在 4%～10%，膨润土用量不应超过 5%。

加入高岭土和膨润土除了具有改善釉料"塑性"外，还起到悬浮剂的作用，防止釉浆中大颗粒沉降分离，保持施釉釉浆密度稳定均匀。

f. 釉料烧成范围小　这种釉料对温度变化和烧成气氛变化非常敏感，导致釉面出现釉坑或针孔等缺陷。由于陶瓷制品在烧成过程中受热情况不同，釉料烧成范围小，常导致窑炉中不同部位的制品间产生色差。釉料熔融范围小的原因之一是由于釉料组成中的化合物较少，使釉料性质与最低共熔点组成相类似，在固定的温度产生共熔。

g. 釉料熔融过度或熔融不充分　这种缺陷都是由于釉料组成而引起的。釉料过度熔融将导致釉面起泡，在制品边缘或釉层较薄的部位，由于釉料与坯体发生反应而使表面非常粗糙。解决这种缺陷必须重新研制适应的釉料配方。

h. 熔块熔制不完全　这种缺陷是由釉料中加入的熔块所引起的，引起的缺陷通常有两种类型，一是由于在熔块熔制过程中没有完全分解的物质放出气体，导致釉面起泡等表面缺陷；二是由于在熔块熔制过程中，部分水溶性化合物没有充分形成非水溶性化合物，引起缺陷。熔块中的水溶性化合物将影响釉浆的 pH 值，造成釉浆沉淀，以致无法使用。因此要严格控制生产中使用的熔块质量。

7.5.2 施釉引起的常见缺陷及防止方法

a. 缺釉　这种缺陷是由于坯体表面的灰尘、油污在施釉前未擦净；釉浆密度过大使浸釉操作不易掌握造成棱角处缺釉。解决这种缺陷必须控制好釉浆的工艺性能以方便施釉操作，施釉前将坯体上的灰尘、油污用海绵擦净。

b. 厚度不均匀　施釉后如果釉层薄厚不均，会使产品出现色差，影响外观质量。手工施釉要按操作标准操作，机械手施釉要调整好操作程序。无论是手工施釉还是机械手施釉，都需要保证釉层厚度的均匀一致。

　　c. 边角出现龟裂　当喷釉、浸釉、淋釉操作不当时，很容易在制品内边角处出现堆釉，致使釉层过厚，产生小裂，如不处理，烧成后就会滚釉。所以，应将其擦掉，重新补釉。

　　d. 釉面不平　釉面不平时，烧成后的釉面难以平整，影响产品的外观质量。产生的原因是喷嘴雾化不好；釉浆的干燥速度过快，流动性不好或密度太大，施釉操作不熟练。防止方法是用整形锉修整喷枪的喷嘴，使其雾化好；调整好釉浆的工艺性能；对施釉工加强技术培训。

　　e. 釉滴　这种缺陷是使用机械甩盘甩釉和喷釉的施釉线上最常出现的缺陷。这种缺陷是由聚集在施釉箱内壁的釉滴掉落在坯体上而产生的。釉滴产生的原因有釉箱吸尘装置的吸力不足，而使釉雾在釉箱内壁聚集或其他设备运行引起釉箱产生振动等。因此，产生釉滴缺陷时应检查施釉箱是否振动；清理吸尘系统，增大吸尘系统吸力。

　　f. 釉料凝块　这种缺陷是使用机械甩盘甩釉和喷釉的施釉线上最常出现的缺陷。釉料凝块产生的原因与釉滴类似，是由施釉箱内壁釉料凝块落到制品上引起的。这种缺陷产生的原因有：①吸尘系统吸力过大，当釉料受到过大吸力的影响而撞到釉箱壁上，则容易凝结成硬块；②釉料配方中使用的塑性料过高，如墙地砖使用的底釉，由于其配料中塑性料含量高，因此，更易产生釉料凝块；③釉箱振动加速了凝块的脱落。解决这种缺陷的方法之一是经常清洗施釉釉箱。

　　g. 施釉量不同引起的色差　坯体施釉量不同会使制品产生色差。施釉导致色差的原因有：①釉浆密度发生了变化；②坯体吸附釉料或坯体温度发生变化；③输釉管堵塞造成施釉量变化。釉浆密度要定期检测，使其保持稳定，特别是当向施釉罐中添加新釉料时，要检测调整好后再加入。

本 章 小 结

　　本章主要介绍的内容有釉的作用、特点与分类、釉的性质、坯釉适应性和釉浆制备及施釉工艺，此外还介绍了釉料制备及施釉引起的常见缺陷；在釉的性质中介绍了釉的化学稳定性、釉的熔融性能、釉的膨胀系数、抗拉强度和弹性模数以及各氧化物对釉性能的影响；介绍了坯釉膨胀系数、坯釉中间层、釉的弹性和抗张强度、釉层厚度对坯釉适应性的影响和使坯釉相适应的几种方法；还介绍了釉浆制备工艺过程、对釉浆的工艺性能要求和施釉方法以及常见缺陷及防止方法。

复习思考题

1. 在陶瓷制品中釉料有何作用？陶瓷釉料分为哪些种类？
2. 釉与玻璃有何异同？
3. 釉的膨胀系数受哪些因素的影响？
4. 坯釉适应性受哪些因素影响？各种因素是如何影响坯釉适应性的？
5. 调整坯釉适应性有哪些常用方法？
6. 简述碱金属氧化物和碱土金属氧化物对釉的黏度和表面张力的影响。
7. 釉浆的工艺性能控制主要有哪几个方面？
8. 常用的施釉方法有哪几种？高压静电施釉有哪些优点？

8 烧 成

【本章学习要点】 本章介绍了陶瓷坯体在烧成过程中各温度段所经历的主要物理、化学反应及如何根据这些物理化学反应制定烧成制度;坯体在烧成过程中显微结构的变化与釉层的形成;烧成过程中常用的窑具及装窑控制;烧成过程中常见缺陷产生的原因和防止方法。同时还介绍一次烧成与二次烧成、低温快速烧成技术。

坯体经过干燥、施釉后,必须经过高温烧成,才能变成陶瓷制品。烧成是制造陶瓷的最重要工序之一。它对最终的产品质量和能源消耗影响很大。坯体烧成的过程要经历一系列物理、化学变化,形成预期的矿物组成和显微结构,形成固定的外形,从而达到所要求的质量性能。烧成需要在窑内完成,根据不同的产品选用不同的窑炉,科学合理地制定和执行烧成制度及装窑、烧火等操作规程,才能烧制出合格的陶瓷制品。

目前,烧成所使用的窑炉主要是隧道窑和梭式窑,另外还有倒焰窑和推板窑等。本章所探讨的内容以这几种窑炉为主。

8.1 坯釉在烧成过程中的物理、化学变化

8.1.1 坯体在烧成过程中的物理、化学变化

坯体从入窑升温到冷却成瓷,中间要经历一系列物理、化学变化,它是制定煅烧工艺的重要依据。坯体在烧成过程中的物理、化学变化,首先取决于坯料的化学组成。化学组成是以氧化物的形式存在,而更多的是以化合物的形式存在,因此,坯体在烧成过程中的物理、化学变化还取决于泥料的矿物组成。例如,同样是 SiO_2,在石英和黏土中所起作用的性质就不一样。滑石和白云石中的 MgO,同是一种氧化物,其作用也不一样。这就说明了不同地区的配方,尽管其化学组成很接近,也不适用完全一样的烧成制度。

除此之外,坯体在烧成过程中的物理、化学变化,还与组成坯体泥料的物理状态,如细度、混合均匀程度、填充密度等有关。依据坯体在烧成过程中的变化,可用温度将其划分成四个阶段,每个阶段的物理、化学反应列于表 8-1 中。

表 8-1 陶瓷烧成过程中的物理、化学变化

阶 段	温度区间	主要反应	需要焰性
低温阶段	室温~300℃	排除坯体内残余水分	
氧化与分解阶段	300~950℃	① 排除结晶水 ② 有机物、碳化物和无机物的氧化 ③ 碳酸盐、硫酸盐的分解 ④ 石英的晶型转变	氧化气氛后期转强氧化气氛
高温阶段	950℃~最高烧成温度	① 氧化和分解作用继续进行 ② 高价铁还原为低价铁 ③ 形成液相及固相的熔融 ④ 形成新晶相,晶体长大 ⑤ 釉的熔融	强还原气氛后期转弱还原气氛或中性气氛
冷却阶段	烧成温度(止火温度)~室温	① 液相析晶 ② 液相的过冷凝固 ③ 晶型转变	

以上各阶段的温度划分只是一个大致范围，当坯体配方、烧成条件、窑炉类型、制品形状和厚度不同时，具体的温度范围会有变化。

8.1.1.1 低温阶段（室温～300℃）

这一阶段主要是排除干燥后坯体的残余水分（物理水）。对入窑坯体的含水率有严格的限制，一般在2%以下。物理水在150℃前已基本排除。随着水分的排除，固体颗粒紧密靠拢，坯体会有少量的收缩。但收缩量不足以完全填充水分排除留下的空间，所以对于黏土质坯体，经过此阶段后，强度及气孔率都会增加。若坯体不含可塑性原料，强度反而会下降。

8.1.1.2 氧化与分解阶段（300～950℃）

这一阶段坯体会发生以下一些化学变化。

（1）黏土及其他含水矿物（如滑石、云母等）排除结晶水

这部分水又叫化学结合水。一般黏土矿物的脱水分解温度为200～300℃开始。但剧烈脱水的脱水温度取决于矿物组成、结晶程度、坯体厚度和升温速度。各种含水矿物的脱水温度范围大致如表8-2所示。

表8-2　各种含水矿物的脱水温度范围

含水矿物名称	脱水温度范围/℃	含水矿物名称	脱水温度范围/℃
高岭石（$Al_2O_3 \cdot 2SiO_2 \cdot 2H_2O$）	450～650	水铝英石（$Al_2O_3 \cdot SiO_2 \cdot 5H_2O$）	150～350
蒙脱石（$Al_2O_3 \cdot 4SiO_2 \cdot H_2O + nH_2O$）	700～900	三水铝矿（$Al_2O_3 \cdot 3H_2O$）	250～450
伊利石	550～650	水铝矿（$Al_2O_3 \cdot H_2O$）	450～650
叶蜡石（$Al_2O_3 \cdot 4SiO_2 \cdot H_2O$）	600～750	氢氧化铁[$Fe(OH)_3$]	650

高岭石的脱水反应如下：

$$Al_2O_3 \cdot 2SiO_2 \cdot 2H_2O \xrightarrow{450\sim650℃} \underset{\text{偏高岭石}}{Al_2O_3 \cdot 2SiO_2} + 2H_2O$$

$$Al_2O_3 \cdot 2SiO_2 \xrightarrow{900℃\text{以上}} \underset{\text{（无定型）（无定型）}}{Al_2O_3 + 2SiO_2}$$

高岭石在失去化学结合水的同时，分子结构也产生变化，变成游离的Al_2O_3和SiO_2。在900～950℃时无定型物质转变成结晶，同时放出热量。如无定型Al_2O_3结晶成$\gamma\text{-}Al_2O_3$。

当升温速度加快时，脱水温度起点会升高。原料越细，脱水温度起点会降低。陶瓷坯体以高岭石为主，它的脱水温度在450～650℃之间，此时坯体失重增加，黏土晶体结构遭到破坏，渐失可塑性。

（2）坯料中的杂质和釉料中的某些组分的分解、氧化

a. 碳素和有机物的氧化　国内北方的紫木节土、碱石、大同砂石和南方的黑泥等都含有大量的有机物和碳素，这类物质加热时都要发生氧化。

$$C_{\text{有机物}} + O_2 \longrightarrow CO_2 \uparrow \qquad 350℃\text{以上}$$

$$C_{\text{碳素}} + O_2 \longrightarrow CO_2 \uparrow \qquad \text{约}600℃\text{以上}$$

在此阶段如不将有机物与碳素彻底烧尽，待釉层熔融将坯体气孔封闭后，就很难再烧掉，即易形成烟熏、气泡等缺陷。

b. 碳酸盐的分解

$$MgCO_3 \longrightarrow MgO + CO_2 \uparrow \qquad\qquad 500\sim850℃$$

$$CaCO_3 \longrightarrow CaO + CO_2 \uparrow \qquad\qquad 600\sim1050℃$$

$$4FeCO_3 \longrightarrow 2Fe_2O_3 + 3CO_2 \uparrow \qquad\qquad 800\sim1000℃$$

$$MgCO_3 \cdot CaCO_3 (\text{白云石}) \longrightarrow CaO + MgO + 2CO_2 \uparrow \qquad 730\sim950℃$$

c. 铁的硫化物及硫酸盐的分解和氧化

$$FeS_2 + O_2 \longrightarrow FeS + SO_2 \uparrow \qquad 350\sim450℃$$
$$4FeS + 7O_2 \longrightarrow 2Fe_2O_3 + 4SO_2 \uparrow \qquad 500\sim800℃$$
$$Fe_2(SO_3)_3 \longrightarrow Fe_2O_3 + 3SO_2 \uparrow \qquad 560\sim770℃$$

d. 石英的多晶转化和少量液相的形成 在573℃发生β石英与α-石英的晶型转变，870℃发生α-石英与α-鳞石英的晶型转变。900℃附近长石与石英及分解后的黏土颗粒产生低温共熔，有液滴出现。按照 $K_2O\text{-}Al_2O_3\text{-}SiO_2$ 三元相图，985℃才有三元共熔物出现，但由于杂质的存在，该共熔点的实际温度比相图所示温度要低60℃以上。

此阶段由于结构水和分解气体的排除，坯体的质量急剧减轻，气孔相应增加。

8.1.1.3 高温阶段（950℃～最高烧成温度）

在此阶段主要发生以下一些化学反应。

① 在1050℃以前，继续上述的氧化分解反应并排除结构水。据研究，瓷坯中的结构水在450～800℃时只排除3/4，其余的要在高温下才能排除，具体温度受升温速度和坯体厚度的影响。当升温速度为40℃/h以下时，1000℃左右排除，若升温加快，要1200℃才能将其排尽。

② 硫酸盐的分解和高价铁的还原与分解。在氧化气氛中，发生以下分解反应：

$$MgSO_4 \longrightarrow MgO + SO_3 \uparrow \qquad 900℃以上$$
$$CaSO_4 \longrightarrow CaO + SO_3 \uparrow \qquad 1250\sim1370℃$$
$$Na_2SO_4 \longrightarrow Na_2O + SO_3 \uparrow \qquad 1200\sim1370℃$$
$$2Fe_2O_3 \longrightarrow 4FeO + O_2 \uparrow \qquad 1250\sim1370℃$$

$CaSO_4$ 在还原气氛下，910℃开始还原为亚硫酸钙，然后在较高的温度下再分解为氧化钙：

$$CaSO_4 + CO \longrightarrow CaSO_3 + CO_2 \uparrow$$
$$CaSO_3 \longrightarrow CaO + SO_2 \uparrow \qquad 1080\sim1100℃$$

Fe_2O_3 在还原气氛下1000～1100℃即大量分解

$$Fe_2O_3 + CO \longrightarrow 2FeO + CO_2 \uparrow \qquad 1000\sim1100℃$$

分解产生的 CO_2、SO_3 等气体，应在坯体气孔封闭前排出，否则，易引起坯体起泡。

③ 形成大量的液相与莫来石新相。在陶瓷坯、釉中，均有 K_2O、Na_2O、CaO、MgO、Fe_2O_3 等熔剂氧化物，它们在不同的温度下，能与 SiO_2 和 Al_2O_3 形成各种低温共熔物，例如表8-3所列的低温共熔物及其熔点。

表8-3 低温共熔物及其熔点

熔融物	熔点	低温共熔物	低共熔点
$Na_2O \cdot 2SiO_2$（二硅酸钠）	874℃	21.5% $Na_2O \cdot$ 4.7% $Al_2O_3 \cdot$ 73.8% SiO_2	740℃
$Na_2O \cdot SiO_2$（偏硅酸钠）	1088℃	7.8% $Na_2O \cdot$ 13.5% $Al_2O_3 \cdot$ 78.7% SiO_2	1050℃
$2Na_2O \cdot SiO_2$（正硅酸钠）	1188℃熔融分解	23.1% $CaO \cdot$ 14.7% $Al_2O_3 \cdot$ 62.2% SiO_2	1170℃
$Na_2O \cdot Al_2O_3 \cdot 6SiO_2$（钠长石）	1100℃	38% $CaO \cdot$ 20% $Al_2O_3 \cdot$ 42% SiO_2	1345℃
$K_2O \cdot 4SiO_2$（四硅酸钾）	765℃	20.3% $MgO \cdot$ 18.3% $Al_2O_3 \cdot$ 61.4% SiO_2	1345℃
$K_2O \cdot SiO_2$（偏硅酸钾）	976℃	25% $MgO \cdot$ 21% $Al_2O_3 \cdot$ 54% SiO_2	1360℃
$K_2O \cdot 2SiO_2$（二硅酸钾）	1045℃		
$K_2O \cdot Al_2O_3 \cdot 6SiO_2$（钾长石）	1220℃开始熔融		
$FeO \cdot SiO_2$（硅酸亚铁）	1150℃		

坯体的玻璃相随着温度的升高而逐渐增多。这种玻璃相又会溶解石英颗粒、黏土分解物。长石质瓷中，玻璃相可达50%~60%。

偏高岭石在900℃以上时分解成游离的Al_2O_3和SiO_2，至1100~1200℃时又重新结晶为莫来石：

$$3(Al_2O_3+SiO_2) \longrightarrow 3Al_2O_3 \cdot 2SiO_2 + SiO_2$$

过剩的SiO_2则转变为方石英，与再结晶的莫来石晶体一起形成坯体的骨架，而玻璃态的液相填充所有的间隙，起胶合作用，使制品形成一个整体。液相能促进新的硅酸盐结晶的形成，能降低再结晶和重结晶的温度，促进坯体的瓷化。但液相量过多，会增加坯体的变形趋势。

只有控制好坯料中的各种氧化物的数量、烧成温度及高火保温时间，才能控制好坯体的液相量，使制品既能较好地瓷化，又不至于变形。

8.1.1.4 冷却阶段（烧成温度~室温）

坯体经过烧成后进入冷却阶段，它又可以划分为三个阶段。

第一阶段：由烧成温度冷却到700℃。瓷坯中的液相随温度降低，黏度不断增大。若冷却速度缓慢，液相黏度下降慢。黏度较小的液相便会溶解微细的晶体（主要是莫来石微晶），并在较大的晶体上沉析，使微晶减少，粗晶增多，导致制品的机械强度下降。由于瓷坯中仍有玻璃相存在，处于塑态，所以，在保证冷却均匀的前提下，此阶段应尽可能提高冷却速度，采取急冷方式。

第二阶段：700~400℃，这是冷却的危险阶段。随着温度的进一步降低，玻璃相减少，坯体由塑态变成固态，同时，又有石英的晶型转变（573℃由α-石英转变成β-石英），所以，此阶段必须缓冷，以防止风惊和炸裂。

第三阶段：400℃~室温，此时玻璃相已全部固化，瓷体内部结构也已定型，此时冷却速度又可加快。

坯体在烧成过程中的物理化学变化如下。

a. 质量的变化　由于排除物理水、结构水分解氧化，坯体要失去一定的质量，约3%~8%。

b. 体积的收缩　由于物理水的排除，在低温阶段，坯体的体积略有收缩，以后几乎维持不变。到573℃时，β-石英转变成α-石英，870℃时α-石英又缓慢转化为α-磷石英，这些多晶转化使石英的密度降低，体积膨胀，但会被坯体总的收缩抵消掉一部分。到900℃以后，坯体内液相逐渐增加，一直到最高烧成温度。一般坯体在烧成过程中的收缩为8%~14%，陶器烧成收缩约6%~8%。达到烧成温度后若再继续升温，坯体又会膨胀，产生过烧现象。

c. 气孔率的改变　气孔率由低温阶段起逐渐增加，到氧化阶段末期达到最大值。此后因为液相的产生和坯体的收缩，气孔率又会逐渐下降，直到烧成温度时，达到最低值。若再继续升温，坯体膨胀，气孔率又重新上升，产生过烧现象。

d. 颜色的变化　成型并干燥后的坯体是呈灰色、土黄色或灰黑色，其颜色主要取决于所加黏土的颜色，加白色黏土多，坯体颜色变浅，加黑色黏土多，坯体发黑。有机物挥发及铁质被氧化成Fe_2O_3后，坯体呈粉红色或肉红色。待烧成完成后一般是青色或泛青色的白色。

e. 强度与硬度的变化　随着机械吸附水的消失，强度有所增加。结晶水排除阶段，强度无显著变化；573℃时，强度略有下降；750℃以后，强度逐渐增加，达到烧成温度时，强度应为最大。若过烧，强度又会下降。

坯体在750℃以前，硬度较低。750℃以后，由于长石-石英玻璃质及莫来石晶体开始形成，硬度逐渐增高，达到烧成温度冷却后，陶瓷的莫氏硬度可达7～8级。

8.1.2 坯体的显微结构在烧成中的变化

为了解陶瓷坯体在烧结过程中的显微结构的变化，通过测定瓷坯在升温过程中的膨胀、收缩、体积密度和开口气孔率等性能的变化，并由X射线和扫描电镜分析瓷坯的组织结构。测试坯料组成以标准长石配方（50%高岭土、25%石英、25%长石）为基础，将石英、长石量各自在5%～10%范围内增减配成10种坯料，用静水压法以80.0MPa压力成型，烧成时的升温速度为6～10℃/min。还用同样方法分别测试了石英、长石和黏土原料的相应性能以作对比。试验结果绘成图8-1和图8-2，现说明如下。

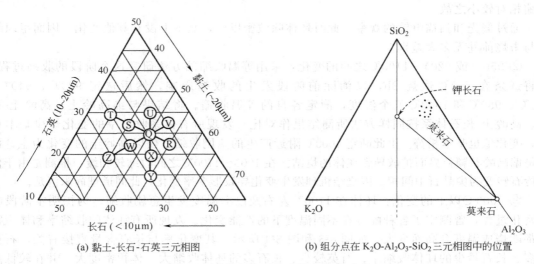

(a) 黏土-长石-石英三元相图　　(b) 组分点在K_2O-Al_2O_3-SiO_2三元相图中的位置

图 8-1　各瓷坯在三角坐标上的组成点

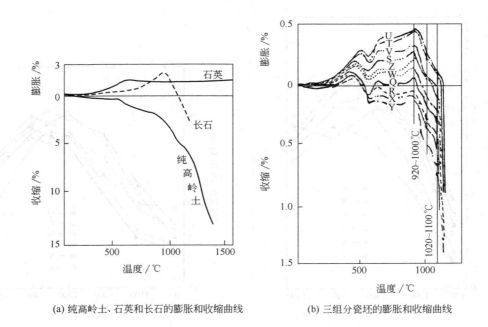

(a) 纯高岭土、石英和长石的膨胀和收缩曲线　　(b) 三组分瓷坯的膨胀和收缩曲线

图 8-2　三组分瓷坯的膨胀和收缩曲线（升温速度为10℃/min）

① 950℃以前的变化：500℃前坯体是由带棱角的石英、长石和细颗粒高岭土集合体组成的多孔粗糙组织。500℃附近由于高岭土脱水，因而500~900℃之间，坯体就由石英、长石和偏高岭石的机械混合物组成。坯体体积变化特征表现为三种原料的膨胀和收缩量的综合效应。趋势是高岭土最多的坯体，500℃附近收缩大，573℃石英多晶转化具有大的膨胀，因而所有坯体表现出明显膨胀。650℃以后，高岭土收缩较大，加上高温型石英膨胀系数是负值，因此630~850℃之间，虽然长石有较大膨胀，但高岭土多的坯仍显示收缩，长石多黏土少的坯显示平缓膨胀，当膨胀与收缩刚好抵消时就无体积变化。例如标准配方Q的坯在700~800℃时体积不变化。

850~950℃之间有一较小膨胀，这大概是由于长石在此范围有极显著的膨胀，而黏土的收缩相对较小之故。

通过偏光和扫描电镜的观察，此时坯体除致密以外，基本上没有其他变化，因而组织结构与未烧前并无多大差别。

② 950（或920）~1100℃之间的变化：采用等温收缩的方法研究这个阶段的收缩过程。先将试条在700℃煅烧2h，以消除前阶段发生的收缩影响。然后选定920℃、940℃、960℃、980℃和1000℃五个温度，测定各自的等温收缩。将结果与纯高岭土、高岭土-石英、高岭土-长石体系按同样方法所测结果作对比。发现所有体系收缩率的变化规律基本相似，变化值也基本相符。由此断定1000℃附近产生的急剧收缩，仅以高岭土的变化为主，而且是偏高岭石颗粒界面扩散导致坯体的烧结。在1000~1100℃之间收缩较和缓，推测是由于偏高岭石转变为尖晶石中间相。因烧结机理发生变化导致形变率变化，此间道理尚未清楚。

③ 1000℃以上的变化：坯体在1100℃左右及以上温度发生急剧收缩。为探明本阶段的致密化过程，曾测定了各种配方在不同温度下的性能变化。发现所有坯体的收缩率和体积密度都随烧成温度升高而变大，如图8-3和图8-4所示。其变化率与长石含量直接有关，石英量多、长石量少的坯体收缩小；石英较少、长石多的坯体收缩大，体积密度大，并在较低温度范围内具有较大收缩和较大体积密度。所有坯体的开口气孔率都随烧成温度升高而降低，

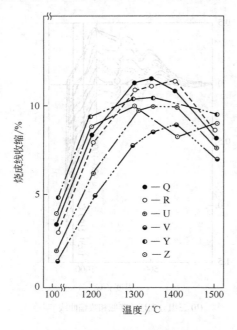
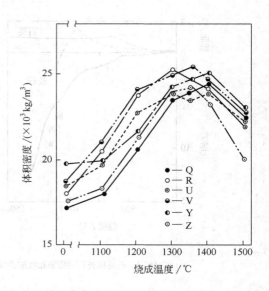

图8-3 长石质坯的烧成收缩　　　　　　　图8-4 长石质坯烧后体积密度

在1300～1400℃间为极限值,过此温度则发生相反的效应,如图8-5所示。其变化率亦与长石含量有关。长石多、石英少的坯,1200℃时气孔率就特别小;长石含量少、高岭土多的坯,即使在1300℃下,气孔率都不为0。从上述性能变化得知,1100℃以上温度,虽然原料中的不纯物已形成熔体,新相莫来石形成量已增多,这些都要发生体积收缩,然而坯体的致密化过程仍是以长石为主的熔融物的黏性流动起主导作用。故长石多的坯在较低温度范围内烧结;长石少、石英和高岭土多的坯就难于烧结。

根据显微镜的观察,坯体在接近1100℃时含有尖晶石、石英、长石和原始微细高岭土颗粒,但在开始急速收缩以后,坯体中的矿物组成已稍有变化,长石的X-射线衍射谱线减弱,证明长石已部分熔化。与此同时,高岭土微粒也部分熔化,而且形成少量莫来石。所以经过1100℃时煅烧的坯体,虽然也有较多空隙,但此时因熔体的黏性流动,坯体已开始发生明显收缩,并具有一定强度。在偏光显微镜和

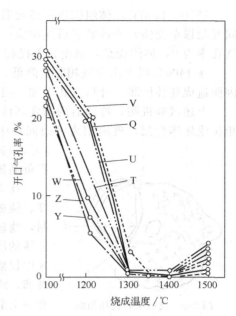

图8-5 长石质坯烧成后的开口气孔率

扫描电镜中观察到,1100～1200℃焙烧的坯中,有相当多的凝固长石熔体的圆形颗粒和1μm左右的闭口气孔,经氢氟酸处理后,能清楚看到石英粒子和在高岭土残骸中的微粒莫来石区,以及分布在长石玻璃中发育较好的针状莫来石集合区。1200℃后长石熔毕。这和德国学者用来描述950～1000℃左右瓷坯显微结构变化的模型图8-6和图8-7极为相似,即在950℃左右,坯中的长石和石英颗粒以及长石和脱水高岭石分解物的接触部位,就已经形成了点状共熔体熔滴。随着温度升高,由于相邻固体颗粒的熔解,共同体的数量增多。点状固溶体就如金属焊点,使1000℃以下的焙烧物提高了强度。在1200～1300℃煅烧的坯中,莫来石量增加,石英由于溶解而逐渐减少;长石熔体粒子失去外形,随着黏度降低开始向基质扩散,坯体进一步致密。1300℃时粗石英颗粒变圆,外围有1～2μm厚的玻璃质称为熔蚀边。针状和细粒状莫来石两边区域边界更加靠近,坯体开始均匀化,其中气孔几乎全为闭口形。

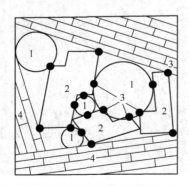

图8-6 瓷坯在烧至950℃后的组织结构示意图
1—石英;2—长石;3—熔滴;4—黏土矿物

图8-7 瓷坯在烧至1000℃后的组织结构示意图
1—石英;2—长石;3—熔滴;4—黏土矿物

1350～1400℃坯体组织进一步均质化和致密化，两种形态的莫来石都发育长大，彼此之间互相掺杂交错，并被玻璃质连结成一体。此时残留石英熔石边加厚至5～7μm左右，开口气孔率为0，坯体烧结，强度显著提高。

在1400℃以上由于液相黏度降低，闭口气孔中的气体扩散互相合并，莫来石数量减少，因而造成坯体膨胀、开口气孔增加、强度降低，制品过烧。

上述试验说明，冷却后的陶瓷坯体存在着晶相、玻璃相，还有许多显微大小的气泡。晶相构成坯体骨架，玻璃相为骨架间隙中的填充物。对长石质瓷来说，玻璃相的数量一般为30%～50%左右，莫来石晶体一般约占10%～30%，其余为石英晶体和气孔。

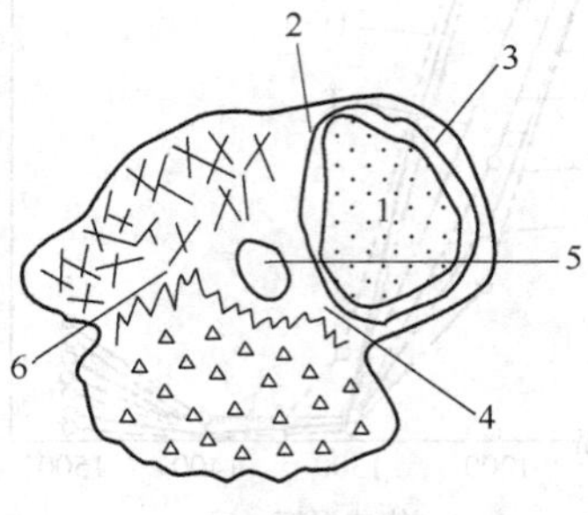

在大生产中，由于受到原料纯度、细度、坯料混合均匀度、烧成温度、气氛、升温速度、烧成周期等各种因素的限制，物理、化学变化不可能达到平衡相图的状态，所以陶瓷坯体的组织结构不仅复杂且极不均匀。例如在一般长石质瓷坯中仅液相就有好几种，系统的三元共熔物；长石与石英质玻璃，或长石与高岭土形成的共熔物；系统中的杂质形成的碱和碱土金属的低铁硅酸盐共熔物；石英颗粒的熔蚀边——石英玻璃等三、四种液相。晶相中除针状莫来石外，还残留着石英颗粒，其中又有部分为方石英，甚至还有一次莫来石和保留原晶体外形的长石和云母残骸。图8-8即为典型烧结长石瓷坯的组织结构示意图，实际瓷相图如图8-9所示。图8-10为采用星子高岭土（含大量粗粒白云母的瓷石）配制的高压电瓷坯，其中有清晰可见的粗大层状结构的白云母残骸，这种残骸甚至保留着白云母的光学特征。

由此可见，陶瓷坯体实际上是一种多晶相、多玻璃相、并具有少量气孔的非均质材料。对于有大量液相参加的烧结瓷坯来说，它的显微结构与液相的性质和数量极为有关。例如用

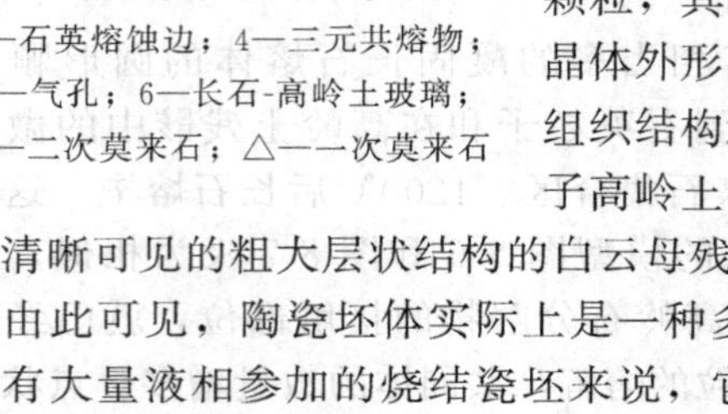

图8-8 烧结长石瓷坯组织结构示意图
1—残留石英；2—长石玻璃；3—石英熔蚀边；4—三元共熔物；5—气孔；6—长石-高岭土玻璃；×—二次莫来石；△——次莫来石

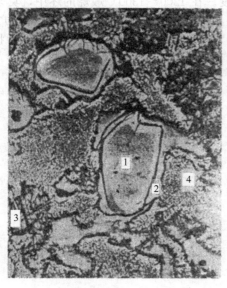

图8-9 典型长石瓷的瓷相图
1—残留石英；2—石英熔蚀边；3—针状莫来石；4——次莫来石

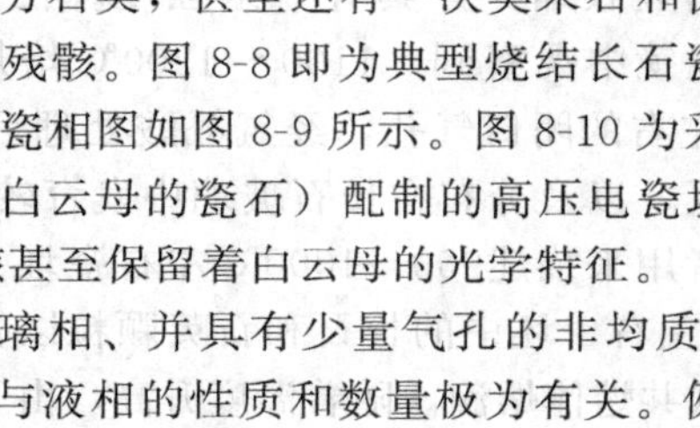

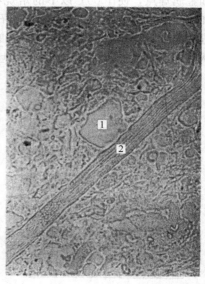

图8-10 瓷石质瓷坯中的白云母残骸
1—石英；2—白云母残骸

江西张家山瓷石配制的高硅质电瓷坯体中，只发现排列零乱的莫来石小针晶，却没有如长石玻璃中的那种相互交织的莫来石针晶结构，因为高硅质玻璃相不利于莫来石晶体长大。在同一长石质瓷坯中，一次莫来石就远不如长石熔体中析出的莫来石粗大，而在缺液相的区域石英还会转变为方石英。液相的黏度、表面张力以及对固相的润湿性都对瓷坯的烧结有很大影响。例如以钾长石为主的长石瓷较滑石瓷来说，其熔体的高温黏度大，黏度随温度的变化速率小，所以烧结瓷坯中液相量可达50%左右，而烧结滑石瓷坯中液相量仅为35%左右。液相数量和性质固然取决于配方组成，然而与烧成条件也极为有关。换言之，烧成在很大程度上决定着瓷坯的显微结构，而显微结构又直接关联着陶瓷的性能。

8.1.3 釉层的形成

在烧成的过程中，除坯体被瓷化外，釉料同时被玻化，形成具有光泽的釉面。釉料在加热过程中将发生如下一系列复杂的物理、化学反应：脱水、固相反应、碳酸盐和硫酸盐的分解。部分原料熔化并生成共熔物、熔融物相互溶解，部分原料挥发和坯釉间的相互反应等。在反应的同时釉料开始烧结、熔化并在坯体上铺展为光滑釉面。

虽然分解、挥发和脱水等过程都可能导致釉面棕眼等缺陷的出现，但各原料的影响程度却不相同。例如硼酸、硼砂、氢氧化铝、消石灰、黏土和铅丹等在加热中有脱水或分解反应，但大部分气体都在低温排出。有时少量水分和分解物能残留至高温才能排净，所以只要在接近分解温度时适当注意升温速度就能避免发生棕眼等缺陷。碱性碳酸盐和磷酸盐或白云石分解时对釉的影响同上。而长石原料虽然本身不含结晶水，但由于在>800℃时，将放出大量所吸附的各种气体，如水汽、酸性气体、N_2或CO等，故长石分解时最容易在釉面形成棕眼。

氧化铅、硼酸、硼砂、钠和钾的盐类、氧化锑和芒硝等均会不同程度地挥发。这些物质以钾和硼酸较易挥发，但若将铅玻璃在900~1400℃长时间加热，其中铅也会全部挥发。

脱水、分解和固相反应的具体温度与原料的配方及粒度、结晶程度、烧成的温度、时间、气氛以及原料本身在釉料中所占份量都很有关。这方面问题迄今尚不完全清楚。据研究，碱金属碳酸盐与硅酸在700℃时略有反应，800℃反应激烈，950℃可完全形成可溶性硅酸盐，1150℃成为流动性的熔体。反应初期首先在石英颗粒周围表面生成偏硅酸盐，随着温度升高碱性碳酸盐逐渐消失生成半透明的硅酸盐熔层，并向颗粒内部扩展。按等物质的量相比，反应能力依K_2O、Na_2O、Li_2O的顺序减弱，按同等质量相比则依Li_2O、Na_2O、K_2O的顺序减弱。氧化铅与石英的反应，在等质量情况下，比碱金属更为迟缓，但较B_2O_3、BaO、MnO、CaO或MgO要快些。CaO与SiO_2在较熔点低很多的温度800℃下就开始反应并生成正硅酸盐，当温度升高，在石英粒子周围也形成熔融层。石灰石与高岭土之间开始反应的温度一般较低，约为500~600℃。

高温下低黏度熔体与残留混合物料粒不断作用。硅酸不断向熔层溶解；长石熔化，与此同时釉层不断玻化并形成坯釉中间层。在发生上述反应时由于有气体放出，所以在料粒与熔层的界面附近排列着极多气泡，开始小气泡能直接从熔液中脱出，其后由于熔体中硅酸含量增多，黏度变大，小气泡需靠表面张力的作用合并成大气泡浮上液面才能排出。升高温度或延长保温时间气泡会逐渐消失，釉面变得平整，但釉烧应在玻化终了时即行止火。如像玻璃那样长时间澄清来排完釉中气泡是不合适的，因为坯体内的气体不仅会进入坯与釉的接触部分，而且要进入釉中成为多气泡的缺陷釉。烧釉时在发生上述反应的同时，尚有体积和气孔率的变化，先是烧结，继而熔化。烧结和熔融过程中的收缩率和气孔率的变化情况是确定釉烧条件的重要依据。下面根据对瓷釉试样组成（表8-4）烧成情况测定的结果（图8-11）加

表 8-4 瓷釉试样组成

釉	分子式				质量分数/%				配比/%			
	K_2O	CaO	Al_2O_3	SiO_2	K_2O	CaO	Al_2O_3	SiO_2	长石	石灰石	高岭土	石英
0	0.3	0.7	1	10	3.7	5.1	13.2	78.0	20.4	8.6	21.6	49.4
1	0.3	0.7	0.3	6	6.2	8.5	6.7	78.6	34.4	14.2	—	51.4
2	0.3	0.7	1.2	6	5.1	7.1	22.0	65.6	27.3	11.4	37.7	24.6
3	0.3	0.7	2	16	2.3	3.2	16.5	78.0	12.6	5.3	33.1	49.0
4	0.3	0.7	1	16	2.5	3.5	4.0	85.0	14.1	5.9	15.2	64.8

以说明。

① 瓷釉中若不含高岭土，直到1050℃基本上不发生变化，含有高岭土（包括黏土）时，1050℃以前已有明显反应，1000～1050℃时气孔率最大的原因是高岭土的相变化。

② 1100℃收缩开始变大，气孔率变小，在以后的100℃之内达到完全烧结，1150～1200℃之间釉急剧熔融。釉料的熔融不是一个固定温度，而是一个温度范围。烧结前为固相反应，其开始温度比由物理性质显示出来的温度约低50℃。若将坯料和釉料作对比，则如图 8-12 所示，瓷坯料的膨胀率较釉料小得多，表明釉层在达到烧结时从坯体上鼓起相当大的程度（对生坯和素坯都一样）。如坯体内存在的可燃性物质在低温阶段中没有完全烧失，则当釉从烧结进入熔融时残存于坯体中或附着在坯体上的碳素被氧化后将在釉中形成气泡，将难以排除，所以要尽量提高釉的始熔温度。

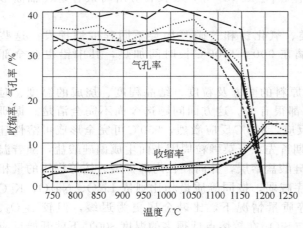

图 8-11 瓷釉的烧成过程
釉：- - - 0；—— 1；……… 2；- - - 3；- - - - 4

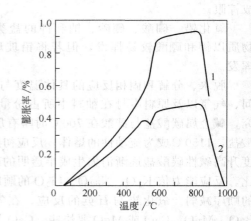

图 8-12 瓷坯料及所用釉料的热胀曲线
1—釉料；2—瓷坯料

釉料中的少量游离水分和结晶水可促进釉的烧成。这种水分对釉，尤其是色釉色调的影响也是明显的。当釉与坯一次烧成时，相互反映更为完善，中间层发育良好，有利于坯釉结合。

平整光滑的釉面，可提高产品的档次。特别是针孔问题。除提高釉料的始熔温度外，还必须加强烧成控制。烧成时如果温度不足或时间不够，则釉层熔融不良，流动性不好，釉面出现波釉，光泽度差，同时中间层生长不良，使坯、釉结合得不好。

相反，如果温度超过釉的成熟温度范围，或烧成时间过长，会使坯料过多地溶入釉料，使釉的膨胀系数小于坯体，有时产生釉剥落现象，严重时使釉沸腾，造成釉泡、流釉等缺陷。

8.2 烧成制度

烧成就是通过给坯体加热升温，使坯体和釉料经历一系列物理、化学反应最终成为陶瓷的过程。只有根据坯体所进行的物理、化学反应，合理地提供热量和气氛，才能烧制出理想的产品。所以，科学地制定烧成制度并在实际生产中严格控制，才能使产品的品质得到保障。烧成制度一般包括温度制度、气氛制度和压力制度三个方面。温度制度、气氛制度要根据不同的产品及对产品品质的要求来制定，而压力制度主要是为实现温度制度和气氛制度而制定。

8.2.1 烧成制度的制定与工艺控制

8.2.1.1 温度制度

温度制度一般采用两种方法表示。一种是以列表的方法表示，它便于输入电脑进行自动控制，如表 8-5 所示。

表 8-5 某卫生瓷厂烧成温度曲线控制表

温度/℃	时间/h	累计时间/h	温度/℃	时间/h	累计时间/h
0			1200	2	11
150	2	2	1230	1	12
500	2	4	1200	0.5	12.5
600	1.5	5.5	1050	1	13.5
800	1	6.5	600	2.5	16
1050	1.5	8	500	1.5	17.5
1100	1	9	20	2	19.5

表中列出了各温度范围所需的烧成时间，实际是给出升温或降温速率。如 0~150℃ 用 2h，其升温速率为 75℃/h。

另外一种是在直角坐标系中绘制烧成曲线，如图 8-13 所示。

制定烧成温度曲线，首先是根据坯、釉料在各温度段内所要进行的物理、化学反应，其次还要考虑以下因素：

① 原料的化学组成及性质，坯体入窑时的含水率；
② 制品的结构复杂程度、尺寸的大小、坯体的薄厚及热导率；
③ 窑炉的结构特点、温差的大小及制品的填充系数；
④ 燃料的种类、燃烧方法及温度调节的灵活性。

烧成温度曲线包括以下四部分。

a. 升温速率　坯体入窑开始至最高烧成温度各阶段的升温速率。确定升温速率主要考虑坯体的物理、化学反应，器件的大小及复杂程度、窑炉的温差及调节能力等因素。例如，在低温阶段，坯体刚入窑时要排除物理水，实际上是干燥的延缓。若坯体含水率较高，升温速率不能过快，否则会引起"崩裂"。150℃ 以后物理水基本排除，此时可加快升温速率。有些厂家在窑外坯体干燥很充分，入窑时含水率很低，在低温阶段也可快速升温，以尽量缩短烧成周期，提高生产效率。到达 500~600℃ 时，因为此阶段要经历石英的晶型转变，转变速度快，且伴随有 0.82% 的体积膨胀，在此阶段升温要慢。在氧化分解阶段，坯体尚未烧结，结晶水和分解气体可自由排除，所以，升温速度可加快。若坯体杂质多，氧化分解慢，则升温不宜过快。一般在隧道窑中 850℃ 以前，可达 150~200℃/h，强氧化期在 50~80℃/h

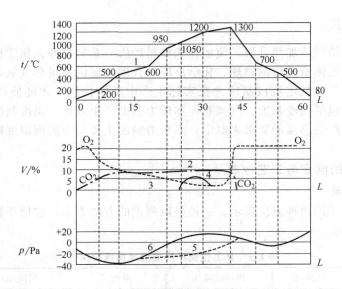

图 8-13 隧道窑烧成制度举例

L—横坐标窑长，m；t—纵坐标温度，℃；V—纵坐标气体体积分数，%；
p—纵坐标窑内静压，Pa

1—烧成温度曲线（单位为℃）；2—窑内 CO_2 曲线；3—窑内 O_2 曲线，在 1050~1250℃ 范围内，上部为烧氧化气氛曲线，下部为烧还原气氛曲线；4—烧还原气氛时，在 1050~1250℃ 范围内的 CO 曲线；5—煤烧隧道窑内压力曲线；6—油烧或煤气烧隧道窑内压力曲线

左右。在高温阶段，其升温速率取决于窑的体积、温差大小、窑炉填充系数、坯体烧成收缩的大小和坯体烧结范围的宽窄等因素。当窑的容积大、温差大、装窑密度大、收缩大、烧成范围窄时，应缓慢升温，否则，升温可快些。

b. 止火温度　止火温度即窑炉所要控制的最高烧成温度。它主要取决于坯釉料的组成、对成瓷瓷化的要求（主要是吸水率）、坯体开始软化的温度。它还和高火保温时间长短有关。通过改善坯、釉料配方，在相同吸水率的情况下可降低烧成温度几十度。另外，高火保温时间长，最高烧成温度可降低。目前主要考核瓷件的吸水率，当吸水率达到要求，釉面良好时，尽量烧低温，节省燃料。

c. 保温时间　一般在氧化阶段结束将转入还原期之前需进行中火保温，在即将到达止火温度时进行高火保温。在隧道窑内保温并不是在某一时间段内保持一个温度，而是温度变化较小。保温的目的是减少上、下温差，使坯体上下均匀一致，使坯体瓷化均匀。同时，给釉面以充分的熔融和拉平时间，以获得高质量的釉面。

d. 冷却速度　冷却是坯体从最高温度通过冷却降温，由塑性状态变成岩石般状态的凝结过程。冷却降温速率不合理，同样会出现废品。700℃ 以前，坯体尚处于塑性状态，此时应加大降温速度，采取急冷方式。一方面可缩短烧成周期，同时还可增加釉面的光泽度，防止大量晶体析出。700~400℃，坯体的塑性消失，并将发生残余石英的晶型转化，产生应力，因此，在此区间内降温要缓慢，防止"风惊"。在 400℃ 以下，降温又可加快。

8.2.1.2　气氛制度

(1) 气氛的种类

燃料的燃烧是一个很复杂的过程。当助燃空气正好烧尽所提供的燃料时，称为中性气

氛，也叫中性焰。当导入的空气过量，燃烧完成后仍残留氧气时，叫氧化焰。当空气量不足时，燃烧完后有未燃尽的可燃物（CO、H_2）存在时，叫还原焰。

a. 氧化焰　在助燃空气供应量过剩、燃烧完全的情况下所产生的一种无烟而透明的火焰。燃烧后烟气的主要成分是 CO_2、H_2O 及剩余的空气，基本不含可燃物。弱氧化焰的空气过剩系数 a 为：烧煤时 $a=1.2\sim1.5$，烟气中氧的含量为 $2\%\sim5\%$。强氧化焰的空气过剩系数 a 为：烧煤时 $a=1.6\sim2.5$；烧油时 $a=1.1\sim1.3$；烧气体燃料时 $a=1.05\sim1.2$，烟气中氧含量大于 5%，一般为 $8\%\sim10\%$。陶瓷制品在焙烧的过程中，在 400℃ 以下的低温段，对气氛没有特殊要求，从 400～1000℃ 左右，要求烧氧化气氛，并且从弱到强，到临近高温段以强氧化焰平烧一段，使有机物的氧化及碳酸盐的氧化分解完全。若供给的空气过多，必然导致剩余的空气量大，会使温度下降，燃料造成浪费。所以要控制合理的空气过剩系数。

b. 还原焰　在空气的供给量不足，导致燃料因缺氧而无法完全燃烧时产生的一种有烟而混沌的火焰。此时的空气过剩系数小于1，一般 $a=0.7\sim0.9$，此时烟气中还原气体 CO 和 H_2 含量在 $2\%\sim7\%$ 左右。烧还原气氛主要有以下两个目的。

① 当坯体釉料中含 Fe_2O_3（黄色或红色）较高时，还原气氛将其还原成 FeO（青色），在较低温度下与 SiO_2 结合为淡青色易熔的 $FeO\cdot SiO_2$，使制品由白中泛黄变成白中泛青，提高釉面的外观质量。

$$Fe_2O_3+CO \longrightarrow 2FeO+CO_2\uparrow$$
$$FeO+SiO_2 \longrightarrow FeO\cdot SiO_2$$

② 促使硫酸盐提早分解，SO_2 与其他气体一起逸出。

$$CaSO_4+CO \longrightarrow CaSO_3+CO_2\uparrow$$
$$CaSO_3 \longrightarrow CaO+SO_2\uparrow$$

c. 中性焰　从理论上讲，中性焰指提供的助燃空气与燃料燃烧所需的空气量恰好相等，空气过剩系数 $a=1$。但真正的中性焰烧成很难做到，有的偏氧化，有的偏还原。例如，当氧含量 $1\%\sim5\%$ 时，就可以认为是中性焰。从釉面熔化到坯体完全瓷化这一阶段，要采用中性焰。

(2) 气氛的控制

合理的气氛制度是保证陶瓷制品烧成质量的重要条件。气氛制度的确定，主要依据坯釉料所用原料的组成和所烧制品的性能要求。例如南方和北方所用的原料不同，所采用的气氛制度也不一样。

氧化、还原气氛的调节，主要靠调节烧嘴助燃风和燃料的比例，加大风量，减少燃料量，可加强氧化气氛，反之，可增加还原气氛。

在隧道窑中，从氧化气氛转变为还原气氛的分界处，设置有气氛气幕，喷入风温在 200℃ 以上的热风，使还原气氛下烟气中的可燃物进一步燃烧，保证气氛的及时转换。在转换温度之前为明显的氧化气氛，在转换温度之后为明显的还原气氛。

还原气氛要掌握恰当的程度。如还原不足，不能将高价铁有效地还原成低价铁，瓷件成淡黄色。同时，硫酸盐不能充分地分解脱气，待釉层封闭后脱气会使釉面出现棕眼，造成外观质量下降。但如还原气氛过强，又会使烟气中存在大量碳素造成釉面"烟熏"。一般强还原气氛烟气中 CO 含量 $5\%\sim7\%$，在弱还原气氛中 CO 含量 $2\%\sim4\%$。以上所说的含量均为体积含量。控制还原气氛时，要特别注意烟气中氧的含量小于1，否则，尽管 CO 含量不低，釉面仍可能发黄。CO 和 CO_2 的含量可通过烟气分析获得，也可用相应的仪器直接测出。

还原气氛的起讫时间应考虑在坯体尚有气孔、气体可进入坯体内部时产生，而在釉面玻化、封闭坯体气孔以前完成。大体上是在釉层开始熔化前的 150～200℃ 左右开始，至釉熔化后的 10～20℃ 左右结束。过早会造成前期氧化不足，碳素未烧尽，过迟釉面已熔化，影响还原效果。还原气氛的起讫时间还应考虑以下因素：

① 还原气氛强，时间可缩短，反之，则时间应加长。
② 坯体越厚、件越大，时间应越长。
③ 窑内温差越大，时间应越长，使还原焰烧透。

8.2.1.3 压力制度

压力的正确分布，是实现温度制度和气氛制度的重要保证。在通常情况下，负压有利于氧化气氛的形成，正压有利于还原气氛的形成。负压过大时，大量的热量被烟气带走，温度波动大，热效率降低，燃耗增大，窑的不严密处漏入冷空气，使窑内上、下温差加大，对操作不利。正压过大时，热气流溢出或漏入车下，严重时烟气会倒流至冷却带，同时燃耗会加大。

压力制度的控制应依据制品特性、烧成气氛、燃料种类及装车密度。当采用氧化焰烧成、以重油或可燃气体作燃料时，隧道窑的压力控制一般为：预热带为负压，室温～300℃，-4～-5 mmH$_2$O（1mmH$_2$O＝9.80665Pa，下同）；烧成带为微正压或微负压，950℃～最高烧成温度，-1～0 mmH$_2$O，高火保温段 0～1 mmH$_2$O；冷却带为正压，1～3 mmH$_2$O。当采用还原焰烧成、以重油或可燃气体作燃料时，隧道窑内压力控制一般为：预热带负压，-3 mmH$_2$O 以下；烧成带正压，2～3 mmH$_2$O；冷却带正压，0～2 mmH$_2$O。负压最大位置应在烟气汇总口处，向烧成带及窑头两个方向负压逐渐减小。除上述普遍采用的热工制度外，有些隧道窑采用全窑基本负压操作或全窑正压操作。

隧道窑的压力制度一旦确定，应尽量保持其稳定。尤其是零压位置及最高正压位置尽量维持不变。遇有停电、调车速、燃料质量波动而使窑内压力制度发生变化时，应及时调节，保持压力制度不变，才能使温度制度和气氛制度符合要求。

总之，烧成制度的制定是一项复杂的工作，一般分以下几个步骤。

① 根据坯体成分和矿物组成可确定所属相图，初步判断烧成温度、烧成范围和烧成气氛，以及烧成过程中不同温度范围分解的气体量是多少。
② 根据胀缩曲线及显气孔率曲线可确定坯体烧结温度范围。
③ 根据差热曲线了解坯体吸、放热情况，根据坯体的形状尺寸以及坯体加热时物理性能的测定，通过综合判断，确定坯体各阶段升温、降温速率。
④ 根据窑炉结构特点、燃料种类、装窑方式进一步调整。
⑤ 了解同类产品的生产技术资料，进行现场调整、试验、分析比较，结合产品的质量确定烧成制度。最终以烧出高质量的产品为原则。

8.2.2 一次烧成与二次烧成

国内的瓷器大都采用一次烧成。一次烧成可节省能源，减少工序。但日用瓷的青瓷、薄胎瓷是例外。因为青瓷所施的釉层很厚，而薄胎瓷的坯体很薄，强度很低，若不先素烧，无法施釉、装窑，所以必须二次烧成。墙地砖有的是一次烧成，有的是二次烧成。卫生瓷大都采用一次烧成。

所谓一次烧成就是坯体经干燥、施釉后入窑，经过一次烧成，直接变成陶瓷。而二次烧成是坯体不施釉，先素烧，然后再施釉，进行釉烧，这样，就经历了素烧和釉烧二次烧成。二次烧成又分高温素烧、低温釉烧工艺及低温素烧、高温釉烧工艺。在二次烧成工艺中，我国一般采用高温素烧、低温釉烧，坯体经 1080～1240℃ 素烧（低温快烧原料素烧温度 1080～1120℃），将坯体中大部分碳素及有机物烧尽，施釉后，在 1000～1140℃ 高温下釉烧。高温素烧、低温釉烧工艺，由于釉烧温度低，大量使用熔块，故易得到光亮、平滑的釉面。而低温素烧、高温釉烧工艺可将熔块量从85%～95%降到20%～40%，可大大降低成本。由于素烧温度低，仅仅是为了提高坯体强度，故可降低能耗。

一次烧成工艺由于将素烧、釉烧合二为一，显然节省了一条窑的投资费用，并能降低烧成能耗近一半。但它需要坯体有足够的干燥强度以便进行施釉及装饰等操作。一次烧成多采用辊道窑烧成，故要求面砖坯体要比二次烧成厚。二次烧成也有其明显的优点：①坯体中氧化分解的气体在第一次素烧时已排除，施釉后再釉烧时，不致产生"棕眼"、"气泡"等缺陷，有利于提高釉面质量；②素烧后坯体强度较高，易于施釉、印花等后序工序的操作实现机械化，降低半成品的破损率；③素烧时已有部分收缩，至釉烧时收缩减小，利于防止坯体变形；④素烧后的坯体先经过一次检选，可提高成品率。

随着企业技术水平和管理水平的提高及节省能源越来越受到重视，很多企业将接受一次烧成新技术。但对高档釉面砖及部分日用瓷，仍需二次烧成。应该根据具体情况具体分析，不可生搬硬套。

8.2.3 低温烧成与快速烧成

烧成是陶瓷生产中耗时较长，耗能最大的工序。所以，也是节约能源、节省时间潜力较大的工序。要想节省能源，除减少窑炉热损、提高燃烧效率外，还有一个更重要的技术途径——降低烧成温度，即低温烧成。烧成温度的高低体现了企业的技术水平。要想节省时间，就要快速烧成。表8-6和表8-7分别列出了近年来烧成温度降低和烧成时间缩短的情况。

表8-6 各种陶瓷制品烧成温度的变化情况

温度变化	卫生陶瓷	内墙砖素烧制品	内墙砖釉烧制品	日 用 瓷
过去	1250～1280℃	1200℃	1100℃	1350℃
现在	1170～1190℃	<1150℃	1000℃	1200℃

表8-7 各种陶瓷制品总烧成时间的变化情况/h

烧成时间	卫生陶瓷	内墙砖素烧	内墙砖釉烧	地砖	日用瓷素烧	电瓷	电子陶瓷
过去	20～72	40～60	20～30	50～70	24～40	66～78	50～60
现在	7～14	0.5～1.0	0.75～1.1	0.75～1.0	1～3	48～60	4～6

实现低温快速烧成，与传统工艺比较，其优点是：①由于烧成温度降低，使燃料消耗降低，成本降低，并有利于环保；②提高窑炉的单位容积产量和单窑产量，使窑炉得到充分利用；③烧成温度降低可延长窑炉及窑具的使用寿命。

8.2.3.1 低温烧成

降低烧成温度，是在瓷化程度不变（吸水率符合要求）的前提下，将陶瓷制品的烧成温度降低。主要是改进坯、釉料配方和工艺控制。同一个坯体组成，当控制细度越细时，坯体的填充率就会提高，气孔率就会下降，出现液相的温度下降，吸水率就会下降。但在生产过程中，细度过细会造成注浆成型的吃浆速度过慢，坯体在干燥时容易开裂，烧成时易变形。所以，一味地使泥浆变细是不行的。那么，主要就是调整坯体及釉料的配方。降低坯体温度主要考虑降低液相出现温度及达到50%～60%液相量时的温度。这就需要通过调整各氧化物的含量来降低低温共熔温度。主要考虑两个因素：一个是SiO_2与Al_2O_3的比值，增加SiO_2，降低Al_2O_3，烧成温度有下降趋势，但要考虑变形可能增加；另一个是熔剂氧化物

K_2O、Na_2O、CaO、MgO 的含量，通常坯料配方中通过长石、瓷石等引入 K_2O、Na_2O，此时烧成温度下降有限，事实证明，加一些含 MgO、CaO 的原料，在原有 K_2O、Na_2O 的基础上使烧成温度明显下降；同时，还要降低釉料的熔融温度，墙地砖主要是通过使用低温熔块，而卫生瓷是生料釉，不用或少用熔块，只能调整各氧化物成分来达到降低烧成温度的目的。在工艺控制上要注意坯料的颗粒级配。控制合理的颗粒级配，可提高坯体的填充率，降低气孔率，不但可降低瓷器的吸水率，还可提高强度。

8.2.3.2 快速烧成

缩短烧成时间是节能降耗、增加产量的重要措施。一般隧道窑正常烧成其烧成周期（由进到出）约 12~30h。快速烧成由于时间缩短，窑炉长度将减少，就有可能将烧成工序纳入生产线中，与前后工序衔接，组成自动化的流水线。

由于陶瓷品种的不同，导致了烧成方法和烧成设备的不同，快烧工艺和快烧程度也不相同。对于快速烧成的涵义尚无统一认识。一般认为：烧成周期在 10h 以上为正常烧成；4~10h 之间为加速烧成；在 4h 以内的才能称为快速烧成。

(1) 陶瓷传统工艺烧成时间长的原因

① 坯釉料的配方不能满足低温快烧的要求，与工艺控制协调配合差。坯体在入窑以后要经历脱水、氧化分解、晶型转变、玻化成瓷等一系列物理化学反应。要想快速烧成，除考虑使用烧失量小、反应随温度变化较平缓、膨胀系数小的原料外，工艺控制也很重要。例如，当坯体结构设计不合理、厚度较厚时，快速升温就容易开裂。在制定烧成制度时，在室温~150℃范围内，因为要排除机械水，升温缓慢，费时较多。事实证明，若坯体在窑外干燥完全，含水率<0.5％，窑头温度可提高到300℃，升温完全可快，使残余水分几分钟内排掉。在 900~1000℃由于氧化分解，需较长时间的氧化保温，使分解气体尽量排尽。但有人认为，结晶水在1000℃以前、碳酸盐在900℃以前，无论升温多快也能完全排除，主要是窑温要均匀，坯体薄厚适中。事实上，控制气氛对快速烧成也很重要。对于厚度为5mm的瓷坯，当 $a=1.5$ 时，只需 10min。

由此可见，即使传统配方，若坯体结构合理、厚度适中、工艺控制恰当，也可以缩短烧成周期。若配方再加以改进，实现快速烧成完全可能。

② 传热速率差。烧成需大量的热，只有供给的热量多，坯体升温才能快。但陶瓷坯体和窑具均属于低热导率的材料，特别是用匣钵烧成，大量的热被匣钵、棚板吸收，很难快速烧成。

③ 窑炉温差大。隧道窑预热带温差一般比较大，达 80~300℃，最大温差出现在预热带末端约 900℃ 的位置。并且升温越快，温差越大。温差会使坯体加热不均匀，因产生热应力而开裂。

④ 耐火材料不能满足快烧的要求。由于窑车及窑墙隔热性能差，蓄热量大，本身吸热多，窑体向外散热，窑温难以快升。冷却时由于窑车向外散热多，冷却速度也慢。同时，由于窑具的抗热振性差，急速升温或冷却时自身也容易开裂。

(2) 实现低温快速烧成的途径

① 正确选择原料和坯、釉配方，严格控制工艺制度。尽量选择加热时烧失量小、随温度升高变化平缓的原料。例如，硅灰石和磷矿渣都无结晶水，膨胀系数小，使得坯体加热时体积变化小，多采用这些原料配制面砖坯体，可使烧成在几十分钟内完成。降低温度主要考虑降低坯体瓷化温度及釉料熔化温度。

② 减少坯体的入窑水分，提高入窑时的坯温。降低入窑水分，入窑前先将坯体预热加温，可提高窑头温度，加快升温速度。例如，有的窑炉在窑头的附道上建十几米隧道式干燥

室，引窑的余热对卫生瓷的坯体先进行干燥预热，收效良好。目前国内外的面砖坯体入窑温度可达 400℃。

③ 控制坯体的厚度、结构。由于坯体的热导率低，极易造成坯体表面和中心的温差，产生热应力而开裂。坯体受热时，表面与中心的温差与厚度的平方成正比。升温时间也与坯厚的平方成正比。所以坯体较厚对快速烧成不利。另外，坯体结构复杂，单件过大、薄厚不均时，快速升温也容易产生破坏应力致使坯体开裂。所以快速烧成适合于器形简单、体积小、坯体薄的制品。

④ 改善窑炉的结构特性，缩小窑内温差。快速烧成对窑炉的基本要求是：ⅰ．能快速、均匀地加热与冷却坯体，窑内温差小；ⅱ．能灵活地调节窑内温度与气氛。

具体地说，快速烧成窑炉的结构特点应该是：ⅰ．缩小截面，特别是高度降低，宽度加大，做成扁平状，这样不但有利于减小上、下温差，而且产量大，单位能耗低；ⅱ．缩短长度，减小气流阻力，亦即减少克服阻力的负压；ⅲ．提高燃烧气流的流速，使窑内形成强烈的横向湍流，加大窑内气流的循环搅拌作用，从而增强对流传热；ⅳ．采用轻质耐火材料和隔热材料，降低窑车蓄热及窑体散热，使用抗热振性好的棚板和窑具，最好用梁和立柱等代替棚板；ⅴ．采取明焰裸烧烧成，少用窑具，减少窑具蓄热；ⅵ．降低窑炉的填充系数，坯体码放不要过密，留出一定的气流通道，可以采用"上密下稀、周围密中间稀"的方法，让窑内热气流在坯体之间流通顺畅，以提高热导率，加速升温；ⅶ．使用电或气体燃料，提高火焰温度及窑壁温度，有利于温度、气氛、压力的精确、自动控制，保证严格按烧成曲线焙烧制品，从而保证制品的质量。

8.3 窑具与装窑

8.3.1 窑具

为了煅烧陶瓷制品而采用的匣钵、棚板、立柱和梁等装窑耐火支撑物，统称为窑具。窑具与坯体一起入窑，在窑内也与坯体一样被加热与冷却。窑具要反复经历入窑、出窑冷热交替的变化，所以对材质的要求很高。

8.3.1.1 对窑具的性能要求

a. 要有良好的热稳定性　耐火材料抵抗温度急剧变化而不被破坏的性能称为热稳定性。无论是隧道窑还是梭式窑，窑具都要经过多次的冷热载荷，因此，必须具有良好的热稳定性。影响热稳定性的主要因素是材料的热膨胀系数、热导率、弹性系数及窑具的厚度和形状。膨胀系数和弹性系数小、热导率大，且器形简单、壁薄的窑具，热稳定性好。

b. 常温及高温下的强度大　无论是哪种窑具，都要承受来自坯体的作用力。所以，窑具要有较高的机械强度，在高温下有较高的抗荷重软化能力。一般荷重软化温度要比制品的烧成温度高 50～100℃，才能保证其在高温下荷重不至于软化变形。

c. 良好的导热性、较低的蓄热量　导热性好，传热快，对坯体升温有利。蓄热少，吸热就少，带出窑的热量也少，会降低热损。

d. 较高的耐火度和较小的重烧线变化　窑具的耐火度要求比制品的烧成温度高 300℃以上。耐火度是材料在无荷重时抵抗高温作用而不熔化的性质。重烧线变化又称为残余线变化，是指耐火制品试样加热到规定温度，保温一定时间并冷却到室温后，其长度方向所产生的残余膨胀或收缩。重烧线变化是评定耐火制品质量的一项重要指标。在国际惯例中，习惯地将残余线收缩值 1.0% 时的温度规定为不定形耐火材料的最高使用温度。将残余线收缩值达到 1.5%～2% 时的温度规定为隔热材料的温度等级。

e. 窑具的平整度、尺寸的精确度以及较小的质量 窑具与坯体直接接触，其平整度直接影响成瓷质量。尺寸精确有利于实现机械化生产。窑具质量减轻可降低建造和运转成本。

8.3.1.2 常用窑具的种类

目前国内外应用较多的窑具材料有：堇青石质、莫来石质、刚玉质、碳化硅（结合氮化硅）质。

堇青石制品分为堇青石-熟料质和堇青石-莫来石质两种。前者除机械强度较高外，总的性能次于后者。堇青石-莫来石制品其主要矿物就是堇青石和莫来石。堇青石是一种热膨胀系数很低、高温力学性能较高的矿物，符合现代窑具材料的要求。堇青石最高使用温度为1350～1400℃之间。莫来石具有热膨胀率低、抗化学侵蚀性强、热稳定性好等优点，是陶瓷窑用耐火材料的重要矿物，与堇青石配合使用，可获得优良的效果。例如，某产品含堇青石30%～45%，含莫来石30%～45%。

高铝质材料中又有高铝质、莫来石质及刚玉质三种。后两种的含铝量在60%～99%之间，这类材料能在1700℃以上的高温下使用。

碳化硅制品由于结合剂的种类不同也有好几种。包括硅质结合剂、氮化物（氮化硅和氮氧化硅）结合剂、重结晶碳化硅或α-SiC微晶结合的制品。这类材料的特点是具有良好的抗氧化性、抗热冲击性、耐磨性和热传导性以及高温力学性能等，最高使用温度可达1450～1650℃。

黏土-熟料质窑具是由黏土预烧至全部或大部分烧结后再破碎成熟料（40%～60%）用黏土结合而成，它的矿物组成为莫来石、游离石英、玻璃相以及气孔。它的热稳定性极差，当采用废匣钵作熟料时，有的寿命仅为使用5～6次，最高使用温度要小于1300℃。现已淘汰。

目前，应用最为广泛的窑具材料主要有堇青石-莫来石、莫来石、莫来石结合碳化硅、氮化硅结合碳化硅、赛隆结合碳化硅、重结晶碳化硅以及近期开发的反应烧结SiC。赛隆是Sialon的音译，由Si、Al、O、N四种元素的字母组合而成，它是氧氮化硅固溶体的通称。

这些窑具材料普遍应用于建筑卫生陶瓷和日用陶瓷工业。

近年来，陶瓷窑炉的窑具出现了一种新的趋势，就是不用棚板，而以SiC质横梁及带孔薄垫板（厚度约10mm）代替。这种结构使窑具进一步减轻，且利于气体的流动，但作为横梁的SiC质材料，必须具有常温和高温下很高的抗折强度。

表8-8所列为几种高抗折强度SiC质耐火材料的比较。

表 8-8 高抗折强度 SiC 质耐火材料的比较

项　目	Si_3N_4 结合 SiC (SiN·SiC)	重结晶 SiC (R·SiC)	国外反应烧结 SiC (Silit-SK)	国产反应烧结 SiC (Si-SiC)
主要化学组成/%	SiC70, Si_3N_4 24	SiC99	SiC80, Si19	SiC87, Si+SiO_2 10.9
体积密度/(kg/m³)	2500～2600	2600～2700	3000～3080	2990～3065
显气孔率/%	17～19	15～18	0～1	≤1
常温抗折强度/MPa	41～69	100～120	260	153～166
高温抗折强度/MPa	48～76(1250℃)	120～138(1200℃)	260(1200℃)	140～170(1350℃)
热导率/[W/(m·K)]	15(1200℃)	20(1400℃)	160(20℃), 40(1200℃)	
热膨胀系数/K⁻¹	4.2×10^{-6}	4.3×10^{-6}	4.5×10^{-6}	$(4.2～4.4) \times 10^{-6}$
最高使用温度/℃	1500	1600	1350	1600

8.3.1.3 窑具耐火材料的组成

耐火材料是由多种不同化学成分及不同矿物组成的非均质体，一般可以用三个方面来描述耐火材料的组成特征。

(1) 化学组成

化学组成即耐火材料的化学成分，标志着材料的高温性能和等级类别的区分。表 8-9 所列为陶瓷用耐火材料常用成分的熔点。

表 8-9　陶瓷用耐火材料常用成分的熔点

成　分	熔点/℃	成　分	熔点/℃
SiO_2	1723	Fe_2O_3	1566
Al_2O_3	2050	K_2O	—
MgO	2800	Na_2O	—
SiC	2700	CaO	2570
Si_3N_4	2170	ZrO_2	2700
TiO_2	1857	Cr_2O_3	2435

化学组成通常可分为主要成分、次要成分、杂质成分和添加剂成分。耐火材料一般以高熔点作为主成分，次要成分有的是为获得制品的某些性能而有意添加，也有的是原料中带入，对性能无大影响的成分。例如窑车上隔热用的陶瓷纤维，主成分是 Al_2O_3 和 SiO_2，添加一定量的 ZrO_2 或 Cr_2O_3。杂质一般指对性能有害的成分，如 K_2O、Na_2O、Fe_2O_3 等。添加剂一般指向耐火材料组成中加入少量物质，用于改善材料某些性能。例如，为加快 α-Al_2O_3 的形成速度，可加少量的 B_2O_3 或卤素化合物作矿化剂。

(2) 矿物组成

耐火材料化学组成确定后，高温煅烧后的矿物组成对材料的性能有决定性的影响。耐火材料的主矿物，应具有耐火材料的主要性能。表 8-10 列出了几种常用矿物的性能。

表 8-10　几种常用矿物的性能

矿物	分子式	熔点/℃	晶系	体积密度/(g/cm³)	莫氏硬度	热膨胀系数/(1/℃)
刚玉	α-Al_2O_3	2050	三方	4.0	9	8×10^{-6}
莫来石	$3Al_2O_3 \cdot 2SiO_2$	1870	斜方	3.03	6~7	5.3×10^{-6}
堇青石	$2MgO \cdot 2Al_2O_3 \cdot 5SiO_2$	1460℃分解	六方	2.57~2.66	7~7.5	1.25~2.6×10^{-6}
碳化硅	SiC	2827	六方	3.2	9.2~9.6	5.0×10^{-6}
氮化硅	Si_3N_4	1900℃分解	六方	3.2	9	2.5×10^{-6}
硅线石	$Al_2O_3 \cdot SiO_2$	1500℃左右转变成莫来石	斜方	3.1~3.24	6~7.5	—
蓝晶石	$Al_2O_3 \cdot SiO_2$	1100℃左右转变成莫来石	三斜	3.53~3.69	7.5	—
红柱石	$Al_2O_3 \cdot SiO_2$	1400℃左右转变成莫来石	斜方	3.13~3.29	7.5	—
钛酸铝	$Al_2O_3 \cdot TiO_2$	1860	斜方	3.702	—	0.8×10^{-6}

(3) 结构组成

耐火材料一般由颗粒状的骨料和将颗粒连接在一起的基质料组成。骨料的颗粒级配设计、最大粒径的选择、基质料的组成设计等对耐火材料性能起着重要作用。

堇青石-莫来石制品，一般以莫来石为骨料，堇青石作为基质相存在，但为了调整膨胀系数，堇青石也可作为骨料加入混合物中，莫来石也可配入基料中。莫来石结合 SiC 制品，SiC 为骨料，莫来石为基质相。

颗粒级配及最大粒径是否合理，对制品烧成收缩、气孔率、强度及热稳定性影响很大。骨料与基质料的配比及基质料的细度，是影响制品气孔结构的重要因素。近年来，微粉和超细粉的应用极大地改善了材料的性能。

窑具是烧成工序用量极大的辅助材料，以前一般陶瓷厂都是自己制造窑具，如匣钵、垫板等，质量差、寿命短。现已由专业的耐火材料厂家制造，陶瓷厂只需提供窑具的图纸、尺寸及对材质和性能方面的要求即可。

8.3.1.4　窑具的使用

烧成工艺要求窑具通过不同材质及形状尺寸来满足生产的需要。窑具的材质选择和尺寸设计直接关系到陶瓷制品的成本、能耗和质量。

a. 窑具材质的选择　窑具的材质多种多样，有堇青石、莫来石、黏土结合碳化硅、氮化硅结合碳化硅、重结晶碳化硅及反应烧结碳化硅等。材质的选择应遵循以下原则。

① 使用温度应与材质的允许使用温度相一致。并考虑窑炉是烧氧化气氛还是还原气氛。抗氧化性能差的黏土结合 SiC 就不适合用于氧化气氛。

② 弯曲应力较小的部位使用堇青石质或堇青石-莫来石质窑具比较合适。因为其热稳定性好。

③ 弯曲应力较大的部位，如窑车用棚板，对于1350℃以下的环境，宜采用堇青石-莫来石棚板，其1250℃以下的抗折强度应在10MPa以上。为增加负荷能力，可用重结晶 SiC 或反应烧结 SiC 作横梁，在横梁上放置棚板。对于1350℃以上的窑炉，适合采用莫来石质或 SiC 质材料。

④ 轻量窑车上的立柱，一般选用堇青石-莫来石或莫来石质。

b. 窑具尺寸设计与标准化　窑具的造型设计应满足以下四个方面的要求。

① 满足陶瓷产品形状的要求。
② 尽量减轻窑具质量，降低成本，节省能耗。
③ 窑具的形状和尺寸便于耐火材料厂制造。
④ 形状设计上具有最小的热应力集中的可能。
⑤ 尺寸的确定应满足常温、高温下负荷强度的需要。

在保证以上条件的基础上，尽量选用标准化尺寸系列。异形窑具批量小，成本会大幅度上升，特别是横梁、棚板、垫板等使用较多且大多数厂家都需使用的窑具，窑具尺寸将向标准化方向发展。

8.3.2　装窑

隧道窑和梭式窑均采用窑车装载和输送制品，随着节能技术的推广，老式窑车已被新型的低蓄热轻质窑车所取代。装窑是否合理，不但直接影响产品的产量、质量，而且对窑炉能否正常运转、烧成制度能否稳定关系很大。

隧道窑的特点是窑内烟气横向平行流动，热气流有向上流动的趋势，使得窑温上高下低，料垛一般是外部高，中间低，尤其是预热带更为明显。这样就要求装窑适应这些特点。装窑分明焰裸装和带匣钵的钵装两种情况。在有可能的情况下，尽量采用明焰裸装，节省能源和成本。裸装就是将坯体直接装在窑车的棚板（或垫板）上。装窑时应注意以下几点。

① 对坯体的处理上，要检查裂纹，补釉，吹掸落脏，将与棚板接触处用刀片及百洁布将釉擦掉，防止粘连。入窑白坯的含水率要小于2%。

② 坯体与窑具之间为减少振动应力可垫塑料泡沫片，不要垫耐火泥，撒石英粉。

③ 每台窑车总装载量要大体相等，产品高低错落搭配合理，使窑车上部空间均匀。

④ 装窑密度要充分考虑气流阻力。阻力大的部位应稀装，阻力小处密装。一般是上密下稀，周围密，中间稀。要留出气流通道，坯柱纵横间距最小1~2cm，距墙10cm左右，距窑顶（安全门为准）5~8cm。

⑤ 要正确选用窑具，坯柱一定要稳固，防止在窑内倒塌卡窑。装完不同颜色的坯体后要将手洗净，防止杂色出现。坯体要轻拿轻放，防止磕碰造成坯体损伤。

8.4 烧成缺陷分析

陶瓷产品在烧成后，有部分产品因产生不同形式的缺陷而被降级或成为废品。这些缺陷有些是在烧成工序产生的，有些是以前的工序已存在，烧后才暴露出来。下面就烧成工序易产生的缺陷加以分析。

8.4.1 变形

变形是陶瓷产品比较常见的缺陷，一般表现为几何形状发生扭曲、歪斜、翘角、孔眼不圆、平面凹凸等。

烧成工序造成变形的原因有：垫板不平，坯体歪斜、坯体与垫板收缩不一致，坯体预热、烧成时升温过快，烧成温度过高或高火保温时间过长。

防止方法：①制定合理的烧成制度，特别是窑内温差要小，烧成温度和高火保温时间要适当；②装窑时要稳装稳烧，坯体不能装歪，支柱要预留好收缩量，先用木块垫起，待坯体收缩时，木块也已烧尽；③垫片要平整，产品在垫板上收缩阻力要小，若用本坯垫时，其收缩要与坯体一致。

8.4.2 开裂

产生原因：①坯体的入窑水分过大，窑头温度高，坯体入窑后会出现"崩裂"，常见于比较潮湿的雨季；②坯体在升温或降温时，升温或降温速率快，造成坯体内外收缩不均，或收缩过于剧烈，特别是在573℃石英的晶型转化点附近；③大件产品质量较大，装窑方法不当，造成其难以自由收缩；④坯体在入窑前已被磕碰，有暗伤。

防止方法：①严格控制坯体的入窑水分<2%；②坯体的升降温速率要合理；③坯体在钵垫上要能够自由收缩；④装窑操作时要稳拿轻放，防止磕碰。

8.4.3 起泡

陶瓷坯体在焙烧时，由于碳素及有机物的氧化、碳酸盐及硫酸盐的分解等会产生大量的气体，这些气体若不能顺利排出，就会造成坯体或釉面起泡。

产生原因：①氧化分解时间不够，氧化气氛不足，升温过快导致气体排出时间向后推迟，当釉面已开始熔融、坯体玻化程度较高时，对气体的排出产生很大阻力而形成气泡；②烧成温度过高或窑内局部温度过高，产生过烧泡；③釉料始熔温度过低或升温过快，釉面玻化过早，使气体难以排出而产生釉泡；④坯、釉料中含碳酸盐、硫酸盐的量过大，使需要排出的CO_2、SO_3气体量过大。

防止方法：①在氧化分解阶段要缓慢升温、适当保温，使坯体内外、上下温差小，预热均匀，氧化充足；②严格控制烧成制度，加强通风，选择合理的装窑密度；③减少坯、釉中的碳酸盐、硫酸盐的含量；④提高釉料的始熔温度，使沉积的碳素或分解物在釉料熔化前反应充分。

8.4.4 烟熏、阴黄与火刺

烟熏是指制品表面呈灰色或不纯的白色,断面可能是黑色。

产生原因:①釉在开始熔化至完全熔化阶段,火焰内存在着大量的游离碳素附着于釉面,而又未被氧化,烧结后被封闭在釉面内;②烧成带烟气倒流至冷却带,在制品釉面未冷凝前,游离碳落在釉面上;③还原气氛过强,结束过迟,釉层内沉积碳过多;④釉料中含钙量偏高,坯料中混有有机硫的成分。

防止方法:①冷却带压力制度合理,防止烟气倒流;②烧成操作合理,正确控制不同阶段的温度和气氛;③控制燃料成分及烧嘴燃烧状态,使火焰不产生大量的游离碳;④减少釉料中钙含量,坯料中防止有机硫的混入。

阴黄是指制品表面发黄或斑状发黄,断面也有发黄现象。

产生原因:①强还原气氛不足,并且未能渗入坯体内,使 Fe_2O_3 未能充分还原成 FeO;②烧成后期突然停电或窑炉故障,窑内出现氧化气氛又将 FeO 氧化成 Fe_2O_3;③局部温度过高,釉面过早玻化,使坯体还原不足。

防止方法:①控制好窑内各段的温度和气氛,防止火焰中断;②减小窑内温差,使制品均匀受热升温。

火刺是指制品边缘局部呈现黄色和褐色焦痕。

产生原因:①匣钵口密封不严密致使火焰直接打在制品上;②喷火口处火焰温度过高。

防止方法:①匣钵要平整、严密,不能有大的裂纹;②靠近喷火口处不装大件或对外观质量要求高的制品。

8.4.5 针孔、橘釉、缺釉

针孔是指釉面分布着许多的小孔,较大的叫"棕眼",形似猪皮,这一缺陷严重影响产品的档次,但又是很难解决的一个缺陷,完全没有针孔很难做到,只是多与少而已。针孔直接影响光泽度及整个外观质量。针孔的解决是一个系统工程,它和坯料、釉料、烧成制度都有直接的关系。

产生的原因:①原料中铁质、有机质、碳素、硫酸盐含量高;②坯、釉料配方与烧成制度搭配不合理;③预热和烧成升温快,使气体没来得及在釉玻化前排出;④釉层过薄。

防止方法:①原料中含杂质应尽量少;②氧化分解及高火保温要留有充足的时间;③釉料始熔温度提高。釉料配方对针孔影响很大。

橘釉指釉面不平,产生波浪状或橘皮状。

产生原因:①釉面玻化时升温快,烧成温度高,釉面产生沸腾现象;②高火保温段气氛过强,温度波动大;③烧成温度低,保温时间短,釉面未被拉平;④釉面的表面张力过小,釉层过薄。

防止方法:①施釉后的白坯釉面平整、光滑;②烧成温度及高火保温恰当;③改进釉料配方,增大表面张力,高温熔化后将其拉平。

缺釉是局部表面无釉,大多是由于缩釉或滚釉引起。直露坯体。

产生原因:①釉浆保水性差,吸干速度过快,致使釉面在干燥时有裂纹;②施釉前坯体未擦净,有尘土、油渍等;③釉过细,施釉薄厚不一致;④釉料配方不合理,高温黏度和表面张力过大;⑤釉浆粘附性差,在坯体上附着差,搬运时碰掉,造成缺釉。

防止方法:①釉浆的干燥速度必须在规定范围内,施釉后釉面不能有裂纹;②施釉前坯体要擦净;③喷釉要注意薄厚均匀,在拐角易滚釉处不能过厚;④釉料配方必须合理;⑤釉浆中 CMC 的加入量要合理,坯、釉粘附牢固。

8.4.6 落脏与釉面污光

落脏是在釉面上有黑点或脏物,影响外观质量。

产生原因:制品在装窑及窑内落入脏物,烧后存在于釉中。

防止方法:①装窑时将车面清理干净,防止入窑后被风吹起落在制品上;②窑车进窑前要将坯体掸干净。

釉面污光是指在制品表面挂一层"白霜",致使釉面无光,用力可擦去。

产生原因:在隧道窑的 900~1000℃ 的冷却带与烧成带处气体产生逆流。

防止方法:调整好风机风量,防止气体出现逆流。

8.4.7 生烧与过烧

生烧后制品吸水率偏高,釉面光泽差,坯体发黄。过烧后制品变形、起泡。

产生原因:①烧成温度过低或过高,高火保温时间过短或过长;②制品装窑密度不合理,火道不畅通;③窑内上、下温差过大。

防止方法:①调整烧成制度使之合理;②减小窑内温差;③品种搭配合理,疏密适宜。

8.4.8 色差

色差指一套或一件制品颜色不一致,严重影响外观质量。

产生原因:①窑内的温度、气氛波动幅度大;②窑内的温差过大;③釉料成分及施釉厚度不稳定。

防止方法:①严格控制烧成温度、气氛,使之保持稳定;②减小窑内的温差;③控制釉浆成分、性能及釉层厚度,使之保持稳定。

本 章 小 结

本章介绍了陶瓷坯体从预热、烧成到冷却过程中的物理、化学变化;坯体在烧成过程中显微结构的变化及釉的形成过程;如何制定窑炉的温度、气氛及压力制度;坯体的一次烧成与二次烧成的特点及选择;如何实现坯体的低温、快速烧成;烧成所用窑具的材质特点及选择设计;最后介绍了在烧成过程中容易产生的缺陷及防止方法,力求使大家对烧成工艺有一个系统的了解和掌握。

复习思考题

1. 陶瓷坯体在烧成过程中要经历哪些物理、化学反应?
2. 制定烧成制度主要考虑哪些因素?烧成温度曲线应如何制定?
3. 为什么在 500~700℃ 时升温速度要慢,而制品冷却时在 700℃ 以前要急冷?
4. 坯体从入窑到出窑各阶段升温、降温速度如何确定?
5. 最高烧成温度应如何确定?
6. 中火保温及高火保温的作用是什么?
7. 什么是中性焰、氧化焰、还原焰?如何区分?
8. 陶瓷制品焙烧过程中气氛制度应如何制定?
9. 烧还原焰的作用是什么?
10. 隧道窑的气氛应如何控制?
11. 还原气氛的起讫时间应如何确定?
12. 隧道窑的压力制度应如何控制?正压或负压过大、过小有什么危害?
13. 制定烧成制度的具体步骤是什么?
14. 什么是一次烧成和二次烧成?它们各自的优缺点是什么?

15. 低温快速烧成的优点是什么？如何降低烧成温度？
16. 实现低温快速烧成的途径是什么？
17. 快速烧成对窑炉的结构特点有哪些基本要求？
18. 对窑具有哪些性能要求？
19. 目前应用较多的是哪几种材质的窑具？如何选择？
20. 陶瓷制品在烧成过程中容易产生的缺陷有哪些？产生的原因是什么？如何排除？

9 陶瓷装饰

【本章学习要点】 本章重点介绍陶瓷装饰的方法和技术，在本章的学习中，重点内容包括陶瓷色料的分类和制备以及陶瓷色料的呈色；陶瓷色釉及其制备工艺；渗花、抛光、丝网印刷等装饰技术；同时要了解常用艺术釉；陶瓷装饰中的贴花以及釉上彩饰、釉下彩饰和贵金属装饰等其他陶瓷装饰方法。

9.1 陶瓷色料

9.1.1 陶瓷色料的分类

陶瓷色料的分类有按组成分类；按构成色料的矿物晶体结构分类；按色料的呈色分类和按用途分类等四种分类方法。

a. 按组成分类 陶瓷色料按其组成大致可分为 6 类，即氧化物型、复合氧化物型、硅酸盐型、硼酸盐型、磷酸盐型和镉酸盐型，每类中又可分成几小类，见表 9-1。

表 9-1 陶瓷色料按组成的分类

类 别	晶体结构	色 料
氧化物	刚玉型	Al-Mn, Cr-Al, Cr-Fe
	斜锆石型（氧化锆）	Zr-V, Zr-Ti-V, Zr-Y-V
	方镁石型	Co-Ni
复合氧化物	尖晶石型	Zn-Ar-Cr, Zn-Cr-Fe, Co-Zn-Al, Zn-Al-Cr-Fe, Zn-Mn-Al-Cr-Fe, Co-Al, Co-Zn-Al-Cr, Co-Ni-Cr-Fe, Co-Ni-Al-Cr-Fe, Co-Ni-Mn-Cr-Fe, Co-Mn-Al-Cr-Fe
	烧绿石型	Pb-Sb-Al, Pb-Sb-Fe
硅酸盐	石榴石型	Ca-Cr-Si
	楔石型	Ca-Sn-Si-Cr, Ca-Sn-Si-Cr-Co
	锆英石型	Zr-Si-V, Zr-Si-Pr, Zr-Si-Fe, Zr-Si-Co-Ni, Zr-Si-Pr-V, Zr-Si-Sn-V, Zr-Si-Pr-Fe, Zr-Si-Cd-S, Zr-Si-Cd-S-Se
	橄榄石型	Co-Si
	硅铍石型	Co-Zn-Si
	红柱石型	Ni-Ba-Ti
硼酸盐		Co-Mg-B
磷酸盐		Co-P, Co-Li-P
镉酸盐		Cd-S, Cd-S-Se

在复合氧化物型中，大部分色料属尖晶石型，其中最简单的是由 +2 价和 +3 价阳离子所组成。在硅酸盐型中，最简单的结构是由硅氧四面体 [SiO_4] 群组成的孤岛状硅酸盐，

如橄榄石型。

b. 按构成色料的主要矿物晶体结构分类　按构成色料的主要矿物晶体结构分类,大致可将色料分成13类,见表9-2。

表9-2　按构成色料的主要矿物晶体结构分类

主要构成矿物晶体结构	典型陶瓷色料品种	用途
刚玉型(赤铁矿型)	①锰红(含锰和磷酸的刚玉结构) ②铬铝红(固溶有少量铬的刚玉) ③铬绿(氧化铝和氧化铬的固溶体) ④铁红(氧化铁 Fe_2O_3) ⑤釉上红(固溶了 Fe_2O_3 的刚玉) ⑥铬绿(氧化铬 Cr_2O_3)	釉下彩、色坯 色坯 釉上彩 高温釉上彩 釉下彩
萤石型	①锆钒黄(含有钒的斜锆石型) ②铈乳浊剂(氧化铈) ③锆乳浊剂(氧化锆)	釉下彩、色坯 乳浊釉 乳浊釉
金红石型	①铬钛黄(固溶有锑和铬的金红石) ②铬锡黄(含有氧化铬的氧化锡) ③钒锡黄(含有氧化钒的氧化锡) ④锑锡灰(含有氧化锑的氧化锡) ⑤锡乳浊剂(氧化锡)	色坯 釉下彩、色坯、色釉 釉下彩、色坯、色釉 釉下彩、色坯、色釉 乳浊釉
尖晶石型	①钴蓝、海碧($CoO·Al_2O_3$) ②孔雀蓝、蓝绿$(Co,Zn)O·(Cr,Al)_2O_3$ ③红棕、栗棕$[ZnO(Fe,Cr,Al)_2O_3]$ ④黑$[(Fe,Co)O(Fe,Cr,Al)_2O_3]$ ⑤铬铝红$[ZnO(Al,Cr)_2O_3]$	釉下彩、色釉、釉上彩 釉下彩、色釉、釉上彩 釉下彩、色釉、釉上彩 釉下彩、色釉、釉上彩 色釉
烧绿石型	锑黄、拿波尔黄(以氧化铅、氧化锑为主要成分的含有氧化锡、氧化铝、氧化铁等的固溶体)	釉下彩、色釉、釉上彩
石榴石型	维多利亚绿　$3CaO·Cr_2O_3·3SiO_2$	釉下彩、色釉、釉上彩
楣石型	①铬锡红(含有少量铬的锡楣石,$CaO·SnO_2·SiO_2$) ②铬钛棕(含有少量铬的楣石,$CaO·SnO_2·SiO_2$)	釉下彩、色釉 釉上彩
氧化锆型(斜锆石型)	Zr-V,Zr-Ti-V,Zr-Y-V	
锆英石型	①锆钒蓝(含钒的锆英石,$ZrO_2·SiO_2$) ②铬绿(含铬的锆英石) ③锆镨黄(含镨的锆英石) ④锆铁红 ⑤锆英石乳浊剂(锆英石)	釉下彩、色釉、色坯 色釉 釉下彩、色釉 釉下彩、色釉 乳浊釉
方镁石型	Co-Ni	
橄榄石型	Co-Si	
硅铍石型	Co-Zn-Si	
红柱石型	Ni-Ba-Ti	

c. 按色料的呈色分类 陶瓷色料按所呈颜色分类，见表 9-3。

表 9-3 陶瓷色料按所呈颜色的分类

颜色	名称	组成	构成矿物
黑色		Cr-Fe	$FeCr_2O_4$ 尖晶石
		Co-Cr-Fe	尖晶石
		Co-Mn-Fe	尖晶石
		Co-Mn-Cr-Fe	尖晶石
		Co-Ni-Cr-Fe	尖晶石
		Co-Ni-Mn-Cr-Fe	尖晶石
		Co-Mn-Al-Cr-Fe	尖晶石
		Co-Ni-Cr-Fe-Si	尖晶石
灰色	锑锡灰	Sn-Sb	$SnO_2[Sb]$
		Sn-Sb-V	$SnO_2[Sb,V]$
	锆英石灰	Zr-Si-Co-Ni	$ZrSiO_4[Co,Ni]$
黄色	钒锡黄	Sn-V	$SnO_2[V]$
	钒锡黄	Sn-Ti-V	$SnO_2[Ti,V]$
	钒锆黄	Zr-V	$ZrO_2[V]$
	钒锆黄	Zr-Ti-V	$ZrO_2[Ti,V]$
		Zr-Y-V	$ZrO_2[Y,V]$
	镨黄	Zr-Si-Pr	$ZrSiO_4[Pr]$
	铬钛黄	Ti-Cr-Sb	$TiO_2[Cr,Pb]$
	铬钛黄	Ti-Cr-W	$TiO_2[Cr,W]$
	锑黄	Pb-Sb-Fe	$Pb_2Sb_2O_7[Fe]$
	锑黄	Pb-Sb-Al	$Pb_2Sb_2O_7[Al]$
	包裹型镉黄	Zr-Si-Cd-S	锆英石包裹 CdS
棕色		Zr-Cr-Fe	尖晶石
		Zn-Al-Cr-Fe	尖晶石
		Zn-Mn-Al-Cr-Fe	尖晶石
		Zr-Si-Pr-Fe	$ZrSiO_4[Pr]+ZrSiO_4[Fe]$
蓝色	海碧	Co-Zn-Al	尖晶石
	钴蓝	Co-Al	尖晶石
	绀青[紫蓝]	Co-Al-Si	尖晶石
		Co-Zn-Si	$(Co,Zn)_2SiO_4$
		Co-Si	$Co_2SiO_4[V]$
	土耳其蓝	Zr-Si-V	$ZrSiO_4[V]$
红色	锰红	Al-Mn	$\alpha\text{-}Al_2O_3[Mn]$
	尖晶石红	Zn-Al-Cr	尖晶石
	铬锡红	Ca-Sn-Si-Cr	$CaSnO \cdot SiO_4[Cr]$
	铬锡紫	Ca-Sn-Si-Cr-Co	$CaSnO \cdot SiO_4[Cr,Co]$
	铬锡紫	Sn-Cr	$SnO_2[Cr]$
	珊瑚红	Zr-Si-Fe	$ZrSiO_4[Fe]$
	火焰红	Zr-Si-Cd-S-Se	$Cd(S,Se)$ 用锆英石包裹

d. 按用途分类 陶瓷色料按用途分类可分为坯用色料、釉用色料等。

9.1.2 陶瓷色料的呈色

物体之所以显色是由于它对可见光发生选择性的吸收和选择性反射所致。

白光实际上是由两种或多种单色光按一定配比互补而成。当白光照射在透明或半透明物体上时，由于物体的选择性吸收，其中一定波长的色光被吸收，其余部分色光被透过或反射而使物体显色。

如果入射白光全部透过，则人眼感觉此物体为无色，全部被吸收，则为黑色。对其中各种波长色光是按比例吸收的，则显灰色。对不透明物体而言，入射白光全部反射或全部散射时呈白色。因此，凡能使陶瓷坯、釉具有选择性吸收的物质，都可制成色料。这种物质有两大类，即形成分子着色和晶体着色的过渡金属和稀土金属的化合物（主要为氧化物），以及能形成胶体着色的少数过渡金属和贵重金属。

9.1.2.1 过渡金属和稀有金属化合物的显色

分子着色色料能熔入玻璃体的分子组成中而形成"真溶液"，如钴、镍、铜、铁、锰、铬、铀、铌、锆等金属氧化物，都是分子着色。金属氧化物的着色性质和程度主要取决于着色离子熔解在硅酸盐玻璃内的原子价和配位数，而原子价和配位数又随着熔剂的组成，焙烧的制度（包括温度、气氛、时间）不同而有改变。

从离子的原子价来说，同一金属氧化物，由于它的原子价和阳离子半径的不同，会使同一成分的玻璃体呈现不同的颜色。半径小的阳离子（原子价较大）易使波长较长的光波透过；相反，半径大的阳离子（原子价较小）易使波长较短的光波透过。例如 Fe^{3+} 的离子半径较小（0.67Å，1Å=10^{-10} m），原子价大，使玻璃呈现黄色；而 Fe^{2+} 的离子半径较大（0.84Å），原子价小，因而呈现青绿色。

从结晶化学的观点来说，同一着色料由于在玻璃体中配位数的不同，也能改变玻璃体的呈色，配位数较高时能透过波长较长的光波，配位数较低时能透过波长较短的光波。例如钴总是以二价离子（Co^{2+}）存在于玻璃体中，但由于配位数的不同，当配位数为4时产生蓝色，当配位数为6时则产生红色。此外，熔剂的组成与熔制时的制度能影响着色料在玻璃体中的熔合程度，因而能改变着色料熔于玻璃体后的原子价与配位数。例如铁在酸性熔剂中多以 Fe^{2+} 的形式存在而呈青绿色，在碱性熔剂中往往以 Fe^{3+} 的形式存在而呈现黄色。又如熔制温度越高，着色离子原子价之间的平衡往往向低价氧化物的方向移动。

表9-4列出元素的发色与其化合价的关系；表9-5列出各种离子在玻璃中有不同配位数时的呈色；表9-6列出元素在不同熔剂中的呈色。

表9-4　元素的发色与其化合价的关系

元　素	化合价	发　色	元　素	化合价	发　色
钒(V)	2	—	铁(Fe)	2	青、绿
	3	—		3	赤、茶
	4	青	钴(Co)	2	青、蓝、赤
	5	黄		3	—
铬(Cr)	2	—	镍(Ni)	2	黄、褐
	3	绿、赤			
锰(Mn)	2	—	铜(Cu)	1	红
	3	赤、紫		2	青、绿、褐
	7				

表9-5　各种离子在玻璃中有不同配位数时的呈色

离子	发色		离子	发色	
	4配位	6配位		4配位	6配位
Cr^{3+}	—	绿	Mn^{3+}	赤紫	—
Cr^{6+}	黄	—	Fe^{2+}	—	青绿
Cu^{2+}	黄、茶	绿	Fe^{3+}	浓褐	淡黄、赤
Cu^+	—	赤	U^{3+}	黄	淡黄
Co^{2+}	青蓝	赤	V^{3+}	—	绿
Ni^{2+}	赤紫	黄	V^{4+}	—	青
Mn^{2+}	无色	淡橘红色	V^{5+}	无色、黄色	—

表 9-6　元素在不同熔剂中的呈色

金属元素	酸性玻璃		强碱性玻璃	
Fe	FeO	青绿色	Fe_2O_3	黄褐色
Cr	Cr_2O_3	绿色	Cr_2O_3	橙黄色
Mn	MnO	淡黄褐色	Mn_2O_3	紫红色
V	V_2O_3	淡绿色	V_2O_5	褐色
Cu	Cu_2O	白色	CuO	浅蓝或绿色

9.1.2.2　贵重金属的着色

贵重金属银和金以及由它们制成的陶瓷色料都属于胶体着色料，它们在釉中凝聚成悬浮的胶粒而显色。胶粒对光的选择性吸收取决于粒子的性质、尺寸和浓度。例如由金制的桃红色料，随着在釉中胶粒尺寸和浓度不同，颜色也不同，如果浓度一定时，颜色随粒子尺寸发生如下变化：4～10nm 鲜红色；75～110nm 蓝色；10～75nm 带紫色调的宝石红色；110～170nm 赤色。

除贵重金属外，铜和 CdSe、CdS 也是常用的胶体着色剂。后两者的显色与胶粒尺寸无关。

9.1.3　陶瓷色料的制备

陶瓷色料的制备多采用传统的固相反应法，也有近些年来发展起来的液相合成法和微波烧成工艺。这里仅介绍一般通用的制备工艺及有关注意事项。

9.1.3.1　原料的选择

制造色料所采用的原料通常为工业纯或化学纯的化工原料，要严格控制它们的化学组成、矿物组成和颗粒组成。制造色料所用原料按其作用可分为着色剂、载色母体和矿化剂三大类。着色剂是指在色料中着色的原料，常用的是各种着色氧化物或相应的氢氧化物、碳酸盐、硝酸盐和氯化物、磷酸盐、硫酸盐、铬酸盐、重铬酸盐等。着色原料要求有一定的颗粒细度和颗粒组成，细颗粒能使固相反应进行完全，色调均匀。根据不同品种，生产工艺不同，其细度的要求也不同，通常在 200～400 目范围内。

载色母体通常用无色氧化物、盐类、较纯的天然矿物或固溶体等。

矿化剂通常用碱性氧化物、碱盐、硼酸、氟化物、钼酸铵、钼酸钠和熔块等，根据色料种类与制造方法的不同选择相应的矿化剂。

载色母体和矿化剂所用原料要与着色原料的细度一致，通常也在 200～400 目范围内。

色料工业常用的着色剂和载色母体用原料见表 9-7；常用的矿化剂见表 9-8。

表 9-7　色料工业常用的着色剂和载色母体用原料

化学成分	原　　料	备　注
SiO_2	脉石英、石英岩、石英砂、高岭土等	载体
Al_2O_3	工业氧化铝粉、氢氧化铝、高岭土等	载体
TiO_2	板钛矿、锐钛矿、金红石、钛白粉（TiO_2）	
ZrO_2	锆英粉、斜锆石粉（ZrO_2）	载体
Sb_2O_5	化学纯 Sb_2O_3、Sb_2O_5	
SnO_2	SnO_2、H_2SnO_3	载体
CaO	石灰石、方解石、白垩、轻质碳酸钙、白云石、萤石（CaF_2）	载体
MgO	白云石（$CaCO_3 \cdot MgCO_3$）、滑石（$3MgO \cdot 4SiO_2 \cdot H_2O$）	载体
ZnO	工业纯、化学纯 ZnO	
PbO	铅丹（Pb_3O_4）、氧化铅（PbO）、铅白[$2PbCO_3 \cdot Pb(OH)_2$]	载体
V_2O_5	V_2O_5、NH_4VO_3	

续表

化学成分	原 料	备 注
Cr_2O_3	氧化铬、重铬酸钾($K_2Cr_2O_7$)、铬酸铅($PbCrO_4$)	
MnO_2	二氧化锰、碳酸锰($MnCO_3$)、磷酸锰($MnHPO_4$)	
Fe_2O_3	铁红(Fe_2O_3)、硫酸亚铁($FeSO_4 \cdot 7H_2O$ 绿矾)	
CoO	氧化钴(CoO、Co_3O_4)、碳酸钴($CoCO_3$)、磷酸钴[$Co_3(PO_4)_2$]	
NiO	氧化镍(NiO)	
CuO	碳酸铜($CuCO_3$)、氧化铜(CuO)	
CdO	硫化镉(CdS)、氧化镉(CdO)、碳酸镉($CdCO_3$)	
SeO_2	金属硒粉(Se)、无水亚硒酸(SeO_2)	
Pr_6O_{11}	氧化镨	
CeO_2	氧化铈	

表 9-8 色料工业常用的矿化剂

分 类	矿 化 剂
碱金属盐	氟化锂(LiF)、碳酸锂(Li_2CO_3) 氯化钠($NaCl$)、氟化钠(NaF) 氯化钾(KCl)、碳酸钠(Na_2CO_3) 硼砂($Na_2B_4O_7 \cdot 10H_2O$)、钼酸钠(Na_2MoO_4) 钨酸钠(Na_2WO_4)、钒酸钠($Na_2V_2O_5$)
碱土金属盐	萤石(CaF_2)
氧化物	硼酸(H_3BO_3)、氧化钒(V_2O_5) 氧化钼(MoO_3)、氧化钨(WO_3) 氧化铅(PbO、Pb_3O_4)
铵盐	NH_4Cl、钼酸铵[$(NH_4)_2MoO_4$]
熔块	低熔点的铅玻璃(熔块)或硼玻璃(熔块)

9.1.3.2 配合料的制备

色料的最终色调和品位，受加入色料中各种成分的影响，为使每批色料显色相同，必须严格按配方称量并充分混合研磨均匀制成配合料。

混合方法有湿法和干法两大类。湿法是将各种原料称量配合后装入湿式磨机（如球磨机、搅拌磨等）中细磨并混合，然后干燥过筛。湿法混合有继续磨细的作用，对原料的细度要求不高，但要求混合均匀，混合后要干燥过筛，工序比较烦琐。

干法混合是将各种已加工好的原料准确配合后，放入干式混合机中混合，这种方法适合原料中有可溶性物质的混合，由于它只有混合而没有细磨的作用，故对原料的细度要求较高（最好99%的过400目筛）。目前，国内引进主要设备和技术软件的大型色釉料厂家，除某些品种如宝蓝、金棕等采用湿混工艺外，多采用干混工艺。干法混合所用的混合设备多为不锈钢材质。

9.1.3.3 烧成（固相反应）

将混合均匀并干燥好的配合料，按不同类色料的要求分别采用敞装、盖装、封装及松散、压实等方式装入耐火匣钵内煅烧，煅烧的目的是为了合成稳定的着色化合物。

煅烧温度、烧成时间、烧成气氛是由色料的种类和配方决定的。它们对色料的品位影响很大。煅烧温度通常可分为高温和低温两种。低温煅烧温度在700～1100℃，如镉硒红、铬绿、锆英石系色料的合成。高温煅烧温度在1200～1300℃，如玛瑙色料、尖晶石系色料等。大部分色料的合成温度则在1000～1300℃。烧成时间通常为10～16h，烧成周期平均为30h。最先进的色料烧成工艺为微波烧成，烧成周期不超过8h。

除某些色料需采用还原气氛烧成外，大都采用氧化气氛烧成。通常采用一次烧成，个别特殊的品种也有采用二次甚至三次烧成的。

煅烧用窑炉多使用间歇式的梭式窑，也可使用推板窑。应配备温度和气氛自动控制和检测系统。

9.1.3.4 细碎、洗涤及干燥

煅烧后的色料要进行细碎，通常成品色料颗粒的平均粒径在3～10μm。色料太粗则呈色不均匀，每种色料都有它最佳的呈色颗粒细度和颗粒分布曲线。在一定范围内细度的增加，呈色能力也增强。但如超过极限，由于色料在釉中的溶解，呈色能力反而下降。

细碎可分为干法和湿法两种。干法粉碎适用于煅烧完全、硬度小和不含有可溶性物质的色料，其特点是工艺简单、效率高、能耗低。粉碎设备一般使用锤式粉碎机，其细度要求全部过250目筛（最好是400目筛），也有的工厂采用特殊内衬的干式球磨机进行研磨，合格的色料用真空吸走以保证细度。湿法粉碎可用湿式球磨机进行研磨，也可使用搅拌磨等，其细度同样要求全部过250目筛（最好是400目筛）。湿法粉碎后的色料，若无可溶性物质的即可进行干燥；有可溶性物质的则应根据可溶盐的溶解性能，分别采用冷水、热水或稀盐酸等反复进行洗涤，直到水变得清亮为止，随后将色料浆放入搪瓷盘或不锈钢盘中，抽去料上的清水后送入干燥室内干燥，干燥周期通常为24h，然后打粉过筛，最后经配色包装得到成品。色料的制备工艺流程大致如图9-1所示。

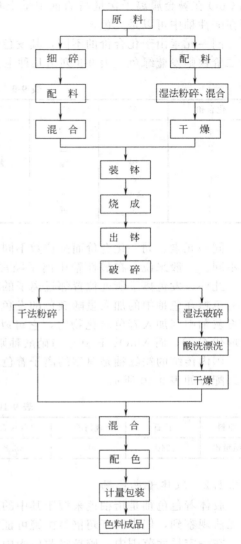

图9-1 色料制备工艺流程图

9.2 色釉及艺术釉

9.2.1 色釉

在釉料中加入适量的色料或着色化合物，即得到烧后带色的色釉，用来装饰陶瓷制品。

按烧成温度不同，色釉分成高温色釉与低温色釉两种。陶器通常用低温色釉而炻器与瓷器则用高温色釉。

按着色机理不同，色釉分成离子着色，胶体着色与晶体着色色釉等三种。

9.2.1.1 离子着色色釉

陶瓷色料被釉所溶解或化合就形成离子着色色釉。这种色釉的呈色与溶液颜色相似。不同离子在同一基础釉中发不同的色调。而相同的离子在不同的基础釉中也发不同的色调。例

如 CuO 在碱金属离子含量高的釉中呈土耳其绿色，在含铅量高的釉中则呈绿色到黄绿色，而在酸性釉中可以是无色。

同一元素由于化合价的不同，其发色也不同。如同样是铁元素，三价时发黄色或茶色，而二价铁则发蓝绿色。表 9-9 列出几种主要发色元素的发色与其化合价的关系。

表 9-9 元素化合价与发色

化合价	V	Cr	Mn	Fe	Co	Cu	U
1	—	—	—	—	—	无色	—
2	—	蓝绿	淡橙	蓝绿	青,淡红	蓝绿	—
3	绿	绿	紫红	黄,茶	—	—	—
4	青	—	—	—	—	—	—
5	无色	—	—	—	—	—	—
6	—	黄	—	—	—	—	薄黄

同一元素、同一化合价而配位数不同，其发色也不同。同一元素在酸性不同的釉中的发色不同。一般来说，在酸性釉中离子经常以低价离子存在，而在碱性釉中则以高价离子存在。此外，发色离子所处位置邻近离子的状态也影响发色。

色料在色釉中的加入量随颜色的发色能力与所要求的色调深浅不同波动于 1% ~ 10%。在石灰釉中当加入着色氧化物时，它可以作为取代 CaO 的成分，CoO、CuO 是以等物质的量取代 CaO，而 MnO、Fe_2O_3 与硝酸釉则是以二倍的物质的量取代 CaO。

国内传统的铁红釉是典型的离子着色色釉。它是 Fe^{2+} 与 Fe^{3+} 在石灰釉中综合显色的结果。配方如表 9-10 所示。

表 9-10 铁红釉的配方

原料	长石	烧滑石	石灰石	高岭土	石英	氧化铁	骨灰
质量份	240	30.5	35.8	0~100	0~120	12	12

9.2.1.2 胶体着色色釉

胶体着色色釉是指釉色来源于其中的发色胶粒。这种胶粒的尺寸很小，人眼或普通显微镜无法观察到，但借助于超倍显微镜可证实它的存在。

在一定尺寸范围内，胶粒吸收白光中一定波长的光而散射其补色光，胶体色釉的颜色即散射光的色调，胶粒的大小与发色有着密切的关系。胶粒粗时，它吸收波长较长的光而散射波长较短的光。

胶体着色色釉的呈色不但与胶粒特性与颗粒大小有关，而且与胶粒在釉玻璃中的浓度有关。

钧红、祭红、郎窑红等铜红釉属于胶体着色色釉。除此以外胶体着色色釉种类不多，可能目前还未有结论的镉硒红釉也属此类。

9.2.1.3 晶体着色色釉

若釉的呈色是由于釉玻璃中存在的发色微细晶体所引起的，称为晶体着色色釉。

晶体着色色釉最基本的条件是色料在釉玻璃中不发生或很少发生溶解或化合。通常作为晶体着色的色料，相对于胶体着色与分子着色而言，它对气氛与温度的敏感性较小。但绝大多数晶体着色色釉仍然要求相应的温度与气氛。表 9-11 列出了几种常见晶体着色色釉的使用实例。晶体着色色釉的呈色比其他着色色釉鲜艳而稳定，且有较好的遮盖能力。

表 9-11　几种晶体着色色釉的使用实例

色釉名称	陶瓷色料	基础釉类型	色料与基础釉比例	烧成工艺	
				温度/℃	气氛
铬铝红釉	铬铝红	滑石-长石釉	8：92	1280	氧化
钒锡黄釉	钒锡黄	石灰釉	1：10	1230～1250	氧化
锌钛黄釉	锌钛黄	石灰釉	—	1280～1320	还原
钛黄釉	钛黄	石灰釉	—	1230～1250	还原
碗豆绿釉	钒锆绿	含锆-石灰釉	4：108	1280	氧化
天蓝釉	钒锆蓝	石灰釉	8：106	1250～1280	氧化
黑釉	混合黑	石灰釉	13：100	1230	氧化

9.2.1.4　色釉的制备工艺

a. 色料的选择　选择色料首先要考虑产品釉面颜色的要求；然后按烧成温度、气氛与基础釉的特点，从经验资料或所掌握现有色料的特性来选择色料。当需要获得中间色时，通常可采用物理补色法来调制。当需要色釉呈乳浊时，还须选择合适的乳浊剂。选择乳浊剂时应注意到乳浊剂的乳浊效果对色釉呈色的影响。例如 ZrO_2 乳浊剂加入铬铝红色釉中，虽乳浊效果很好，但粉红色调变成砖红，而选用 SnO_2 乳浊剂较有利。

b. 色料的加入量　色料的加入量取决于色料的发色能力与需要的颜色深浅。一般来说，陶瓷色料在色釉中的加入量约为 4%～10%。对一些发色能力很强的色料（如含钴的色料）加入量可在 4% 以下。而对一些发色能力较弱的色料（如铬锡红）加入量可高达 10%～20%。

c. 色釉浆的制取　在进行色釉料粉碎之前，必须将色料先进行细粉碎到通过 200 目筛筛余 0.03%，然后再与基础釉一起在湿球磨中混合与粉碎到细度为万孔筛筛余 0.1% 左右为止。色料的细度对呈色很有关系。通常晶体着色色料粒度愈细则发色能力提高，过粗时使釉无光泽且粗糙，对一些溶解度大的则不宜粉碎得过细，否则发色效果差。

d. 施釉与烧成　色釉的施釉方法与普通釉相同（见 7.4），施釉时釉浆的均匀性极为重要，色釉釉层应尽可能增厚，以增加色度而且对克服坯色对釉的显色影响有利。

烧制色釉时必须按色料特性与色釉种类严格控制烧成温度与气氛。因此大型的烧成窑炉对烧制色釉是不利的，因为这时无法获得各部位相同的温度与气氛。

9.2.2　艺术釉

艺术釉是在色釉的基础上人为地加以特殊加工，使其发生变化，以增加艺术效果，其方法可根据实践经验自由创造，种类甚多，变化无穷，多用在陈设陶瓷、美术陶瓷上。最常见的有下列几种。

(1) 碎纹釉

在正常情况下釉面出现发裂是一种缺陷，但有时有意识地在艺术制品上造成网状裂纹作为装饰，称为"碎纹釉"。在古瓷中又有所谓"鱼子纹"、"冰裂纹"、"百圾碎"等名称。要使釉面生成发状裂纹，一般是使釉的膨胀系数大于坯的膨胀系数，所以提高釉的膨胀系数，或者降低坯的膨胀系数，同时施釉较厚，都能生成网状纹片。下列两釉式为碎纹釉的实例。

式① $\left.\begin{array}{l}0.30CaO \\ 0.70K_2O\end{array}\right\} 0.7Al_2O_3 \cdot 6.0SiO_2$

式② $\left.\begin{array}{l}0.45CaO \\ 0.55K_2O\end{array}\right\} 1.0Al_2O_3 \cdot 12.0SiO_2$

式①大致配方为：长石 73.8%，方解石 5.7%，石英 20.5%，烧成温度约 1280℃。式

②的化学组成为：SiO_2 79.42%，Al_2O_3 11.90%，CaO 2.80%，$KNaO$ 5.88%。

通常在浅色釉的裂纹里涂上煤烟或图画墨水，使纹路出现黑色，更加明显美丽。也可将硫酸亚铁溶液或其他着色溶液涂到纹路中去，再经煅烧使其牢固地附着在上面。有时使纹路吸进糖液，加热后糖碳化也能出现黑色。

(2) 结晶釉

结晶釉远在宋代就已出现，有名的结晶釉产品有铁锈花、茶叶末、鳝鱼黄、蛇皮釉、天目釉等。近代生产的锌结晶釉则能呈现晶莹美丽的大朵晶花，有的单个存在，有的连成一片，有的呈星形、松针形、荷叶形、扇形、雪花形、冰花形，有的则呈晶簇、花网等种种形状，衬以有色的光亮釉面，花团锦簇，像绸缎一样，是最美丽的陶瓷装潢之一。

结晶釉的形成有两个必须的条件，一是在熔体中存在一种或一种以上足够使釉料在高温呈现过饱和状态的结晶能力好的过量成分，二是有一个适应于该熔质的晶核形成和成长发育的冷却过程。所以结晶釉的成败关键在于釉的配料和烧成（特别是冷却）制度，必须通过深入试验和准确控制煅烧过程。

a. 结晶釉的分类　结晶釉一般以引晶剂物质命名分类。按引入结晶剂的不同，结晶釉大致可分为以下几类：硅酸锌结晶釉、硅酸钛结晶釉、硅锌钛结晶釉、硅锌铅结晶釉、锰钴结晶釉等。已经研究过的结晶釉系统近 30 种，如表 9-12 所示。两个或两个以上系统结晶釉类型又可复合派生出不同花色的结晶釉新品种，可见种类相当繁多。在众多结晶釉系统中，研究应用较多的是锌系、钛系、锰系、铁系。

表 9-12　结晶釉系统

名　称	结晶组成	名　称	结晶组成
硅酸锂	$SiO_2\text{-}Li_2O$	硅酸铱	$SiO_2\text{-}Ir_2O_3$
硅酸铯	$SiO_2\text{-}Cs_2O$	硅酸铬	$SiO_2\text{-}Cr_2O_3$
硅酸铍	$SiO_2\text{-}BeO$	硅酸铈	$SiO_2\text{-}Ce_2O_3$
硅酸镁	$SiO_2\text{-}MgO$	硅酸铒	$SiO_2\text{-}Er_2O_3$
硅酸钙	$SiO_2\text{-}CaO$	硅酸镨	$SiO_2\text{-}Pr_2O_3$
硅酸锶	$SiO_2\text{-}SrO$	硅酸锑	$SiO_2\text{-}Sb_2O_3$
硅酸钡	$SiO_2\text{-}BaO$	硅酸镧	$SiO_2\text{-}La_2O_3$
硅酸锌	$SiO_2\text{-}ZnO$	硅酸锰	$SiO_2\text{-}MnO_2$
硅酸铅	$SiO_2\text{-}PbO$	硅酸锆	$SiO_2\text{-}ZrO_2$
硅酸铜	$SiO_2\text{-}CuO$	硅酸钍	$SiO_2\text{-}ThO_2$
硅酸镍	$SiO_2\text{-}NiO$	硅酸铀	$SiO_2\text{-}UO_2$
硅酸镉	$SiO_2\text{-}CdO$	硅酸钛	$SiO_2\text{-}TiO_2$
硅酸钐	$SiO_2\text{-}Sm_2O$	硅酸钼	$SiO_2\text{-}MoO_2$
硅酸铁	$SiO_2\text{-}FeO$	硅酸钒	$SiO_2\text{-}V_2O_5$

b. 配料问题　制造巨大晶体最常用的氧化物为 ZnO、TiO_2、Fe_2O_3。其中 ZnO 能形成大型扇状晶体。在硅酸锌结晶釉中，ZnO 的用量范围很宽，含 ZnO 8%～60% 的釉都有析晶的可能。其结晶体的性质与硅锌矿（$2ZnO \cdot SiO_2$）相似，质量比约为 ZnO 51.1%，SiO_2 48.9%。釉中 ZnO 与碱的比例在下列范围内对结晶最有利：

$$0.3 \sim 0.6 ZnO$$
$$0.7 \sim 0.4 KNaO$$

硅酸钛结晶釉和硅锌钛结晶釉要求在釉料中含有 $8\%\sim14\%$ 的 TiO_2，就能形成小而多的尖针状结晶，虽然晶花小不及硅酸锌晶体美丽，但析晶效果比硅酸锌好，而且在执行烧成曲线上也不像硅酸锌那样严格。

结晶釉的黏度比普通釉低，化学成分与玻璃相似，含 Al_2O_3 极少，含 SiO_2 亦较少。结晶釉多数是以生料组成，有时也可制成熔块釉。

在釉中能促进结晶趋向的是一些低原子量元素的氧化物，由它们组成 RO 组，如 Na、K、Mg、Ca、Mn、Fe、Zn；但一些低原子量元素如硼等，只有利于釉的流动性，却不利于结晶作用。一些高原子量的金属，如 Ba、Pb 等，似乎均不利于结晶作用；但高原子量元素中，其氧化物构成釉的酸性成分者，如 Si、Ti、P 等，可产生最佳的结晶剂。

加入 R_2O_3，在有些情况下对结晶作用有利，有时反而有害。其中 Al_2O_3 能妨碍或阻止晶体形成，所以一般结晶釉少用或不用 Al_2O_3。

国内各地常用结晶釉的成分范围为：SiO_2 $45\%\sim52\%$，Al_2O_3 $1\%\sim10\%$，ZnO $22\%\sim28\%$，KNaO $6\%\sim12\%$，CaO+MgO $4\%\sim9\%$。

在选择釉料配方时，大多着重考虑如何改善釉的析晶性能，而对于如何扩大成熟温度范围，往往被人们忽视。其实成熟温度范围窄是结晶釉成品率不易提高的主要原因之一，必须予以注意。

结晶釉适用的坯体可以是瓷质的、炻质的，也可以是陶质的，不论是什么坯体，都要求坯体的烧成温度应比釉的成熟温度为高（最好是在高于釉的成熟温度 2~3 个锥号的温度下素烧后再施釉），否则，烧成时坯体中含有大量 SiO_2、Al_2O_3 等成分熔入釉中，影响釉的析晶性能。

c. 烧成制度　为了保证结晶釉有多而大的晶体出现，必须制定相应的烧成制度。结晶釉的烧成范围很窄（一般只有 ±50℃ 左右），因此对烧成曲线的掌握要求十分严格。一般 1000℃ 以上至烧成温度之间要求快速升温，然后急冷，降至适于晶核形成的温度，此时又重新加热平烧，使晶体发育长大，最后正常冷却。

烧成气氛要用氧化焰，还原气氛对结晶不利，烧成温度一般在 1260~1350℃ 之间。

结晶釉因施釉较厚（0.5~2.0mm），高温黏度小，容易向下流而造成产品粘足。因此要在器形设计等方面多加考虑，防止形成废品。

根据间歇式窑炉实际操作经验，提出"烤、升、平、突、降、保、冷"七字操作法。具体介绍如下：

烤——制品在低温阶段宜稍慢；

升——制品干燥，脱去部分结晶水以后，应尽可能快速升温；

平——接近釉料开始玻化，晶体进行烧结时略加保温，以便釉和坯体中的物理化学反应进行得充分，为下阶段快烧做准备；

突——尽可能快地突击升到最高烧成温度；

降——快速降温至析晶保温温度；

保——在析晶温度区平稳保温，使晶体充分发育；

冷——析晶完毕，在窑中自然降温，使制品冷却。

结晶釉烧成最关键的是确定最高烧成温度和最佳保温温度。

(3) 无光釉

无光釉同乳浊釉、结晶釉一样均属析晶釉，但它们晶粒大小不同。结晶釉中的晶粒大到肉眼可见，乳浊釉中晶体粒度一般为 $0.2\sim0.5\mu m$，无光釉的晶体粒度介于二者之间，根据资料介绍，无光釉晶体粒度一般为 $3\sim10\mu m$。这些密集结晶往往发生堆垒并在釉面凸起来使釉消光。无光釉是不透明釉或半失透釉，也就是说，无光釉具有一定的乳浊效果，其乳浊能力取决于结晶相的数量和结晶尺寸的大小。制备无光釉的方法有以下几种。

① 在釉料中加入适当的物质，例如碳酸盐类，在烧成过程中分解，形成包裹在釉里的细小气泡，造成釉的乳浊状态，光线透过釉面产生散射而呈现无光。这种釉外观显得质地疏松，釉面不够细密。

② 将制品用稀的氢氟酸腐蚀，以降低釉面光泽度。

③ 在釉料中加入一定量的难熔物质，主要是高铝黏土及铝的化合物。在烧成过程中，部分铝化合物呈不熔或半熔状态而产生无光。但由于这种铝含量偏高的无光釉是因釉中物质未完全熔融或为半熔融而呈现无光的，因此生成的无光釉釉面粗糙，物理性能也较差。

④ 在釉料中加入适量的结晶物质，如氧化锌、氧化钙、氧化镁和氧化钡的化合物等，烧成时在釉中形成硅酸锌（$ZnO \cdot SiO_2$）、钙长石（$CaO \cdot Al_2O_3 \cdot 2SiO_2$）、硅灰石（$CaO \cdot SiO_2$）、钡长石（$BaO \cdot Al_2O_3 \cdot 2SiO_2$）或透辉石（$CaO \cdot MgO \cdot 2SiO_2$）等微小晶体，从而获得无光釉面。用这种方法得到的无光釉，釉面滋润、细腻，似玉石感。所以，制备无光釉大多采用这种方法。

无光釉的形成必须具备两个条件：一是合适的釉组成；二是适当的冷却速度。对于釉组成来说，应使釉料中存在过剩的容易结晶的金属氧化物，最常使用也是通用的氧化物有氧化锌、氧化钙、氧化镁或氧化钡，但原则上说每种氧化物都可以引起釉失去光泽，先决条件是在釉料中存在过剩的这种氧化物，为了可靠地达到这个过剩量，形成玻璃的物料（SiO_2、Al_2O_3 或 B_2O_3）的量要尽可能少。根据结晶相的不同，无光釉主要有以下几种：

① 釉中富含 SiO_2，形成磷石英结晶；
② 在釉组分中增加 Al_2O_3 的同时，降低 SiO_2，形成莫来石结晶；
③ 釉中添加过剩的 ZnO，形成硅锌矿结晶；
④ 釉中添加过剩的 TiO_2，形成金红石结晶；
⑤ 釉中添加过剩的碱土金属氧化物，形成硅灰石或 Ca、Ba、Mg 的铝硅酸盐（钙长石、钡长石等）结晶。

在以上几种无光釉中，研究和应用比较广泛的主要有钙无光釉、钡无光釉、锌无光釉，以及复合无光釉。

（4）花釉

花釉是指运用两种以上颜色交混在一起，形成各种纹样的釉面装饰。传统的花釉具有两个明显的特征，即有一定的乳浊性和有较大的流动性，花釉复杂多变的颜色和生动的流纹，正是通过不均匀的乳浊性和流动作用而显现出来的。花釉从本质上可分为红釉系花釉和黑釉系花釉两大系统。红釉系包括一切以还原焰烧成的铜红系窑变花釉，大都用于瓷器。黑釉系的各种花釉又有两个共同的特点，就是都是由铁质黑釉作底层，乳浊釉作面层相结合而成，都是在氧化焰下烧成，因此十分适用于陶器和炻器。这层富有遮盖力的花釉，好比给粗陶制品一层美丽的外衣，使各地的劣质原料有可能制成高档陈设器皿。

近代的花釉仍采用底釉面釉两层组成。一般是用深色釉（黑、褐等）作为底釉，浅色釉或乳浊釉作为面釉。底釉可以利用各地原来使用的深色陶器釉，面釉则可把陶用白釉作为基础釉加入各种着色剂，制成各种颜色釉。利用釉的不同成分，不同的施釉方法，以及不同的烧成温度与气氛，使釉中各着色氧化物在高温时相互交融反应，就形成了五光十色，变化万千的各种颜色。

施釉时，底釉一般用浸釉法，釉层厚度约 0.6～0.8mm，面釉要根据产品的不同要求用浸、喷、洒、涂、点、洗、防、刮等多种方法。例如用乳浊釉洒在黑釉上能形成玳瑁斑；局部不需上面釉的地方，可用蜡涂或用剪纸贴上；虎皮的条纹可在施面釉后用竹片刮去几条，使露出底釉；要求大面积有特殊效果时，可用"涂、点、洗"等方法。一般面釉要求较薄，约 0.3～0.5mm 左右。

烧成要求用氧化气氛，在 1150℃ 以前，可以快速升温，以后釉层开始发泡，升温要缓慢，约 1220℃ 左右釉泡平伏，继续升温到 1230～1260℃。根据产品的不同要求，最高温度可保温 10～20min。

同一花釉，在不同的窑位中，不同的温度或气氛下，会呈现不同的效果。此外，花釉的呈色还受坯体的组成、釉层的厚薄、施釉工艺以及造型设计等多种因素的影响，要多做试验，在实践中摸索它的规律。

9.2.3 干式釉

20 世纪 80 年代初，建筑陶瓷发达的国家，施釉工艺发生了重要革命，研制成功了干法施釉技术。所谓干法施釉是采用干法施熔块粉、熔块粒、熔块片和造粒釉粉，用于撒釉、一次压型或干法静电施釉来达到特殊的釉面装饰效果。

9.2.3.1 干式釉的概念和分类

所谓的干式釉，主要是从施釉时釉的形态上讲，也就是区别于传统的釉浆，它呈粉粒状或小片状。干釉是由部分透明的碎熔块和白色的碎熔块所组成的一种混合物，采用撒布法撒在一层基釉釉浆上面。这样，这种玻璃质颗粒就粘附在面砖生坯的湿表面上。在烧成时，釉和熔块颗粒彼此互相溶合起来。这种表面类似于花岗岩，很硬、致密度很高，特别耐磨。根据颗粒大小和制备工艺不同，干式釉可分为以下四种。

① 熔块粉：粒度为 40～200μm。
② 熔块粒：粒度为 0.2～2mm。
③ 熔块片：粒度为 2～5mm。
④ 造粒釉：将配好的釉料经过细磨、造粒形成的一种干式釉。

前三种实际上都是熔块釉，是把熔块粉碎后筛分而成，使用时可根据需要外加部分生料。

9.2.3.2 干式釉的制备

干式釉主要由熔块组成，所以干式釉的制备主要是熔块粉磨和筛分。

熔块的干磨在小批量生产中要用间歇式球磨机。在大生产中常采用锥形连续磨，它采用氧化铝衬或橡胶衬，用高密度球石（通常为高铝球）。此外，也还有其他的干磨系统，如辊式破碎机、锤式粉碎机等。

多级筛分是干式釉的又一主要过程。干法施釉对釉用干粒的颗粒大小要求较高，不同的颗粒大小会产生不同的使用效果。所以必须在粉碎后根据产品装饰要求进行多级筛分，以去除过粗或过细部分。

造粒釉粉的制备要经过专门的造粒工艺过程，造粒方法有多种，如湿磨后喷雾干燥、釉粉中加黏结剂经过挤、压后再干燥和在 600～800℃ 之间进行熔烧等。

釉粉的着色有两种方法，一种是将色剂加入熔块的配料中制成彩色熔块，然后粉碎、筛分。由于一般陶瓷色剂在 1300℃ 以下稳定，而熔块炉内温度一般在 1400℃ 以上，因此，此法局限性大；另一种是染色法，即向熔块颗粒中加入色剂及黏结剂，经混合、干燥、筛分而成。此法适应性广泛，几乎各种色剂都能用。因此，能得到各种颜色的干式釉。

9.2.3.3 干式釉的性能和应用特点

a. 熔块粉　这种釉粉颗粒较小，一般在 40～200μm，通常用染色法着色。这种粉料流动性要好，以便于使用。其应用主要是撒在底釉上，通常撒完后用水冲或风吹，以形成逼真的仿石效果，表面常覆盖一层透明釉。其干撒釉量一般为 30～100g/m^2。

b. 熔块粒　熔块粒是熔块经球磨机或锤式粉碎机粉碎后，再通过多级筛分而成。其粒度为 0.2～2mm，通常所取的范围是 0.15～0.5mm；0.2～0.8mm；0.5～1.2mm 和 1～2mm。每种熔块颗粒可以是自身天然颜色、人工着色或者是经过涂一层色料而得到不同颜色。它还可以以任意比例与其他一种或者多种不同的碎熔块（最多可达 5～7 种成分）混合。上色料涂层是一个很精细的过程。因为它需要将适当数量的色料固定在碎熔块颗粒的表面上，既要有规则地分配色料，又要色料重新团聚。还要小心地使色料完美地粘附在颗粒上，使之即不能在涂胶操作中被刮掉，也不会被机器碰掉。

对于这种干釉粒，通过变换颗粒级配、熔块种类和颜色，可以得到成百上千种装饰效果。它主要用于地砖，也可用于墙面砖。最终的面砖表面可以是很平滑的，有光泽的或无光泽的（用于住宅）；也可以是粒状的和粗糙的（用于人流多的地方）。在制造墙面砖时，采用该工艺以获得用传统湿法上釉从未得到的花岗岩、斑岩或天然砂石的那种石材效果。

但要注意，不是每种熔块都可以使用，必须准确地选取熔块粒，以保证各种熔块能彼此匹配和共同熔合而产生一个特殊效果，且能避免不良反应，如气泡、气孔、机械应力等。

常用的熔块粒品种有：① 富含锆和钙的熔块粒，以获得不同明亮程度的白色粒状斑晶；② 锌无光熔块粒，以获得半透明的斑点；③ 富含硼或硼、钙的熔块粒，使之与其他熔块反应，以形成斑晶间的界面效应；④ 透明的无铅熔块粒，以期产生斑晶。

c. 熔块片　它是在熔块出炉时用钢辊轧成薄片后淬冷，然后再破碎而成。这种熔块不是水淬熔块那种块粒状，而是薄片状，厚度在 0.2～1mm，经过破碎后筛成 2～5mm 的小片。熔块片单独使用，也可与熔块粒结合使用。其装饰特点是在砖面上形成岛屿状的大斑晶，用量多时类似于水磨石；釉层厚，面釉为透明釉时立体感强。目前，随着干撒釉工艺的不断完善及人们对装饰的需求，熔块片的尺寸越来越大，其中最大的已达到 12～20mm。

d. 造粒釉　球状或不规则颗粒状干釉是干式釉中的精品。这类干式釉不仅能用玻璃状熔块，而且还可使用产生特殊反应和陶瓷工艺效果的各种熔块和各种成分的生料所组成的釉料与之配套使用。对于由各种熔块和生料组成的混合物，甚至可以使之结合成坚固、密实、均匀的颗粒形状。所以造粒釉粉最大的特点是它不仅可以是熔块釉，也可以是生料釉，这就拓宽了干式釉的使用范围。对于任何坯体都可以制成坯釉相宜的干式釉粉。此外，通过细磨再造粒的方法，消除了熔块熔化过程中因熔炉耐火材料落渣对釉造成的严重影响，一般造粒釉粉的粒度为 0.5～10mm。

造粒釉可以在其配方内着色，或者上色料涂层。在陶瓷装饰中富于变化，并能形成比单一熔块釉更具吸引力的装饰效果。它不会像熔块釉那样出现未熔和难熔颗粒。它能形成一种柔和平滑的釉面，颜料和釉向周围物质扩散，多次重叠施加的釉料颗粒由于各种颗粒层叠及其不同的熔融程度，形成一种脉络结构，从而增强或减弱颜色的呈色效果。造粒釉可产生如彩虹釉、无光釉、结晶釉那样的效果。

与熔块粉、熔块粒和熔块片相比，造粒釉有以下优点：①根据坯体不同可以灵活变换釉的组成；②可获得柔和、光滑的釉面，装饰效果奇特；③可使用彩虹釉、无光釉、结晶釉及粗面釉；④不会产生因熔块未熔透和熔炉耐火材料落渣造成的缺陷。

9.3 色坯和色粒

利用坯料中原有着色成分或在白色坯料中加入着色剂而使坯体着色，以达到装饰陶瓷产品的装饰技法，称为色坯装饰。色坯装饰是陶瓷制品的特殊装饰方法之一。

坯体着色是由其中的带色离子或着色晶体使其玻璃相呈色来实现的。

由于坯体中存在较多的晶相，且其玻璃相的组成不能同釉料一样在较宽的范围内调整，以适应不同色料呈色的要求，因此，色坯呈色多不如色釉鲜艳明快，且在色坯中可用的色料不如色釉中适用的色料种类多。

按使用呈色材料、装饰手法等的不同，色坯装饰分为以下几种类型。

a. 按呈色机理分　按呈色机理分为离子着色色坯和晶体着色色坯。

离子着色色坯是利用黏土等原料中所含的有色矿物，或在白色坯料中引入着色氧化物或可溶性着色的有机或无机盐，从而使坯体呈色的装饰手法。晶体着色色坯是在白色坯料中引入合成陶瓷色料晶体，使坯体呈色的装饰手法。

b. 按色坯装饰方式分　按色坯装饰方式分为同色色坯、堆花色坯、纹胎色坯、斑点色坯和可溶性盐类渗透着色色坯。

同色色坯是整个制品采用同一颜色坯体，外施透明釉的装饰手法。堆花色坯是不同颜色色坯用于一件产品上，堆塑成深浮雕式装饰款式，或外罩透明釉的装饰手法。纹胎色坯是不同颜色的色坯用手工或练泥机不均匀捏练，从而形成多变彩色呈纹合样的色坯的装饰手法。斑点色坯是在白色或有色基料粉粒中掺入一种或两种以上其他颜色粉粒，再经压制形成斑点状装饰纹样色坯的装饰手法。根据斑点色粒大小不同，分为色料粉料和色料大颗粒装饰。此种装饰多用于瓷质地砖装饰。可溶性盐类渗透着色色坯是在已成型或素烧后的坯体上采用手绘、喷淋、丝网印刷等手段，使着色离子的可溶性盐渗透到坯体中而使坯体呈色的装饰手法。参见 9.4 节渗花和抛光，此种装饰多用于瓷质抛光地砖。

9.3.1 坯用色料

a. 传统色坯着色剂　传统陶瓷色坯多采用过渡金属氧化物或某些天然有色矿物作着色剂（如表 9-13 所示）。除铬铁矿外，其他这类着色剂在色坯烧成后，均以其离子状态起呈色作用。它们受坯体组成和烧成温度与气氛等影响，呈色不稳定。

表 9-13　传统色坯着色剂

着色剂	用量(质量分数)/%	在白坯中 1230℃烧成后的颜色
CuO	2.5	淡橄榄色-绿色
Fe_2O_3	2	浅粉红
Fe_2O_3	8	黑
MnO_2	3	黑
Co_2O_3	1	黑
Cr_2O_3	3	灰绿
Co_2O_3	2.5	浅蓝
CuO	2	灰棕
Fe_2O_3	2	灰棕
钛铬矿	6	淡棕
铬铁矿	6	灰棕

b. 色坯用合成晶体陶瓷色料　能作为色坯着色的高温陶瓷色料见表 9-14。这些色料都是不与坯料玻璃相反应，或者说对玻璃相组成适应性广泛的陶瓷色料。

表 9-14　色坯用高温陶瓷色料

颜　色	名　称	组　成	矿　物
黑	艳黑	Co-Cr-Fe(Mn)	尖晶石 $CoO \cdot (Cr,Fe)_2O_3$
	铬铁黑	Cr-Fe	铬铁矿 $(Fe,Cr)_2O_3$
灰	锑锡灰	Sb-Sn, Sn-Sb-V	锡石 $SnO_2[Sb], SnO_2[Sb,V]$
黄	钒锡黄	Sn-V, Sn-Ti-V	锡石 $SnO_2[V], SnO_2[V,Ti]$
	镨锆黄	Sn-Si-Pr	锆英石 $ZrSiO_2[Pr]$
棕	栗茶	Fe-Cr-Al-Zn	尖晶石 $(Zn,Fe)O \cdot (Cr,Al)_2O_3$
		Fe-Cr-Mn-Al-Zn	尖晶石 $(Zn,Mn)O \cdot (Cr,Fe,Al)_2O_3$
绿	铬绿	Cr-Al	刚玉 $(Cr,Al)_2O_3$
	孔雀绿	Co-Zn-Cr-Al	尖晶石 $(Co,Zn)O \cdot (Cr,Al)_2O_3$
蓝	钴蓝	Co-Al	尖晶石 $CoO \cdot Al_2O_3$
	海碧	Co-Zn-Al	尖晶石 $(Co,Zn)O \cdot Al_2O_3$
	钒锆蓝	Zr-Si-V	锆英石 $ZrSiO_4[V]$
紫	磷酸锰紫	Mn-P	磷酸盐
	铬锡紫	Sn-Cr	锡石 $SnO_2[Cr]$
红	锰红	Al-Mn	刚玉 $Al_2O_3[Mn]$

c. 可溶性盐着色剂　渗透着色多采用过渡金属的可溶性有机盐或无机盐（见表 9-15）。这些盐在水中溶解度大，不易析晶沉淀。根据设定色调，可用其中的一种或两种按不同比例引入。

表 9-15　常用可溶性盐着色剂

色坯颜色	名　称	化　学　式
绿、灰绿	三氯化铬	$CrCl_3 \cdot 6H_2O$
	硝酸铬	$Cr(NO_3)_3 \cdot 9H_2O$
蓝	氯化钴	$CoCl_2 \cdot 6H_2O$
	硝酸钴	$Co(NO_3)_2 \cdot 6H_2O$
浅蓝、绿	氯化铜	$CuCl_2 \cdot 2H_2O$
	硝酸铜	$Cu(NO_3)_2 \cdot 3H_2O$
棕红	无水三氯化铁	$FeCl_3$
	硫酸铁	$Fe_2(SO_4)_3 \cdot 9H_2O$
	硫酸亚铁	$FeSO_4 \cdot 7H_2O$
灰褐棕	氯化锰	$MnCl_2 \cdot 4H_2O$
	硝酸锰	$Mn(NO_3)_2 \cdot 6H_2O$

9.3.2　色粒坯料的制备

色粒坯料的制备方法，因不同的产品，不同的装饰方法而不同。在建筑陶瓷地砖的生产中，有斑点色粒坯瓷质砖和大颗粒瓷质砖。斑点色粒坯瓷质砖的粉料可用混喷法（塔内混料）或粉料混合法（塔外混料）制备。

(1) 喷雾塔混喷法

喷雾塔混喷法的工艺流程如图 9-2 所示。

通过喷雾塔内色料浆喷枪配置的多少和调节色浆计量泵，可达到粉料按设定比例配色，可以单色，也可以多色。但由于混喷生产时，色浆污染白色基浆料，制出产品色点颗粒浑浊，现较少采用此法。

(2) 粉料混合法

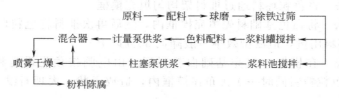

图 9-2 喷雾塔混喷法工艺流程

粉料混合法是将基浆料和色料浆分别单独喷雾干燥制粉，然后根据所需装饰效果，用机械的方法将二者进行混合。其工艺流程如图 9-3 所示。

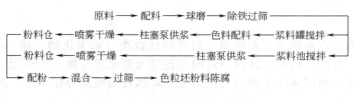

图 9-3 粉料混合法工艺流程

采用这种工艺制出的产品，色料颗粒清晰，特别是采用两种以上的颜色进行装饰时，可收到较好效果。但这种方法生产工艺复杂，所需设备较多，投资较大，当色料粉与基料粉的颗粒级配不一致时，易产生颗粒偏析而带来色差。

(3) 大颗粒制备法

大颗粒是指 3～10mm 大小的颗粒料。用于大颗粒瓷质地砖。颗粒颜色结构形式除了单一颜色外，还可以由多种不同颜色的小颗粒结成，或多种颜色层层包裹结成。颗粒外形有各种形状。大颗粒制备法有以下几种。

a. 流化床法 将喷雾干燥的基础白粉料送入振动流化床，在不断向前移动中，由喷淋嘴将色浆喷入处于"沸腾"状态的粉料中，黏结成大小不等的颗粒，经干燥，过筛，获取大小适合的大颗粒。

b. 辊压制粒法 把喷雾干燥的基础白粉料，与一种或多种色粉料按一定比例混合均匀，然后进入对辊成球机中，压制成 30～50mm 大小的粉球，经打碎，过筛，获得大小适合的大颗粒。此工艺把混合、辊压成球、打碎、过筛连成作业线，每小时产量可达 2～3t。

c. 搅拌成球法 把基础白粉料和 1～3 种不同色的色粉料按比例放入圆盘中，通过多种形式的搅拌机构进行搅拌，边搅拌边喷洒少量的水，出料过筛获得大颗粒。另一种方法是将白粉料放入圆盘搅拌过程中，喷洒色浆搅拌成球后，再加入白粉料，搅拌成球，多次反复后达到层层包裹的效果。

上述三种工艺已有成套专用设备。对大颗粒料要求有一定的强度，不会在输送和混料时被破坏，其致密度不能太高，否则与基础白粉料的收缩不一致。此外，大颗粒水分也要和基础白粉料相适应。

大颗粒料一般加入 30%～50%，再与基础色粒粉料混合后，配成成型用的大颗粒粉料。

由于混合料中颗粒大小差异很大，在坯料转移过程中很容易出现偏析，造成色差。因此，充分混合后应尽量降低卸料落差。混合料输送一般采用平皮带，同时取消压型前的中间储料仓。

9.3.3 色粒坯料成型布料工艺

色粒坯料在半干压成型过程中的布料方法有三种。

a. 均匀布料法　将色粒坯料通过推料架均匀填充模框。
　　b. 二次布料法　将白色基础料先填充模框内，然后再次推料将色粒坯料均匀填充摸框。此方法可减少色坯料用量，但成型效率一般降低50%以上。
　　c. 电脑布料法　在模框内布完基础白粉料后，由电脑按预先设定程序（布料图案纹样），将一至多种色粒粉料同时一次排布在模框内，造成云状、大理石纹和各种花岗岩石纹样，效果逼真。

　　大颗粒成型时，在布料过程中，由于大颗粒粉料在转移及刮料时往上表面移动，细颗粒料下沉。因此，砖坯正面应朝上。大颗粒瓷质砖一般都经过抛光处理。

9.4　渗花和抛光

9.4.1　渗花

　　渗花砖的装饰是直接把含有着色离子的可溶性盐类（如氯化物、硝酸盐的水溶液），加入羧甲基纤维素、甘油、糖等，经过一定的工艺处理制成渗花釉，再利用丝网印刷技术，印刷到瓷质砖的表面，利用坯体毛细管力作用及在坯体表面吸附等作用下，液体渗花釉料由表面慢慢渗入坯体内部，然后经过1190～1210℃的高温烧成，抛光后瓷砖表面光亮如镜，彩纹清晰可见。不同于传统的花纸和颜色釉装饰，渗花装饰是用于全瓷抛光砖的一种装饰方法。其特点是集花岗岩耐磨、耐腐蚀和大理石及彩釉砖丰富多彩的效果于一身。

　　渗花砖生产的主要工艺流程如下：
　　配料→球磨→喷雾干燥造粒→粉料仓→成型→干燥→丝网印渗花彩料→烧成→检选→抛光→检选→成品仓

9.4.1.1　渗花坯体配方的确定

　　坯体的材料要能使渗花液较容易地渗入到坯体内，而且要渗入到一定的深度，因此，在选择坯体配方用料时要考虑以下几个方面的问题：①坯体要具有较高的强度来适应印刷；②坯体要具有良好的疏水性，使渗花液较容易地渗入到坯体一定深度；③坯体烧后要具有一定的白度；④坯体的烧成温度要低。

　　在选择原材料方面，塑性黏土的可塑性越大越好，可以用少量的塑性黏土就能使生坯具有足够的强度；如果使用低塑性的塑性黏土，那么要使用多些塑性黏土才能保证生坯强度；然而，塑性黏土用量过多，虽然可以提高生坯强度，但是会导致坯体的疏水性变差，使印刷到坯体表面的彩色渗花液很难渗入坯体表面下，这样的渗花效果不理想。如果找不到高塑性的黏土，在使用低塑性黏土时，可以添加0.5%～11%的CMC（或其他坯体增强剂）来代替部分塑性黏土来增强坯体坯料的塑性，使坯体在具有良好的疏水性的同时，具有较高坯体强度。一个典型的坯体配方组成如下：

　　塑性黏土13%～16%；富硅白土25%～30%；瓷砂25%～50%；长石30%～35%

9.4.1.2　彩色渗花液的配制

　　渗花瓷质砖的渗花色料也就是日用陶瓷常用的釉下液体色料，即把含有着色性能较强的金属可溶性盐类，如氯化物或硝酸盐的水溶液，加以蔗糖、糖浆或甘油调成具有一定稠度的色料，并能适应瓷质砖的丝网印刷技术要求的渗花料，通过丝网的花纹印在瓷质砖坯面上，依赖坯体对渗花色料吸入和助渗剂对坯体的润湿作用渗入到坯体之内，其渗入程度略大于2mm深度。液体渗花彩料的主要组成包括两部分：①易溶于水，而且在高温下又能呈稳定颜色的可溶性无机盐；②具有一定黏结力，适合丝网印刷的黏稠物。

　　液体渗花彩料与其他彩料不同之处是使用的色基不经过高温煅烧，而直接用可溶性无机金属化合物代替。色基选用时，不仅要求能溶于水，还要求在高温下呈色稳定。从高温呈色的深浅、呈色稳定性及无机盐在水中的溶解度等方面进行综合考虑，一般选择在水中溶解度较大、呈色稳定、呈色较深的色剂为原料。常用的可溶性盐着色剂可参见表9-15。

选择不同的色剂，通过适当的配比和适当的浓度，可以调节出浅棕色、深棕色、灰色、黑色、蓝色、蓝绿色、草绿色、红棕色等。

增黏剂是渗花彩料的主要调节剂，它的使用直接影响着渗花彩料的黏度及使用效果。常使用的增黏剂有淀粉、甘油、阿拉伯树脂、CMC、乙二醇等。经过一定的工艺处理，既能保证黏稠物具有一定流动性，又不产生结块沉淀。通常用蒸馏水等去离子水作为调节黏稠物的溶剂。

彩色渗花液的配比如下：黏稠液 $40\%\sim50\%$，呈色可溶性无机盐溶液 $50\%\sim60\%$，无机盐的浓度高低由产品呈色深浅而定，最大只能是以该可溶性盐的最大溶解度为极限。

由于部分黏稠物不溶于水，与水相混后容易结成块，因此，这些黏稠物需用球磨研细成稠状液，而且细度又要小，足以使渗花液透过丝网印刷到生坯表面；一般要求彩色渗花液细度应是过 200 目筛无筛余，其中细小的原粒应全部通过丝网为宜，另外，彩色渗花液的酸碱性应控制在 pH 值 $6.0\sim8.0$。

9.4.1.3 渗花砖生产过程的控制

a. 干坯温度控制　印花时控制适当的坯体表面温度是很重要的。因为印花所用的渗花釉是由可溶性无机盐加水和黏合剂调制而成。若坯体表面温度太高，渗花釉中的水分蒸发快，使得渗花釉浓度、黏度都相对变大，这将造成两种不利的结果，一方面容易堵塞筛的网孔给印花造成困难；另一方面着色离子也会随着水分的快速蒸发扩散返回到砖坯表面，致使坯体表面聚集大量的着色离子，颜色变深，而坯体内部由于着色离子少、颜色变浅，有时甚至出现抛光后无色。解决的办法就是在印刷前对出干燥器的干坯鼓风冷却和喷助渗剂，以迅速降低坯体温度。助渗剂在坯体表面产生润湿作用，将坯体表面的毛细孔打开，有利于彩色渗花液在坯体表面容易地渗入。喷入的助渗剂的量应少量为宜，太多地喷入助渗剂会使坯体强度急剧下降，坯体容易在印刷过程中破碎，同时还会导致坯体表面疏松。即使坯体在窑炉烧成过程中不开裂，烧后的产品表面也很疏松，图案模糊不清。实践证明，若坯体表面温度太低，也很难保证渗花釉的渗透深度。坯体表面温度太低对渗花并不利，只有控制适当的坯体温度，才能得到较佳渗花深度的产品。一般来说，渗花时坯体表面温度控制在 $45\sim65$℃ 为佳。

b. 彩色渗花液的黏度控制　渗花釉的性能直接关系到印刷图案的质量。生产渗花砖时，要想获得好的渗花质量，必须调制好渗花釉，调配渗花釉时应保证其可溶性色剂和调黏剂的充分溶解，保证釉料无沉淀结块及分层现象，保证渗花釉的稳定性、均一性和符合工艺要求的黏性。就渗花釉来说具有较好的稳定性、均一性对渗花效果是至关重要的，它不仅可防止印刷花面堵网和粘版，而且能印刷出质量稳定的花色图案。

在渗花釉的诸多性能指标中，黏度指标是一个很重要的参数，对其调配不当将严重影响渗花的深浅度及渗花花面效果。若渗花釉的黏度太大，一方面印刷花面时会粘网、堵网甚至破坏坯体表面，使印花无法正常进行，也就更谈不上保证渗花深度了，另一方面因黏稠物对坯体的毛细管孔产生阻塞，大大降低坯体的渗透性，阻止着色离子的扩散渗透，使着色离子滞留在坯体表面难以渗入，降低渗花深度。若黏度太小，虽然对渗透有利，但也会造成随着渗花后坯体干燥的进行，着色离子会与蒸发水一起又重新回到坯体表面，待水分蒸发后，着色离子聚集在坯体表面而使坯体表面与内部产生很大的色度梯度。烧成抛光后出现图案模糊。所以，在渗花之前一定要严格测试渗花釉的黏度，对黏度太小的渗花釉不得采用，一般生产用渗花釉的黏度在恩氏黏度 $7\sim13$ 之间。

c. 丝网网孔大小的选择　在确定彩色渗花液黏度以后，对丝网进行一系列试验，网孔由小到大，在这过程中发现，如果网孔太细，太密，在印刷时彩色渗花液很难透过网孔印到生坯表面，而且到坯体表面的彩色渗花液的量也很少，使渗花效果变差，生产出的产品经抛光以后要么见不到图案，要么图案模糊不清；如果丝网网孔太粗，印刷到坯体表面的彩色渗花液量较多，彩色渗花液容易在坯体表面向外扩散而导致图案模糊，还会使坯体表面局部水分过高而疏松被剥落；通常选择丝网网孔为40～60目较好。

d. 印刷后的辅助操作　坯体的吸附作用将彩色渗花液吸入坯体表面后，如果不喷助渗剂，这些彩色渗花液容易受热蒸发掉部分水分，使坯体表面的彩色渗花液浓度变大，黏度也相应增大，渗花液就难以渗入坯体，如果印刷后迅速喷洒助渗剂，即使受热蒸发，助渗剂中那部分水分蒸发掉，也不影响渗花液浓度和渗透过程，还可以帮助彩色渗花液顺利地渗入到坯体表面下，而且渗入的深度较大。

喷助渗剂的量不但要适量，而且喷入量又要稳定，否则会产生色差，生产中用量控制在 $800g/m^2$ 左右能产生比较好的效果。

整个丝网印刷渗透完成后，将坯体送入干燥器再干燥，干燥温度控制在90～100℃，干燥速度不宜快；如果干燥温度过高，速度过快，很容易使生坯炸裂，尽可能控制稳定，否则会产生色差。干燥后可以直接入窑烧成，或用储坯车储存待烧。烧成工艺与烧成玻化砖基本相同，只是烧成预热带稍微延长，使坯体的水分有足够时间挥发。

9.4.2　抛光

渗花砖经抛光机磨光以后才能显示出色彩美丽的效果，由于渗花彩釉的黏度调整会有一定的误差，再加上坯体本身的一些因素影响，可能造成随着产品深度的增大，图案色泽、深浅将发生一定的变化，彩色渗花液渗入坯体深度在1.0～1.5mm内浓度最大，因此，抛光机生产时的抛光磨削量应适当，通常抛光量应保持一个定值（一般0.56mm），这样才能减少色差，使抛光后的产品保持图案色泽清晰完整。另外，前道工序的生坯成型时尽可能保证砖的厚度要一致，否则，渗花砖抛光后的图案，难以控制好。

9.5　贴花

贴花是用粘贴法将花纸上的彩色画面转移到坯体或釉面上的装饰方法。将图案用彩色料印在特殊纸上或塑料薄膜上，然后将印好的花纸或薄膜转移贴到生坯、素烧坯或陶瓷釉面上，经干燥、烧烤而在成品显现原设计图案。

9.5.1　贴花纸的种类和特点

陶瓷贴花纸基本上分为大膜花纸和小膜花纸两大类。大膜花纸是在薄膜纸基上涂有聚乙烯醇缩丁醛薄膜。小膜花纸纸基涂有水溶性胶水。若按装饰技巧、印刷方法和采用颜色料（高低温度）不同，陶瓷贴花纸可分为釉上、釉中、釉下和平印、凹印和丝网印等数十种之多。按纸张（底纸）性质又可分为缩丁醛薄膜花纸；釉下花纸；水移贴花纸。

缩丁醛薄膜花纸也叫"酒精花纸"，它是用缩丁醛和酒精作原料，制成薄膜作底纸，在底纸表面印刷图案。其优点是成本低，只有水移贴花纸的1/3，工艺和效果又基本能满足装饰要求。它的缺点有三方面：一是缩丁醛薄膜的衬纸厚，且使用后边口不整齐，印刷时很难套准图案；二是由于薄膜的性质造成它不能印刷贵金属制剂；三是它的延展性有限，不能移贴于不规则的平面上。

釉下花纸是由最原始的石印（铅印）花纸延伸发展出来的。它是用简陋的容易吸水、质地柔软的纸张作底纸，在表面团印水剂带釉的反印图案，使用时反贴于陶瓷的坯胎面上。其特点是便于一次烧成，节省成本。它的缺点在于图案粗，贴花难，包装困难。

水移贴花纸（俗称小膜花纸）是目前国内陶瓷装饰中较流行的。水移贴花纸最基本的材料是小膜底纸，它是一种吸水性特别强，表面涂满了水溶性胶膜的纸张，印刷好的花纸泡在水里，纸张吸收了水分后，溶解表面的水溶胶，就能使油剂的图案由纸表面滑动分离，分离了的图案还带有少许的水溶胶，就可以把它贴在瓷件上。顾名思义，这种花纸称为水移贴花纸。

水移贴花纸适用于多种特殊工艺，如可印刷贵金属制剂以及浮雕效果的图案。还可以根据不同的烧成温度要求印刷釉上、釉中、釉下花纸。印刷色层的厚度也可随意增厚或减薄等。

9.5.2 贴花纸的使用方法

使用贴花纸彩饰时需经过揭纸、洗涤工序。使用缩丁醛薄膜花纸时先用10%~15%酒精溶液涂于瓷器上，再将贴花纸覆在涂有酒精溶液的地方，并用橡皮刮板把花纸刮平刮实，略干后，即可彩烤。

釉下花纸的使用是先在坯釉上涂上3%的羧甲基纤维素水溶液，而后将花纸贴于坯釉上，并用橡皮刮板把花纸刮平刮实，最后慢慢撕下皮纸，稍干后，即可彩烧。釉下贴花在揭纸后还要烧去彩料中的憎水有机物，然后才能施釉。

使用水移贴花纸是将贴花沿纹样边剪下来，浸入清水中，待水溶解胶液，使花纸脱离膜底纸后，再将花纸贴于瓷上，并用橡皮刮板把花纸刮平刮实，稍干后，即可彩烤。

9.6 丝网印刷

丝网印刷可直接装饰印刷在陶瓷釉面或素坯上，丝网印刷施彩有三种方法：用低温釉上彩在烧后的成品砖上印彩，彩烧温度810~850℃；用釉下彩料丝网印刷在砖坯上，再喷一层透明釉，彩烧温度1050~1180℃；用釉中彩料在素坯上先喷一层底釉，在釉面上印一层花纹图案，然后一次釉烧，彩烧温度1100~1250℃。

丝网印刷彩料装饰的特点是图案花纹凸起，质地较硬，高温彩烧的流动性差，立体感强，画面生动，颜色层次分明。

9.6.1 丝网印刷常用色料和调料剂

丝网印刷彩料是由色基（色料）、溶剂、调料剂（调节剂）三部分组成。所使用的色料、溶剂、调料剂要根据呈色使用要求来进行调节。

9.6.1.1 丝网印刷常用的色料

丝网印刷常用的色料包括各种矿物晶体结构的色料，可参见9.1.1。

9.6.1.2 丝网印刷常用的调节剂

丝网印刷主要的调节剂如下。

a. 分散介质　丝网印刷分散介质（也称连接料）呈液态，主要用于分散或连接色料和助溶剂，使其能均匀牢固地附着在花纸或坯体上及釉面上。分散介质主要包括一些水溶性胶体、油类及树脂类溶液等物质。如表9-16所示，它对油墨性能以及图案质量起着决定作用，尤其对一次快速烧成，因坯体装饰温度高达50~80℃，烧成周期短，因而对印花介质要求更高，通常要求印花介质具有成膜性、干燥性、烧失特性好，分解温度低，不产生爆花、冲金等釉面缺陷。

b. 丝网印刷溶剂　丝网印刷溶剂（印花溶剂）的主要作用是溶解固体介质（连接料，如树脂等）或稀释调节介质的各项性能（如黏度、流动性、干燥性等），因此，印花溶剂对印花介质的性能影响有直接关系，在选择溶剂时需视介质性能特征、油墨的性能要求等因素而定。除此之外，还要考虑溶剂对丝网、网框及刮墨板材料的腐蚀性，以及环境污染问题。常用的印花溶剂主要有醇类、烃类、酯类及酮类等物质，见表9-17。

表 9-16　丝网印刷分散介质

类　型	名　称	备　注
水溶性	牛胶 广胶 纤维素衍生物	制成水溶液与固体粉末直接按比例混合
油类	乳香油 甘　油 松香油 樟脑油	均为液态,直接与固体粉末按比例混合
树脂类	环氧-酚醛树脂 丙烯酸树脂 松香 乳香 醇酸树脂 酚醛树脂 聚酰胺树脂 环氧树脂	用有机溶液溶解制备成溶液,然后按比例与固体粉末混合
进口(主要含氧化乙烯或氧化丙烯)	DECOFLUX WB409	适用温度 30～60℃,一次烧成,介质：干料=1：(2～3)
	DECOFLUX WB108	适用温度 40～70℃,一次烧成,介质：干料=1：(2～3)
	DECOFLUX WB107	适用温度 50～90℃,一次烧成,介质：干料=1：(2～3)
	DECOFLUX W254	二次烧成,介质：干料=1：(2～3)
	DECOFLUX W139	黏度低,悬浮性好,适用于滚筒丝网印花

表 9-17　丝网印刷溶剂

类　型	名　称	备　注
醇类	乙醇 乙二醇 丙醇 异丙醇 丁醇	挥发快,不损丝网及框架,常用溶剂,尤其适于非吸水性材料
	松节油 樟脑油 煤油 甲苯 二甲苯	某些有毒性,污染环境,易使印版溶胀
酯类	醋酸乙酯	易使印版溶胀
酮类	丙酮 丁酮 环己酮	挥发快,有毒性,污染环境,易使印版溶胀

9.6.2　丝网印刷彩料制备

丝网印刷彩料是色料、溶剂、釉用原料与调节剂按一定配比混合后所得。其制备工艺流程有以下两种。

① 直接球磨法,即将各种原料直接进入球磨加工制成彩料的方法。其制备工艺流程为:

原料→配料→球磨→除铁过筛→彩料

② 干粉搅拌法，即将基础印花料预先加工成干粉，使用时加入调节剂搅拌均匀而制成彩料的方法。其制备工艺流程为：

原料→配料→球磨→除铁过筛→烘干→粉碎→干化料→包装储存

干化料→配料→搅拌→过筛→彩料

调节剂↑

9.7 其他装饰方法

9.7.1 彩饰

彩饰是用陶瓷彩料，通过不同途径，使产品表面具有彩色画面的一种装饰方法。该方法在日用器皿、陈设瓷和釉面砖上应用极为广泛。在陶瓷器件釉面上进行彩饰，并经低温（约650～850℃）彩烧，使画面牢固附着釉面的方法称为釉上彩。直接在生坯或素坯上彩饰，再施釉烧成的方法称为釉下彩。釉中彩是先在坯上施薄釉，然后彩绘，再施一层釉覆盖在上面，然后烧成的方法。最近发展中的釉中彩与此不同，是先在瓷件釉表面，按釉上彩方法彩饰，经高温快速彩烧。由于釉与彩料相互略有扩散以及彩料自身重量而使画面沉入一定浓度，故具有釉下彩的效果。

釉上彩料是色料与助溶剂的混合物，由于彩烧温度低，所以品种多，呈色鲜明，操作简便，但由于色料仅靠助溶剂与釉粘附，因此，画面光亮度差；暴露无遗的棱角易磨损脱落；受酸性食物侵蚀会溶出铅、镉等毒性元素。如果采用无铅溶剂，虽可降低铅溶出量，但画面光亮度变差。

釉下彩和釉中彩的画面系在釉下或夹在两层之间，所以画面显得光亮柔和，因有釉层保护，画面不受磨、耐蚀、久用不脱，并保持色彩鲜艳和防铅等毒物的溶出，但釉烧温度高。

彩饰的具体方法较多，除贴花法又称移花法、丝网印刷外，广泛采用的有如下几种。

① 图章印彩，即用刻有图案的橡皮印章蘸彩料进行印花方法，但其只适用于单色或液体金的彩饰，且花纹粗糙，一般多用于粗陶瓷的装饰和印制商标。明胶印章因弹性好，印出的图案花纹细致美观，目前在日用瓷上广泛使用。

② 手工彩绘，即用笔蘸彩料在器皿上进行手工绘制图案的方法。在釉上彩绘，因所用的彩料和绘画方法不同，有古彩、粉彩和新彩之分。

古彩和粉彩用国内传统彩料，按国画特色绘制画面。由于古彩料烧成温度高（约700～800℃），色调强烈，又俗称"硬彩"。粉彩料属易熔的有色玻璃，彩烧温度低，俗称"软彩"。粉彩与古彩不同之处，还在于粉彩填色前在需要突起的画面部分涂上一层白粉（玻璃白），然后在白粉上渲染各种颜色。它不但色彩柔和、华丽、经久不变，且富立体感。

新彩系因采用进口彩料，画面具西洋风格而得名。目前已发展到在新彩中应用玻璃白和国内传统颜料。此法绘制简单，采用广泛。

③ 堆花。堆花有两种，一种是在生坯上用浅色泥料或釉料堆花。前者施以色釉，例如宜兴的龙缸，后者经过填彩后施透明釉。另一种是釉上堆雕，即在生色釉或白釉面上用白釉或色釉堆塑并雕刻成花，然后一次烧成。

9.7.2 贵金属装饰

用金、铂、钯或银等贵金属在陶瓷釉上装饰称为贵金属装饰。通常只限于一些高级日用陶瓷制品。

用金装饰陶瓷有亮金（如金边与描金）、磨光金以及腐蚀金等方法。无论哪种金饰方法，其使用的金材料基本上只有两种：即金水（液态金）与粉末金。此外，还有少见的液态磨光金。

a. 亮金（金水） 亮金装饰系指金着色材料，在适当的温度下彩烧后直接获得发光金属层的装饰方法。使用金水进行装饰很方便，它与釉上彩绘彩料使用法相同，可直接用毛笔蘸着涂绘。金水在 30min 内就干燥成褐色亮膜，在彩烧后褐色亮膜被还原而变成发亮的金层。陶器用金水彩烧温度达 600～700℃。而瓷器用金水彩烧温度达 700～850℃。

用白金水作为贵金属装饰材料与亮金使用相同。白金水系用钯或铂取代金水中部分金，其取代量以金比钯或铂为 8：2 较为合适。

b. 磨光金（无光金、厚质金） 磨光金与亮金不同之处在于前者经过彩烧后金层是无光的，必须经过抛光后才能获得发亮的金层。

磨光金的金彩料是将纯金溶化在王水中，再将所制得的氯化金溶液加以还原。草酸、过氧化氢、亚硫酸或硫酸亚铁等均可用作还原剂。还原后沉淀出的金属黄金呈胶态细粒（棕色），$2AuCl_3+3H_2SO_3+3H_2O \longrightarrow 2Au\downarrow+3H_2SO_4+6HCl$。这些棕色细胶粒经过轻微煅烧后，与总加入量为 10% 的碱性硝酸铋与无水硼砂混合物溶剂以及松节油和稠化油描绘剂混合，充分细磨即成磨光金装饰用金彩料（含金量约 52%～72%）。磨光金彩料中加入氧化汞可使金层变薄，加入一些银可以得到淡黄色，加入一些铂则可得到带红色调的金黄色。

磨光金彩料也可在釉面上直接彩绘，但经过 700～800℃ 彩烧后，呈无光泽的薄金层。只有用玛瑙笔或细砂或红铁石抛光后才能发亮。

磨光金层中含金量较亮金高得多。因此，金层十分经久耐用。只是金层性软，仍能被刮伤。通常磨光金只用于高级日用陶瓷制品。

c. 液态磨金 液态磨金的含意是采用液态金水，但这种金水中含金量较亮金金水高，经过彩烧后为无光金层，用抛光法才能获得亮金层。含金量达 16%～22%。

液态磨金用金彩料是由 18% 金、24% 银、0.6% Bi_2O_3、8.5% 树脂以及 60% 溶剂（其中 10% 环乙醇、50% 松节油与香精油混合物）组成。充分混合是极重要的，否则金膜将会不均匀、不致密而且色泽也不佳。

液态磨光金彩料可以像液态金那样直接在釉面上彩饰，而且可以涂饰 1～2 次（包括在彩烧后的金层上再涂饰）。金层以 0.3～0.5μm 为宜。然后在 850～900℃ 下彩烧，最后进行抛光。

d. 腐蚀金装饰 这种装饰法是先在釉面上涂上一层柏油，然后用金属工具在柏油上刻画出图案，用稀氢氟酸溶液涂刷无柏油的釉面部分，则该釉面即行分解成可溶性化合物（$2KF+2AlF_2$）与挥发性氟化硅。经过水冲洗后，腐蚀产物被冲去。这样，釉表面变毛与沉陷，而由柏油保护部分保持原来的光亮，用沸水洗去瓷釉上的柏油后，整个制品表面涂上一层磨光金彩料。彩烧后加以抛光，则原来未经腐蚀的釉面上的金层是光亮的，而腐蚀过的沉陷部分的图案则是无光的。也可以涂 1～2 次金彩料，每两次间要在 700～800℃ 温度下彩烧 5～6h，然后先用细砂混水摩擦金面一次，最后用玛瑙笔重抛光一次。贵金属腐蚀技术的艺术特点是能造成发亮金面与无光金面的互相衬托。

本章小结

本章中，开始介绍了陶瓷色料的分类和制备陶瓷色料的工艺流程。陶瓷色料有按组成、按构成色料的矿物晶体结构、按色料的呈色和按用途分类的四种分类方法。此外，本章还介绍了色釉与艺术釉；色坯与色粒；渗花和抛光、贴花、丝网印刷和彩饰等其他陶瓷装饰技术。

复习思考题

1. 陶瓷装饰技术的作用和装饰技法有哪些？
2. 简述陶瓷色料的分类和呈色？
3. 结晶釉形成的条件是什么？
4. 无光釉有哪些种类？制备无光釉的方法和条件是什么？
5. 干式釉的性能和应用特点是什么？
6. 干式釉的制备要受哪些方面的影响？
7. 在色粒坯料制备中，塔内混料与塔外混料有什么不同？
8. 渗花砖生产过程如何进行控制？

10 特种陶瓷

【本章学习要点】 本章介绍特种陶瓷生产的工艺过程,包括特种陶瓷的常用原料、原料粉末的制备,配料、坯料的制备,成型,烧结和特种陶瓷制品的加工等。学习要点内容有特种陶瓷常用原料的化学组成和工艺性能。特种陶瓷配料方法及配料计算,特种陶瓷坯料的制备以及特种陶瓷成型中,等静压成型和热压注成型方法。了解挤制、轧膜和流延成型方法以及特种陶瓷的烧结特点、烧结过程、烧结方法等。在学习时要结合整个特种陶瓷生产的工艺过程来领会掌握。

陶瓷材料具有悠久的历史,长期以来一直主要用于生产日用器皿和瓷绝缘子、墙地砖、卫生洁具、化工陶瓷等一般工业陶瓷制品。20世纪初以来,由于冶金工业、电子工业、化学工业等部门迅速发展的需求以及信息工程、能源工程、生物工程和宇宙、海洋开发等新技术领域发展的促进,具有高温、高强度、绝缘性、铁电性、压电性、半导体性及磁性等特性的陶瓷材料和元器件相继出现,并在许多重要工业领域得到了广泛应用。相对于日用陶瓷和一般工业陶瓷等普通陶瓷,通常国内把具有上述一系列优异性能的陶瓷材料统称为"特种陶瓷"。英国称为"技术陶瓷"(technology ceramics);美国称为"高级陶瓷"或"现代陶瓷"(advanced ceramics)、"高效陶瓷"(high performance ceramics);日本称为"精细陶瓷"(fine ceramics)或"新型陶瓷"(new ceramics)。

特种陶瓷材料种类繁多,应用领域很广,并且在不断地发展。特种陶瓷主要包括以高温、高强、耐磨、耐腐蚀为特征的结构陶瓷、用以进行能量转换的功能陶瓷及生物陶瓷、原子能陶瓷。主要有高频绝缘陶瓷、电容器陶瓷、半导体陶瓷、压电陶瓷、磁性陶瓷、高温结构陶瓷、陶瓷复合材料及其他特种陶瓷(固体电解质陶瓷、超硬材料、电光和光学陶瓷和超导材料)等。

特种陶瓷具有很多优良的性能,有些材料还集多种特性于一身。它与金属材料和有机高分子材料一样,在材料技术领域占有重要地位。其主要性能有:①电、磁学性能,包括绝缘性、介电性、压电性、半导体性、导电性和磁性等;②热学性能,包括耐热性、导热性和热膨胀性等;③力学性能,包括机械强度、耐磨性、硬度和韧性等;④光学性能,包括透光性、发光性及光转换性;⑤化学性能,包括耐腐蚀性和催化性等。

特种陶瓷的性能是由其组成和结构决定的,而生产工艺过程则是实现预期的组成和结构的保证。与普通陶瓷相比,特种陶瓷所采用的原料超出了传统硅酸盐的范围;在制备上,也突破了传统的工艺。在制取高纯、超细的粉料,坯体的成型以及制品的烧结等方面都采用了新技术。

10.1 常用原料

正确选用原料是保证材料的化学组成和组织结构,使制品获得所需性能的重要因素。所用原料按其作用可分为主要原料和辅助原料。主要原料保证制品形成预期的主晶相,其化学组成应与材料主晶相的化学组成相适应。辅助原料则在稳定结构、改进性能以及改善生产工艺条件方面起重要作用。

生产特种陶瓷主要使用化工原料,有些制品也用部分矿物原料(如纯净的高岭土、滑石、方解石、白云石、萤石和石英等)。有关的矿物原料在第 2 章陶瓷原料中已作叙述,下面介绍几种常用的化工原料。

10.1.1 氧化物类原料

10.1.1.1 氧化铝(Al_2O_3)

氧化铝在地壳中含量非常丰富,在岩石中平均含量为 15.34%,是自然界中存在量仅次于 SiO_2 的氧化物。

a. 常见晶型　氧化铝有 α、β、γ 三种常见的晶型。$α\text{-}Al_2O_3$ 俗称刚玉,属三方晶系,单位晶胞是尖的菱面体。它是最稳定的氧化铝晶型,强度和电性能比其他晶型都好。$β\text{-}Al_2O_3$ 实际上是 Al_2O_3 含量很高的铝酸盐,属六方晶系,它的力学性能差,对一般陶瓷来说是有害杂质。$γ\text{-}Al_2O_3$ 是氧化铝的低温形态,为面心立方晶格。结构疏松多孔,易于吸水,且能被酸碱溶解,性能不稳定。在 1050~1500℃,$γ\text{-}Al_2O_3$ 不可逆地转变为 $α\text{-}Al_2O_3$。在 1600℃ 以上,其他晶型都转变为 $α\text{-}Al_2O_3$,这种转变也是不可逆的。自然界中只存在 $α\text{-}Al_2O_3$,而 $β\text{-}Al_2O_3$ 和 $γ\text{-}Al_2O_3$ 只能用人工方法制取。

b. 工业氧化铝　工业氧化铝是一种白色、松散的结晶粉末,系由许多粒径小于 $0.1μm$ 的 $γ\text{-}Al_2O_3$ 的微细晶体组成的多孔球状聚集体,平均颗粒大小为 $40\sim70μm$,气孔率达 50%。

工业氧化铝一般可采用干碱法制取。这种方法是将铝矾土与纯碱、石灰石混合并细磨,在高温下烧结,使铝矾土中的水铝石矿物($Al_2O_3·3H_2O$ 和 $Al_2O_3·H_2O$)与纯碱反应生成水溶性的铝酸钠,而原矿中所含的 SiO_2 等杂质矿物则与石灰石分解产物 CaO 结合成稳定的难溶矿物。然后,将铝酸钠用水浸取,经分离除去难溶性的残渣杂质。并通入 CO_2 气体使铝酸钠分解并析出氢氧化铝。氢氧化铝再经煅烧处理后即得到工业氧化铝粉。此法生产的工业氧化铝其 Al_2O_3 含量一般在 98%~99%,杂质成分主要是 Na_2O、SiO_2 和 Fe_2O_3。并按化学成分要求分为 5 个级别。工业氧化铝的质量标准见表 10-1。

表 10-1　工业氧化铝的质量标准

成　分	含　量/%				
	一　级	二　级	三　级	四　级	五　级
Al_2O_3	≥98.6	≥98.5	≥98.4	≥98.3	≥98.2
SiO_2	≤0.02	≤0.04	≤0.06	≤0.08	≤0.10
Fe_2O_3	≤0.03	≤0.04	≤0.04	≤0.04	≤0.04
Na_2O	0.50	0.55	0.60	0.60	0.60
灼烧减量	<0.8	≤0.8	≤0.8	≤0.8	≤1.0

对性能要求较高的高铝瓷,通常采用一级工业氧化铝,一般高铝瓷用二、三级品即可。工业氧化铝在使用前必须进行预烧处理,其主要目的是使 $γ\text{-}Al_2O_3$ 转变成稳定的 $α\text{-}Al_2O_3$。同时,也使 Na_2O 挥发掉一部分。为促进转化,常加入少量硼酸。预烧温度为 1400~1450℃。

c. 高纯氧化铝　生产特种陶瓷用的氧化铝原料分纯度为 99%~99.9% 的高纯度级和纯度为 99.9% 以上的超高纯度级两种。高纯度氧化铝采用拜耳法生产。这种方法是用含有大量游离 NaOH 的循环母液处理铝矿石,溶出其中的氧化铝,获得铝酸钠溶液。并用加晶种分解的方法使溶液中的氧化铝成为氢氧化铝结晶析出。再将氢氧化铝煅烧分解得到氧化铝。所制得的氧化铝粒度 $1\sim15μm$,Na_2O 含量 0.3%~0.7%。超高纯氧化铝可用铝盐高温热分解等方法制备,制得的氧化铝粉末粒度可达 $1μm$ 以下,但产量很低。

d. 电熔刚玉　电熔刚玉又名人造刚玉，也是一种重要的氧化铝原料。制造电熔刚玉主要用铝矾土、水铝石、工业氧化铝或含杂质的电熔刚玉砂。将上述原料加碳在电弧炉内于 2000～2400℃ 熔融，就能制得人造刚玉（α-Al_2O_3）。Al_2O_3 含量可达 99% 以上，Na_2O 含量可低于 0.1%～0.3%。电熔刚玉由于熔点高、硬度大，是制造高级耐火材料、高硬磨料磨具的好原料。

10.1.1.2　二氧化钛（TiO_2）

二氧化钛是自然界中分布很广的一种化合物。TiO_2 的天然矿物有金红石、板钛矿和锐钛矿三个形态，以金红石在岩石中产出最为常见。

二氧化钛是电容器陶瓷和压电陶瓷的主要原料。它的三种结晶形态，即金红石、锐钛矿（均属四方晶系）和板钛矿（属斜方晶系）中以金红石的电性能为最好，结晶状态稳定，而锐钛矿和板钛矿分别在 915℃ 和 650℃ 转化为金红石。

TiO_2 有高的折射率和反射率，有较强的色散性，对各种波长的可见光呈漫反射而呈白色，故 TiO_2 是一种优良的白色颜料，这就是 TiO_2 称为钛白粉的由来。

金红石的密度等于 $(4.2～4.3) \times 10^3 kg/m^3$，莫氏硬度 6，均比锐钛矿和板钛矿高。金红石的介电常数大，在室温、1MHz 条件下测得垂直于 C 轴的介电常数为 89，平行于 C 轴的介电常数为 173，而锐钛矿的介电常数只有 31。

工业上常用硫酸分解法制取二氧化钛。用于生产电容器陶瓷的二氧化钛原料都需在 1270～1290℃ 预烧，以促使其全部转化为金红石晶型。其转变程度可根据密度与 X 射线来判断。

工业生产的二氧化钛原料都程度不同地含有 Mg、Sb、Nb、Al、Si、Fe 等杂质。这些杂质阳离子大都能与 Ti^{4+} 置换，进入 TiO_2 晶体中，影响 TiO_2 的性能。因此对原料的纯度及杂质含量要作相应的规定。表 10-2 列出了某厂生产的二氧化钛的化学组成范围。

表 10-2　某厂生产的二氧化钛的化学组成范围（相对密度＞3.9）

项目	TiO_2	SiO_2	Fe_2O_3	SO_3^{2-}	P_2O_5	Al_2O_3	$CaO+MgO$	Sb
组成范围(质量分数)/%	＞98.5	＜0.2	＜0.1	＜0.15	＜0.1	＜0.1	＜0.2	＜0.03

10.1.1.3　氧化锆（ZrO_2）

在自然界中，游离的氧化锆只有单斜锆石（也称斜锆矿或斜锆石）。通常以不规则的块状出现在碱性岩石如霞石正长岩中。晶型完整者很少见，呈黑色或灰黑色，相对密度为 5.5～6.0。

ZrO_2 有多晶转化现象。化学方法制备的氧化锆常温下属单斜晶系。单斜晶系的 ZrO_2 在 1000℃ 以下是稳定的，而在 1100℃ 附近会出现一个可逆的位移型转化，由单斜晶型转变为四方晶型。在此过程中，结构变得致密，并有 7%～9% 的体积收缩。冷却至 900℃ 左右时，四方晶型又可逆地转变为单斜氧化锆，伴有体积膨胀。在 2300℃ 以上四方晶型氧化锆会转变为等轴立方晶型。

实际应用氧化锆原料时，为了避免多晶转化所产生的破坏性，常在氧化锆粉末中加入足够量的 CaO、MgO 或 Y_2O_3 作稳定剂，使氧化锆形成立方形态的氧化锆固溶体。这种经完全稳定处理的氧化锆称稳定氧化锆，它在冷却时不发生相变，且无体积变化。稳定剂加入量不足时则形成部分稳定氧化锆。部分稳定氧化锆由立方晶型和四方晶型组成。

制备氧化锆的方法有碱金属化合物分解法、氯化和热分解法、石灰熔融法和等离子弧法几种。以上方法均用锆英石作原料。其中用碱处理锆英石制备纯氧化锆是最常用的方法。这种方法是在 600℃ 以上，用氢氧化钠与锆英石反应生成锆酸钠：

$$ZrSiO_4 + 4NaOH \longrightarrow Na_2ZrO_3 + Na_2SiO_4 + H_2O$$

硅酸钠用水溶滤去。锆酸钠经水解、硫酸浸出后纯化，再加氨水调整 pH 值获得 $Zr_5O_8(SO_4)_2 \cdot xH_2O$ 沉淀，将其煅烧便制得纯氧化锆粉。表 10-3 列出了一些氧化锆原料粉末的组成和性能。

表 10-3 氧化锆原料粉末的组成和性能

项目 牌号	TZO	部分稳定				完全稳定	
		2Y	2.5Y	3Y	4Y	6Y	8Y
ZrO_2（质量分数）/%	99.9	96.4	95.4	94.7	92.9	89.8	86.5
Y_2O_3	0	3.5	4.5	5.2	7.0	10.1	13.4
Al_2O_3	—	—	—	—	—	—	—
粉末平均粒度/μm	0.4	0.3	0.3	0.3	0.03	0.03	0.3
比表面积/(m²/g)	14	18	18	18	18	18	23
晶体大小/nm	27	24				20	
抗弯强度/MPa		1300	1200	1200	1000	400	300
断裂韧性/(MN/m)		10	8	8	7	3	3
硬度（HRA）		91	91.5	91.5	91.5	90	87

锆英石不仅是制造 ZrO_2 的原料，也可以直接用于陶瓷和配制釉料（表 10-4）。锆英石的理论化学组成为 ZrO_2 67.2%，SiO_2 32.8%，由冲积砂矿、海滨砂矿经选矿富集获得的锆英石精矿，可供制造合金、陶瓷、耐火材料、玻璃等使用。

表 10-4 锆英石精矿分类和技术条件（YB83475）

级别		$(Zr,Hf)O_2$（不少于）/%	杂质含量（不大于）/%		
			TiO_2	P_2O_5	Fe_2O_3
一级品	一类	65	0.5	0.15	0.30
	二类	65	1.0	0.30	0.30
二级品		63	2.0	0.50	0.70
三级品		60	3.0	0.80	1.00

10.1.1.4 碱土金属氧化物

常用的碱土金属氧化物有 BaO、SrO、CaO 和 MgO。

BaO 多用 $BaCO_3$ 引入，它是合成钡长石瓷、钛酸钡瓷主晶相的原料。也可在配料中作助熔剂，添加物用。碳酸钡在 1450℃ 下分解成 BaO 和 CO_2。在高温加热时，碳酸钡会发生晶型转变，其转化过程为 γ-$BaCO_3$（常温）→ β-$BaCO_3$（811～982℃）→ α-$BaCO_3$（982℃ 以上）。

碳酸锶在 1290℃ 下分解，它是合成 $SrTiO_3$ 的主要原料。碳酸钙在 900℃ 下分解，是合成 $CaTiO_3$，$CaSnO_3$ 的主要原料。它还常用于氧化铝陶瓷坯料中，起降低烧结温度的作用。

氧化镁是应用最广泛的高温氧化物之一，氧化镁是立方晶系结晶，密度为 $3.58g/cm^3$，没有晶态变化，仅以方镁石形式存在。氧化镁熔点高达 2800℃，线膨胀系数比 Al_2O_3 大得多（300℃ 时为 12×10^{-6}/℃）。高纯（99.99%）MgO 在 20℃ 时的体积电阻率为 $10^{14} \sim 10^{15} \Omega \cdot cm$。

氧化镁是典型的碱性氧化物，未经煅烧的 MgO 易溶于无机盐中，能大量吸收水分形成氢氧化镁，一般将氧化镁压成团块后在 1100～1300℃ 煅烧，以减小其水化能力。

10.1.2 碳化物类原料

碳化物是生产非氧化物特种陶瓷的重要原料。非金属元素硅、硼与碳形成碳化硅和碳化硼，它们的结合键以共价键为主。过渡金属元素与碳形成类金属碳化物，主要以金属键相结合。根据金属原子和碳原子的半径比（$R_m:R_c$），可形成两类结构不同的过渡金属碳化物。当 $R_m:R_c \leq 0.59$ 时，形成简单的间歇相。这类碳化物有 TiC，ZrC 等，其结构是金属原子形成紧密的立方或六方晶格，碳原子处于晶格的八面体间隙。而当 $R_m:R_c > 0.59$ 时，形成复杂结构的间歇化合物。这类结构的碳化物有由孤立碳原子形成的构型，如六方晶格的 WC、MoC，斜方晶格的 Mn_3C、Co_3C；有由碳原子构成的链状构型，如六方晶格的 Cr_7C_3，斜方晶格的 Cr_3C_2 等。

碳化物具有很高的熔点和硬度，良好的导热性和导电性。所有碳化物在高温下都会氧化，但抗氧化能力比高熔点金属要强些。表 10-5 列出了几种目前应用较广泛的碳化物的部分物理性质。

表 10-5 几种碳化物的部分物理性质

原料	晶格类型	熔点/℃	热膨胀系数(20~1000℃)/($\times 10^{-6}$/℃)	热导率(20℃)/[W/(cm·K)]	比电阻/$\mu\Omega \cdot cm$	显微硬度/(9.8N/mm²)	抗压强度/(9.8N/mm²)
TiC	面心立方	3147	7.74	24.28	52.5	3000	138
B_4C	斜方六方体	2450	4.50	8.37~29.31		5000	196
SiC	α六方 β六方	2600 (分解)	4.70 4.35	41.87		3340	225
WC	六方	2700	3.84	29.31	19.2	1780	56

碳化物的制备方法有以下几种。

① 化合法：金属和碳在碳管炉中直接化合形成碳化物。反应过程可通入氢或不通入氢，碳化反应过程主要是通过含碳气相进行。

② 还原化合法：金属氧化物和碳通过气相反应生成碳化物。

③ 气相沉积法：是制备高纯碳化物粉末的方法。气态金属卤化物，碳氢化物及氢，在发生分解的同时，相互反应生成碳化物。

10.1.3 氮化物类原料

氮化物也是特种陶瓷中一种重要的非氧化物原料。根据氮化物的物理性质和键合特点，可将其分为非金属氮化物（如 Si_3N_4、BN）、非过渡金属氮化物（如 AlN）和过渡金属氮化物（如 TiN、WN）。

非金属氮化物是以共价键结合的。而金属氮化物的金属原子与氮原子以金属键结合，过渡金属氮化物还存在部分离子键。由于结合键强度和结构的影响，氮化物具有硬度高、熔点高、相对密度小、热稳定性好和热膨胀系数小等特点。表 10-6 列出了 Si_3N_4 和 BN 的部分物理性质。

表 10-6 Si_3N_4 和 BN 的部分物理性质

原料	晶格类型	熔点/℃	热膨胀系数(20~1000℃)/($\times 10^{-6}$/℃)	比电阻/$\mu\Omega \cdot cm$	显微硬度/(9.8N/mm²)	抗压强度/(9.8N/mm²)
BN	六方	3000	5~7	17		24~32
Si_3N_4		1900	2.75	14	3330	

氮化物的制备方法有以下几种。

① 元素粉末氮化法：这是制备氮化物粉末的常用方法。此法是用元素粉末或金属氢化物在高温下直接氮化而制得氮化物的。制备时应注意控制升温条件及元素粉末的纯度和粒度，以保证充分氮化和粉末的质量。

② 还原-化合法：此法用碳还原氧化物，使之在氮气中加热氮化。这一反应过程非常复杂，但用高纯氧化物做原料，比用元素粉末要便宜。

③ 化学气相沉积法：此法用卤化物（主要是氯化物）的蒸气和氢、氮反应生成氮化物粉末。在此反应过程中，氢是载气体，也是还原剂。氮化物则是金属卤化物在被氢还原成金属的同时经氮化反应制得的。

10.2 原料粉末的制备

特种陶瓷制品一般都是高致密的烧结体，要求用高纯，超细和高活性的粉料。粉料的细度不仅影响成型和烧结工艺，而且对材料的组织结构和性能；对制品的加工和抛光后的表面光洁程度都有影响。由于对材料提出了越来越高的性能要求，采用天然矿物和化工原料的机械粉碎物作原料粉末已不能适应许多特种陶瓷的生产技术要求，因此，原料粉末制造工艺已日趋多样化。

10.2.1 机械粉碎法

生产特种陶瓷所用的原料除很少一部分矿物原料需经粗碎和粗磨外，化工原料均可直接进行细磨或超细磨。一般采用球磨机和振动磨机以及气流粉碎机制备粉料。

特种陶瓷原料机械粉碎（磨）方法、原理与普通陶瓷原料粉碎（磨）相同，可考参4.2.2 的内容。

粉碎特种陶瓷原料时，可在被粉碎物料中加入适当的表面活性介质来强化粉碎过程。在粉碎过程中，表面活性介质能与被粉碎物料均匀混合，并吸附在粒料的外表面。由于表面活性介质对固体表面有较大的亲和力，活性介质的分子还能沿固体表面移动且形成薄膜，并渗入到微细缝隙中，产生附加作用力，使固体物料的强度降低，形变增加，从而减小了破坏固体物料所需的作用力，提高了粉碎效率。表面活性介质还能阻碍粉碎到一定细度的微细颗粒之间内聚力的形成。这对微细颗粒的进一步粉碎是很有利的。

常用的表面活性介质有脂肪酸、磷脂等。使用时可根据被粉碎物料的化学性质选择。粉碎酸性物料（SiO_2、ZrO_2、TiO_2），可选用磷脂一类的碱性介质；粉碎碱性物料（BaO、$CaTiO_3$、滑石），则要选用脂肪酸一类的酸性介质。

10.2.2 合成法

在特种陶瓷原料粉末的制备技术方面，已开发了固相合成、液相合成和气相合成等新的粉末合成方法。其中，液相合成和气相合成是两种基本方法。固相合成通常是用上述两种方法制得的粉料经固相反应合成的。

10.2.2.1 液相合成法

目前广泛应用的是液相合成法。这一方法可分为溶剂脱除法、沉淀生成法和溶胶凝胶法三种。

a. 溶剂脱除法　溶剂脱除法是用物理方法将溶剂脱除、溶液浓缩而使之析出溶质的方法。浓缩后的干燥可采用喷雾干燥法和在真空中进行的冻结干燥法，也可采取用丙酮一类吸湿性液体使溶剂吸收的液体干燥法。

b. 沉淀生成法　沉淀生成法是用生成沉淀的方法将溶液与溶质分离的方法。得到沉淀的方法有共沉淀法，均匀沉淀法，醇化物加水分解法和电解法。沉淀物经过滤，洗净，干燥和热分解而成为粉末。这类方法已广泛应用于制备氧化锆，纯氧化镁，铁氧体及钛酸钡等原料粉末。

c. 溶胶凝胶法　溶胶凝胶法是将分散的微粒子溶胶凝胶化，再经过滤，脱水，干燥和热分解而制成原料粉末的方法。这一方法已用于制备完全稳定、部分稳定氧化锆和高纯氧化铝。

10.2.2.2　气相合成法

气相合成法可分为物理气相沉积法（PVD，蒸发凝聚法）和化学气相沉积法（CVD）。物理气相沉积是将原料在高温下气化，用电弧，等离子体进行急冷而使其凝缩为微细粉料。

化学气相沉积是一种气相反应过程。它将金属卤化物，碳氧化合物或氮气与氢气混合，并使之在高温下解离并发生化学反应而在基体上析出氧化物、氮化物、碳化物等无机化合物。图 10-1 是化学气相沉积法工艺过程示意图。

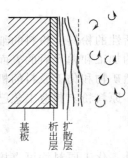

图 10-1　化学气相沉积法工艺过程示意图

如图 10-1 所示气相沉积的化学反应是在基体材料和气相间的扩散层中进行的。根据其化学反应的特点，化学气相沉积工艺大体上有两种：一种是使金属卤化物与含氮、碳、硼等的化合物及氢气进行气相反应。这种工艺可用于制备氮化物，碳化物和硼化物等。另一种是使加热基体表面的原料气体发生热分解，这种工艺适合于制备高纯度金属等。

化学气相沉积法优点很多，它能够在远比材料熔点低的温度下合成高熔点物质。例如，在 1000℃ 左右即可合成 SiC 及 α-Al_2O_3。能在不需要烧结助剂的情况下，合成高纯度，高密度材料。采用化学气相沉积法合成材料，还可以控制材料的形态（粉末、晶须、单晶或多晶）。对材料结构的控制能够从微米级到亚微米级，某些条件下能达到 10nm 级的水平。化学气相沉积法是特种陶瓷生产技术进步中具有重要意义的一种原料合成方法。目前除用于制备 α-Al_2O_3 及完全稳定或部分稳定的氧化锆之外，还已成为合成氮化物、碳化物、硼化物等非金属氧化物原料粉末的重要方法。

10.2.2.3　固相合成法

固相合成法是指把几种单成分的原料按比例混合，用固相反应的方法，制得具有预期化学组成和结晶构造的烧块或粉料的工艺过程。在特种陶瓷的生产中，常常把几种原料事先合成制得某种组成料，然后再按配方与其他原料配料制备坯料。这种做法能减少配方的复杂性，简化配料过程；又能使一些原料的结晶水、易挥发物排出，并预先合成所需的晶相。这有利于减少坯料烧成收缩，保证产品的组成固定、结构均匀和性能稳定。

固相反应法是将原料按比例配合，经球磨混合后，在一定的温度和气氛下煅烧合成。合成温度和气氛可以通过理论分析和有关试验确定。应参考已有的相图初步判断合成过程所产生的晶相。通过差热分析，X 射线分析也能比较准确地了解合成过程的相变化及相应的温度。根据合成过程生成所需新相时的对应温度范围来确定合成温度。

10.2.3　粉料性能的检测

粉料性能的检测主要包括化学组成、粉料粒度和工艺性能三项。

化学组成是指粉料主要成分的含量和杂质的含量。分析微量成分常采用原子吸收法，分光光度法。检测高纯度原料粉末中的微量杂质，还需采用一些灵敏度更高的分析方法，如电感耦合等离子体发光分析法等。

粉料粒度的检测包括颗粒细度、粒度分布、比表面积和颗粒形状等项目。颗粒细度即颗粒直径，根据粒径的不同测量范围，可采用不同的测定方法，如筛分析法的测量范围为大于

40μm；光学显微镜法为 0.2～500μm；电子显微镜法为 0.01～10μm；X 射线衍射法可测粒径仅为 0.0001～0.05μm 的微细颗粒。粒度分布用不同粒径的颗粒占全部粉末的百分含量来表示。比表面积是指 1g 质量的粉料所具有的总表面积。

粉料的工艺性能主要包括松装密度、摇实密度和粉料流动性。松装密度是粉料自然充填规定容器时，单位容积内的粉末质量。摇实密度是在振动和敲击下，粉末紧密填充规定容积后测量的密度，粉料流动性用 50g 粉料从标准流速漏斗流出所需的时间表示。

10.3 配料

10.3.1 配料的重要性

制备合成料及制备成型用料时均需进行配料操作。配料时，必须严格控制各种原料，尤其是主要原料的纯度。因为一些微量杂质往往就会改变材料的结构和性能。例如，在压电陶瓷材料中即使 MnO_2、Fe_2O_3 等杂质的含量只有 0.1%，也不能获得压电性。

对特种陶瓷来说，配料的准确性也非常重要。因为配料中某些组分加入量的微小误差也会影响到材料的结构和性能。在研究 $BaTiO_3$ 电容器陶瓷配料时发现，配料中 TiO_2、BaO 过量均会导致烧成后 $BaTiO_3$ 陶瓷材料晶粒大小偏离正常结构。试验表明，$BaTiO_3$ 组成接近理论组成时，晶粒大小约 20μm。当 TiO_2 过量 1% 时，晶粒会变得比正常晶粒粗大（达 50～100μm）；而当 BaO 过量 2% 时，材料中会有第二相存在，从而抑制 $BaTiO_3$ 晶粒的生长，使 $BaTiO_3$ 晶粒尺寸变小（约为 5～10μm）。晶粒尺寸的这种变化又必然产生不同的介电性能。

10.3.2 配料组成的表示方法及计算

（1）配料组成的表示方法

特种陶瓷多用一种或几种单一成分的化工原料配料。配料组成的表示形式与普通陶瓷不同，常用化学分子式来表示。比如用 $(Ba_{0.85}Sr_{0.15})TiO_3$ 表示某一电容器陶瓷的配料；用 $Pb_{0.95}Sr_{0.05}(Zr_{0.54}Ti_{0.46})O_3$ 表示某一压电陶瓷（PZT 压电陶瓷）的配料。

上述配料组成化学分子式与化学分子式一般通式 ABO_3 相似。因此可以这样理解这些组成式：

$(Ba_{0.85}Sr_{0.15})TiO_3$：$BaTiO_3$ 中的 Ba 有 15%（摩尔分数）被 Sr 取代。

$Pb_{0.95}Sr_{0.05}(Zr_{0.54}Ti_{0.46})O_3$：$PbZrO_3$ 中的 Pb 有 5% 被 Sr 取代，Zr 有 46% 被 Ti 取代。

对其余表示配料组成的化学分子式，可以参照以上方法作类推分析。但需明确指出的是，式中元素之间的代替并不是任意的，而是依据结晶化学有关规律和生产某种材料的需要而做的调整。

（2）配料计算

在特种陶瓷工艺中，配料对制品的性能和以后各道工序影响很大，必须认真进行，否则将会带来不可估量的影响。例如 PZT 压电陶瓷，在配料中，ZrO_2 的含量变动 0.5%～0.7% 时，Zr/Ti 比就从 52/48 变到 54/46，从图 10-2 可以看到，此时 PZT 压电陶瓷极化后的介电常数的变动是很大的。PZT 压电陶瓷配方组成点多半是靠近相界线，由于相界线的组成范围很窄，一旦组成点发生偏离，制品性能波动很大，甚至会使晶体结构从四方相变到立方相。

在特种陶瓷生产中，常用的配料计算方法有两种：一种是按化学计量式进行计算，一种是根据坯料预期的化学组成进行计算。

a. 按化学计量式计算　在特种陶瓷配方中，常常遇到这样的化学分子式。$Ca(Ti_{0.54}Zr_{0.46})O_3$，

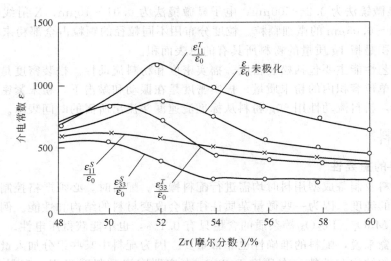

图 10-2 纯锆钛酸铅的介电常数与锆钛比的关系

$(Ba_{0.85}Sr_{0.15})TiO_3$，$Pb_{0.9325}Mg_{0.0675}(Zr_{0.44}Ti_{0.56})O_3$ 等。这种分子式，实质上与 ABO_3 相似，其特点是 A 位置上和 B 位置上各元素右下角系数的和等于 1。例如 $(Ca_{0.85}Ba_{0.15})TiO_3$ 可以看成是 $CaTiO_3$ 中有 15%（摩尔分数）的 Ca 被 Ba 取代了。同样，$Ca(Ti_{0.54}Zr_{0.46})O_3$ 为 $CaTiO_3$ 中 46% 的 Ti 被 Zr 取代了。至于 $Pb_{0.95}Sr_{0.05}(Ti_{0.54}Zr_{0.46})O_3$ 就要复杂一些，但同样可以根据这一方式来进行分析。从上面的情形来看，"ABO_3"型化合物中，A 或 B 都能为其他元素所取代，从而能达到改性的目的。而且这种取代能形成固溶体及化合物。这种取代不是任意的，而是有条件的。

明确化学分子式的意义后，就可以通过化学分子式来计算出各原料的质量比例，以及各原料的质量百分组成。这种方法也就叫化学式计量方法。

可以知道：

物质的质量(g)＝该物质的摩尔数×该物质的摩尔质量

为了配制任意质量的配料，先要计算出各种原料在坯料中的质量分数。设各种原料的质量分别为 m_i（$i=1,2,\cdots,n$）；各原料的物质的量分别为 x_i；各原料的摩尔质量分别为 M_i，则各原料的质量（g）为：

$$m_i = x_i M_i \tag{10-1}$$

知道了各种原料的质量，就可求出各原料质量分数。设质量分数为 A_i 则

$$A_i = \frac{m_i}{\sum_{i=1}^{n} m_i} \times 100\% \tag{10-2}$$

应当指出：上面的计算是按纯度为 100% 设想的。但一般原料都不可能有这样高的纯度，因此计算时，往往要根据原料的实际纯度再换成实际的原料质量。设实际的原料质量为 m'，纯度为 P 时，则：

$$m' = \frac{m}{P} \tag{10-3}$$

另外，除了原料的纯度外，原料中多少还含有一定的水分，因此，在配料称量前，如果原料不是很干，需要进行烘干，或者扣除水分（有些原料还特别容易吸收水分，这种情况称量时不应忽视）。

在配方计算时，原料有氧化物（如 MgO），也有碳酸盐（如 $MgCO_3$）以及其他化合物。其计算标准一般根据所用原料化学分子式计算最为简便。只要把主成分按物质的量计算配入配料中去即可。对于用铅类氧化物配料，如果用 PbO 配料，则 PbO 为 1mol，如果用 Pb_3O_4 时，PbO 就是 3mol。

为了方便起见，可以把结果列成一个表，以便检查和演算有无差错。

例如，配制料方为 $(Ba_{0.85}Ca_{0.15})TiO_3$，采用 $BaCO_3$，$CaCO_3$，TiO_2 原料进行配料，计算出各项料的质量分数。

按以上所述的计算法，列表 10-7 进行计算。

表 10-7 计算结果

原料	项目			
	物质的量 x_i/mol	摩尔质量 M_i /(g/mol)	原料质量/g $(m_i = x_i M_i)$	质量分数/% $\left(A_i = \dfrac{m_i}{\sum_{i=1}^{n} m_i} \times 100\% \right)$
$BaCO_3$	0.85	197.35	167.75	62.174
$CaCO_3$	0.15	147.63	22.15	8.210
TiO_2	1.00	79.90	79.90	29.615
合计			$\sum_{i=1}^{n} m_i = 269.80$	$\sum_{i=1}^{n} A_i = 99.999$

对于特种陶瓷的配方，其组成有的简单，有的比较复杂。除了主成分外，还有添加物。这些添加物有的是为了调整性能，有的是为了调整工艺参数。其用量是根据试验研究的结果和实际生产经验来确定的。配方时，可以按质量分数表示，也可以采用外加方式表示。

还必须指出，在配料时，每次配料都不可能完全相同，如果原料有所变更，有可能出现不同情况。因此，每一次配料都应标明原料的产地、批量、配料日期和人员，以便当制品性能发生变化时进行查考和分析。如果有条件，每批原料应做化学分析，尤其是微量杂质，这在特种陶瓷研制和生产中也是很重要的。

b. 根据坯料预期化学组成计算　一般工业陶瓷，如装置瓷、低碱瓷等，常采用这种方法进行计算。

【例 10-1】 已知坯料的化学组成如下，用原料氧化铝（工业纯，未经煅烧）、滑石（未经煅烧）、碳酸钙、苏州高岭土配制，求出原料的质量分数。

化学组成	Al_2O_3	MgO	CaO	SiO_2
质量分数/%	93	1.3	1.0	4.7

解：设氧化铝、碳酸钙的纯度为 100%；滑石为纯滑石（$3MgO \cdot 4SiO_2 \cdot H_2O$），其理论组成为 MgO 31.7%，$SiO_2$ 63.5%，H_2O 4.8%；苏州高岭土为纯高岭土（$Al_2O_3 \cdot 2SiO_2 \cdot 2H_2O$），其理论组成为 Al_2O_3 39.5%，SiO_2 46.5%，H_2O 14%。

下面根据化学组成计算原料的质量分数。

① 配方中的 CaO 只能由 $CaCO_3$ 引入，因此引入质量为 1（以 100 为基准）的 CaO，需

CaCO₃ 的质量为：

$$CaCO_3 \text{ 的质量} = \frac{1}{0.5603} = 1.78$$

其中 0.5603 为 CaCO₃ 转化为 CaO 的转化系数。

② 配方中的 MgO 只能由滑石引入，因此引入质量为 1.3 的 MgO 需要的滑石质量为：

$$\text{滑石的质量} = \frac{1.3}{0.317} = 4.10$$

③ 配方中的 SiO₂ 由高岭土和滑石同时引入，所以，需引入的高岭土质量为：

$$\text{高岭土的质量} = \frac{4.7 - 4.10 \times 0.635}{0.465} = 4.51$$

④ 工业纯 Al₂O₃ 的引入质量为：

$$\text{工业纯 } Al_2O_3 \text{ 质量} = 93 - \text{由高岭土引入的 } Al_2O_3 \text{ 质量}$$
$$= 93 - 4.51 \times 0.395 = 91.22$$

⑤ 引入原料的总质量为：

$$m = 1.78(CaCO_3) + 4.10(\text{滑石}) + 4.51(\text{高岭土}) + 91.22(\text{工业纯氧化铝})$$
$$= 101.61$$

⑥ 配方用原料的质量分数为：

$$CaCO_3 = \frac{1.78}{m} \times 100\% = 1.75\%$$

$$\text{滑石} = \frac{4.1}{m} \times 100\% = 4.03\%$$

$$\text{高岭土} = \frac{4.51}{m} \times 100\% = 4.44\%$$

$$\text{工业纯氧化铝} = \frac{91.22}{m} \times 100\% = 89.77\%$$

总计　　　　　　　　　　　　　　　　　　　99.99%

假使采用煅烧过的氧化铝和滑石进行配料，计算方法相同。

10.4 坯料的制备

在传统的陶瓷坯料制备中，一般是按照配方比例，置于粉磨设备中粉磨成一定的细度，对粉料的特性（颗粒度、颗粒形状、颗粒分布、粒度分布、团聚状态和相组分等）要求不高，可以采用传统的机械球磨方法来制备粉料。如果对粉料的特性要求较高，由于上述方法不可能提供均匀、超细、可烧结的粉料，并且在球磨过程中不可避免地会带来不同程度的沾污，所以近二十多年来人们对于用各种化学方法制备陶瓷粉料产生了浓厚的兴趣。根据不同的成型方法，特种陶瓷的坯料主要有以下几种形式：用于注浆成型的水悬浮液；用于热压注成型的热塑性料浆；用于挤压和压膜成型的含有机塑化剂的塑性料及用于干压或等静压成型的粉末状料。由于特有的成型方法和生产工艺，以及保证材料性能的特殊需要，制备上述陶瓷坯料的某些工艺过程及工艺要求与普通陶瓷完全不同。

10.4.1 坯料制备的主要工序

10.4.1.1 混合

传统陶瓷采用球磨机进行粉碎，球磨机既是粉碎工具又是混合工具，对混合均匀性来说，一般不成为问题。但对特种陶瓷来说，通常采用细粉来进行配料混合（mix），不需要再进行磨细。就均匀混合要求来说，必须引起重视。现就有关问题进行讨论。

a. 加料的次序　在特种陶瓷的坯料中常常加入微量的添加物，达到改性的目的，它们占的比例往往很小，为了使这部分用量很小的原料在整个坯料中均匀分布，在操作上要特别仔细。这就要研究加料的次序。一般，先加入一种用量多的原料，然后加入用量很少的原料，最后再把另一种用量较多的原料加在上面。这样，用量很少的原料就夹在两种用量较多的原料中间，可以防止用量很少的原料粘在球磨筒筒壁上，或粘在研磨体上，造成坯料混合不均匀，以至于使制品性能受到影响。

b. 加料的方法　在特种陶瓷中，有时少量的添加物并不是一种简单的化合物，而是一种多元化合物。例如一种配方组成为 $K_{0.5}Na_{0.5}NbO_3+2\%$（质量分数）$PbMg_{1/3}Nb_{2/3}O_3+0.5\%$（质量分数）$MnO_2$，$PbMg_{1/3}Nb_{2/3}O_3$ 含量很少，其中个别原料的含量就更少了。在这种情况下，如果配料时多元化合物不经预先合成，而是一种一种地加进去，就会产生混合不均匀和称量误差，并会产生化学计量的偏离，而且物质的量越小，产生的误差就越大，这样会影响到制品的性能，达不到改性的目的。因此，必须事先合成为某一种化合物，然后再加进去，这样既不会产生化学计量偏离，又能提高添加物的作用。

c. 湿法混合时的分层　在配料时，虽然采用湿磨混合，其分散性、均匀性都较好，但由于原料的密度不同，特别是当含密度大的原料，料浆又较稀时，更容易产生分层现象，对于这种情况，应在烘干后仔细地进行混合，然后过筛，这样可以减少分层现象。

d. 球磨筒的使用　在特种陶瓷研究和生产中，球磨筒（或混合用器）最好能够专用，或者至少同一类型的坯料应专用。否则，由于前后不同配方的原料因粘球磨筒及研磨体，引进杂质而影响到配方组成，从而影响到制品性能。

总之，配料混合时，保证各种原料组分的均匀混合是十分重要的。尤其是配加某些微量加入物时，要尽量以合成后的物料形式加入。若以未经合成的单种原料加入，则必须先将相关原料按合成的配比准确称量混合均匀，再按配方称取已混匀的料与其他原料配合。另外，配加微量加入物时要注意加料次序。

10.4.1.2 塑化

（1）塑化

在传统陶瓷生产中坯料是不需加塑化剂的，因为在坯料中含有一定的可塑性黏土成分，只要加入一定量的水分，经过一定的工艺处理，就会具有良好的成型性能。在特种陶瓷生产中，除少数品种含有少量黏土外，坯料用的原料几乎都是采用化工原料，这些原料没有可塑性。因此，成型之前先要进行塑化。

所谓塑化是指利用塑化剂使原来无塑性的坯料具有可塑性的过程。

塑化剂是指使坯料具有可塑性能力的物质。有两类：一类是无机塑化剂，一类是有机塑化剂。对于特种陶瓷，一般采用有机塑化剂。

塑化剂通常由三种物质组成，即黏结剂——能黏结粉料，通常有聚乙烯醇、聚醋酸乙烯酯、羧甲基纤维素等；增塑剂——溶于黏结剂中使其易于流动，通常有甘油等；溶剂——能溶解黏结剂、增塑剂并能和坯料组成胶状物质，通常有水、无水乙醇、丙酮、苯等。

（2）塑化机理

无机塑化剂在传统陶瓷中主要指黏土物质，其塑化机理主要是加水后形成带电的黏土-水系统，使其具有可塑性和悬浮性。

有机塑化剂一般也是水溶性的，是亲水的，同时又是有极性的。因此，这种分子在水溶液中能生成水化膜，对坯料表面有活性作用，能被坯料的粒子表面所吸附，而且分子上的水化膜也一起被吸附在粒子表面上，因而在瘠性粒子的表面上，即有一层水化膜，又有一层黏性很强的有机高分子。而且这种高分子是卷曲线性分子，所以能把松散的瘠性粒子黏结在一起，又由于有水化膜的存在，使其具有流动性，从而使坯料具有可塑性。

(3) 塑化剂的种类

有机塑化剂在陶瓷工艺中的应用还是近几十年的事情。随着科学技术的发展，有机塑化剂种类越来越多，性能也各异，主要的黏结剂有：①聚乙烯醇；②聚乙烯醇缩丁醛；③聚乙二醇；④甲基纤维素；⑤羧甲基纤维素；⑥乙基纤维素；⑦羟丙基纤维素；⑧石蜡。

(4) 塑化剂的选择

塑化剂的选择是根据成型方法、坯料的性质、制品性能的要求以及塑化剂的性质、价格和其对制品性能的影响情况来进行的。

此外，在选择塑化剂时，还要考虑塑化剂在烧成时是否能完全排除掉和挥发时温度范围的宽窄。

(5) 塑化剂对坯体性能的影响

上面谈到选择塑化剂时，要考虑塑化剂对坯体性能的影响。主要有以下几方面的影响。

① 还原作用的影响。因为塑化剂在焙烧时，由于氧化不完全，而产生 CO 气体。因此，将会同坯体中某些成分发生作用，导致还原反应，使制品性能变坏。因此，对焙烧工艺要特别注意。

② 对电性能的影响。除了上面的还原作用对坯体的性能影响外，由于塑化剂挥发时产生一定的气孔，也会影响到制品的绝缘性和电性能。

③ 对机械强度的影响。塑化剂挥发是否完全、塑化剂用量的大小，会影响到产生气孔的多少，从而将影响到坯体的机械强度。

④ 塑化剂用量的影响。一般塑化剂的含量越少越好，但塑化剂过低，坯体达不到致密化，也容易分层。

⑤ 塑化剂挥发速度的影响。当然塑化剂的挥发温度要求低于坯体的烧成温度，而且挥发温度范围要大一些，有利于控制，否则会因塑化剂集中在一个很窄的温度范围内剧烈挥发，而产生开裂等。

10.4.1.3 造粒

对特种陶瓷的粉料，一般希望越细越好，有利于高温烧结，可降低烧成温度。但在成型时却不然，尤其对于干压成型来说，粉料的假颗粒度越细，流动性反而不好，不能充满模子，易产生空洞，致密度不高。因此在成型之前要进行造粒。所谓造粒，就是在很细的粉料中加入一定塑化剂（如水），制成粒度较粗，具有一定假颗粒粒度级配，流动性好的粒子（约 20～80 目），又叫团粒。

造粒的方法有：一般造粒法、加压造粒法、喷雾造粒法和冻结干燥法。

a. 一般造粒法　一般造粒法是将坯料加入适当的塑化剂后，经混合过筛，得到一定大小的团粒。这种方法简单易行，在实验室中常用，但团粒质量较差，大小不一，团粒体积密度小。

b. 加压造粒法　加压造粒法是将坯料加入塑化剂后，经预压成块，然后破碎过筛而成团粒。这种方法形成的团粒体积密度较大。

c. 喷雾造粒法　喷雾造粒法是把坯料与塑化剂混合好（一般用水）形成料浆，再用喷雾器喷入造粒塔进行雾化、干燥，出来的粒子即为质量较好的团粒。这种团粒为流动性好的球状团粒。喷雾造粒法参见 4.3.2。

d. 冻结干燥法　这种方法是将金属盐水溶液喷雾到低温有机液体中，液体立即冻结，使冻结物在低温减压条件下升华，脱水后进行热分解，从而获得所需要的成型粉料。这种粉料成球状颗粒聚集体，组成均匀、反应性与烧结性良好。这种方法不需要采用喷雾干燥法那样大的设备，主要用于试验室。

成型坯体质量与团粒质量关系密切。所谓团粒的质量，是指团粒的体积密度、堆积密度和形状。体积密度大，成型后坯体质量好。球状团粒易流动，且堆积密度大。以上几种造粒方法以喷雾造粒的质量好。

10.4.1.4　瘠性物料的悬浮

特种陶瓷在成型时，根据需要可以采用注浆成型，但是特种陶瓷的坯料一般为瘠性物料，不易于悬浮。为了达到悬浮和便于注浆成型，必须采取一定的措施。

特种陶瓷所用瘠性物料大致可以分为两类：一类与酸不起作用，一类与酸起作用。因此，根据不同情况采用不同方法。不溶于酸中的可以通过有机表面活性物质的吸附，使其悬浮。现以 Al_2O_3（不溶于酸中）为例来讨论悬浮机理。

用盐酸处理 Al_2O_3 后，在 Al_2O_3 粒子表面生成三氯化铝（$AlCl_3$），三氯化铝立即水解，其反应式如下：

$$Al_2O_3 + 6HCl =\!=\!= 2AlCl_3 + 3H_2O$$
$$AlCl_3 + H_2O =\!=\!= AlCl_2OH + HCl$$
$$AlCl_2OH + H_2O =\!=\!= AlCl(OH)_2 + HCl$$

从上面的反应式可见，Al_2O_3 在水中生成离子，使 Al_2O_3 成为一个带正电荷的胶粒，然后胶粒吸附 OH^- 而形成一个庞大的胶团。

悬浮液中 HCl 浓度变化（pH 值的变化）对悬浮性能有较大的影响。当 pH 值低时，即 HCl 浓度高，溶液中的 Cl^- 增多而逐渐进入吸附层，取代 OH^-，生成 $AlCl_3$。由于 Cl^- 的水化能力比 OH^- 强，Cl^- 水化膜厚，因此 Cl^- 进入吸附层个数减少，而留在扩散层的数量增加，即胶粒正电荷升高，扩散层增厚，结果胶粒电位升高，溶液黏度降低，流动性提高，有利于悬浮。如果 HCl 浓度太高，由于 Cl^- 压入吸附层，中和掉较多的粒子表面的正电荷，使正电荷降低，扩散层变薄，电位下降，黏度升高，不利于悬浮。

当悬浮液中 HCl 的浓度低（pH 值大）时，溶液中 Cl^- 减少，胶粒正电荷降低，扩散层变薄，电位降低，黏度增大，流动性降低，不利于悬浮。

因此，对于 Al_2O_3 料浆来说，pH 值在 3.5 左右时流动性最好，且悬浮性也较好。

其他氧化物料浆最适宜 pH 值列入表 10-8。

表 10-8　氧化物料浆最适宜 pH 值

原　料	pH 值	原　料	pH 值
氧化铝	3～4	氧化铀	3.5
氧化铬	2～3	氧化钍	<3.5
氧化铍	4	氧化锆	2.3

对于与酸起反应的瘠性坯料来说，就要通过表面活性物质的吸附来达到悬浮的目的。一般用到的表面活性吸附剂为烷基苯磺酸钠（用量为 0.3%～0.6%），其原理是由于它在水中能离解出大阴离子被吸附在粒子表面上，使离子具有负电荷，根据这一原理同样可以达到悬浮的目的。

悬浮的问题是一个比较复杂的问题，有些问题和现象，目前在理论上还不能得到很好的解释。

10.4.2　注浆料的制备

细磨后的料浆，在使用之前，首先要进行酸洗处理，然后再加悬浮剂调制，才能获得质量稳定、悬浮性良好的料浆。

10.4.2.1　酸洗

酸洗是一种纯化原料的化学处理方法。它用来处理经钢球研磨后的物料，以除去混入的铁质。

酸洗时，通常是把一定浓度的盐酸注入料浆中，并加热促使除铁反应的进行，待酸液与料浆中的铁或铁的化合物经一定时间的混合反应后，即用水洗以带走水溶性的 $FeCl_3$ 和 $FeCl_2$，再添加一些新的盐酸维持一定的酸度。经 7～10 次重复酸洗后，可用 NH_4CNS 试剂检验，当料浆与试剂反应不显红色时，即可视为料浆中已不含 Fe^{3+} 或 Fe^{2+}。

酸处理耗时很长，为了加快这一过程，应注意加速铁的溶解和微细物料颗粒的沉降。以酸洗处理 Al_2O_3 料浆为例，当注入的盐酸浓度相同时，提高料浆温度能使 Fe^{3+}、Fe^{2+} 的溶解量增加。如在煮沸的情况下处理，铁的溶解非常迅速，一般经过 5h 就能使铁全部溶解。工厂在生产中还常用加入 0.21%～0.23% 阿拉伯树胶的方法促沉，这样能大大缩短水洗时间并得到松散的沉积物。

10.4.2.2　悬浮

特种陶瓷所采用的原料基本上都是瘠性料，要使这些材料制成的料浆具有良好的悬浮性，一般采用两种方法，一种是对在酸中不溶解的物料（如上述的 Al_2O_3），可通过酸洗，使料浆具有一定的酸度（pH 值）而获得较好的流动性。如 Al_2O_3 料浆在 pH 值为 3.5 左右时，流动性最好。在浇注时，为提高 Al_2O_3 料浆的流动性和稳定性，常加入羧甲基纤维素钠等有机胶体。另一种方法是对酸起作用的瘠性料，可通过加入表面活性物质来达到悬浮的目的。根据试验，最好的表面活性物质是烷基苯磺酸钠，这种有机物质在水中离解出的大阴离子吸附在物料微细离子表面，使离子具有负电荷，从而提高了料浆的浇注工艺性能。一般加入量为干料质量的 0.3%～0.6%。

10.4.3　热压注料浆的制备

热压注成型是利用含蜡料浆加热熔化后具有流动性和热塑性，冷却后能在金属模中凝固成一定形状的特点来完成的。

制备热压注成型用料浆（热压注料浆）的工艺流程如图 10-3 所示。

配料混合后一般都要先经预烧，其作用主要是减少制品收缩及配置蜡浆时的用蜡量。预烧温度则要根据坯料的性质来决定。

预烧后物料的粉碎细度对蜡浆流动性，配蜡量及坯体烧成收缩均有影响。一般控制为万孔筛余 2%～3%，配蜡前还必须把瓷粉烘干至含水量在 0.5% 以下，这是因为瓷粉吸附水分后，颗粒表面形成水膜会妨碍瓷粉与蜡液的均匀混合，搅拌时，还会因水分蒸发而在蜡浆中形成气泡。

热压注料浆所选用的塑化剂是石蜡，为有利于瓷粉与石蜡的亲和并改善蜡浆的流动性，还常加入少量油酸或辅以少量的蜂蜡。为防止坯体开裂，有时在配蜡浆时还要加入少量硬脂酸。

石蜡是熔点不同的碳氢化合物的固态混合物，白色结晶体，挥发温度为150℃，熔点在50～70℃之间。加热融化后黏度降低，有一定的流动性，冷却后体积收缩为7%～8%，有利于成型时脱膜。

作塑化剂用的石蜡要求强度高，表面光洁，杂质少，收缩率小。生产中通常选用熔点为54～60℃的石蜡。

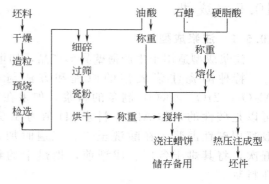

图10-3　热压注料浆制备工艺流程

热压注料浆中的石蜡含量一般为瓷粉质量的12%～16%，油酸的加入量为瓷粉质量的0.4%～0.7%，如配加蜂蜡或硬脂酸时，用量约为石蜡量的5%左右。

10.4.4　含有机塑化剂的塑性料的制备

这一类塑性料一般有两种，一种用于挤压成型，一种用于压膜和流延成型。由于特种陶瓷坯料中多用没有塑性的化工原料，为保证成型需要，通常需在配料中加入一些有机物质作塑化剂（或称黏结剂）。常用的塑化剂有以下几种。

① 羧甲基纤维素，简称CMC，白色粉末状，吸湿性强，不溶于一般有机溶剂，能溶于水生成黏性糊状液，羧甲基纤维素烧后不能完全从瓷料中除去，会留下氧化钠和氧化钠组成的灰分，这种塑化剂常用于挤制成型用料的塑化。使用时可按一定配比与水调和后加入瓷料中。

② 聚乙烯醇，简称PVA，白色或淡黄色丛毛状或粉末状晶体。常温时不溶于水，加热至70℃时可溶解96%～98%以上。还可溶于乙醇、乙二醇、甘油等有机溶剂中。

聚乙烯醇是一种高分子化合物，其分子量大小对性质有很大影响。聚合度n与分子量有关，选用时一般取n在1500～1700之间，n值过大则弹性太大，n值太小，则强度低，脆性大，对压膜成型均不利。

聚乙烯醇主要用于压膜成型料的塑化，使用时，将其按一定配比溶于甘油、乙醇、蒸馏水等溶剂中加热搅拌均匀，加入量视不同瓷料而定。

③ 聚醋酸乙烯酯，其为非晶态高分子化合物，为无色透明球状体或黏稠体，能溶于酮、醇、酯、苯、甲基中，而不溶于甘油，聚合度一般在400～600之间。在含有BaO、MgO、Al_2O_3、ZnO、PbO、硼酸盐、$CaCO_3$、$BaCO_3$等无机化合物及高岭土、滑石粉的瓷料中作塑化剂最为适宜。

聚醋酸乙烯酯也常用于轧膜成型料的塑化，生产经验表明，在呈碱性（pH值大于7）的瓷料中使用较好，而在呈酸性的瓷料中则用聚乙烯醇较好。

10.4.5　等静压成型粉料的制备

用于等静压或干压成型的粉状料是将细粉碎后的料浆经干燥造粒后制得的。特种陶瓷工业生产中常用喷雾干燥法造粒，用喷雾干燥工艺制得的粉料颗粒呈球形，流动性好，体积密度大，有利于压制结构致密的坯件。

用喷雾干燥工艺制备粉料，可以把有机黏结剂引入料浆中，制得的粉料能直接用于成型。处理时，应注意选用即能赋予粉料黏性，又能使料浆易于雾化的有机黏结胶溶剂。加入量不能过多，否则不利于成粒，并且会使细粒粉料多。

10.5 成型

10.5.1 注浆成型

注浆成型适用于生产薄壁异形产品，如坩埚、环类、短管和叶片等制品。

特种陶瓷注浆成型的原理和方法与普通陶瓷基本相同。对用非塑性原料（如 Al_2O_3、ZrO_2、BeO）制备的料浆，如果在钢球磨内细磨，需经酸洗处理后使用。料浆可以是酸性的，如 Al_2O_3 料浆 pH 值为 3.5 时就有较好的流动性。但大批量生产时，一般都用碱性泥浆。在酸洗至二、三遍时加入阿拉伯树胶使细颗粒沉降，然后再酸洗四五次，将其烘干备用。成型前，把烘干的料块与一定量的羧甲基纤维素混合调制成碱性料浆。

10.5.2 等静压成型

对坯体致密度要求较高的制品可采用等静压成型。这种成型方法能制备密度高而均匀、收缩小、变形小的坯件。可以进行大批量生产。这种成型方法工艺复杂，设备、模具费用较高。

（1）等静压成型的特点

① 可以成型以一般方法不能生产的形状复杂、大件及细而长的制品，而且成型质量高。

② 可以不增加操作难度而比较方便地提高成型压力，而且压力作用效果比其他干压法好。

③ 由于坯体各向受压力均匀，其密度高且均匀，烧成收缩小，因而不易变形。

④ 模具制作方便、寿命长、成本较低。

⑤ 可以少用或不用黏结剂。

（2）等静压成型方法

等静压成型方法有冷等静压和热等静压（见 10.6.3.3）两种类型。冷等静压又分湿式等静压和干式等静压。

a. 湿式等静压　湿式等静压结构如图 10-4 所示。它是将预压好的坯料包封在弹性的橡胶模具或塑料模具内，然后置于高压容器施以高压液体（如水、甘油或刹车油等，压力通常在 100MPa 以上），成型坯体。其特点是模具处于高压液体中，各方受压，所以叫做湿式等静压。其主要适用于成型多品种、形状较复杂、产品小和大型的制品。

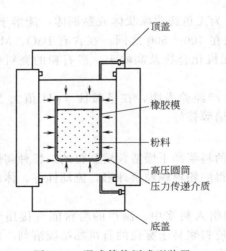

图 10-4　湿式等静压成型装置

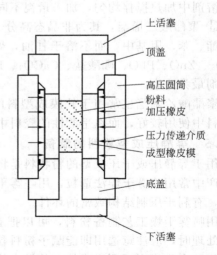

图 10-5　干式等静压成型装置

b. 干式等静压 干式等静压相对湿式等静压，其模具并不都是处于液体之中，而是半固体式的，坯料的添加和坯件的取出，都是在干燥状态下操作，因此称为干式等静压，如图10-5所示。干式等静压更适合于生产形状简单的长形、壁薄、管状制品，如果稍作改进，就能运用于连续自动化生产。

10.5.3 热压注成型

热压注成型是在压力作用下，把融化的含蜡浆料注满金属膜空腔中，待蜡浆在膜腔内冷凝并形成坯件后再进行脱膜，这种成型方法使用批量生产形状复杂的特种陶瓷制品，能制得表面质量好，尺寸精度高的坯件。

为保证坯件质量，成型时应注意控制蜡浆温度，进浆压力，施压时间及模具温度。

蜡浆温度直接影响蜡浆的黏度及凝固速度，浆温一般根据坯件形状，大小及厚度来调节。压注形状复杂，壁薄的产品，浆温要高些；压注大形坯件也要用温度较高的蜡浆，以便黏度较小的浆料能较快地注满模型。一般蜡浆温度为65～75℃。

进浆压力一般为0.3～0.5MPa，压力大小影响进浆速度，其压力值可依据蜡浆黏度及坯件的规格尺寸等因素决定。适当的施压时间既能保证浆料注满膜腔，又能补充冷凝过程所产生的体积收缩，以制得完整致密的坯体。

模具温度直接影响冷凝的速度和质量。它也同坯体的规格尺寸有关。通常压注厚壁、形状简单的坯体，模温要低些，而压注形状复杂，壁薄的坯体，模温可高些，一般模温在20～30℃之间。

10.5.4 挤制成型

挤制成型适于生产长尺寸的棒状、管状制品及截面一致的制品（为蜂窝陶瓷产品）。这种成型方法效率高，操作简便，能连续生产，制得的坯体表面光滑，规整度好。

挤制成型用坯料可经练泥，陈腐后使用。以化工原料为主的瓷料，要加入有机黏结剂（如羧甲基纤维素、面粉、糊精等）经塑化使用。

挤制成型用的模具对坯体质量有直接影响。模具的尺寸精度和表面光洁度决定着坯体尺寸和表面质量。挤制模具的结构参数（见图10-6）直接影响挤制压力，从而影响到坯体质量。主要参数有机嘴的锥角α和机嘴直筒定型段的长度L。机嘴的锥角应根据机嘴挤出口直径尺寸和生产经验来确定。锥角过小，挤出坯体不致密，容易断裂。锥角过大，挤出时阻力大，设备负荷加重，严重时坯体在长度方向上会出现竹笋状纹，机嘴直筒定型段长度L也根据机嘴挤出口直径D而定。直筒段太短，挤压不紧，坯体容易断裂和在挤出时摆动。若太长，容易出现纵向裂纹。此外，机嘴和机芯必须同心，否则会造成坯体不能垂直挤出和坯壁厚薄不均匀。

实践经验还表明，挤制成型的坯体径向收缩比纵向收缩大，通常挤出口直径越小，纵向收缩率越大，在挤制一些厚重坯体时，由于挤出过程和吊装烧成过程的重力影响，坯体上、下两端的径向收缩也有明显差别。因此，装坯时通常将径向尺寸较大的一端作为上端吊装。这样可使烧成后产品上、下两端的径向尺寸趋于一致。

10.5.5 轧膜成型和流延成型

轧膜成型是特种陶瓷特有的一种成型方法，它适于生产厚度大于1mm的薄膜制品，如薄膜、厚膜电路基

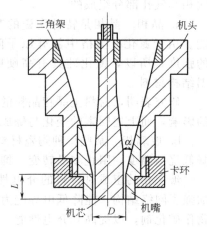

图10-6 挤制成型模具结构

板、圆片电容器等。

由图 10-7 可见，轧膜成型工艺简单，成型过程是将磨细后的粉料与有机塑化剂混合拌匀后，通过两个相反方向旋转、表面光洁的轧辊反复混练粗轧，使泥料中气泡不断排除，形成光滑、致密而均匀的膜层，在轧练过程中，可逐渐调整轧辊间距，以使膜层达到所需的厚度，然后再用冲片机压制出所需规型的坯件。

由于轧膜的工作方式，使坯料只在厚度方向和前进方向受到碾压，在宽度方向缺少足够的压力，因而在成型过程中，坯料颗粒会发生一定的定向作用，使坯体产生各向异性，膜片容易从纵向撕裂，烧结时横向收缩较大，为将其各向异性的影响尽可能减小，辊轧时要不断地将坯片做 90°倒向。

流延成型是新发展起来的一种成型方法。由图 10-8 可见，成型过程是把粉碎好的粉料与有机塑化剂溶液按适当配比混合制成具有一定黏度的料浆，料浆从容器内流下，被刮刀以一定厚度刮压涂敷在基带上，经干燥、固化后从基带上剥下成为称作生坯带的薄膜，然后根据需要对生坯带作冲切、层合等加工处理，制成坯件。

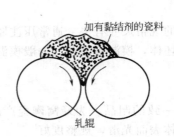

图 10-7　轧膜成型示意图

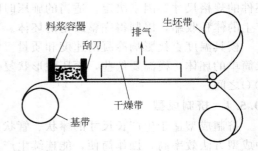

图 10-8　流延成型示意图

用这种成型方法可以制作厚度小于 0.05mm 的薄膜，能制备电容器、热敏电阻、铁氧体和压电陶瓷坯体，特别有利于生产混合集成电路基片等制品。

10.6　烧结

10.6.1　特种陶瓷的组织结构

特种陶瓷一般都是复杂的多晶体，具有一定的组织结构，大体上可以看作是由晶相，玻璃相和气孔部分组成的。

a. 晶相　晶相是特种陶瓷的基本组成。每种特种陶瓷材料的主晶相决定了材料的性能。由于氮化硅晶格中氮硅原子间的键力很强，高温下很稳定，在分解前仍能保持较高的强度，所以，氮化硅具有高硬度、优良的耐磨、耐腐蚀和热稳定性，是一种重要的高温结构材料。

研究表明，材料主晶相晶粒的大小、数量、分布均匀程度及晶粒取向都对其性能有很大的影响，而上述因素的变化与烧成工艺有着密切的关系。

b. 玻璃相　某些特种陶瓷材料也有玻璃相存在，由于烧成过程中有液相生成，能起到降低烧结温度，阻止多晶转变，抑制晶粒生长以及促进晶粒黏结的作用。

玻璃相的组成对材料的介电性能影响很大，由于二价阳离子与 O^{2-} 结合成较强价键，加强了网络结构，能降低电导能力，所以在滑石瓷，高铝瓷中引入 $BaCO_3$ 或 $CaCO_3$ 等添加物作矿化剂，以提高其介电性能。

c. 气孔　对特种陶瓷材料来说，气孔的存在会严重影响材料的一系列性能，如机械强度，介电性能和光学性能等。实验测得，透明氧化铝陶瓷的气孔率从 3% 降至趋于零，透光度可以从 0.01% 提高到近于 100%。气孔的存在还会大大降低其表面光洁度，有些材料烧结不充分或过烧，内部的一些稍大的气孔（大于 $5\mu m$）经抛光加工后，暴露在外表而影响了光洁度。

还应指出的是，晶界是多晶材料组织结构中的一个重要组成部分。它是多晶体小晶粒间的接触界面。当晶粒很细时，晶界的体积几乎占到总体积的 1/2。因此，对晶界性质和作用的研究已越来越受到人们的重视。

一般认为，晶界是无序的非晶态结构，晶界上质点的排列是不规则的，从而会削弱材料的机械强度。但是，由于晶界上缺陷较多，晶界内的扩散要比晶体内大得多，因而，使得晶界成为高温下杂质迁移和空位迁移的重要通道。这一特性对加速陶瓷材料的烧结或以晶界为通道进行掺杂工艺，以获得新的陶瓷材料具有非常重要的意义。

10.6.2 特种陶瓷的烧结特点及过程

由化工原料制成的特种陶瓷，烧结时液相较少或没有液相，它的烧结主要是颗粒间的扩散传质作用。少量液相的存在起着促进烧结、改善微结构的作用。氧化铍瓷和锆钛酸铅瓷以及铌镁酸铅瓷，在烧结时虽有组分的蒸发凝聚作用，但仍以固相反应为主。

固相烧结的推动力主要取决于坯料的表面能和晶粒界面能。在高温下、坯体中粉料颗粒释放表面能形成晶界，由于扩散、蒸发、凝聚等传质作用，发生晶界移动和晶界减少及颗粒间气孔的排除，从而导致小颗粒减少、大颗粒"兼并"的作用。由于许多颗粒同时长大，一定时间后必然相互紧密堆积成多个多边形聚合体，形成瓷坯的组织结构。烧结过程示意图如图 10-9 所示。一般由制品在烧成过程中所发生的收缩、显气孔率和体积密度等性能变化来表明烧结或烧结过程。图 10-10 所示为某种压电陶瓷烧结过程中的性能变化。

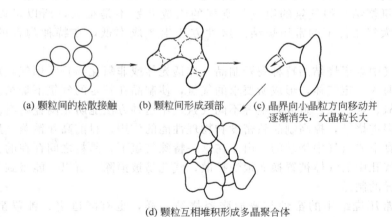

(a) 颗粒间的松散接触　(b) 颗粒间形成颈部　(c) 晶界向小晶粒方向移动并逐渐消失，大晶粒长大

(d) 颗粒互相堆积形成多晶聚合体

图 10-9　特种陶瓷烧结过程示意图

1050℃ 以前为烧结初期，颗粒间结合比较疏松，线收缩仅为 0.5%。温度继续升高，晶粒长大，气孔排除，线收缩和体积密度都显著增加，显气孔率大幅度降低，此时进入烧结中期。1200℃ 时，晶粒平均尺寸为 $2\mu m$，此时坯体中尚有不规则的连通气孔。到了 1200℃ 以后，性能的变化开始缓慢，有停滞现象，说明烧结中期已经结束。到 1300℃ 时，晶粒大小平均为 $2.5\mu m$。气孔面积缩小并形成彼此互不连通的闭口气孔。由于气孔中的气相压力已接近晶界表面张力，因此，晶粒长大和气体的排除都极困难。当烧到 1320℃ 时，体积密度不是继续增大，而是稍有下降，显气孔率也开始回升，这时瓷坯内的少数

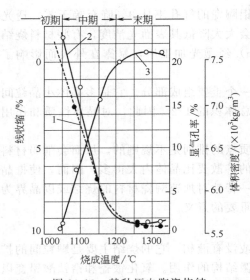

图 10-10 某种压电陶瓷烧结
过程中的性能变化
1—线收缩；2—显气孔率；3—体积密度

大晶粒有可能越过包裹物而异常长大，即发生二次重结晶，瓷坯出现过烧情况，此例的最佳烧成温度为 1260℃。

当有少量的液相参加时，烧结温度和显气孔率明显降低，晶粒异常长大受到抑制，冷却后的玻璃相起胶结颗粒的作用，有利于烧结。

综上所述，普通陶瓷和特种陶瓷在烧结过程中所表现出的宏观性能的变化规律基本相同，但烧结机理和最终显微结构却有所不同。

10.6.3 特种陶瓷的烧结方法

在特种陶瓷的烧结过程中，由于高温热能的激活作用，坯体的总表面积下降，缺陷浓度减少，疏松多孔的生坯会逐渐变成致密的瓷体，从而使材料获得预期的组织结构和技术性能。所以，从宏观上可以把烧结看作是粉状集合体转变为致密烧结体的过程。而从微观上说，烧结实质上是在高温热能作用下的物质传递过程。

下面介绍特种陶瓷的几种主要的烧结方法。

10.6.3.1 常压烧结

常压烧结是目前应用最普遍的一种烧结方法，它包括了在大气条件下（无特殊气氛要求）的常压烧结和在一定气氛条件下的常压烧结（即气氛烧结）。

就普通陶瓷烧结而言，陶瓷一般是氧化气氛烧结，瓷器有些是在还原气氛下烧结，也可以说是气氛烧结，但气氛的组成与空气的组成差别不是很大，所以可以把普通陶瓷的烧结看作是大气条件下的常压烧结。这种方法生产成本低，在特种陶瓷的生成中也常被采用。

对于在空气中难于烧结的特种陶瓷制品（如透光体或非氧化物）常用气氛烧结法。这种方法是在炉内通入一定气体，形成所要求的气氛，使制品在特定的气氛下烧结。根据不同的材料可以选用氧、氢、氮、氩或真空等不同气氛。用这种方法能防止陶瓷材料在高温下的氧化，还可起到促进烧结，提高制品致密度和物理性能的作用。目前高亚钠蒸气灯用的氧化铝透光体就是在真空或氢气中烧结的。由于在这一特殊气氛下，晶粒之间存在的孤立气孔中的气体或晶粒内气孔中的气体被置换而很快扩散，气孔易被消除，所以，能得到气孔率趋近于零，透光性优异的制品。

特种陶瓷常压烧结用的窑炉与普通陶瓷烧结一样，也有隧道窑、钟罩窑和箱式窑炉等多种窑型。由于特种陶瓷的生产体积量一般不大，烧结温度往往很高（常高达 1500～2000℃），有不少材料对温度、气氛等制度有严格的要求，所以选用的窑炉体积一般比较小，且多采用电加热的隧道窑或箱式窑炉，这对调节和控制烧结制度十分有利。用电加热可实现很高的烧结温度，但适用的电阻材料少。在空气介质中加热的，只能选用稳定氧化锆质电阻；而在真空中或在保护气氛中加热，只能选用钨、钼和钽等金属电阻材料和石墨电阻。

10.6.3.2 热压烧结

热压烧结是将干燥粉料充填入模型内，再从单轴方向边加压边加热，使成型和烧结同时完成的工艺方法。

热压烧结由于加热加压同时进行,粉料处于热塑性状态,有助于粉末颗粒的接触和扩散、流动传质过程的进行,因而所需的成型压力仅为冷压的 1/10;还能降低烧结温度,缩短烧结时间,从而抑制晶粒的长大,容易得到晶粒细小,致密度高和具有良好机械、电学性能的产品。热压烧结法的缺点是工艺周期长,生产效率低,只能用于生产形态比较简单的制品,烧结后还必须进行加工。这种方法目前常用于生产透明铁电陶瓷、BN、Si_3N_4,还可用于制备强度很高的陶瓷车刀。

(1) 热压烧结的理论基础

a. 烧结的传质过程　热压烧结有两种明显的传质过程,即晶界滑移传质和挤压蠕变传质。这两种传质过程,在普通烧结过程中是基本不存在的。

晶界滑移传质是一种高效率的传质过程。在外加应力的作用下,坯体中的粉料有直接填充堆集间隙的趋势。因而使相邻颗粒间可能出现剪应力,或可能出现晶界相对运动或晶界滑移。

挤压蠕变传质是一种相对慢速的传质过程。晶界滑移主要是在剪应力作用下的快速传质过程,而挤压蠕变主要是相对静止的晶界在正压力作用下的缓变过程。

b. 烧结的致密化过程　根据热压过程中不同时间内物质传递的主要方式,热压烧结的致密化过程可分成三个阶段。

① 热压初期。这是指在高温下加压后的最初十几到几十分钟的时间,这时相对密度从50%~60%猛增到90%左右,与普通烧结相比,这一阶段的特点是密度的迅速增大,大部分气孔都在这一阶段消失。

② 热压中期。这一阶段的特点是密度的增加显著减缓。主要的传质推动力应该是压力作用下的空格点扩散以及与此相伴随的晶界中气孔的消失。在挤压初期,晶界之间的压力差较大,因而空格点浓度差及扩散速度也较大,密度增加很快。

③ 热压后期。在这一阶段,外加压力的作用已很不明显,主要传质推动力与普通烧结相似。

(2) 热压设备

陶瓷材料的热压,一般都是在专业的热压机中进行的。常用的热压机主要由加热炉、加压装置、模具和测温测压设备四部分组成。如图 10-11 所示。

加热炉一般都以电作热源,因为这样容易调节得到所要求的加热速度,并且能控制加热的部位。加热元件有 SiC、MoSi 或镍铬丝、白金丝、钼丝等。如果热压温度要求较高(超过 1500℃)时,除用钼丝等作发热元件外,也可用导电的模具(如石墨)直接加热或采用高频感应加热法。

热压的加压装置要求加压速度平缓、保压恒定、压力调节灵活等功能。杠杆式压机适于热压小型制品(直径小于 30mm),这种加压方式不能快速调节压力,但能保持稳定的压力。液压机适用于各种尺寸的制品,压力可调,也可维持恒定的压力,总压力为 400~500t。

根据原材料及制品性质的要求,热压烧结可以在空气中进行,也可以在保护气氛(如还原气氛或惰性气氛)或真空中进行,采用保护气氛或真空,可避免材料氧化,

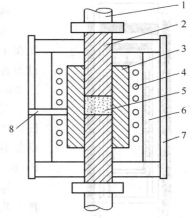

图 10-11　热压机结构示意图
1—液压机压杆;2—石墨压杆;3—模具;4—发热体;5—热压材料;6—炉体隔热材料;7—炉体外壳;8—观察孔

提高模具使用寿命，也可促使材料排气（在真空下）。但这种方法的生产率低，且模具的结构复杂。

（3）模具材料

高质量的热压模具是热压烧结正常进行的重要保证。对热压用模具的基本要求是：①机械强度高，尤其是在1000℃以上高温下应能承受较高压力；②高温下能抗氧化；③热膨胀性能接近于所热压的材料，且不易与热压材料相互作用或黏结。

模具材料的选用取决于热压时的最高温度和最大压力。在较低温度下热压时，可采用耐热合金钢（如镍铬合金）。热压温度900℃左右时可采用硬质合金作模具。温度更高时可以采用难熔金属、石墨、SiC、金属陶瓷（WC等）和高温陶瓷材料（Al_2O_3、ZrO_2等）作模具。而较广泛使用的是石墨模具。

（4）热压烧结制度

热压烧结制度中温度和压力之间存在着相互制约、互为因果的关系，没有一定的温度，坯料就没有热塑性，而又不利于加压；有了一定的温度，如加压不当也达不到应有的效果。

不同的热压烧结制度各自有不同的特点，因此所获得的产品亦具有不同的结果。AP法相对来说较易获得致密坯体。

热压时烧结的温度主要是根据热压材料的性质、材料的颗粒细度等来确定。对于单相材料（如难熔化合物和纯氧化物等）来说，热压温度为其熔点（绝对温度）的0.75～0.9。热压烧结的温度应选择在材料具有较大塑性时的温度。热压时的压力由试验决定。大型产品的热压烧结温度要高些，保温时间要长些。冷却速度和材料的抗热振性及制品的大小、形状有关。

（5）热压烧结的特点

热压烧结的特点有：①热压可降低坯体的成型压力；②热压可以显著提高坯体的致密度；③热压可以显著降低烧成温度和缩短烧结时间；④热压可以有效地控制坯体的显微结构；⑤热压可以产生形状比较复杂、尺寸比较精确的产品；⑥由于热压无需添加烧结促进剂与成型添加剂，所以热压烧结能得到高纯度的陶瓷制品。

热压烧结的缺点是：过程及设备较为复杂，生产控制要求较严，模具材料要求高，电能耗大，在没有实现自动化和连续热压以前，生产效率低，劳动力消耗大。

（6）热压烧结的发展

热压烧结是向超高热压和反应热压的方向发展。

压强超过7MPa的热压烧结，称为超高热压。如果同时温度又在1400℃以上进行的热压，则称为超高温、超高压合成热压。目前在这种新工艺中，最高压强可达100MPa，最高温度可达2000℃。

反应热压是针对高温下坯料可能发生的某种化学反应过程，因势利导，加以利用的一种热压烧结工艺，反应热压的特点是利用热能、机械能、化学能三者配合使烧结完成。

10.6.3.3 等静压烧结（热等静压法）

等静压烧结是在等静压和热压烧结的工艺基础上发展起来的新工艺。它是一种用金属箔（低碳钢、钼）代替橡胶膜，用氦、氩等惰性气体代替液体作压力传递介质，向密封容器内的粉末同时施加各向均匀的高压高温以进行烧结的方法。

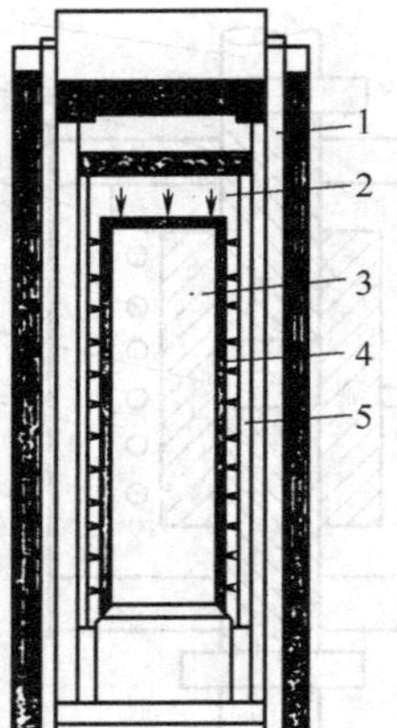

等静压烧结设备由气体压缩系统、带加热炉的高压容器，电气控制系统和粉料容器组成。装置示意见图10-12。压力容器是用

图10-12　等静压烧结装置
1—压力容器；2—气体介质；3—压坯；4—包套；5—加热炉

高强度钢制成的空心圆筒。加热炉由加热元件、隔热屏和热电偶组成。工作温度1700℃以上的加热元件，采用石墨、钼丝或钨丝；1200℃以下可用Fe-Al-Co电热丝。

等静压烧结使物料受到各向同性的压力。最高压力可达200MPa左右，因而与热压烧结相比，烧结体致密均匀，且能降低烧结温度。例如烧结氧化锆材料，用热压烧结时，在28MPa的压力下，烧结温度为1700℃，烧结物相对密度只有98%；用等静压烧结时，压力可达149MPa，在1350℃下即可烧结，其相对密度能达到99.9%。

等静压烧结需要用的设备复杂、生产成本高、效率低。等静压烧结可用于制备陶瓷与金属的复合材料、陶瓷发动机零件，还能作为烧结体的后续处理工序，用来制备六方BN、SiC复合材料的致密件。

10.7 特种陶瓷制品的加工

由于科学技术的进步，应用于电子技术和宇航科学等领域的特种陶瓷材料仅用烧结后的制品已不能满足要求，还需要做进一步的精密加工。下面介绍金属化、磨光、切割打孔等几种主要加工工艺。

10.7.1 金属化

一些特种陶瓷制品（如电容器、滤波器、电真空器件瓷壳），在应用时，需要将陶瓷与金属牢固地封接在一起。这一特殊加工工艺采用的方法是，先在陶瓷表面牢固地粘附一层金属薄膜（即金属化），再实现陶瓷与金属件的焊接。具体的金属化与封接主要有以下两种。

a. 被银法 被银法又称烧渗银法。它在陶瓷表面烧渗一层金属银，作为电容器和滤波器等的电极或集成电路基片的导电网络。银的导电性能强，有良好的抗氧化性和热稳定性，在银面上可直接焊接金属。它的烧渗温度较低，气氛要求不严格，因而工艺简单易行。但是，被银时由于银不匀，银层上可能有银粒存在，会造成电极缺陷。此外，在高温、高湿和直流电场下使用的陶瓷材料，不宜采用被银法。

在被银之前必须先对瓷件做净化处理。通常是将瓷件用70~80℃的肥皂水浸洗后用清水冲洗，再行烘干。质量要求高时，也可在电炉中烧至550~600℃以除去污秽。

被银用的银浆是用含银原料（常用氧化银及分子银）、熔剂（一般采用氧化铋、硼酸铅、铋镉熔块）以及黏合剂配制而成的。黏合剂常用松香、松节油、环己酮和蓖麻油等油类配成，它能使银浆具有一定的黏稠性，很好地粘附在瓷件表面。银浆配料后，需在刚玉球磨罐中球磨70~90h方可使用。

涂敷银浆可用手工或机械浸涂、喷涂及丝网印刷等方法。涂层厚度一般只有2.5~3.0μm。银层经烘干后即在电炉或小型电热隧道窑中以氧化气氛烧渗。最高烧渗温度500~600℃，烧渗过程由于有气体产生，要注意通风排气，控制升温速度，烧后冷却阶段的速率应尽可能快些，以获得结晶细密的优质银层。

b. 烧结金属粉末法 烧结金属粉末法是电真空技术使用最多的一种金属化封接方法。所用的金属粉末有以钽、钨和钼为主体的难熔金属及金、银、铂和铜等非难熔金属。目前常用钼锰金属粉末配成膏料，涂敷在瓷件上，然后在1200~1600℃的高温下形成坚牢的金属化薄层。

金属化前需对瓷件的封接部分研磨加工，用稀盐酸浸泡清洗或在850~1150℃下煅烧以清除污物。金属化层涂料中主要有纯度在99.5%以上的钼、锰金属粉末及某些氧化物粉末（如Al_2O_3、SiO_2、Fe_2O_3、CaO、MgO和TiO_2等）。金属粉末应有一定细度，通常要求钼粉末平均粒度1~2μm，锰粉中≤1μm的约80%。上述粉末配以一定量的黏合剂和稀释剂混合研磨后即可使用。涂敷时可用毛笔涂刷，也可用喷涂、辊涂、丝网套印等方法。涂层厚度应严格控制，一般添加氧化物的涂层厚度约 60~70μm。金属化烧结温度一般比瓷件的烧结温度低 30~100℃。为便于直接与金属焊接，烧后还需镀上厚约 4~6μm 的镍层。

10.7.2 机械加工

有些特种陶瓷制品在使用时，对瓷件的形状尺寸和表面光洁度有严格规定。这时就必须对烧结瓷件进行磨削、研磨、抛光及切割打孔等机械加工。

磨削加工所用的机床有外圆磨、内圆磨、卧（内）铺平面磨及位行磨多种。加工工具有普通砂轮和金刚石砂轮。磨削加工要根据陶瓷材料的特性和磨床形式正确选择砂轮的种类和形状，以保证磨削质量。

研磨是用于平面、球面、圆筒面的精加工方法。研磨加工时根据加工物的种类选择磨具、磨粒、研磨液、加工压力和加工速度等。

抛光的目的是使表面光滑。作业采用软质抛光器、细粉磨粒及较低的压力。抛光器可采用毛毡和焦油沥青等，现在还使用聚氨酯和多孔质无纺布。

本 章 小 结

本章介绍了特种陶瓷生产的工艺过程，主要包括了特种陶瓷的常用原料、原料粉末的制备、配料、坯料的制备、成型、烧结和特种陶瓷制品的加工等。在常用原料中，介绍了特种陶瓷常用原料的化学组成和工艺性能。特种陶瓷原料粉末的制备中，介绍了机械粉碎法和合成法。对特种陶瓷配料，介绍了配料方法及配料计算。在坯料的制备中，介绍了注浆料、热压注浆料、含有机塑化剂的塑性料、等静压成型粉料的制备。在成型生产中，介绍了注浆、等静压、热压注、挤制、轧膜和流延成型。在特种陶瓷的烧结中，介绍了特种陶瓷的烧结特点、烧结过程、烧结方法等。

复习思考题

1. 常用的氧化铝原料有哪几种？使用工业氧化铝原料为什么要预烧？
2. 碳化物和氮化物各有何优良的物理性质？它们与其键合特点有什么关系？
3. 制备原料粉末有哪些主要方法？用机械粉碎法时采用哪些表面活性剂，能起到什么作用？
4. 怎样表示特种陶瓷的配料组成？配料准确性对生产有何重要影响？
5. 试述制备热压注料浆及热压注成型的工艺要点。
6. 简述轧膜、流延成型的适用范围及成型中应注意的问题。
7. 举例说明主晶相对特种陶瓷材料性能的影响。
8. 讨论特种陶瓷几种主要烧结方法的特点。

附录 1 常用陶瓷原料常数

原料名称	别名	化学式	成分	摩尔质量/(g/mol)	质量分数/%	成分比例			熔点/℃	密度/(g/cm³)	溶解度
氧化银	—	Ag_2O	—	231.76	—	—	—	—	D300	7.143	I
硝酸银	—	$AgNO_3$	—	169.89	—	—	—	—	D212	4.352	S
碳酸银	—	Ag_2CO_3	—	275.77	—	—	—	—	D218	6.08	I
氧化铝	—	Al_2O_3	—	101.90	—	—	—	—	2050	3.5～4.1	I
氢氧化铝	—	$Al(OH)_3$	—	78.0	—	—	—	—	D300	3.42	I
一水铝石	水铝石	$Al_2O_3 \cdot H_2O$	Al_2O_3	101.90	85.0	1.000	5.67	—	D300	3.02～3.4	I
			H_2O	18.0	15.0	0.177	1.000	—			
				119.9	100.0						
三水铝石	水铝矿	$Al_2O_3 \cdot 3H_2O$	Al_2O_3	101.90	65.4	1.000	1.887	—	D300	2.423	I
			H_2O	54.0	34.6	0.530	1.000	—			
				155.90	100.0						
硫酸铝	—	$Al_2(SO_4)_3$	Al_2O_3	101.9	29.79	1.000	0.424	—	D770	2.71	S
			SO_3	240.2	70.21	2.357	1.000	—			
				324.0	100.0						
含水硫酸铝	—	$Al_2(SO_4)_3 \cdot 18H_2O$	Al_2O_3	101.9	15.30	1.000	0.424	0.315	D865	1.62	S
			SO_3	240.2	36.06	2.357	1.000	0.741			
			H_2O	324.0	48.64	3.180	1.349	1.000			
				666.1	100.00						
硅线石	—	$Al_2O_3 \cdot SiO_2$	Al_2O_3	101.9	62.9	1.000	1.690	—	1860	3.25	I
			SiO_2	60.1	37.1	0.590	1.000	—			
				162.0	100.0						
高岭石	—	$Al_2O_3 \cdot SiO_2 \cdot 2H_2O$	Al_2O_3	101.9	39.5	1.000	0.848	2.830	约1930 D600～650	2.58～2.95	I
			SiO_2	120.2	46.5	1.180	1.000	3.340			
			H_2O	36.0	14.0	0.355	0.301	1.000			
				258.1	100.0						

续表

原料名称	别名	化学式	成分	摩尔质量/(g/mol)	质量分数/%	成分比例		熔点/℃	密度/(g/cm³)	溶解度
叶蜡石	—	$Al_2O_3 \cdot 4SiO_2 \cdot H_2O$	Al_2O_3	101.9	28.3	1.000	0.424	1760	2.66~2.9	I
			SiO_2	240.4	66.7	2.359	1.000			
			H_2O	18.0	5.0	0.177	0.075			
				360.3	100.0					
蒙脱石	斑脱石	$Al_2O_3 \cdot 4SiO_2 \cdot 6H_2O$	Al_2O_3	101.9	22.6	1.000	0.424	D1150	2.5~2.6	I
			SiO_2	240.4	53.4	2.360	1.000			
			H_2O	108.0	24.0	1.060	0.449			
				450.3	100.0					
莫来石	—	$3Al_2O_3 \cdot 2SiO_2$	Al_2O_3	305.7	71.8	1.000	2.54	1930	3.03~3.15	I
			SiO_2	120.2	28.2	0.393	1.00			
				425.9	100.0					
红柱石	—	$Al_2O_3 \cdot SiO_2$	Al_2O_3	101.9	62.9	1.000	1.696	1860	3.1~3.29	I
			SiO_2	60.1	37.1	0.590	1.000			
				162.0	100.0					
蓝晶石	—	$Al_2O_3 \cdot SiO_2$	Al_2O_3	101.9	62.9	1.000	1.696		3.53~3.67	I
			SiO_2	60.1	37.1	0.590	1.000			
				162.0	100.0					
冰晶石	氟化铝钠	$AlF_3 \cdot 3NaF$		210.0				920	2.9~3.0	S
硫酸铝铵	铵明矾	$Al_2(SO_4)_3 \cdot (NH_4)_2SO_4 \cdot 24H_2O$		906.7				94.5	1.65	S
硫酸钾铝	白矾	$Al_2(SO_4)_3 \cdot K_2SO_4 \cdot 24H_2O$		948.8				84.5	1.73~1.76	S(热水)
三氧化二砷	白砷石,砒霜	As_2O_3		197.8				218升华	3.74	I
五氧化二砷	—	As_2O_5		229.8					4.086	I
金	—	Au		197.0					19.3	SI
氧化硼	—	B_2O_3		69.6				577	1.83~1.88	S
硼酸	—	$B_2O_3 \cdot 3H_2O$		123.7				184~186	1.435	S
氧化钡	—	BaO		153.4				1923	5.72~5.32	S
碳酸钡	—	$BaCO_3$		197.3				D1740	4.275	I
含水氯化钡	—	$BaCl_2 \cdot 2H_2O$		244.2				960	3.879	S
氢氧化钡	—	$Ba(OH)_2$		171.3				D	4.50	S
硫酸钡	重晶石	$BaSO_4$	BaO	153.4	65.7	1.000	1.915	D1580	4.48~4.30	I
			SO_3	80.1	34.3	5.23	1.000			
				233.5	100.0					

续表

原料名称	别名	化学式	成分	摩尔质量/(g/mol)	质量分数/%	成分比例			熔点/℃	密度/(g/cm³)	溶解度
铬酸钡	—	BaCrO$_4$	—	253.5	—	—	—	—	—	4.50	I
含水氢氧化钡	—	Ba(OH)$_2$·8H$_2$O	BaO H$_2$O	171.3 144.0 315.3	54.3 46.7 100.0	1.000 0.84	1.190 1.000	—	779	2.19	SI
钡长石	—	BaO·Al$_2$O$_3$·2SiO$_2$	BaO Al$_2$O$_3$ SiO$_2$	153.4 101.9 120.0 375.5	40.8 27.1 32.1 100.0	1.000 0.664 0.784	1.505 1.000 1.180	1.278 0.847 1.000	—	3.3~3.45	I
氧化铍	—	BeO	—	25.0	—	—	—	—	1550	3.03	I
绿柱石	铍长石	3BeO·Al$_2$O$_3$·6SiO$_2$	BeO Al$_2$O$_3$ SiO$_2$	75.1 101.9 360.6 537.6	14.6 19.0 67.0 100.0	1.000 1.360	0.736 1.000	0.206 0.274	2520	—	I
氧化铋	—	Bi$_2$O$_3$	—	466.0	—	—	—	—	1410~1430	2.65~2.9	I
氯化铋	—	BiCl$_3$	—	315.4	—	—	—	—	820	8.2~8.9	I
硝酸铋	—	Bi(NO$_3$)$_3$	—	395.01	—	—	—	—	230	4.75	S
含水硝酸铋	—	Bi(NO$_3$)$_3$·5H$_2$O	—	485.01	—	—	—	—	D30	—	S
氧化钙	生石灰	CaO	—	56.1	—	—	—	—	2575	2.83	S
碳酸钙	方解石	CaCO$_3$	CaO CO$_2$	56.1 44.0 100.1	56.00 44.00 100.0	1.000 1.430	1.275 1.000	—	—	3.4	S
氯化钙	—	CaCl$_2$	—	101.98	—	—	—	—	D825	2.71	I
含水氯化钙	—	CaCl$_2$·6H$_2$O	—	219.0	—	—	—	—	772	2.15	S
硫酸钙	无水石膏	CaSO$_4$	CaO SO$_3$	56.1 80.1 106.2	41.2 58.8 100.0	1.000 1.430	0.700 1.000	—	30.2	1.68	S
含水硫酸钙	生石膏	CaSO$_4$·2H$_2$O	CaO SO$_3$ H$_2$O	56.1 80.1 36.0 172.2	32.6 46.5 20.9 100.0	1.000 1.43 0.64	0.700 1.000 0.450	1.56 2.23 1.00	1450	22.96	SI
									D900	2.32	S

续表

原料名称	别名	化学式	成分	摩尔质量/(g/mol)	质量分数/%	成分比例			熔点/℃	密度/(g/cm³)	溶解度
半水石膏	熟石膏	$CaSO_4 \cdot 1/2H_2O$	CaO	56.1	38.6	1.000	0.700	6.23	D180	2.60	SI
			SO_3	80.1	55.2	1.43	1.000	8.90			
			H_2O	9.0	6.2	0.160	0.110	1.000			
				145.2	100.0	—	—	—			
氟化钙	萤石	CaF_2	—	78.1	—	—	—	—	1330	3.18	I
白云石	—	$CaMg(CO_3)_2$	CaO	56.1	30.4	1.000	1.390	0.640	D730	2.8~2.9	I
			MgO	40.3	21.9	0.720	1.000	0.460			
			CO_2	88.0	47.7	1.570	2.180	1.000			
				184.4	100.0	—	—	—			
正磷灰石	磷灰石	$Ca_3(PO_4)_2$	CaO	168.3	54.3	1.000	1.190	—	1550	3.8	I
			P_2O_5	141.9	45.7	0.84	1.000	—			
				310.2	100.0	—	—	—			
钙长石	—	$CaO \cdot Al_2O_3 \cdot 2SiO_2$	CaO	56.1	20.2	1.000	0.550	0.470	1552	2.77	I
			Al_2O_3	101.9	36.6	1.820	1.000	0.850			
			SiO_2	120.2	43.2	2.140	1.180	1.000			
				278.2	100.0	—	—	—			
硼酸钙	硼灰石	$Ca(BO_2)_2 \cdot 2H_2O$	CaO	56.1	4.7	1.000	0.810	1.560	1150	—	SI
			B_2O_3	69.6	43.0	1.240	1.000	1.930			
			H_2O	36.0	22.3	0.640	0.52	1.000			
				161.7	100.0	—	—	—			
灰钛石	钙钛矿	$CaO \cdot TiO_2$	CaO	56.1	41.3	1.000	0.700	—	1970	4.0	I
			TiO_2	79.9	58.7	1.420	1.000	—			
				136.0	100.0	—	—	—			
氧化镉	—	CdO	—	128.4	—	—	—	—	D900	8.15	I
硫化镉	—	CdS	—	—	—	—	—	—	980	3.9~4.8	I
含水氯化镉	—	$CdCl_2 \cdot 2.5H_2O$	—	228.4	—	—	—	—	D	3.33	S
碳酸镉	—	$CdCO_3$	CdO	128.4	74.5	1.000	2.920	—	D500	4.26	I
			CO_2	44.0	25.5	0.340	1.000	—			
				172.4	100.0	—	—	—			
二氧化铈	—	CeO_2	—	172.1	—	—	—	—	2600	7.2~7.5	I
氧化钴	—	Co_2O_3	—	165.9	—	—	—	—	895(O_2)	5.13	I

续表

原料名称	别名	化学式	成分	摩尔质量/(g/mol)	质量分数/%	成分比例			熔点/℃	密度/(g/cm³)	溶解度
氧化亚钴	—	CoO	—	74.9	—	—	—	—	D1800	5.68	I
四氧化三钴	—	Co₃O₄	—	240.8	—	—	—	—	995(O₂)D	6.07	I
碳酸钴	—	CoCO₃	—	118.9	—	—	—	—	—	4.13	I
硅酸钴	—	Co₂SiO₄	CoO SiO₂	149.8 60.1 209.9	71.4 28.6 100.0	1.000 0.400	2.490 1.000	—	1325	4.63	I
含水氯化钴	—	CoCl₂·6H₂O	CoCl₂ H₂O	129.8 108.0 237.8	54.6 45.4 100.0	1.000 0.830	1.200 1.000	—	86.75	1.84	S
含水硝酸钴	—	Co(NO₃)₂·6H₂O	—	290.9	—	—	—	—	56	1.88	S
含水硫酸钴	—	CoSO₄·7H₂O	CoO SO₃ H₂O	74.9 80.1 126.0 281.0	26.7 28.6 44.7 100.0	1.000 1.070 1.640	0.940 1.000 1.570	0.590 0.650 1.000	96.8	1.95	S
磷酸钴	—	Co₃(PO₄)₂	CoO P₂O₅	224.7 141.9 366.6	61.3 38.7 100.0	1.000 0.640	—	4.160 1.000	—	—	I
氧化铬	—	Cr₂O₃	—	152.0	—	—	—	—	1900~2140	5.21	I
铬酐	—	CrO₃	—	99.99	—	—	—	—	196	2.7	S
铬矾	—	Cr₂(SO₄)₃·K₂SO₄·24H₂O	Cr₂O₃ K₂O SO₃ H₂O	152.0 49.2 320.4 432.0 998.6	15.2 9.4 32.1 43.3 100.0	1.000 0.620 2.110 2.840	0.470 0.290 1.000 1.350	1.620 1.000 3.400 4.590	—	—	—
硫酸铬	—	Cr₂(SO₄)₃·18H₂O	Cr₂O₃ SO₃ H₂O	152.0 240.3 324.0 716.3	21.2 33.6 45.2 100.0	1.000 1.580 2.130	0.630 1.000 1.350	0.470 0.740 1.000	89	1.83	S
氧化铜	黑铜矿	CuO	—	79.5	—	—	—	—	D1026	6.3~6.5	I
氧化亚铜	赤铜矿	Cu₂O	—	143.1	—	—	—	—	1210~1235	5.75~6.09	I

续表

原料名称	别名	化学式	成分	摩尔质量/(g/mol)	质量分数/%	成分比例			熔点/℃	密度/(g/cm³)	溶解度
含水硝酸铜	—	Cu(NO$_3$)$_2$·6H$_2$O	CuO	79.5	26.9	1.000	0.740	0.740	D26.4	2.074	S
			N$_2$O$_5$	108.0	36.5	1.360	1.000	1.000			
			H$_2$O	108.0	36.5	1.360	1.000	1.000			
氢氧化铜	—	Cu(OH)$_2$		295.5	99.9	—	—	—	D	3.368	I
			CuO	79.5	81.5	—	—	—			
			H$_2$O	18.0	18.5	—	—	—			
碱式碳酸铜	—	CaCO$_3$·Cu(OH)$_2$·H$_2$O		97.5	100.0	—	—	—	D		
			CuO	79.5	36.9	—	—	—			
			CaO	56.1	26.0	—	—	—			
			CO$_2$	44.0	20.4	—	—	—			
			H$_2$O	36.0	16.7	—	—	—			
含水硫酸铜	—	CuSO$_4$·5H$_2$O		215.7	100.0	—	—	—	D400以上	2.87	
			CuO	79.5	31.8	1.000	0.990	—			
			SO$_3$	80.1	32.1	1.010	1.000	—			
			H$_2$O	90.0	36.1	—	—	—			
三氧化铒	—	Er$_2$O$_3$		249.6	100.0	—	—	—			
三氧化二铁	—	Fe$_2$O$_3$		382.4	28.8	—	—	—	1560	8.61	I
氧化亚铁	—	FeO		159.7	—	—	—	—	1410	5.12	I
氯化铁	—	FeCl$_3$		71.7	—	—	—	—	282	5.7	I
氢氧化亚铁	—	Fe(OH)$_3$		162.2	—	—	—	—	D599	2.8	S
硫酸亚铁	铁矾	FeSO$_4$·7H$_2$O		106.8	—	—	—	—		3.4~3.9	I
			FeO	71.8	28.8	—	—	—			
			SO$_3$	80.1	28.8	—	—	—			
			H$_2$O	126.0	45.5	—	—	—			
				277.9	100.0	—	—	—			
硫化铁	—	FeS		87.9	—	—	—	—	D64	1.9	S
四氧化三铁	磁铁矿	Fe$_3$O$_4$			—	—	0.450	—	1170	4.75~5.4	I
			FeO	71.8	31.0	1.000	—	—			
			Fe$_2$O$_3$	159.8	69.0	2.220	1.000	—			
				231.4	100.0	—	—	—			
钼酸	—	H$_2$MoO$_4$·H$_2$O			—	—	—	—	1538	4.96~5.4	I
			MoO$_3$	143.9	80.0	—	—	—			
			H$_2$O	36.0	20.0	—	—	—		3.1	
				179.9	100.0	—	—	—			

续表

原料名称	别名	化 学 式	成分	摩尔质量 /(g/mol)	质量分数/%	成 分 比 例			熔点 /℃	密度 /(g/cm³)	溶解度
正硅酸	—	H₂SiO₃	SiO₂ H₂O	60.1 18.0 78.1	76.8 23.0 100.0	—	—	—	D15	2.1~2.3	I
原硅酸	—	H₄SiO₄	SiO₂ H₂O	60.1 36.0 96.1	62.5 37.5 100.0	—	—	—		1.58	I
正锡酸	—	H₂SnO₃	SnO₂ H₂O	150.6 18.0 168.6	89.3 10.7 100.0	—	—	—			SI
硒酸	—	H₂SeO₃	SeO₂ H₂O	110.9 18.0 128.9	86.3 14.0 100.0	—	—	—	D	3004	I
钨酸	—	H₂WO₄	WO₃ H₂O	231.8 18.0 249.8	92.8 7.2 100.0	—	—	—	850	5.5	I
氧化铟	—	In₂O₃	—	277.6	—	—	—	—	D	7.18	S
氧化铱	—	IrO₂	—	224.2	—	—	—	—	D1000	3.12	S
三氧化铱	—	Ir₂O₃	—	432.4	—	—	—	—	红热		S
氧化钾	—	K₂O	—	94.2	—	—	—	—	D400	2.32	S
硝酸钾	—	KNO₃	—	101.1	—	—	—	—	360.4	2.106	S
氢氧化钾	—	KOH	—	56.1	—	—	—	—	772	2.044	S
氯化钾	—	KCl	—	74.5	—	—	—	—	975	1.987	S
铬酸钾	—	K₂CrO₄	—	194.2	—	—	—	—	397.5	2.732	S
重铬酸钾	红矾钾	K₂Cr₂O₇	—	294.2	—	—	—	—		2.692	S
过锰酸钾	灰锰氧	KMnO₄	—	158.0	—	—	—	—	D240	2.70	S
亚铁氰化钾	黄血盐,钾碱	K₄Fe(CN)₆·3H₂O	—	422.3	—	—	—	—	D	1.85	S
碳酸钾	真珠灰,钾碱	K₂CO₃	K₂O CO₂	94.2 44.0 138.2	21.6 23.3 55.1	1.000 1.080 2.550	0.920 1.000 2.36	0.390 0.420 1.000	891	2.33	S
白榴石	—	K₂O·Al₂O₃·4SiO₂	K₂O Al₂O₃ SiO₂	94.2 101.9 240.4 436.5	100.0	—	—	—	1686	2.47	

259

续表

原料名称	别名	化学式	成分	摩尔质量/(g/mol)	质量分数/%	成分比例			熔点/℃	密度/(g/cm³)	溶解度
正长石	钾长石	$K_2O \cdot Al_2O_3 \cdot 6SiO_2$	K_2O	94.2	16.9	1.000	0.920	0.260	1220	2.54~2.57	I
			Al_2O_3	101.9	18.3	1.080	1.000	0.280			
			SiO_2	360.6	64.8	3.830	3.540	1.000			
				556.7	100.0						
绢云母		$K_2O \cdot 3Al_2O_3 \cdot 6SiO_2 \cdot 2H_2O$	K_2O	94.2	11.8	1.000	0.300	0.260	1300	2.76~3.0	I
			Al_2O_3	305.7	38.4	3.250	1.000	0.850			
			SiO_2	360.6	45.3	3.830	1.180	1.000			
			H_2O	36.0	4.5	0.450	1.120	0.100			
				796.5	100.0						
氧化镧		La_2O_3		325.8					D550~750	6.51	I
氧化锂		Li_2O		29.9					2315	2.03	S
碳酸锂		Li_2CO_3	Li_2O	29.9	40.5				1270	2.11	SI
			CO_2	44.0	59.5						
				73.9	100.0						
锂辉石		$Li_2O \cdot Al_2O_3 \cdot 4SiO_2$	Li_2O	29.9	8.0	1.000	0.290	0.120	618	2.33~2.67	I
			Al_2O_3	101.9	27.4	3.410	1.000	0.420			
			SiO_2	240.4	64.6	8.040	2.360	1.000			
				372.2	100.0						
氧化镁		MgO		40.3					2800	3.654	I
碳酸镁		$MgCO_3$	MgO	40.3	47.8				1380		
			CO_2	44.0	52.2						
				84.3	100.0						
含水氯化镁		$MgCl_2 \cdot 6H_2O$		203.2					D350	3.04	S
斜顽火辉石		$MgO \cdot SiO_2$	MgO	40.3	40.1	1.000	0.670		D100	1.569	I
			SiO_2	60.1	59.9	1.500	1.000				
				100.4	100.0						
堇青石		$2MgO \cdot 2Al_2O_3 \cdot 5SiO_2$	MgO	80.6	13.8	1.000	0.400	0.270	D≈1560	3.28	I
			Al_2O_3	203.8	34.8	2.530	1.000	0.680			
			SiO_2	300.5	51.4	3.730	1.470	1.000			
				584.9	100.0				D1440	2.57~2.66	I

续表

原料名称	别名	化学式	成分	摩尔质量/(g/mol)	质量分数/%	成分比例		熔点/℃	密度/(g/cm³)	溶解度
滑石	—	3MgO·4SiO₂·H₂O	MgO SiO₂ H₂O	120.9 240.4 18.0 379.3	31.9 63.4 4.7 100.0	1.000 1.988 0.147	6.790 13.500 1.000	D700~900	2.7~2.8	I
尖晶石	—	MgO·Al₂O₃	MgO Al₂O₃	40.3 101.9 142.2	28.3 71.7 100.0	1.000 2.530	—	2135	3.5~4.5	I
蛇纹石	—	2MgO·2SiO₂·2H₂O	MgO SiO₂ H₂O	120.9 120.2 36.0 277.1	43.6 43.4 13.0 100.0	1.000 0.990 0.290	3.35 3.34 1.000	D1000	2.36~2.5	I
镁橄榄石	—	2MgO·SiO₂	MgO SiO₂	80.6 60.1 140.7	57.3 42.7 100.0	1.000 0.750	1.340 1.000	1890	3.26	I
氧化钼	—	MoO₃	—	143.9	—	—	—	795	4.5	SI
氧化锰	—	MnO	—	70.9	—	—	—	1650	5.18	I
三氧化锰	—	Mn₂O₃	—	157.9	—	—	—	热至1080失氧	4.50	I
碳酸锰	—	MnCO₃	MnO CO₂	70.9 44.0 114.6	61.7 38.3 100.0	—	—	D	3.125	I
氯化锰	—	MnCl₂·4H₂O	—	197.8	—	—	—	58	2.01	S
四氧化三锰	—	Mn₃O₄	—	228.8	—	—	—	1750	4.856	I
二氧化锰	—	MnO₂	—	86.9	—	—	—	D	5.03	I
硫酸锰	—	Mn₂(SO₄)₃	Mn₂O₃ SO₃	157.9 240.3 398.2	39.7 60.3 100.0	—	—	—	—	S
含水硫酸锰	—	MnSO₄·4H₂O	MnO SO₃ H₂O	70.9 80.1 72.0 223.0	31.8 35.9 32.3 100.0	—	—	D160	3.24	S
氧化钠	—	Na₂O	—	62.0	—	—	—	700	2.107	S
								红热	2.27	S

续表

原料名称	别名	化学式	成分	摩尔质量/(g/mol)	质量分数/%	成分比例			熔点/℃	密度/(g/cm³)	溶解度
氯化钠	食盐	NaCl	—	58.5	—	—	—	—	801	2.16	S
碳酸钠	苏打	Na₂CO₃	Na₂O	62.0	48.5	—	—	—	840	2.5	S
			CO₂	44.0	51.5	—	—	—			
				106.0	100.0	—	—	—			
碳酸氢钠	小苏打	NaHCO₃	—	84.0	21.7	—	—	—	D270	2.22	S
含水碳酸钠		Na₂CO₃·10H₂O	Na₂O	62.0	15.4	—	—	—		1.46	S
			CO₂	44.0	62.0	—	—	—			
			H₂O	180.0	100.0	—	—	—			
				286.0							
硫酸钠		Na₂SO₄·10H₂O	Na₂O	62.0	19.2	—	—	—	32	1.49	S
			SO₃	80.1	24.9	—	—	—			
			H₂O	180.0	55.9	—	—	—			
				322.1	100.0	—	—	—			
硝酸钠		NaNO₃	—	85.0	—	—	—	—	310	2.27	S
氟化钠		NaF	—	42	—	—	—	—	982	2.79	I
铬酸钠		Na₂CrO₄·10H₂O	Na₂O	62.0	18.1	1.000	0.620	0.340	19.9	1.48	S
			CrO₃	100.0	29.0	1.610	1.000	0.560			
			H₂O	180.0	52.9	2.900	1.800	1.000			
				342.0	100.0						
铀酸钠		Na₂OUO₄	—	348.0	—	—	—	—			
重铬酸钠		Na₂Cr₂O₇·2H₂O	—	298.0	—	—	—	—	无水时 320	2.52	S
钼酸钠		Na₂MoO₄·2H₂O	Na₂O	62.0	25.6	—	—	—			
			MoO₃	144.0	59.5	—	—	—			
			H₂O	36	14.9	—	—	—			
				242.0	100.0	—	—	—			
钠长石		Na₂O·Al₂O₃·6SiO₂	Na₂O	62.0	11.8	1.000	0.610	0.170	热至100失水	1.73	S
			Al₂O₃	101.9	19.4	1.640	1.000	0.280			
			SiO₂	360.6	68.8	5.820	3.540	1.000			
				524.5	100.0						
钠霞石		Na₂O·Al₂O₃·2SiO₂	Na₂O	62.0	21.8	1.000	0.610	0.520	1100	2.6	I
			Al₂O₃	101.9	35.9	1.640	1.000	0.850			
			SiO₂	120.2	42.3	1.940	1.180	1.000	1526	2.55~2.65	I
				284.1	100.0						

续表

原料名称	别名	化学式	成分	摩尔质量/(g/mol)	质量分数/%	成分比例	熔点/℃	密度/(g/cm³)	溶解度
氧化钕	—	Nd_2O_3	—	336.4	—	—	1930	7.24	I
五氧化铌	铌酐	Nb_2O_5	—	265.8	—	—	1520	4.60	I
氯化铵	—	NH_4Cl	—	53.5	—	—	D350	1.50	S
碳酸铵	—	$(NH_4)_2CO_3 \cdot H_2O$	—	114.0	—	—	D85	1.725	S
硝酸铵	—	NH_4NO_3	—	80.0	—	—	169.6	1.769	S
硫酸铵	—	$(NH_4)_2SO_4$	—	132.0	—	—	140	7.45	S
氧化镍	—	NiO	—	74.7	—	—	D2400	4.84	I
三氧化镍	—	Ni_2O_3	—	165.4	—	—	D600	1.98	I
含水硫酸镍	碧矾	$NiSO_4 \cdot 7H_2O$	—	280.8	—	—	98~100	9.5	S
氧化铅	密陀僧	PbO	—	223.2	—	—	888	9.36	I
二氧化铅	—	PbO_2	—	239.2	—	—	D290	9.096	I
四氧化三铅	铅丹	Pb_3O_4	—	685.6	—	—	D500	6.6	I
碳酸铅	—	$PbCO_3$	—	267.2	—	—	D345	6.4	I
铅白	碱式碳酸铅	$PbCO_3 \cdot Pb(OH)_2$	—	775.6	—	—	D400	6.3	I
铬酸铅	—	$PbCrO_4$	—	323.2	—	—	844	5.89	I
氯化铅	—	$PbCl_2$	—	278.1	—	—	498	6.23	I
硫酸铅	—	$PbSO_4$	—	303.3	—	—	1170	7.1~7.7	I
硫化铅	方铅矿	PbS	—	239.3	—	—	1015	6.88	I
二氧化镨	—	PrO_2	—	172.9	—	—	D	A2.26	S
三氧化二镨	—	Pr_2O_3	—	329.8	—	—	—	5.67	I
二氧化硫	—	SO_2	—	64.1	—	—	656	3.78	I
氧化锑	—	Sb_2O_3	—	291.4	—	—	D450	4.07	I
五氧化二锑	—	Sb_2O_5	—	323.4	—	—	930	6.3~6.9	I
四氧化二锑	方锑矿	Sb_2O_4	—	307.4	—	—	1127	3.95	I
氧化锡	—	SnO_2	—	150.6	—	—	340	2.20~2.65	S
氧化硒	—	SeO_2	—	110.9	—	—	—	—	—
氧化硅	燧石	SiO_2	—	60.1	—	—	1600~1750	—	I

续表

原料名称	别名	化学式	成分	摩尔质量/(g/mol)	质量分数/%	成分比例		熔点/℃	密度/(g/cm³)	溶解度
氧化亚锡	—	SnO	—	134.6	—	—	—	D	6.45	I
氯化锡	—	SnCl₄	—	260.4	—	—	—	D	2.23	S
氯化亚锡	—	SnCl₂	—	189.5	—	—	—	247.2	2.2	S
氧化锶	—	SrO	—	103.6	—	—	—	2430	4.5~4.7	S
碳酸锶	—	SrCO₃	—	147.6	—	—	—	D110	3.62	SI
硫酸锶	—	SrSO₄	—	183.7	—	—	—	D1580	3.7~3.9	I
氧化钛	钛白	TiO₂	—	80.0	—	—	—	1560	3.75~4.25	I
五氧化钽	—	Ta₂O₅	—	441.9	—	—	—	D600 1470	7.6	I
氧化铀	—	UO₂	—	270.0	—	—	—	2800	10.95	I
三氧化铀	—	UO₃	—	286.0	—	—	—	D750	7.92	I
八氧化铀	—	U₃O₈	—	842.1	—	—	—	1300 升华	8.20	I
三氧化二钒	—	V₂O₃	—	149.9	—	—	—	1970	4.87	SI
五氧化二钒	—	V₂O₅	—	181.9	—	—	—	690	3.35	SI
三氧化钨	—	WO₃	—	231.8	—	—	—	1473	7.16	I
氧化锌	—	ZnO	ZnO	81.4	—	—	—	>1800	5.47	I
碳酸锌	—	ZnCO₃	ZnO CO₂	81.4 44.0	64.9 35.1 100.0	—	—	—	—	—
含水硫酸锌	—	ZnSO₄·7H₂O	ZnO SO₃ H₂O	125.4 81.4 80.1 126.0 287.5	28.4 27.8 43.8 100.0	—	—	D300	4.42	SI
硅锌矿	—	2ZnO·SiO₂	ZnO SiO₂	162.8 60.1 222.9	—	1.000 0.490	2.050 1.000	D50	2.05	S
氧化锆	—	ZrO₂	—	123.2	—	—	—	2700	5.49	I
锆英石	—	ZrSiO₄	ZrO₂ SiO₂	123.2 60.1 183.3	67.2 32.8 100.0	—	—	>2500	4.66~4.70	I

注：表内代号，S—溶解；I—不溶解；SI—微溶解；D—分解。

附录2 国际标准组织推荐的筛网系列（ISO/R565—1972）

主要系列(R20/3)/mm	辅助系列 具有2个中间值(R20)	辅助系列 具有1个中间值(R40/3)	主要系列(R20/3)/μm	辅助系列 具有2个中间值(R20)	辅助系列 具有1个中间值(R40/3)
125	125	125	1.00	1.00	1.00
	112			900	
	100	106		800	850
90	90.0	90.0	710	710	710
	80.0			630	
	71.0	75.0		560	600
63.0	63.0	63.0	500	500	500
	56.0			450	
	50.0	53.0		400	425
45.0	45.0	45.0	355	355	355
	40.0			315	
	35.5	37.5		280	300
31.5	31.5	31.5	250	250	250
	28.0			224	
	25.0	26.5		200	212
22.4	22.4	22.4	180	180	180
	20.0			160	
	18.0	19.0		140	150
16.0	16.0	16.0	125	125	125
	14.0			112	
	12.5	13.2		100	106
11.2	11.2	11.2	90	90	90
	10.0			80	
	9.00	9.5		71	75
5.60	5.60	5.60	63	63	63
	5.00			56	
	4.50	4.75		50	53
4.00	4.00	4.00	45	45	45
	3.55			40	
	3.15	3.35		36	38
2.80	2.80	2.80		32	32
	2.50			28	
	2.24	2.36		25	26
2.00	2.00	2.00		22	22
	1.80			20	
	1.60	1.70			
1.40	1.40	1.40			
	1.25				
	1.12	1.18			

附录3 各种筛网对照

筛孔净宽 名义尺寸/mm	每平方厘米 筛孔数	相当于"目" 每英寸筛孔数	相当于"目" 筛孔净宽/mm	相当于德国筛号（每厘米筛孔数）
5.0	2.3~2.7	—	—	—
4.0	3.2~4	5	3.962	—
3.3	4.4~5.8	6	3.327	—
2.8	6.2~7.8	7	2.794	—
2.3	8.4~11.0	8	2.362	—
2.0	11.0~13.8	9	1.981	—
1.7	14.4~19.4	10	1.651	4
1.4	20~26	12	1.397	5
1.2	28~35	14	1.168	6
1.0	40~48	16	0.991	—
0.85	50~64	20	0.833	8
0.70	76~90	24	0.701	—
0.60	100~124	28	0.589	10
0.50	140~177	32	0.495	12
0.42	194~244	35	0.417	14
0.355	250~325	42	0.351	16
0.30	372~476	48	0.295	20
0.25	540~660	60	0.246	24
0.21	735~920	65	0.208	30
0.18	990~1190	80	0.175	—
0.15	1370~1760	100	0.147	40
0.125	1980~2400	115	0.124	50
0.105	2640~3270	150	0.104	60
0.085	4070~5100	170	0.089	70
0.075	5500~6970	200	0.074	80
0.063	7200~9400	250	0.061	100
0.053	10200~12900	270	0.053	—
0.042	16900~19300	325	0.043	—

附录 4 测温锥的软化温度与锥号对照

标定软化温度 /℃	国内采用的编号	塞格尔锥号 (SK)	标定软化温度 /℃	国内采用的编号	塞格尔锥号 (SK)
600	60	022	1280	128	9
650	65	021	1300	130	10
670	67	020	1320	132	11
690	69	019	1350	135	12
710	71	018	1380	138	13
730	73	017	1410	141	14
750	75	016	1430	143	15
790	79	015	1460	146	16
815	81	014	1480	148	17
835	83	013	1500	150	18
855	85	012	1520	152	19
880	88	011	1530	153	20
900	90	010	1540	154	—
920	92	09	1580	158	26
940	94	08	1610	161	27
960	96	07	1630	163	28
980	98	06	1650	165	29
1000	100	05	1670	167	30
1020	102	04	1690	169	31
1040	104	03	1710	171	32
1060	106	02	1730	173	33
1080	108	01	1750	175	34
1100	110	1	1770	177	35
1110	—	2	1790	179	36
1120	112	—	1820	182	—
1140	114	3	1830	183	37
1160	116	4	1850	185	38
1180	118	5	1880	188	39
1200	120	6	1920	192	40
1230	123	7	1960	196	41
1250	125	8	2000	200	42

注：21～25 的塞格尔三角锥已不再制造，因为它们的熔点太接近了。

参 考 文 献

1. 西北轻工业学院等. 陶瓷工艺学. 北京：轻工业出版社，1980
2. 华南工学院，南京化工学院，武汉建筑材料工业学院. 陶瓷工艺学. 北京：中国建筑工业出版社，1981
3. [联邦德国] H·萨尔满，H·舒尔兹著. 陶瓷学. 黄照柏译. 北京：轻工业出版社，1989
4. 杜海清，唐绍裘编著. 陶瓷原料与配方. 北京：轻工业出版社，1986
5. 江苏省宜兴陶瓷工业学校. 陶瓷工艺学. 北京：轻工业出版社，1985
6. 李家驹主编. 日用陶瓷工艺学. 武汉：武汉工业大学出版社，1992
7. 中国硅酸盐学会陶瓷分会建筑卫生陶瓷专业委员会编. 现代建筑卫生陶瓷工程师手册. 北京：中国建材工业出版社，1998
8. 汪啸穆主编. 陶瓷工艺学. 北京：中国轻工业出版社，1994
9. 刘康时等编著. 陶瓷工艺原理. 广州：华南理工大学出版社，1990
10. 李家驹主编. 陶瓷工艺学. 北京：中国轻工业出版社，1997
11. 张云洪主编. 生产质量控制. 武汉：武汉理工大学出版社，2002
12. 轻工业部第一轻工业局. 日用陶瓷工业手册. 北京：中国轻工业出版社，1984
13. 《陶瓷工艺》编写组编. 陶瓷工艺. 北京：中国轻工业出版社，1988
14. 章秦娟主编. 陶瓷工艺学. 武汉：武汉工业大学出版社，1997
15. 俞康泰. 陶瓷色釉料与装饰导论. 武汉：武汉工业大学出版社，1998
16. 俞康泰. 现代陶瓷色釉料与装饰技术手册. 武汉：武汉工业大学出版社，1999
17. 李国桢，郭演义著. 中国名瓷工艺基础. 上海：上海科学技术出版社，1985
18. 李世普主编. 特种陶瓷工艺学. 武汉：武汉工业大学出版社，1991
19. 祝桂洪编著. 陶瓷工艺实验. 北京：中国建筑工业出版社，1987
20. 张忠铭编著. 日用陶瓷原料的分析及坯釉料配方. 上海：上海交通大学出版社，1986
21. 高雅春. 坯釉式的简化计算. 河北陶瓷，1987（1）：1～3
22. 朱振锋，蒲永平. 论色釉料与建筑陶瓷装饰. 中国陶瓷工业，2003（3）：44～48
23. 蔡飞虎，冯国娟编著. 瓷质砖生产技术. 佛山陶瓷，1998（增刊2）